“十二五”职业教育国家规划教材
经全国职业教育教材审定委员会审定
普通高等教育“十一五”国家级规划教材

数字电子技术

第 2 版

主　编　张明莉　王　斌
副主编　李宗宝　丛　振　曾献芳
参　编　倪　琳　许　娅　刘继承
　　　　刘阿玲　王松林

机械工业出版社

本书为“十二五”职业教育国家规划教材，经全国职业教育教材审定委员会审定。本书以工程技术应用为出发点，由浅入深地介绍了逻辑代数基础、组合逻辑电路、时序逻辑电路、脉冲信号的产生与变换、数-模转换器、模-数转换器、半导体存储器和可编程逻辑器件、数字电路读图练习、Multisim 11 仿真软件简介及应用等内容。本书力求全面介绍数字电子技术的知识，并将理论与仿真实验、实训相结合，以达到举一反三、融会贯通的目的。本书简单介绍了 Multisim11 软件，并在相应的章节配有相关技术应用的内容，便于读者全面掌握数字电子技术的应用。

本书可作为电气、电子信息、计算机以及部分非电类专科和高职院校学生的入门教材，也可以作为相关专业的本科学生及工程技术人员的参考用书。

凡选用本书作为教材的教师，均可登录机械工业出版社教育服务网 www.cmpedu.com 下载本教材配套电子课件，或发送电子邮件至 cmpgaozhi@sina.com 索取。咨询电话：010-88379375。

图书在版编目（CIP）数据

数字电子技术/张明莉，王斌主编. —2 版. —北京：机械工业出版社，2016.12（2024.6 重印）
“十二五”职业教育国家规划教材　经全国职业教育教材审定委员会审定　普通高等教育“十一五”国家级规划教材
ISBN 978-7-111-55282-6

Ⅰ.①数…　Ⅱ.①张…　②王…　Ⅲ.①数字电路-电子技术-高等职业教育-教材　Ⅳ.①TN79

中国版本图书馆 CIP 数据核字（2016）第 257576 号

机械工业出版社（北京市百万庄大街 22 号　邮政编码 100037）
策划编辑：赵志鹏　责任编辑：赵志鹏　责任校对：张　征
封面设计：鞠　杨　责任印制：邓　博
北京盛通数码印刷有限公司印刷
2024 年 6 月第 2 版第 5 次印刷
184mm×260mm · 14.75 印张 · 359 千字
标准书号：ISBN 978-7-111-55282-6
定价：39.00 元

电话服务	网络服务
客服电话：010-88361066	机　工　官　网：www.cmpbook.com
010-88379833	机　工　官　博：weibo.com/cmp1952
010-68326294	金　　书　　网：www.golden-book.com
封底无防伪标均为盗版	机工教育服务网：www.cmpedu.com

前　言

本书为“十二五”职业教育国家规划教材，经全国职业教育教材审定委员会审定。本书《数字电子技术》第1版为普通高等教育“十一五”国家级规划教材，第2版在第1版的基础上进行了修改并采用了新版的Multisim 11电路仿真软件进行仿真。

本书是由从事电子技术基础课程教学和电子技术工程项目开发多年的教师编写的，第2版比第1版在内容上更紧凑，系统性更强，应用实例也更多。每章内容由浅入深，有利于培养学生的自学、应变和创新能力。本书第2版的主要内容包括逻辑代数基础、组合逻辑电路、时序逻辑电路、脉冲信号的产生与变换、数-模转换器、模-数转换器、半导体存储器和可编程逻辑器件、数字电路读图练习、Multisim 11仿真软件简介及应用，每个章节后配有相应知识的应用实例。本书的参考学时为：理论60学时，仿真实验14学时。读者可以根据课时的要求自行取舍学习内容。本书由北京联合大学、扬州工业职业技术学院、大连职业技术学院、安徽水利电力职业技术学院、安徽铜陵学院、辽宁辽东学院、无锡交通高等职业技术学校、安徽商贸职业技术学院教师联合编写。其中，第1章由曾献芳编写，第2章由李宗宝编写，第3章由倪琳编写，第4章由丛振编写，第5章由王斌、刘阿玲编写，第6章由许娅编写，第7章由李宗宝编写，第8章由刘继承编写，张明莉、王松林制作了本书章节的仿真。本书由张明莉、王斌任主编，李宗宝、丛振、曾献芳任副主编。

本书在编写过程中得到了艾兰、王珏、贺玲芳、吉素霞、田文杰的帮助，在此一并表示感谢。

由于编者水平有限，书中难免有错误和不妥之处，希望广大读者批评指正。

编　者

目　　录

第1章 逻辑代数基础

逻辑代数是分析和设计数字电路的基本数学工具。本章首先介绍了逻辑代数的基本知识，包括数制和码制以及各种数制之间的转换关系、逻辑函数的表示方法和化简方法，然后介绍了实现逻辑函数的基本门电路和集成逻辑门电路。

1.1 数制和码制

1.1.1 进位计数制

在表示数字时，仅用一位数码往往不够用，必须用进位计数的方法组成多位数码。多位数码每一位的构成以及从低位到高位的进位规则称为进位计数制，简称进位制。在日常生活及生产实践中，人们常用的进位制有十进制、二进制、八进制、十六进制等。

1. 十进制 十进制是日常生活和工作中最常使用的计数制。在十进制数中，每一位有 0~9 十个数字符号，所以计数制的基数是 10，且低位和相邻高位的进位关系是“逢十进一”。任意一个十进制数可以表示为

$$(D)_{10}=K_{n-1}10^{n-1}+K_{n-2}10^{n-2}+\cdots+K_0 10^0+K_{-1}10^{-1}+\cdots+K_{-m}10^{-m}$$
$$=\sum_{i=-m}^{n-1}K_i 10^i \qquad (1\text{-}1)$$

式中 10——计数制的基数；

K_i——第 i 位的系数，可以是 0~9 十个数字符号中任意一个；

10^i——第 i 位的权；

n，m——正整数，n 表示整数部分位数，m 表示小数部分位数。

例如，十进制数 2008.5 可表示为

$$(2008.5)_{10}=2\times10^3+0\times10^2+0\times10^1+8\times10^0+5\times10^{-1}$$
$$=2000+0+0+8+0.5$$

式中的下脚标 10 表示括号里的数是十进制数。

若以 R 取代式（1-1）中的 10，即可得到 R 进制数的普遍形式

$$(D)_R=\sum_{i=-m}^{n-1}K_i R^i \qquad (1\text{-}2)$$

式中 R——基数，表示有 R 个不同的数字符号且逢 R 进位。

例如，八进制数 127.5 可表示为

$$(127.5)_8=1\times8^2+2\times8^1+7\times8^0+5\times8^{-1}=64+16+7+0.625=(87.625)_{10}$$

式中，下脚标 8 表示括号里的数是八进制数。

2. 二进制 目前在数字系统中广泛采用二进制。这是因为二进制数的每一位只取 0 或 1 两个数字符号，可以用某些电子元器件的两个不同稳定状态（如晶体管的饱和与截止）来表示。任意二进制数可以表示为

$$(D)_2=\sum_{i=-m}^{n-1}K_i 2^i \qquad (1\text{-}3)$$

式中　2——计数制的基数；

2^i——第 i 位的权，低位和相邻高位的进位关系是“逢二进一”。

例如，二进制数 1011.1011 可表示为

$$
\begin{aligned}
(1011.1011)_2 &= 1\times2^3+0\times2^2+1\times2^1+1\times2^0+1\times2^{-1}+0\times2^{-2}+1\times2^{-3}+1\times2^{-4}\\
&=8+0+2+1+0.5+0.25+0.125+0.0625\\
&=(11.6875)_{10}
\end{aligned}
$$

式中，下脚标 2 表示括号里的数是二进制数。

3. 十六进制　采用二进制计数，对数字系统来说，处理、存储、传输极为方便，然而若需表示一个较大的数，则位数较多，读出和书写都不方便。因此常采用十六进制数进行书写或打印。十六进计数制有 16 个数字符号，且“逢十六进一”，见表 1-1。

表 1-1　十进制数、二进制数和十六进制数的对应表

十进制数	二进制数	十六进制数	十进制数	二进制数	十六进制数
0	0000	0	8	1000	8
1	0001	1	9	1001	9
2	0010	2	10	1010	A
3	0011	3	11	1011	B
4	0100	4	12	1100	C
5	0101	5	13	1101	D
6	0110	6	14	1110	E
7	0111	7	15	1111	F

任意一个十六进制数可以表示为

$$(D)_{16}=\sum_{i=-m}^{n-1}K_i16^i \tag{1-4}$$

例如，十六进制数 5BC.6 可表示为

$$
\begin{aligned}
(5BC.6)_{16} &= 5\times16^2+11\times16^1+12\times16^0+6\times16^{-1}\\
&= 1280+176+12+0.375\\
&=(1468.375)_{10}
\end{aligned}
$$

式中，下脚标 16 表示括号里的数是十六进制数。

八进制和十六进制可以根据需要，借助于它们与计算规则简单的二进制的关系，对十进制进行不同的编码或转换。

1.1.2　几种数制之间的转换

数字系统采用的是二进制数，书写时采用十六进制数，因此必然产生各种进位计数制的相互转换。

1. 二进制数与十六进制数的转换　把二进制数转换为等值的十六进制数时，由于 4 位二进制数恰好有 16 个状态，每 1 位十六进制数正好对应 4 位二进制数，见表 1-1。

二进制数转换成十六进制数时，以小数点为界，整数部分自右向左，从低位向高位每 4 位二进制数分成一组，最后一组不足 4 位时，左边高位用 0 补足；小数部分则自左向右，从高位向低位每 4 位一组，最后不足 4 位时，右边低位用 0 补足，然后每一组可用 1 位对应的十六进制数表示。例如

$$(1011101.1010011)_2=(0101\ 1101.1010\ 0110)_2=(5D.A6)_{16}$$

十六进制数转换为二进制数时，将 1 位十六进制数用对应的 4 位二进制数表示，依次排列，然后去掉整数部分最高位的 0 和小数部分最低位的 0，例如

$$(7BC.4)_{16} = (0111\ 1011\ 1100.0100)_2 = (11110111100.01)_2$$

2. 二进制数与十进制数间的转换

（1）二进制数转换成十进制数。将二进制数按二进制的权（各位二进制数的权如表 1-2 所示）展开，然后把所有各项的数值按十进制数相加，就可以得到相应的十进制数。例如

$$\begin{aligned}(11101.0101)_2 &= 2^4 + 2^3 + 2^2 + 2^0 + 2^{-2} + 2^{-4} \\ &= 16 + 8 + 4 + 1 + \frac{1}{4} + \frac{1}{16} \\ &= (29.3125)_{10} \\ &\approx (29.31)_{10}\end{aligned}$$

表 1-2　各位二进制数的权

n	0	1	2	3	4	5	6	7	8	9	10	11	12	13	14	15
2^n	1	2	4	8	16	32	64	128	256	512	1024	2048	4096	8192	16384	32768

小数部分转换时应注意精度。上例最低位为 1/16，转换为十进制数只需到百分位。当 m 较大时，按权相加进行转换很烦琐，可以采用将小数部分 $x \times 2^m$ 变为整数进行转换后再除以 2^m。例如上例小数部分 $(0.0101)_2 \times 2^4 \div 2^4 = (101)_2 \div 2^4 = 5 \div 16 \approx 0.31$。

（2）十进制数转换为二进制数。需将十进制数的整数部分和小数部分分别进行转换。

1）整数部分。除 2 取余，第一次除以 2 所得的余数是转换后所得的二进制数的最低位，第二次除以 2 所得的余数是转换后所得的二进制数的倒数第二位……，以此类推，最后一次除以 2 商为零时所得的余数是二进制的最高位。由最高位向最低位排列所得的余数即为应得的二进制数。

例如，将 $(35)_{10}$ 转换为二进制数，即由

2 | 35 …… 余1 …… 最低位 b_0

2 | 17 …… 余1 …… b_1

2 | 8 …… 余0 …… b_2

2 | 4 …… 余0 …… b_3

2 | 2 …… 余0 …… b_4

2 | 1 …… 余1 …… 最高位 b_5

0

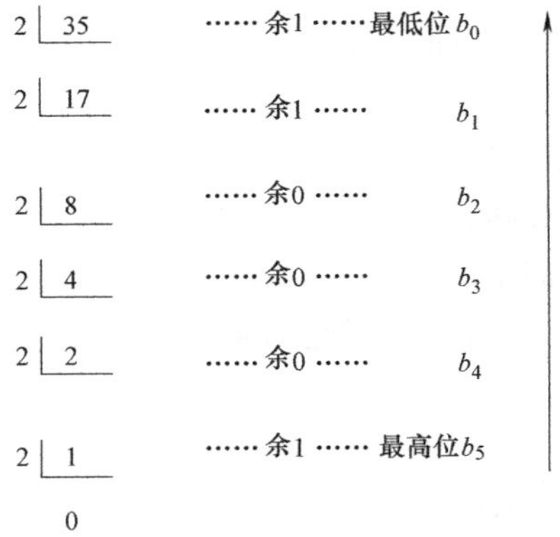

可得转换结果为 $(35)_{10} = (100011)_2$。

在十进制数转换为二进制数的过程中，也可以采用十六进制数作为中间过渡。例如，将 $(725)_{10}$ 转换为二进制数，即由

16 | 725 …… 余5 …… 最低位 b_0

16 | 45 …… 余13 …… b_1

16 | 2 …… 余2 …… 最高位 b_2

0

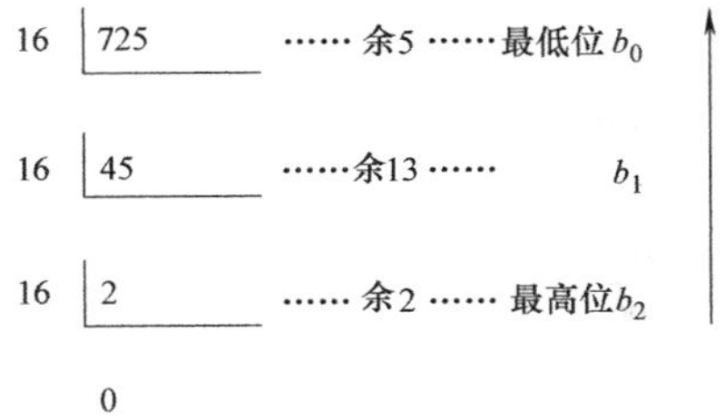

可得转换结果为 $(725)_{10}=(2D5)_{16}=(1011010101)_2$

2）小数部分。先乘 2 取整，即把要转换的十进制小数乘以二进制的基数 2，积的整数部分取出作为小数点后二进制的最高位。然后继续将取整后积的小数部分乘以 2，再取积的整数部分作为二进制小数的次高位……，这样依次相乘，直至积的小数部分为 0 或达到所需精度为止。最后，所得整数部分按先高位后低位顺序排列，即为二进制小数部分的结果。

例如，将 $(0.8125)_{10}$转换为二进制数，即由

$$
\begin{array}{rl}
 & 0.8125 \quad\quad\quad \text{整数部分} \\
\times & 2 \\
\hline
 & 1.6250 \cdots\cdots 1 \cdots\cdots \text{最高位 } b_{-1} \\
 & 0.6250 \\
\times & 2 \\
\hline
 & 1.2500 \cdots\cdots 1 \cdots\cdots b_{-2} \\
 & 0.2500 \\
\times & 2 \\
\hline
 & 0.5000 \cdots\cdots 0 \cdots\cdots b_{-3} \\
 & 0.5000 \\
\times & 2 \\
\hline
 & 1.0000 \cdots\cdots 1 \cdots\cdots \text{最低位 } b_{-4}
\end{array}
$$

可得转换结果为 $(0.8125)_{10}=(0.1101)_2$

1.1.3 二进制代码

用二进制表示文字、符号等信息的过程称为编码。编码之后的二进制数称为二进制代码。数码的内涵因被编码的对象不同而有所差别。生活中的身份证号、邮政编码、火车车次、飞机航班、学生学号等都是编码的应用。在实际生活中，人们常采用十进制编码，而在数字系统中则采用的是二进制编码。

二进制码十进制（Binary Coded Decimal，BCD）是用二进制编码的形式表示十进制数。十进制数有 10 个数字符号，需用 4 位二进制数码表示。4 位二进制数码有 16 种组合，而表示十进制数的 0 ~ 9 只需要 10 种组合，因此用 4 位二进制数码表示十进制数有多种选取方式。常用的 BCD 码如表 1-3 所示。

表 1-3　常用 BCD 码

十进制数	8421BCD 码	余 3 码	格雷码
0	0000	0011	0000
1	0001	0100	0001
2	0010	0101	0011
3	0011	0110	0010
4	0100	0111	0110
5	0101	1000	1110
6	0110	1001	1010
7	0111	1010	1000
8	1000	1011	1100
9	1001	1100	0100

例如，将（725）$_{10}$表示成8421BCD码为（0111 0010 0101）$_{8421BCD}$。

8421BCD码用4位二进制码表示1位十进制数，每位二进制数都有固定的位权，所以这种代码称为有权码，8421BCD码由此得名。显然，在8421BCD码中1010～1111这6个代码不存在，这些代码被称为“伪码”。

余3码的编码规律是：余3码总是比8421BCD码对应的十进制数多3。例如，$(0100)_{8421BCD}=(0111)_{余3}$。

从表1-3中还可以看出，格雷码是任意两组相邻代码之间只有一位不同，而且整个4位二进制码的首、尾之间也只相差1位二进制码，所以格雷码又称“循环”码。译码时不会发生第2章所述的竞争冒险现象，因而常用于模拟量与数字量的转换。当模拟量发生微小变化而可能引起数字量发生变化时，格雷码仅改变一位，与其他代码同时改变两位或多位的情况相比更为可靠，即可减少出错的可能性。

1.2　基本逻辑与逻辑门电路

1.2.1　3种最基本的逻辑运算和复合逻辑运算

1.2.1.1　3种基本逻辑运算

与、或、非是3种最基本的逻辑运算。图1-1给出了3种指示灯的控制电路。如果把开关是否闭合作为条件（逻辑变量），把灯的亮灭作为结果（逻辑函数），那么这3个电路表示了与、或、非3种不同的因果逻辑关系。

1. 与运算　与运算的逻辑关系是：只有决定事物结果的全部条件同时具备时，结果才会发生。如果以1表示图1-1中开关闭合或灯亮，以0表示开关断开或灯灭，那么图1-1a表明，只有逻辑变量A和B同时为1时，逻辑函数的输出F才为1。与的运算符是“·”，书写时可省略。实现逻辑与的电路称为与门，其逻辑表达式为$F=AB$，逻辑符号如表1-4所示。与门可以有多个输入变量，$F=ABC\cdots$。

2. 或运算　或运算的逻辑关系是：在决定事物结果的诸条件中只要有一个满足，结果就会发生。如图1-1b中逻辑变量A或B任一为1时，逻辑函数的输出F即为1。或的运算符是“+”。实现逻辑或的电路称为或门，其逻辑表达式为$F=A+B$，逻辑符号如表1-4所示。或门可以有多个输入变量，$F=A+B+C+D+\cdots$。

3. 非运算　非运算的逻辑关系是：条件具备时，结果不发生；条件不具备时，则结果一定发生。如图1-1c逻辑变量A为1时，逻辑函数的输出F为0；逻辑变量A为0时，逻辑函数的输出F为1。非的运算符是逻辑变量上方有符号“－”，称为“A非”。实现逻辑非的电路称为非门，其逻辑表达式为$F=\overline{A}$，逻辑符号如表1-4所示。

1.2.1.2　复合逻辑运算

实际的逻辑问题往往比较复杂，不过它们都可以在与、或、非的基础上加以组合来实现。最常见的复合逻辑运算有与非、或非、与或非、异或、同或等。表1-4列出了几种基本的逻辑运算，其中后5种是与、或、非运算的组合形式。

1. 与非、或非运算　由表1-4的真值表看出：与非运算是先与后非；或非运算是先或后非。实现与非、或非运算的电路为与非门、或非门，其逻辑符号如表1-4所示。

2. 异或、同或运算　异或运算的逻辑关系为$F=A\oplus B=\overline{A}B+A\overline{B}$，可见，只有逻辑变量$A$和$B$的取值不同时，逻辑函数的输出才为1。异或的运算符是“⊕”。实现异或运算的电

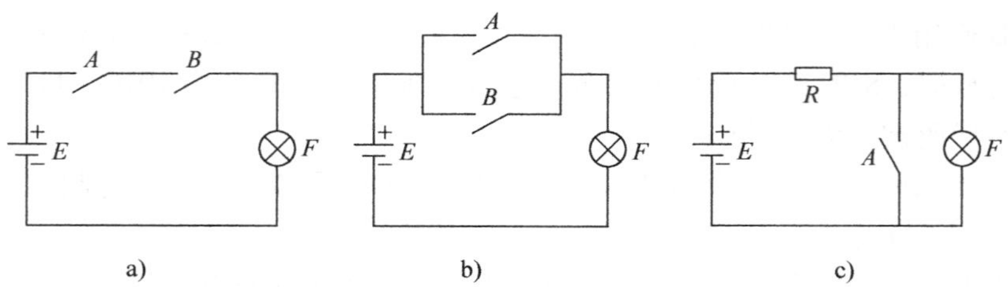

图 1-1　3 种指示灯的控制电路

a）与电路　b）或电路　c）非电路

路称为异或门，其逻辑符号如表 1-4 所示。

同或运算的逻辑关系为 $F=A\odot B=\overline{A}\,\overline{B}+AB=\overline{A\oplus B}$，可见，只有逻辑变量 A 和 B 的取值相同时，逻辑函数的输出才为 1。同或的运算符是“$\odot$”。实现同或运算的电路称为同或门，其逻辑符号如表 1-4 所示。对于两个输入变量的同或门和异或门，由真值表可以推出同或等于异或的非。

3. 与或非运算　与或非运算的顺序为先与再或最后取非。实现与或非运算的电路称为与或非门，其逻辑符号如表 1-4 所示。

表 1-4　部分复合逻辑运算表

表示方法 / 逻辑运算	逻辑符号	表达式	真值表 A	真值表 B	真值表 F	基本运算规则
与	& (输入 A、B，输出 F)	$F=A\cdot B=AB$	0	0	0	$A\cdot A=A$
			0	1	0	$A\cdot\overline{A}=0$
			1	0	0	$A\cdot 1=A$
			1	1	1	$A\cdot 0=0$
或	≥1 (输入 A、B，输出 F)	$F=A+B$	0	0	0	$A+A=A$
			0	1	1	$A+\overline{A}=1$
			1	0	1	$A+1=1$
			1	1	1	$A+0=A$
非	1 (输入 A，输出 F)	$F=\overline{A}$	0	—	1	$\overline{\overline{A}}=A$
			1	—	0	
与非	& (输入 A、B，输出 F)	$F=\overline{AB}$	0	0	1	$\overline{AB}=\overline{A}+\overline{B}$
			0	1	1	
			1	0	1	
			1	1	0	
或非	≥1 (输入 A、B，输出 F)	$F=\overline{A+B}$	0	0	1	$\overline{A+B}=\overline{A}\,\overline{B}$
			0	1	0	
			1	0	0	
			1	1	0	

（续）

逻辑运算 \ 表示方法	逻辑符号	表达式	真值表 A	真值表 B	真值表 F	基本运算规则
异或	异或门（=1，输入 A、B，输出 F）	$F=A\oplus B$	0	0	0	$A\oplus 0=A$
			0	1	1	$A\oplus 1=\overline{A}$
			1	0	1	$A\oplus A=0$
			1	1	0	$A\oplus\overline{A}=1$
同或	同或门（=，输入 A、B，输出 F）	$F=A\odot B$	0	0	1	$A\odot 0=\overline{A}$
			0	1	0	$A\odot 1=A$
			1	0	0	$A\odot A=1$
			1	1	1	$A\odot\overline{A}=0$
与或非	与或非门（&、≥1，输入 A、B、C、D，输出 F）	$F=\overline{AB+CD}$	略			

1.2.2 逻辑函数的公式、定理

1. 逻辑代数基本公式（9 个）

1）与运算：

$$A\cdot 0=0;\quad A\cdot 1=A;\quad A\cdot A=A;\quad A\cdot\overline{A}=0$$

2）或运算：

$$A+0=A;\quad A+1=1;\quad A+A=A;\quad A+\overline{A}=1$$

非运算：$\overline{\overline{A}}=A$

2. 逻辑代数常用公式　这里仅列 4 个。

1）$A+AB=A$

2）$A+\overline{A}B=A+B$

3）$AB+\overline{A}B=B$

4）$AB+\overline{A}C+BC=AB+\overline{A}C$

3. 逻辑代数定律

1）交换律：

$$A\cdot B=B\cdot A$$
$$A+B=B+A$$

2）结合律：

$$A\cdot(B\cdot C)=(A\cdot B)\cdot C$$
$$A+(B+C)=(A+B)+C$$

3）分配律：

$$A\cdot(B+C)=AB+AC$$
$$A+BC=(A+B)(A+C)$$

4）反演律（摩根公式）：

$$\overline{A+B}=\overline{A}\cdot\overline{B}$$
$$\overline{A\cdot B}=\overline{A}+\overline{B}$$

4. 代入定理　在任何一个包含变量 A 的逻辑等式中，若以另一个逻辑式代换原式中所有 A，所得等式仍然成立，反之亦然。

以上公式、定律和定理都可以得到证明。有一种最直接的证明方法就是将变量的可能取值组合一一带入验证，而一旦证明了某几个公式，就可以依据这几个已经证明了的公式推导出其他全部公式。

上述公式、定律和定理在数字电路的分析中主要用于逻辑运算及逻辑函数式的变换和化简。

例 1-1　已知 $Y=\overline{A}B+A\overline{B}$，求 $\overline{Y}$。

解：根据代入定理，可将 $\overline{A}B$、$A\overline{B}$分别代换反演律中的两个变量，再利用反演律及其他有关公式，逐步演算、变换：

$$\begin{aligned}\overline{Y}&=\overline{\overline{A}B+A\overline{B}}\\&=\overline{\overline{A}B}\cdot\overline{A\overline{B}}\\&=(\overline{\overline{A}}+\overline{B})\cdot(\overline{A}+\overline{\overline{B}})\\&=(A+\overline{B})\cdot(\overline{A}+B)\\&=\overline{A}A+\overline{A}\,\overline{B}+AB+\overline{B}B\\&=0+\overline{A}\,\overline{B}+AB+0\\&=\overline{A}\,\overline{B}+AB\end{aligned}$$

由此可见，偶数个变量的异或运算的非便是同或运算，异或与同或互补。

用 Multisim 11 仿真验证：图 1-2 为此题的仿真电路及结果。

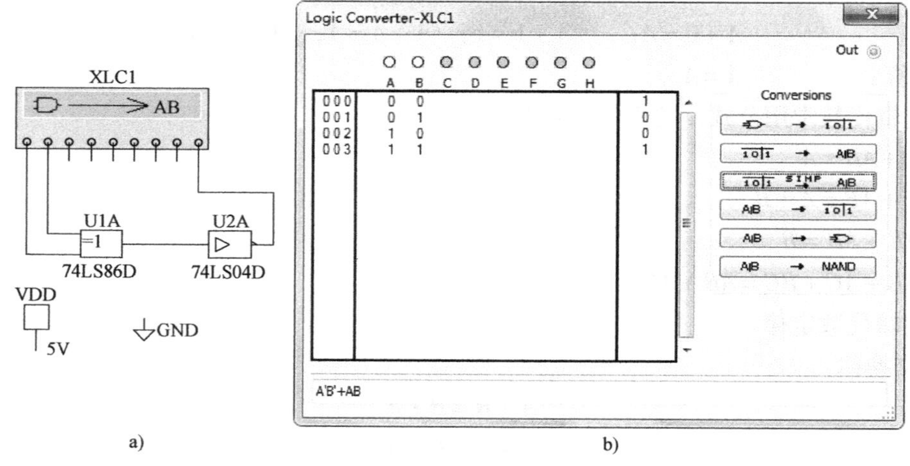

图 1-2　例 1-1 的仿真电路及结果

a) 仿真电路　b) 结果

例 1-2　利用公式化简逻辑式 $Y=A\overline{B}+ACD+\overline{A}\,\overline{B}+\overline{A}CD$。

解：

$$\begin{aligned}Y&=A\overline{B}+ACD+\overline{A}\,\overline{B}+\overline{A}CD\\&=A(\overline{B}+CD)+\overline{A}(\overline{B}+CD)\\&=(\overline{B}+CD)(A+\overline{A})\\&=\overline{B}+CD\end{aligned}$$

用 Multisim 11 仿真验证：

首先调出逻辑转换仪，双击打开转换窗口，并在其中输入 $A\overline{B}+ACD+\overline{A}\,\overline{B}+\overline{A}CD$（在 Multisim 11 中，某逻辑自变量的非用自变量右上角加“′”来表示。如：$\overline{B}$ 用 B'表示），单击逻辑式转换成真值表功能的按钮，将逻辑式转换成真值表。然后再单击真值表转换成化简后的逻辑式的按钮，得到了最简逻辑式，如图 1-3 所示。

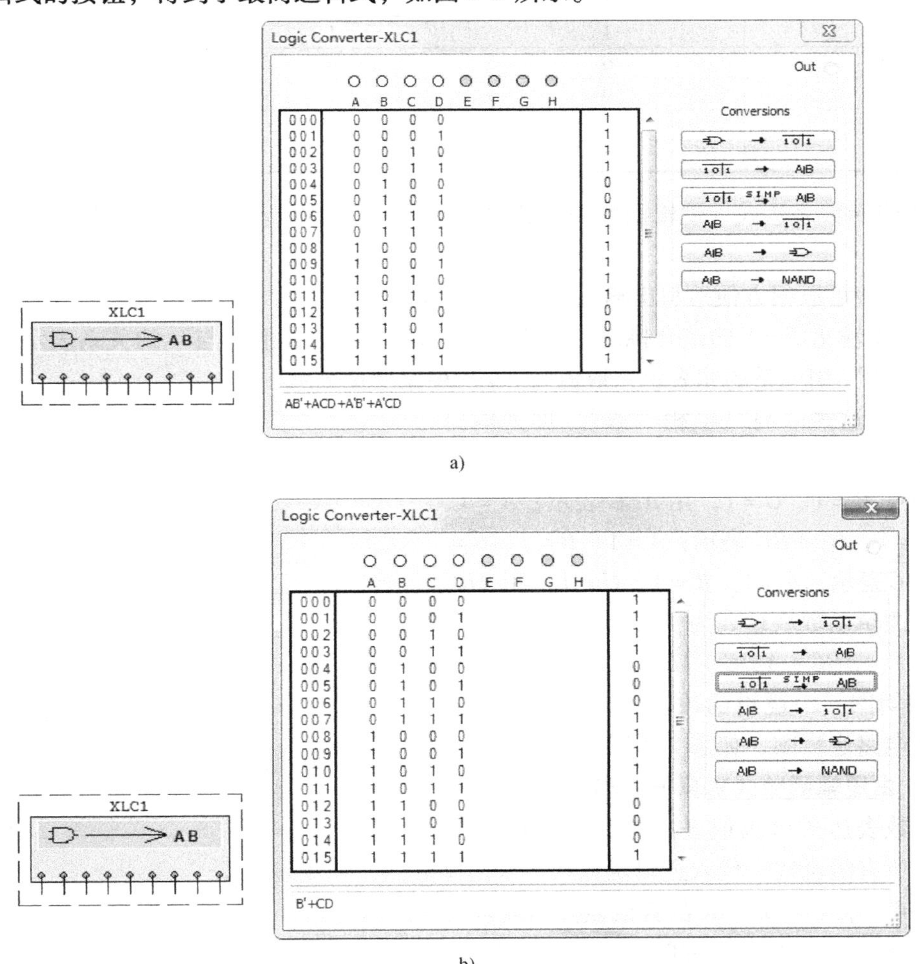

图 1-3　例 1-2 的仿真结果

a）由逻辑式转换成真值表　b）由真值表转换成最简逻辑式

1.2.3　逻辑函数的表示方法及相互转换

常用逻辑函数的表示方法有：真值表、逻辑函数表达式、卡诺图、逻辑图和波形图。逻辑函数的几种表示方法可以相互转换。

1.2.3.1　由真值表求逻辑表达式和逻辑图

1. 真值表　真值表是由逻辑变量所有可能取值的组合及其对应函数值所构成的表格。

例 1-3　某产品有 3 项指标，当两项及以上指标达到标准时，则此产品为合格产品，其他情况均为不合格。画出筛选此产品为合格产品的逻辑电路。

解：设此产品的 3 项指标为 A、B、C，达标为 1，不达标为 0。设 F 为筛选结果，$F=1$ 为合格，$F=0$ 为不合格。根据题意列出真值表，如表 1-5 所示。

表 1-5　某产品筛选电路真值表

A	B	C	F
0	0	0	0
0	0	1	0
0	1	0	0
0	1	1	1
1	0	0	0
1	0	1	1
1	1	0	1
1	1	1	1

2. 逻辑函数表达式　逻辑函数表达式是用输入变量逻辑运算的代数组合来表示的逻辑函数。

由真值表可以很方便地写出输出变量的函数表达式。其方法是：

1）先将输出 $F=1$ 的组合挑出，分别用相应输入各变量相“与”的关系表示，输入变量取值为“0”用变量的非表示，取值为“1”用原变量表示。

2）再将这些“与”项相“或”，即为输出的逻辑函数表达式。例如，表 1-5 中 $F=1$ 的组合有 $A=0$、$B=1$、$C=1$，用 $\overline{A}BC$ 表示；$A=1$、$B=0$、$C=1$，用 $A\overline{B}C$ 表示；$A=1$、$B=1$、$C=0$，用 $AB\overline{C}$表示；$A=1$、$B=1$、$C=1$，用 ABC 表示。其逻辑函数表达式为

$$F=\overline{A}BC+A\overline{B}C+AB\overline{C}+ABC$$

3. 逻辑图　由逻辑函数表达式画出此合格产品筛选电路逻辑图，如图 1-4 所示。

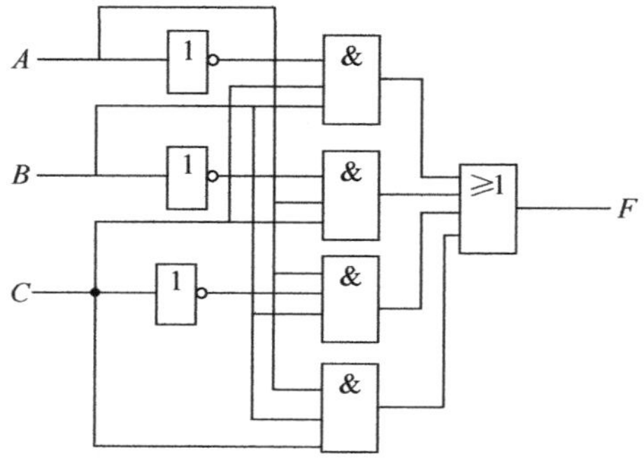

图 1-4　某合格产品筛选电路逻辑图

1.2.3.2　由逻辑函数式求真值表和逻辑图

由函数表达式求真值表的方法是将输入变量取值的所有组合逐一代入逻辑函数式，求出函数值，列成表格。

例 1-4　求 $Y=\overline{AB+AC}$的真值表并仿真求得其逻辑电路。

解：将 A、B、C 的各种取值逐一代入 Y 式中计算，将计算结果列表，如表 1-6 所示。

用 Multisim 11 对其仿真，得到相应的真值表和逻辑图，如图 1-5 所示。

表 1-6　$Y=\overline{AB+AC}$的真值表

A	B	C	Y
0	0	0	1
0	0	1	1
0	1	0	1
0	1	1	1
1	0	0	1
1	0	1	0
1	1	0	0
1	1	1	0

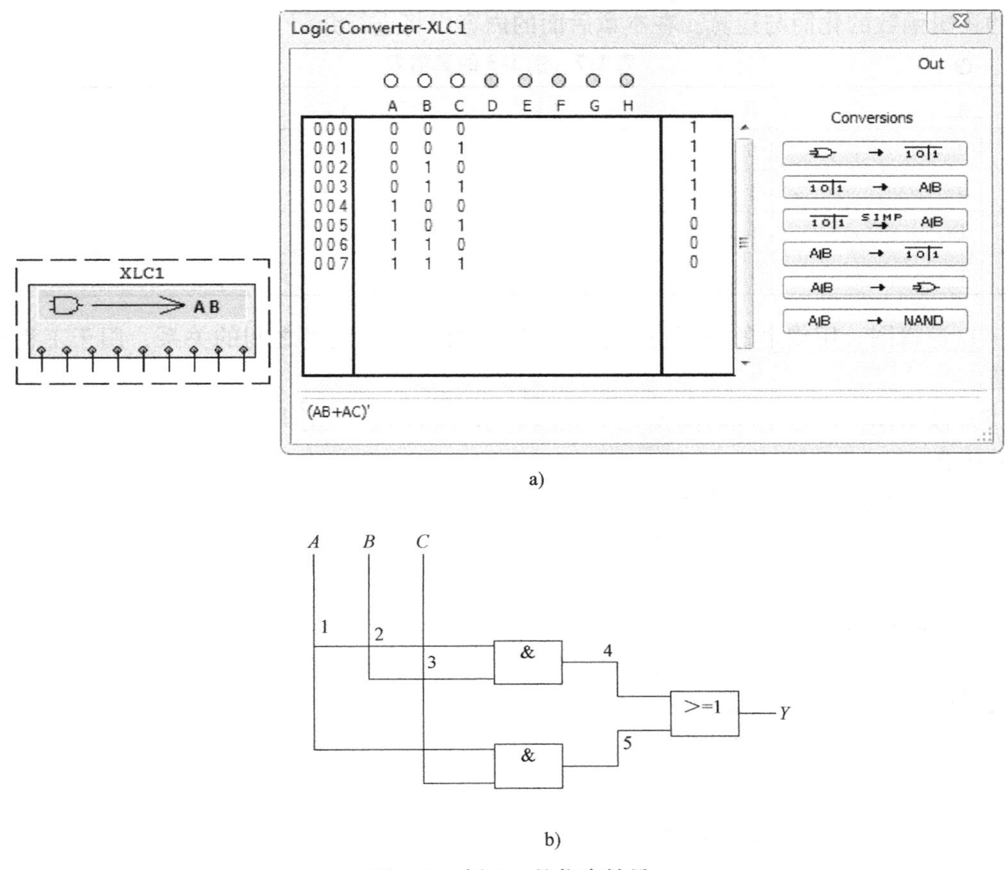

a)

b)

图 1-5　例 1-4 的仿真结果

a）$Y=\overline{AB+AC}$的真值表　b）$Y=\overline{AB+AC}$的电路逻辑图

1.2.3.3　由逻辑图求逻辑函数式和真值表

由逻辑图写函数表达式的方法是：从输入端到输出端逐级写出每个逻辑符号的输出逻辑函数表达式，而最终得到的逻辑函数表达式为最后的输出变量与最初的输入变量间的逻辑函数表达式。

例 1-5　写出图 1-6 的逻辑函数表达式及真值表。

解： 从输入端 A、B 逐级写出输出端的逻辑函数表达式，得到 $Y=\overline{A+B}+\overline{\overline{A}+\overline{B}}$。其真值表如表 1-7 所示。

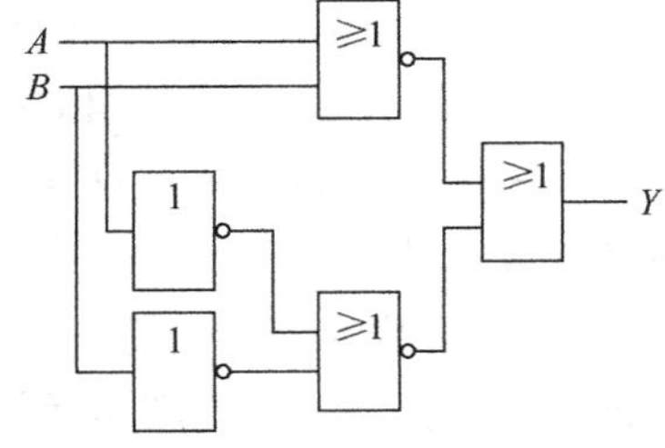

图 1-6　例 1-5 的逻辑图

总结各种逻辑表示方法的特点如下：

（1）真值表。以表格形式展示了各输入逻辑变量取值的组合与函数值的关系，直观、明了。在把实际问题抽象为数字逻辑问题时往往首先列出真值表。但变量较多时，用真值表表示较烦琐（n 变量有 2^n 种取值组合）。

（2）逻辑函数表达式。用输入变量逻辑运算的代数组合表示逻辑函数。对变量多、关系复杂的函数是一种简洁的表示方法，便于逻辑函数的运算、变换和化简。

（3）卡诺图。以方块图的形式展示逻辑函数的最小项，直观、明了。常用于变量数小于5的逻辑函数的化简与运算。在本章后面的内容中将进行介绍。

表1-7　例1-5的真值表

A	B	$\overline{A+B}$	$\overline{\overline{A}+\overline{B}}$	Y
0	0	1	0	1
0	1	0	0	0
1	0	0	0	0
1	1	0	1	1

（4）逻辑图。用规定的图形符号表示逻辑函数与逻辑变量之间的关系，用于工程设计与制造。

（5）波形图。用电平随时间变化的波形表示逻辑函数与逻辑变量之间的关系，常用于电路的仿真。

真值表和卡诺图都与逻辑函数最小项表示方法相对应，由于逻辑函数的最小项表达式是唯一的，所以同一逻辑函数的真值表和卡诺图也是唯一的。而同一逻辑函数可以表示成不同的函数表达式，因此其逻辑图也不一样。

1.2.4　逻辑函数的化简

逻辑表达式越简单，实现它的电路也越简单，电路工作也较稳定可靠。一个逻辑函数的表达式可以有以下5种表示形式：

（1）与或表达式，例如，$Y=\overline{A}B+AC$。

（2）或与表达式，例如，$Y=(A+B)(\overline{A}+C)$。

（3）与非-与非表达式，例如，$Y=\overline{\overline{\overline{A}B}\cdot\overline{AC}}$。

（4）或非-或非表达式，例如，$Y=\overline{\overline{A+B}+\overline{\overline{A}+C}}$。

（5）与或非表达式，例如，$Y=\overline{\overline{A}\cdot\overline{B}+A\overline{C}}$。

利用逻辑代数的基本定律，可以实现上述5种逻辑函数表达式之间的变换。

1.2.4.1　逻辑函数的最简与或式

逻辑函数的最简与或式的特点是：

1）乘积项个数最少。

2）每个乘积项中的变量个数也最少。

例：$Y=\overline{A}B\overline{E}+\overline{A}B+A\overline{C}+A\overline{C}E+B\overline{C}+B\overline{C}D$

$=\overline{A}B+A\overline{C}+B\overline{C}=\overline{A}B+A\overline{C}$

最简与或式的结果不唯一。这可以从函数式的公式化简和卡诺图化简中得到验证。

1.2.4.2　逻辑函数的公式化简法

逻辑函数的公式化简法就是运用逻辑代数的基本公式、定理和规则来化简逻辑函数。

1. 并项法　利用公式$A+\overline{A}=1$，将两项合并为一项并消去一个变量。

例：运用分配律

$$Y=ABC+\overline{A}BC+B\overline{C}=(A+\overline{A})BC+B\overline{C}$$
$$=BC+B\overline{C}=B(C+\overline{C})=B$$

2. 吸收法

1）利用公式$A+AB=A$，消去多余的项。

例：$Y=\bar{A}B+\bar{A}BCD(E+F)=\bar{A}B$

2）利用公式 $A+\bar{A}B=A+B$ 消去多余的变量。

例：$Y=AB+\bar{A}C+\bar{B}C$

$=AB+(\bar{A}+\bar{B})C=AB+\overline{AB}C=AB+C$

3. 配项法

1）利用公式 $A=A(B+\bar{B})$，为某一项配上其所缺的变量，以便用其他方法进行化简。

例：$Y=A\bar{B}+B\bar{C}+\bar{B}C+\bar{A}B$

$=A\bar{B}+B\bar{C}+(A+\bar{A})\bar{B}C+\bar{A}B(C+\bar{C})$

$=A\bar{B}+B\bar{C}+A\bar{B}C+\bar{A}\bar{B}C+\bar{A}BC+\bar{A}B\bar{C}$

$=A\bar{B}(1+C)+B\bar{C}(1+\bar{A})+\bar{A}C(\bar{B}+B)$

$=A\bar{B}+B\bar{C}+\bar{A}C$

2）利用公式 $A+A=A$，为某项配上其所能合并的项。

例：$Y=ABC+AB\bar{C}+A\bar{B}C+\bar{A}BC$

$=(ABC+AB\bar{C})+(ABC+A\bar{B}C)+(ABC+\bar{A}BC)$

$=AB+AC+BC$

4. 消去冗余项法　利用公式 $AB+\bar{A}C+BC=AB+\bar{A}C$，将冗余项 B、C 消去。

例：$Y=\overline{AB}+AC+AD+\bar{C}D$

$=\overline{AB}+(AC+\bar{C}D+AD)$

$=\overline{AB}+AC+\bar{C}D$

1.2.4.3　逻辑函数的卡诺图化简法

1. 最小项　如果一个函数的某个乘积项包含了函数的全部变量，其中每个变量都以原变量或反变量的形式出现，且仅出现一次，则这个乘积项称为该函数的一个标准乘积项，通常称为最小项。

2 个变量 A、B 的最小项有 4 个（$2^2=4$），分别为：$A\bar{B}$、$\bar{A}B$、$\bar{A}\bar{B}$、AB。

3 个变量 A、B、C 的最小项有 8 个（$2^3=8$），分别为：$\bar{A}\bar{B}\bar{C}$、$\bar{A}\bar{B}C$、$\bar{A}B\bar{C}$、$\bar{A}BC$、$A\bar{B}\bar{C}$、$A\bar{B}C$、$AB\bar{C}$、ABC。

4 个变量 A、B、C、D 的最小项有 16 个（$2^4=16$），分别为：$\bar{A}\bar{B}\bar{C}\bar{D}$、$\bar{A}\bar{B}\bar{C}D$、$\bar{A}\bar{B}C\bar{D}$、$\bar{A}\bar{B}CD$、$\bar{A}B\bar{C}\bar{D}$、$\bar{A}B\bar{C}D$、$\bar{A}BC\bar{D}$、$\bar{A}BCD$、$A\bar{B}\bar{C}\bar{D}$、$A\bar{B}\bar{C}D$、$A\bar{B}C\bar{D}$、$A\bar{B}CD$、$AB\bar{C}\bar{D}$、$AB\bar{C}D$、$ABC\bar{D}$、$ABCD$。

最小项有如下性质：

1）N 个变量有 2^N 种取值的组合，每一种取值组合对应一个最小项，这是最小项的唯一性。输入变量的每一组取值都使一个且仅使一个最小项的值为 1。符号 m_i 也用来表示最小项，下标 i 表示最小项所对应的十进制数值。例如，3 变量 A、B、C 中，当 $A=0$，$B=0$，$C=0$，就使得 m_0（也就是 $\bar{A}\bar{B}\bar{C}$）的值为 1，当 $A=1$，$B=0$，$C=1$，就使得 m_5（也就是 $A\bar{B}C$）的值为 1。

2）任意两个不同的最小项的乘积必为 0。

3）全部最小项的和必为 1。此结论从表 1-8 所示的 3 变量全部最小项的真值表中可得到验证。

2. 逻辑函数的最小项表达式　任何逻辑函数都可以表示成若干个最小项之和的形式，

称之为逻辑函数的标准形式。

表 1-8　3 变量全部最小项的真值表

A	B	C	m_0	m_1	m_2	m_3	m_4	m_5	m_6	m_7
			$\overline{A}\,\overline{B}\,\overline{C}$	$\overline{A}\,\overline{B}C$	$\overline{A}B\overline{C}$	$\overline{A}BC$	$A\overline{B}\,\overline{C}$	$A\overline{B}C$	$AB\overline{C}$	ABC
0	0	0	1	0	0	0	0	0	0	0
0	0	1	0	1	0	0	0	0	0	0
0	1	0	0	0	1	0	0	0	0	0
0	1	1	0	0	0	1	0	0	0	0
1	0	0	0	0	0	0	1	0	0	0
1	0	1	0	0	0	0	0	1	0	0
1	1	0	0	0	0	0	0	0	1	0
1	1	1	0	0	0	0	0	0	0	1

例 1-6　将逻辑函数 $Y=A\overline{B}+B\overline{C}$化成最小项表达式。

解：利用公式 $A+\overline{A}=1$，将原式中的非最小项补足所缺的变量，成最小项之和的形式。

函数的最小项表达式有 3 种写法：

1）写成乘积项之和的形式。

2）写成按编号表示的最小项之和的形式。

3）简写形式。

如本例中最小项表达式的形式

$$
\begin{aligned}
Y &= A\overline{B}+B\overline{C} \\
&= A\overline{B}(C+\overline{C})+(A+\overline{A})B\overline{C} \\
&= A\overline{B}C+A\overline{B}\,\overline{C}+AB\overline{C}+\overline{A}B\overline{C} \\
&= m_5+m_4+m_6+m_2 \\
&= \sum m(2,4,5,6)
\end{aligned}
$$

例 1-7　已知逻辑函数 $Y=f$（A，B，C，D）的真值表如表 1-9 所示，试将其表示为最小项表达式。

表 1-9　例 1-7 真值表

A	B	C	D	Y
0	0	0	0	1
0	0	0	1	1
0	0	1	0	0
0	0	1	1	0
0	1	0	0	1
0	1	0	1	1
0	1	1	0	0
0	1	1	1	0
1	0	0	0	0
1	0	0	1	1
1	0	1	0	1
1	0	1	1	1
1	1	0	0	1
1	1	0	1	0
1	1	1	0	0
1	1	1	1	0

解：将真值表中使输出变量为 1 的最小项相加即可。

注意到真值表本身已经是按照变量 A、B、C、D 的次序，以自然二进制编码顺序排列的，所以可以很方便地按照编号直接写出最小项表达式。

$$Y=m_0+m_1+m_4+m_5+m_9+m_{10}+m_{11}+m_{12}$$

3. 卡诺图　将逻辑函数真值表中的最小项重新排列成矩阵形式，并且使矩阵的横方向和纵方向的逻辑变量的取值按照格雷码的顺序排列，这样构成的图形就是卡诺图。引入卡诺图的主要目的是为了逻辑函数的化简。在卡诺图中，每个最小项用一个小方格代表，N 变量的卡诺图有 2^N 个小方格，把这些小方格按照格雷码的顺序排列，构成卡诺图的结构框架。例如，2 变量的卡诺图较简单，A 为 0、1；B 为 0、1。3 变量的卡诺图中，BC 的取值排列为 00、01、11、10，这是遵循逻辑相邻的原则。4 变量的卡诺图中，AB、CD 的取值排列规律也如此参照。

函数中包括哪个最小项，就在代表哪个最小项的小方格中写 1；不包括的项，对应的小方格就写 0，这样就成为逻辑函数式的卡诺图。按照变量顺序将这些数字组成的二进制数，这些二进制数所对应的十进制数，就是该数字所在行、列交叉点上对应的小方格所代表的最小项的编号。

2 变量 A、B 的卡诺图如图 1-7a 所示，3 变量 A、B、C 的卡诺图如图 1-7b 所示，4 变量 A、B、C、D 的卡诺图如图 1-7c 所示。各图中上面一种表示最小项的方法是以变量表示的，如：图 1-7c 中 4 变量的 0101 表示 $\overline{A}B\,\overline{C}D$（此时，$A$ 为二进制的最高位，D 为最低位），其中 1 表示原变量，0 表示反变量；而另一个则是按编号表示最小项的，如：3 变量的 m_5 表示 $A\,\overline{B}C$（此时，A 为二进制的最高位，C 为最低位）。

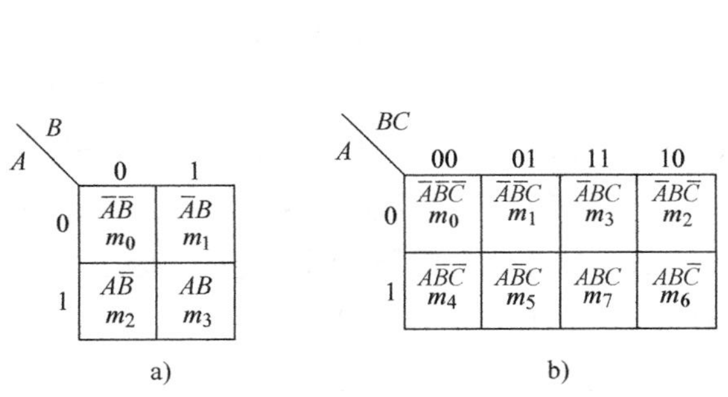

图 1-7　卡诺图

a) 2 变量 A、B 的卡诺图　b) 3 变量 A、B、C 的卡诺图　c) 4 变量 A、B、C、D 的卡诺图

卡诺图的特点是任意两个相邻的最小项在图中也是相邻的（相邻项是指两个最小项只有一个因子互为反变量，其余因子均相同，又称为逻辑相邻项）。

例 1-8　用卡诺图表示例 1-6 和例 1-7 的逻辑函数。

解：例 1-6 中的逻辑函数 $Y=A\,\overline{B}+B\,\overline{C}$即 $Y=A\,\overline{B}C+A\,\overline{B}\,\overline{C}+AB\,\overline{C}+\overline{A}B\,\overline{C}$已化成最小项表达式。在 4 个最小项对应的小方格里写 1，其他小方格里写 0，得到所求函数的卡诺图如图 1-8a 所示。

例 1-7 中的逻辑函数已化成最小项表达式为

$$Y=m_0+m_1+m_4+m_5+m_9+m_{10}+m_{11}+m_{12}$$

在 8 个最小项对应的小方格里写 1，其他小方格里写 0，得到所求函数的卡诺图如图 1-8b所示。

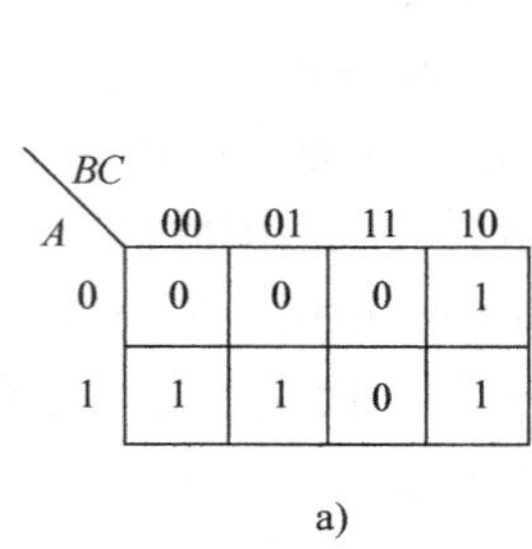

a)

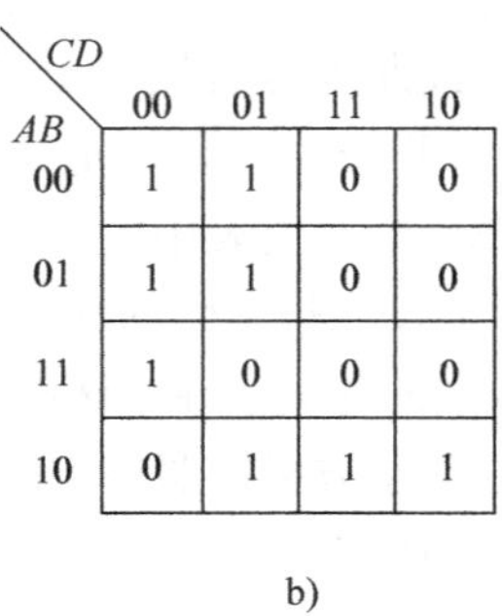

b)

图 1-8　例 1-8 的卡诺图

a）例 1-6 的卡诺图　b）例 1-7 的卡诺图

4. 利用卡诺图化简逻辑函数　逻辑函数的化简在数字电路的分析和设计中很重要。一般来说，逻辑式越是简单，其表示的逻辑关系就越清晰，其电路的成本就越低，而可靠性越强。

如果与或逻辑式中或运算的符号最少（即与项最少），而且每个乘积项中的因子数最少，就叫最简与或式。逻辑函数化简的最终目标应当是得到最简逻辑式，如果采用与或式的形式，就是要设法消去多余的乘积项和尽量减少乘积项中的因子。

直接利用逻辑代数公式化简逻辑函数是常用的化简方法之一，这种方法需要应用公式和经验、技巧，没有固定步骤。而利用卡诺图化简逻辑函数则直观、简易可行。

（1）化简的依据。利用卡诺图化简逻辑函数的依据在于卡诺图中相邻的小方格所对应的最小项逻辑相邻，而逻辑相邻的最小项可以合并，就可消去多余的因子。所以从卡诺图中找出相邻的小方格合并即可将逻辑函数化简。例如，例 1-6 中的 3 变量卡诺图中，m_2和 m_6 是相邻的，m_2即$\overline{A}B\overline{C}$，$m_6$即 $AB\overline{C}$，这两项中只有变量 A 不同，这两项可合并，即 $\overline{A}B\overline{C}+AB\overline{C}=B\overline{C}$。可见两个逻辑相邻项可以合并成一项并消去那个不同的变量（因子）。

卡诺图中，代表 m_2和 m_6的两个小方格是几何相邻的，于是可以将这两个小方格圈起来合并，写成 $B\overline{C}$。同理，m_4和 m_5、m_4和 m_6也分别属于逻辑相邻的最小项，所以也可以分别画圈合并这些最小项。

再看 4 个自变量 4 项相邻的情况，m_0、m_1 相邻，m_4、m_5 相邻，同时 m_0、m_4 相邻，m_1、m_5 相邻。这 4 项可以合并成一项并消去两个因子：

$$\overline{A}\,\overline{B}\,\overline{C}\,\overline{D}+\overline{A}\,\overline{B}\,\overline{C}D+\overline{A}B\overline{C}\,\overline{D}+\overline{A}B\overline{C}D=\overline{A}\,\overline{B}\,\overline{C}+\overline{A}B\overline{C}=\overline{A}\,\overline{C}$$

在卡诺图上，将代表 m_0、m_1、m_4、m_5 的 4 个小方格圈起来，表示为$\overline{A}\,\overline{C}$。

总之，卡诺图中，两项相邻可以合并成一项并消去一个多余因子；4 项相邻可以合并成一项并消去两个多余因子；8 项相邻可以合并成一项并消去 3 个多余因子。一般地，2^N 个最小项相邻，可以合并成一项并消去 N 个多余因子。

（2）化简步骤与注意事项。

1）将已知函数写成最小项表达式。

2）根据最小项表达式中自变量的个数画出卡诺图，在表达式中具有的最小项所对应的小方格内写“1”，剩下的小方格内写“0”。

3）在图中找出相邻的“1”格，分别将2^N个（其中，$N=0, 1, 2, 3, \cdots$）逻辑相邻的“1”格作为一组画一个圈，提出它们共有的公因子作为一个与项，那么，卡诺图中可能会有若干个类似构成的与项。

4）将所有与项相加，即得化简结果。

注意：为了达到最简结果，①卡诺图中所有的“1”格必须画在圈中，不能有遗漏。②所画的圈要尽量大（即包含的最小项要尽量多），以使得每一项中相“与”的自变量个数最少。③圈数要尽量少，以满足“或”的符号最少。④每个圈都要至少包含一个其他圈所没有的新的最小项。⑤注意边、角的相邻性。

例1-9 读图1-9，写出下列各式化简后的乘积项：1）$\sum m$（0，2，8，10）；2）$\sum m$（0，2，4，6）。

解：化简的方法是，将图中逻辑相邻项的2^N个小方格圈在一起“留同去异”，即找出它们共有的因子留下来，除去相异的因子即可。

1）$\sum m$（0，2，8，10）$=\overline{B}\,\overline{D}$

2）$\sum m$（0，2，4，6）$=\overline{A}\,\overline{D}$

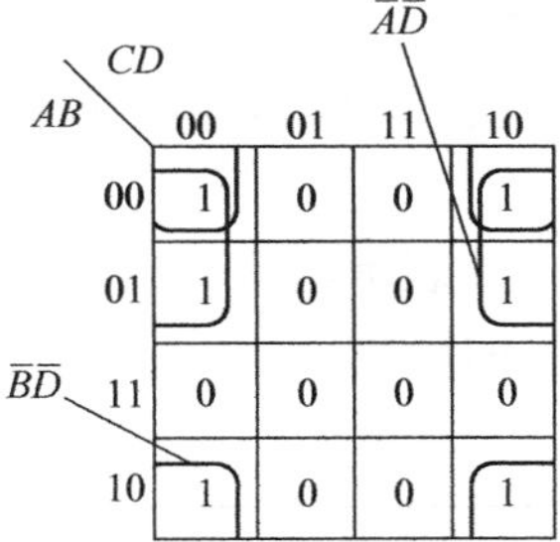

图1-9　4变量卡诺图

请注意本例题中1）、2）两问卡诺图中两边项相邻及4角项相邻，即m_0与m_2两项相邻，m_0与m_8两项相邻，m_0、m_2，m_8、m_{10}4项相邻，等等。

例1-10 化简函数$Y=\overline{A}BC+A\overline{B}C+AB$。

解：1）将已知函数写成最小项表达式，即$Y=\overline{A}BC+A\overline{B}C+AB\overline{C}+ABC$；

2）画已知函数的卡诺图。

3）在图中找出相邻项并画圈，写对应的与项，如图1-10所示。

4）将所有与项相加，即得化简结果$Y=AB+BC+AC$。

注意：本例中ABC这一项分别与3个项相邻，故化简时被圈过3次，这说明几个圈可以有重叠的部分，但每个圈中必须至少要有一个其他圈所没有的新的最小项。

例1-11 化简函数$F=\sum m$（0，2，6，8，9，10，11，12，13，14，15）。

解：本题已知函数已经是最小项表达式了，可直接画其卡诺图，画圈时将$m_8 \sim m_{15}$共8个“1”格圈在一起之后，剩下的m_0、m_2应当与m_8、m_{10} 4个“1”格圈起来，m_6则应与同一列的m_2、m_{10}、m_{14}圈在一起，如图1-11所示。

化简的最终结果为$F=A+\overline{B}\,\overline{D}+C\overline{D}$。

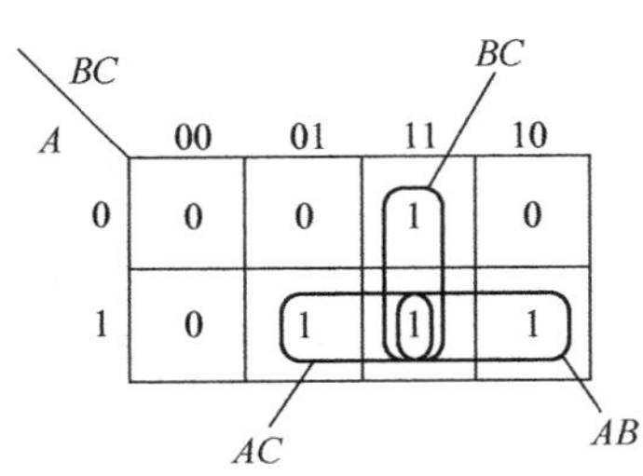

图1-10　例1-10的卡诺图

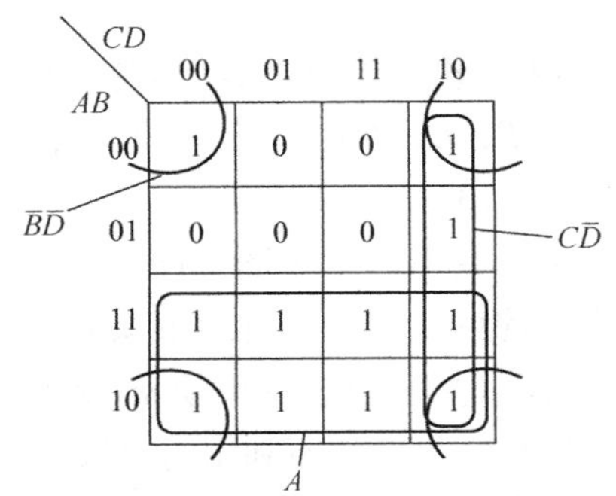

图1-11　例1-11卡诺图

此例说明，要尽可能画大圈，以便使乘积项中因子数最少。

1.2.4.4 具有约束项的逻辑函数的化简

在化简具有约束项的逻辑函数时可以利用约束项。因为这些项是不存在的，所以在写逻辑函数时，可以把它们当成“有”或当成“无”。这样便可以根据化简的需要，充分利用约束项以使函数得到简化。

例如，一个码制变换电路，其功能是将8421BCD码变换成对应的十进制码。4位二进制代码（即8421码）共有$2^4=16$个数码组，8421BCD码使用了其中10个，剩余的6个数码组称之为“伪码”，在使用这种码制的数字电路中这几个码是不应当出现的，正常情况下也不可能出现。如表1-10所示，从1010到1111共6个编码属于伪码。如果用*ABCD*表示码制变换电路的4个输入变量，则这6个输入变量的组合是不存在的，称为约束项。

表示具有约束项的逻辑函数时要将约束条件写明，本例中约束条件写为

$$\sum d(10,11,12,13,14,15)$$

式中，d表示约束项，括弧中为其编号。此6个约束项在卡诺图中的小方格中分别画成“×”的形式。

表1-10 码制变换表

8421BCD码	十进制数字
0000	0
0001	1
0010	2
0011	3
0100	4
0101	5
0110	6
0111	7
1000	8
1001	9
1010 1011 1100 1101 1110 1111	约束项

由于约束项可以写成任意的逻辑值，所以为了得到卡诺图化简后的最简结果，可以根据需要把约束项写成逻辑1，也可以根据需要写成逻辑0的形式。

例1-12 化简具有约束项的逻辑函数

$F(A,B,C,D)=\sum m(2,6,8,9)+\sum d(7,10,11,12,13,14,15)$

解：画函数F的卡诺图如图1-12所示，图中打×的小方格表示约束项。如果将约束项m_{10}、m_{11}、m_{12}、m_{13}、m_{14}、m_{15}每项均视作1，约束项m_7视为0，则可按图示方法画圈，所得结果要比不利用约束项简单得多。

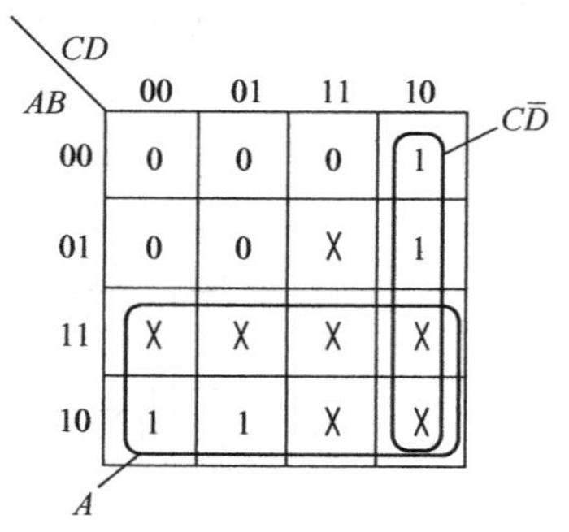

图1-12 例1-12的卡诺图

化简结果为 $F=A+C\overline{D}$

1.3 分立元器件门电路与集成逻辑门电路

虽然目前数字电路已基本集成化，分立元器件门电路极少被采用，但集成电路中的门都是以分立元器件门电路为基础的，因此这里简单介绍几种由分立元器件组成的门电路。

1.3.1 分立元器件门电路

1.3.1.1 半导体器件的开关特性

在数字电路中，用高、低电平分别表示二值逻辑的1和0两种逻辑状态。获得高、低输出电平的基本原理可以用图1-13开关电路表示。当开关S断开时，输出电压u_o为高电平；而当S闭合以后，输出u_o便为低电平，开关S是用二极管或晶体管组成的。只要能通过输入信号u_i控制二极管或晶体管工作在截止和导通两个状态，它们就可以起到图1-13中开关S的作用。

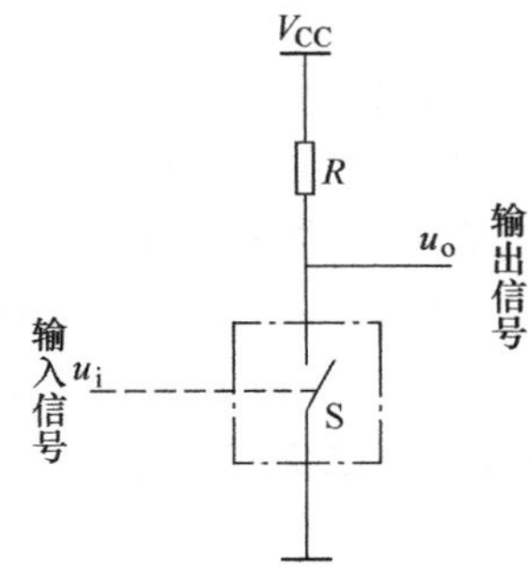

图1-13 开关电路

1.3.1.2 二极管的开关特性

由于二极管具有单向导电性，即在理想情况下，外加正向电压时二极管导通，外加反向电压时截止，所以它相当于一个受外加电压极性控制的开关，若用它取代图1-13中的开关S，就可以用输入电压u_i的高、低电平控制二极管的开关状态，并在u_o得到相应的高、低电平输出信号。

然而在分析各种实际的二极管电路时发现，由于二极管的特性并不是理想的开关特性，所以并不是任何时候都能满足上面理想情况下对二极管特性所做的假定。

在图1-14所示的电路中，根据模拟电路理论得知：二极管的伏安特性里，电压和电流之间是非线性关系，实际的二极管反向电阻不是无穷大，正向电阻也不是零。

在分析二极管组成的电路时，多数情况下，可以通过近似的分析迅速判断二极管的开关状态。为此，必须利用近似的简化特性分析和计算。

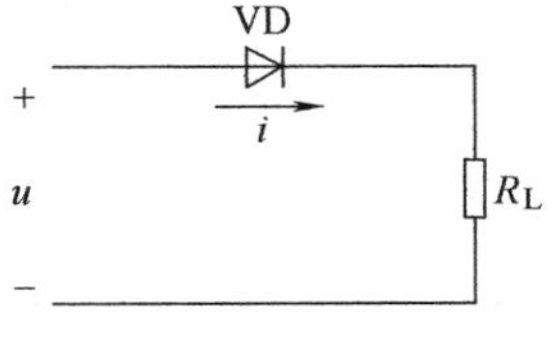

图1-14 二极管电路

当外加正向电源电压较大时，二极管的正向体电阻r_D近似为常数，二极管的正向导通压降为U_{ON}（硅管取0.7V，锗管取0.2V），得到如图1-15所示折线模型和等效电路。

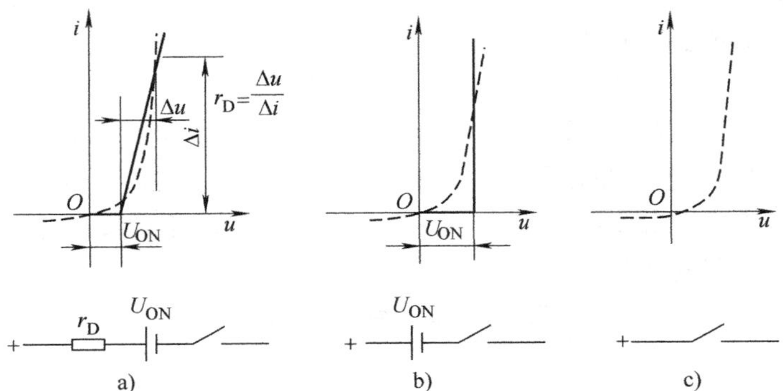

图1-15 二极管的近似伏安特性及开关等效电路

a）折线模型 b）恒压降模型 c）理想模型

当二极管的正向体电阻 r_D 与外接电阻 R_L 相比可以忽略时，可采用图 1-15b 中所示的恒压降模型和等效电路。当外加正向电源电压远大于二极管的正向导通压降 U_{ON} 时，可以忽略 U_{ON}，把二极管看成理想开关，得到如图 1-15c 所示理想模型和等效电路。在下面将要讨论的开关电路中，多数都符合这种工作条件，因此经常采用这种近似方法。在动态情况下，即加到二极管两端的电压突然反向时，电流的变化过程如图 1-16 所示。

由于外加电压由反向突然变为正向时，要等到 PN 结内部建立起足够的电荷梯度后才开始有扩散电流形成，因而正向导通电流的建立要稍微滞后一点；当外加电压突然由正向变为反向时，因为 PN 结内尚有一定数量的存储电荷，所以有较大的瞬态反向电流流过，如图 1-16 所示。随着存储电荷的消散，反向电流迅速衰减并趋近于稳定，正向电流的大小和持续时间的长短取决于外加电压和负载电阻的阻值，而且与二极管本身的特性有关。反向电流持续的时间用反向恢复时间来定量描述，该数值很小，在几纳秒以内，所以用普通的示波器不容易看到反向电流的瞬态波形。由于反向恢复时间的存在，二极管的开关速度受到限制。

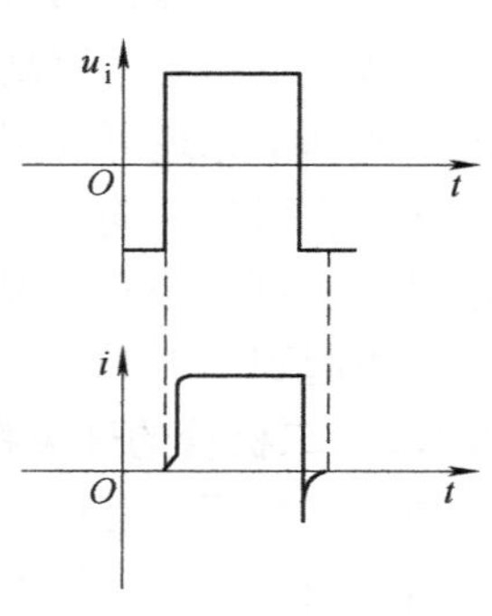

图 1-16　二极管动态电流波形

1.3.1.3　二极管门电路

1. 二极管与门电路　用以实现基本逻辑运算和复合逻辑运算的单元电路称为门电路。图 1-17 为二极管与门电路，其中 A、B 为输入变量，Y 为输出变量。从图中可知，当 A、B 中只要有一个输入为低电平时，对应的二极管导通，输出 Y 即为低电平；只有 A、B 同时输入为高电平时，两个二极管均截止，输出 Y 才为高电平。可见，输入与输出变量之间为与逻辑关系，即 $Y=AB$，其真值表如表 1-11 所示。

表 1-11　二极管与门真值表

A	B	Y
0	0	0
0	1	0
1	0	0
1	1	1

二极管与门电路结构简单，但输出的高、低电平与输入的高、低电平相差了一个二极管的压降，如果多级门电路级联将发生信号高、低电平的偏移。另外，当输出端对地接上负载电阻时，负载的阻值也会影响高电平的数值。

2. 二极管或门电路　图 1-18 为二极管或门电路，其中 A、B 为输入变量，Y 为输出变量。从图中可知，当 A、B 中只要有一个输入为高电平时，对应的二极管导通，输出 Y 即为高电平；只有 A、B 同时输入低电平时，两个二极管均截止，输出 Y 才为低电平。可见，输入与输出变量之间为或逻辑关系，即 $Y=A+B$，其真值表如表 1-12 所示。二极管或门电路同样存在输出电平偏移的问题。

表 1-12　二极管或门真值表

A	B	Y
0	0	0
0	1	1
1	0	1
1	1	1

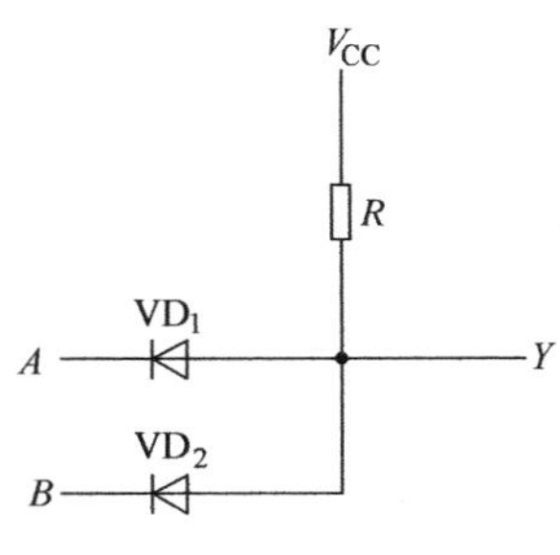

图 1-17　二极管与门电路

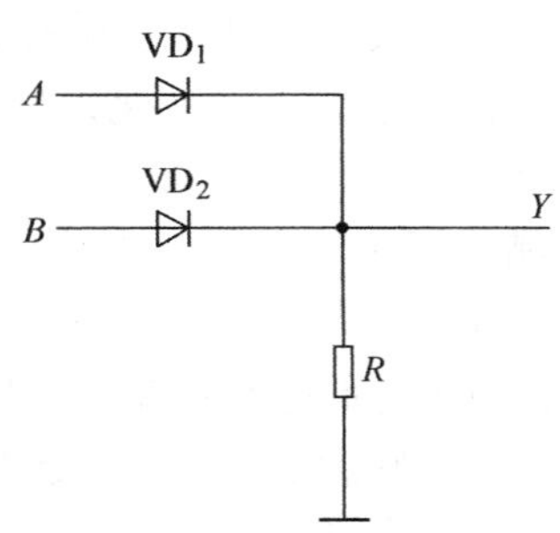

图 1-18　二极管或门电路

1.3.1.4　晶体管门电路

1. 半导体晶体管的开关特性　半导体晶体管具有放大、饱和与截止 3 种工作状态。在模拟电路中，晶体管主要工作在放大状态；在数字电路中，晶体管作为开关器件，主要工作在饱和与截止这两种稳定状态，而放大状态只是两种稳定状态的中间过渡状态。

用 NPN 型晶体管取代图 1-13 中的开关 S，就得到了图 1-19 所示的晶体管开关等效电路。

当输入电压 $u_i<0$ 时，发射结反偏，集电结也反偏，基极电流 $i_B\approx 0$，集电极电流 $i_C\approx 0$，输出电压 $u_o\approx V_{CC}$，晶体管处于截止状态，此时 C-E 间电阻很大，相当于开关断开。即使输入电压 $u_i>0$，但只要不超过晶体管的死区电压，晶体管仍然截止。当输入电压 u_i超过晶体管的死区电压时，发射结正偏，晶体管导通，继续增大输入电压，使 $i_B=V_{CC}/\beta R_C$，则集电结也正偏，此时晶体管进入饱和状态，C-E 间压降很小，称为晶体管饱和压降 U_{CES}，由于 U_{CES}很小（约为 0.2～0.3V），晶体管 C-E 间相当于开关闭合。对应的基极电流称为基极临界饱和电流 $I_{BS}=V_{CC}/\beta R_C$，而集电极电流称为集电极饱和电流 $I_{CS}=V_{CC}/R_C$。此后如果再增加基极电流，则饱和程度加深，但集电极电流基本上保持在 I_{CS}不再增加，它已不受基极电流 i_B的控制。考虑到实际电路中，通常都满足饱和压降 $U_{CES}\approx 0$，截止时的 $i_C\approx 0$，所以在分析晶体管电路时经常使用图 1-19 给出的晶体管开关等效电路。

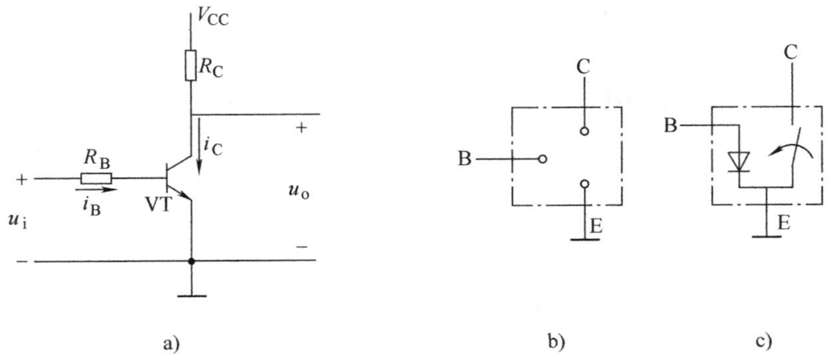

图 1-19　晶体管开关等效电路
a）晶体管电路　b）截止状态　c）饱和状态

在动态情况下，即晶体管在截止与饱和导通两种状态间迅速转换时，晶体管内部电荷的建立和消散都需要一定的时间，因而集电极电流 i_C的变化将滞后于输入电压 u_i的变化。在接成晶体管开关电路以后，开关电路的输出电压 u_o 的变化也必然滞后于输入电压 u_i 的变化，如图 1-20 所示。这种滞后现象也可以用晶体管的 B-E 间、C-E 间都存在结电容效应来理解。

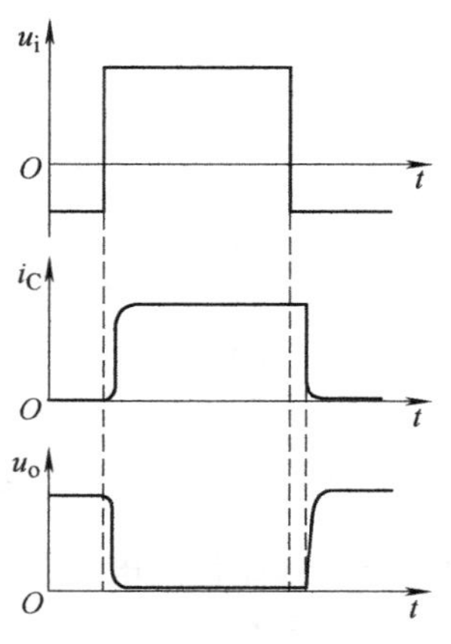

图 1-20　晶体管动态特性

2. 晶体管非门电路　上述晶体管开关等效电路中，若输入、输出电压用高、低电平来表示，则输入为高电平时，晶体管导通，输出为低电平；输入为低电平时，晶体管截止，输出为高电平，正好满足了非逻辑运算。

实际上，为了使输入为低电平时晶体管可靠截止，常采用图 1-21 所示的电路，图中只要 R_1、R_2 和负电源 V_{BB} 的参数选择适当，当输入为低电平时，晶体管基极为负电位，晶体管就可靠截止，当输入为高电平时，晶体管工作在饱和导通状态，故晶体管非门电路又称为反相器，其真值表如表 1-13 所示。

表 1-13　晶体管非门真值表

A	*Y*
0	1
1	0

1.3.1.5　正逻辑和负逻辑

在逻辑电路中，输入和输出一般都用电平来表示。若用 H 表示高电平，L 表示低电平，如果 $H=1$，$L=0$，则这种关系称为正逻辑。反之，若 $H=0$，$L=1$，则称为负逻辑。按照上述规定，同一门电路（如表 1-14 所示），在正逻辑下实现与功能，而在负逻辑下却实现或功能，即用正逻辑表示的逻辑函数，一旦换成负逻辑表示，则其逻辑函数表达式可从正逻辑表示的函数式中直接采用对偶规则求出，但对于非门电路，无论是正逻辑还是负逻辑，其功能不变。表 1-15 列出了正、负逻辑定义下对应的门电路类型。本书采用正逻辑。

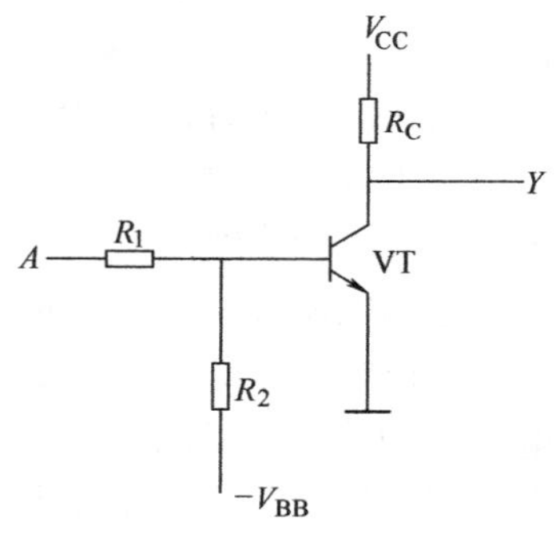

图 1-21　晶体管非门电路

表 1-14　门电路的功能

电平关系			正逻辑			负逻辑		
A	*B*	*Y*	*A*	*B*	*Y*	*A*	*B*	*Y*
L	*L*	*L*	0	0	0	1	1	1
L	*H*	*L*	0	1	0	1	0	1
H	*L*	*L*	1	0	0	0	1	1
H	*H*	*H*	1	1	1	0	0	0

表 1-15　正、负逻辑对应的门电路类型

正 逻 辑	负 逻 辑
或门	与门
与门	或门
与非门	或非门
或非门	与非门
异或门	同或门
同或门	异或门

1.3.2　TTL 集成门电路

自从集成电路（Integrated Circuit，简称 IC）出现以后，与分立元器件电路相比，TTL 集成门电路由于体积小、重量轻、性能可靠、价格便宜而被广泛应用。

TTL（Transistor-Transistor Logic 晶体管-晶体管逻辑门）是一种集成电路。按其消耗的功率（功耗）和工作速度可分为 74（普通或标准）系列、74H（High-speed，高速）系列、74S

（Schottky，肖特基）系列、74LS（Low-power Schottky，低功耗肖特基）系列、74AS（Advanced Schottky，为进一步缩短传输延迟时间而设计的改进型）系列、74ALS（Advanced Low-power Schottky，为获得更小的延迟-功耗积而设计的改进型）系列等，它们的工作电压都是5V。

不同系列的TTL器件中，只要器件型号的后几位数码一样，则它们的逻辑功能、外形尺寸、引脚排列就完全相同。例如7420、74H20、74S20、74LS20、74ALS20都是双四输入与非门，都采用14条引脚双列直插式封装，而且输入端、输出端、电源端和接地端的引脚位置也是相同的。

CMOS集成电路有效地克服了TTL和ECL集成电路中存在的单元电路复杂、元器件之间需外加电隔离、功耗大等影响集成密度提高的严重缺点，因而在向LSIC和VLSIC的发展中，CMOS集成电路已逐渐处于优势。

1.3.2.1 TTL反相器

1. 电路组成及工作原理　反相器是TTL电路中电路结构最简单的一种。图1-22给出了74系列TTL反相器的典型电路。因为这种类型电路的输入端和输出端均为晶体管结构，所以称为TTL电路。

电路由3部分组成：VT_1、R_1和VD_1组成的输入级，VT_2、R_2和R_3组成的倒相级，VT_4、VT_3、VD_2和R_4组成输出级。

设电源电压$V_{CC}=5V$，输入信号的高、低电平分别为$U_{IH}=3.6V$，$U_{IL}=0.2V$。PN结的伏安特性可以用折线化的等效电路代替，并认为$U_{BE}=U_{ON}=0.7V$，$U_{CES}=0.2V$。

（1）当输入为高电平，即$u_i=U_{IH}=3.6V$时，电源V_{CC}通过VT_1的集电结和R_1向VT_2、VT_3提供基极电流，使VT_2、VT_3饱和，输出为低电平。

$$u_o=U_{CES3}=0.2V$$

因$V_{B1}=U_{BC1}+U_{BE2}+U_{BE3}=0.7V+0.7V+0.7V=2.1V$，$V_{E1}=u_i=U_{IH}=3.6V$。显然，$VT_1$的发射结处于反向偏置，而集电结处于正向偏置，所以$VT_1$处于发射结和集电结倒置使用的放大状态。由于$VT_2$、$VT_3$饱和，可估算出$V_{C2}$的值：

$$V_{C2}=U_{CES2}+U_{BE3}=0.2V+0.7V=0.9V$$

$$V_{B4}=V_{C2}$$

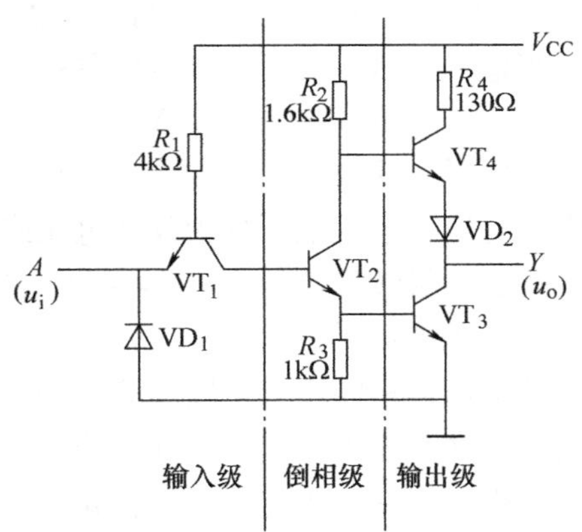

图1-22　TTL反相器的典型电路

作用于VT_4的发射结和VD_2的串联支路的电压为$V_{C2}-u_o=0.9V-0.2V=0.7V$，显然$VT_4$和$VD_2$均截止，即电路实现了输入为高电平时，输出为低电平。

（2）当输入为低电平，即$u_i=U_{IL}=0.2V$时，VT_1的发射结正偏导通，其基极电压为

$$V_{B1}=u_i+U_{BE1}=0.2V+0.7V=0.9V$$

此时，V_{B1}作用于的VT_1集电结和VT_2、VT_3的发射结上，所以VT_2、VT_3都截止，输出为高电平。

由于VT_2截止，V_{CC}通过R_2向VT_4提供基极电流，致使VT_4、VD_2都导通，输出电压为（其中忽略了VT_4基极电流在R_2上的压降）

$$u_o=V_{CC}-U_{BE1}-U_D=5V-0.7V-0.7V=3.6V$$

即电路实现了输入为低电平时，输出为高电平。

从以上分析可见，输出和输入之间是反相关系，即

$$Y=\overline{A}$$

由于 VT_2 集电极输出的电压信号和发射极输出的电压信号变化方向相反，所以把这一级称为倒相级。输出级的工作特点是在稳定状态下 VT_4 和 VT_3 总是一个导通而另一个截止，这就有效地降低了输出级的静态功耗并提高了驱动负载的能力。通常把这种形式的电路称为推挽式输出电路。为确保 VT_3 饱和导通时 VT_4 可靠地截止，又在 VT_4 的发射极下面串进了二极管 VD_2。VD_1 是输入端钳位二极管，它既可以抑制输入端可能出现的负极性干扰脉冲，又可以防止输入电压为负时 VT_1 的发射极电流过大，起到保护作用。这个二极管 VD_1 允许通过的最大电流约为 20mA。

2. 电压传输特性曲线　如果把图 1-22 反相器电路输出电压随输入电压的变化用曲线描绘出来，就得到了图 1-23 所示的电压传输特性。

在曲线的 AB 段，因为 $u_i<0.6V$，所以 $V_{B1}<1.3V$，VT_2 和 VT_3 截止而 VT_4 导通，故输出为高电平，即

$$u_o=V_{CC}-U_{BE1}-U_D=5V-0.7V-0.7V=3.6V$$

我们把这一段称为特性曲线的截止区。

在 BC 段，由于 $u_i>0.7V$ 但低于 1.3V，所以 VT_2 导通而 VT_3 依旧截止，这时 VT_2 工作在放大区。随着 u_i 的升高 V_{C2} 和 u_o 线性地下降。这一段称为特性曲线的线性区。

当输入电压 u_i 上升到 1.4V 左右时，V_{B1} 约为 2.1V，这时 VT_2 和 VT_3 将同时导通，VT_4 截止，输出电位急剧地下降为低电平，这就是称为转折区的 CD 段工作情况。转折区中点对应的输入电压称为阈值电压或门槛电压，用 U_{TH} 表示。

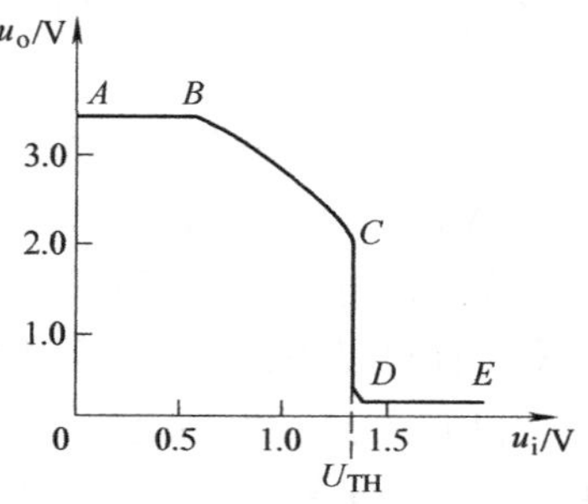

图 1-23　TTL 反相器的电压传输特性

此后 u_i 继续升高时 u_o 不再变化，进入特性曲线的 DE 段，DE 段称为特性曲线的饱和区，$u_o=0.2V$ 保持不变。

从电压传输特性上可以看到，当输入信号偏离正常的低电平（0.2V）而升高时，输出的高电平并不立刻改变。同样，当输入信号偏离正常的高电平（3.6V）而降低时，输出的低电平也不会马上改变。因此，允许输入的高、低电平信号各有一个波动范围。在保证输出高、低电平基本不变（或者说变化的大小不超过允许限度）的条件下，输入电平的允许波动范围称为输入端噪声容限。

3. TTL 门电路的主要技术参数　在选择或使用 TTL 集成电路时，必须了解其特性和相关参数，现将主要电气指标做如下介绍：

（1）输出高电平 U_{OH} 和输出低电平 U_{OL}。电压传输特性曲线截止区的输出电压为 U_{OH}，饱和区的输出电压为 U_{OL}。一般产品规定 $U_{OH}\geqslant 2.4V$，$U_{OL}\leqslant 0.4V$。

（2）阈值电平 U_{TH}。图 1-23 电压传输特性曲线中的 U_{TH} 为阈值电平，它是输出高、低电平的分界线，也称为门槛电压。在近似分析 TTL 非门的工作状态时，通常将 U_{TH} 看成一个关键参数，当 $u_i<U_{TH}$ 时，非门截止，输出为高电平；当 $u_i>U_{TH}$ 时，非门饱和导通，输出低电平。TTL 逻辑门电路的阈值电平为 $U_{TH}=1.4V$。

（3）噪声容限

1）$U_{OH(min)}$：输出高电平下限。输出电平 $u_o \geqslant U_{OH(min)}$，才认为输出为高电平。

2）$U_{OL(max)}$：输出低电平上限。输出电平 $u_o \leqslant U_{OL(max)}$，才认为输出为低电平。

3）$U_{IH(min)}$：输入高电平下限。输入电平 $u_i \geqslant U_{IH(min)}$，才认为输入为高电平。

4）$U_{IL(max)}$：输入低电平上限。输入电平 $u_i \leqslant U_{IL(max)}$，才认为输入为低电平。

用这 4 个参数区分输入、输出端 0 和 1 两个不同的状态，如图 1-24 所示。

二值数字逻辑电路的优点在于它的输入信号允许一定的容差。将数字电路连接成系统时，前级的输出就是后级的输入，在不影响输出逻辑状态的情况下，输入电平允许的变化范围称为噪声容限，如图 1-24 所示。

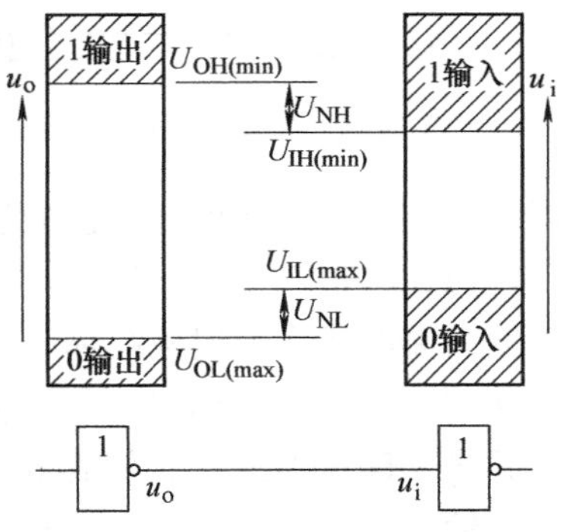

图 1-24　输入端噪声容限图解

高电平噪声容限 $U_{NH} = U_{OH(min)} - U_{IH(min)}$

低电平噪声容限 $U_{NL} = U_{IL(max)} - U_{OL(max)}$

噪声容限　　$U_N = \min\{U_{NH}, U_{NL}\}$

噪声容限反映了电路的抗干扰能力。

例如，74 系列门电路的标准参数为 $U_{OH(min)} = 2.4\text{V}$，$U_{OL(max)} = 0.4\text{V}$，$U_{IH(min)} = 2.0\text{V}$，$U_{IL(max)} = 0.8\text{V}$，故可求出 $U_{NH} = 2.4\text{V} - 2.0\text{V} = 0.4\text{V}$，$U_{NL} = 0.8\text{V} - 0.4\text{V} = 0.4\text{V}$。

（4）扇入、扇出系数。扇入系数 N_i 是指 TTL 门电路允许的输入端数目，一般 $N_i < 8$；扇出系数 N_O 是指 TTL 门电路带同类门作为负载的最大数目，通常 $N_O \geqslant 8$。

（5）平均传输延迟时间。如图 1-25 所示，当输入非门的波形为 u_i 时，其输出波形 u_o 不仅比输入波形滞后，而且上升沿、下降沿变缓。

若输入电压的幅值用 U_{IM} 表示，输出电压的幅值用 U_{OM} 表示，由图 1-25 中看出，t_{PHL} 为输入电压升至 $0.5U_{IM}$ 到输出电压下降到 $0.5U_{OM}$ 所需的时间，称为输出由高电平到低电平的传输延迟时间；t_{PLH} 为输出由低电平到高电平的传输延迟时间，平均延迟时间为

$$t_{pd} = \frac{t_{PHL} + t_{PLH}}{2}$$

它的大小决定了电路的工作速度。在逻辑设计过程中，通常要对电路可能具有的最大传输延迟时间进行估算，以选择满足运算速度要求的电路结构和器件。

4. 输入特性　TTL 门电路中，若某一个输入端经过一个电阻 R_i 接地，当 $R_i < 0.7\text{k}\Omega$ 时，其逻辑状态相当于低电平，通常把 $0.7\text{k}\Omega$ 的电阻称为 TTL 门电路的关门电阻，用 R_{off} 表示。当 $R_i > 2.5\text{k}\Omega$ 时，其逻辑状态相当于高电平，通常把 $2.5\text{k}\Omega$ 的电阻称为 TTL 门电路的开门电阻，用 R_{on} 表示。

5. 典型 TTL 非门芯片介绍　图 1-26 是 74LS04 芯片引脚排列图。从图中可以看出，74LS04 由 6 个非门组成（又称为六反相器），它有 14 个引脚，其中 V_{CC}、GND 引脚为电源端和接地端；引脚 1*A*、2*A*、3*A*、4*A*、5*A*、6*A* 分别为 6 个非门的输入端，引脚 1*Y*、2*Y*、3*Y*、4*Y*、5*Y*、6*Y* 分别为它们对应的输出端。

1.3.2.2　TTL 其他逻辑关系的门电路

在门电路的定型产品中除了反相器以外，还有与门、或门、与非门、或非门、与或非门和异或门几种常见的类型。尽管它们逻辑功能各异，但输入端、端出端的电路结构形式与反

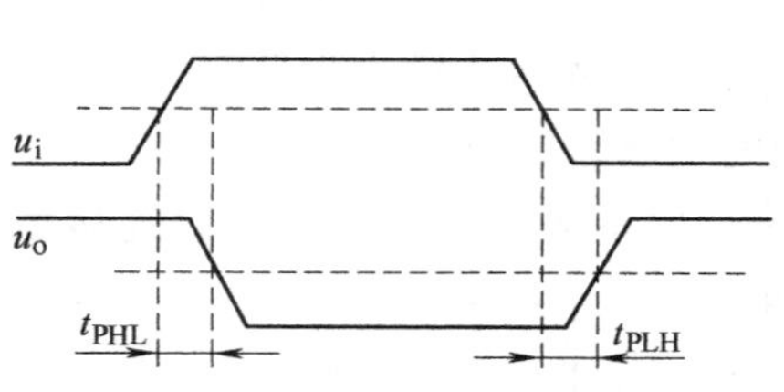

图 1-25　TTL 门电路的传输时间

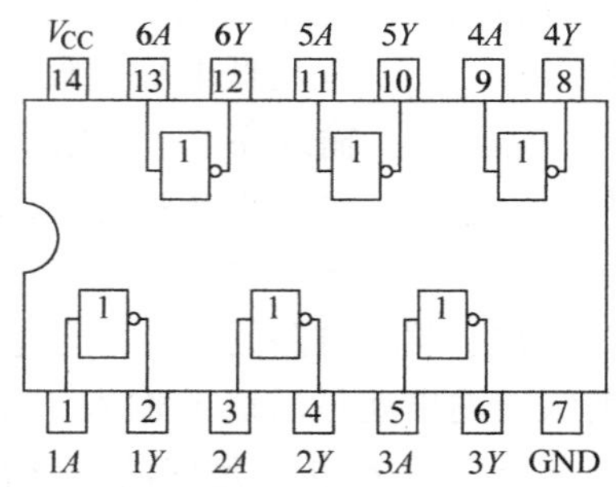

图 1-26　76LS04 引脚排列图

相器基本相同，因此前面所讲的反相器的特性对这些门电路同样适用。

1. TTL 与非门　图 1-27 是 74 系列与非门的典型电路，它与图 1-22 反相器电路的区别在于输入端改成多发射极晶体管。

在图 1-27 与非门电路中，只要 A、B 当中有一个接低电平，则 VT_1 必有一个发射结导通，并将 VT_1 的基极电位钳在 0.9V（假定 $U_{IL}=0.2V$，$U_{BE}=0.7V$）。这时 VT_2 和 VT_3 都不导通，输出为高电平 U_{OH}。只有当 A、B 同时为高电平时，VT_2 和 VT_3 才同时导通，并使输出为低电平 U_{OL}，因此，Y 和 A、B 之间为与非关系，即 $Y=\overline{AB}$。

可见，TTL 与非门中的与逻辑关系是利用 VT_1 的多发射极结构实现的。与非门输出电路的结构和电路参数与反相器相同，所以反相器的电压传输特性也适用于 TTL 与非门。

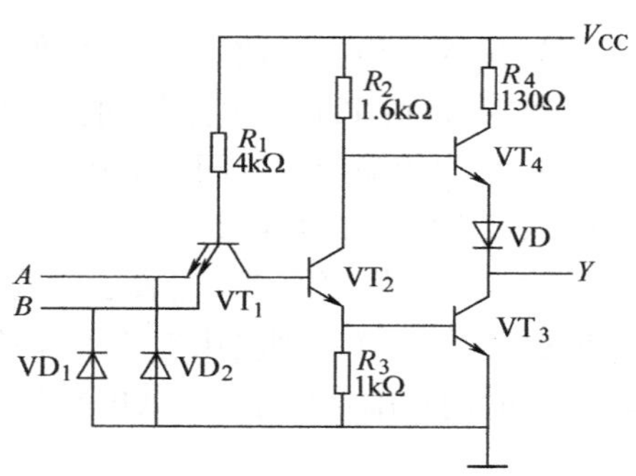

图 1-27　TTL 与非门的典型电路

常用的中、小规模 TTL 与非门电路的型号及逻辑功能如表 1-16 所示，表中的逻辑功能一栏中某一芯片前面的阿拉伯数字表示门电路输入端的个数，后面大写的数字表示该芯片中共有几个这样的门电路。实际应用中，可以根据设计需要选择不同型号的芯片。有关芯片引脚的具体排列可以查集成电路使用手册。

表 1-16　常用的 TTL 与非门电路芯片型号

芯片型号	逻辑功能
74LS00	2 输入端四与非门
74LS10	3 输入端三与非门
74LS20	4 输入端二与非门

2. TTL 或非门　或非门的典型电路如图 1-28 所示，图中 VT_1'、VT_2' 和 R_1' 所组成的电路和 VT_1、VT_2、R_1 组成的电路完全相同。当 A 为高电平时，VT_2 和 VT_3 同时导通，VT_4 截止，输出 Y 为低电平。当 B 为高电平时，VT_2' 和 VT_3' 同时导通而 VT_4 截止，Y 也是低电平。只有 A、B 都为低电平时，VT_2 和 VT_2' 同时截止，VT_3 截止而 VT_4 导通，从而使输出 Y 成为高电平。因此，Y 和 A、B 间为或非关系，即

$$Y=\overline{A+B}$$

可见，或非门中的或逻辑关系是通过将 VT_2 和 VT_2' 两个晶体管的输出端并联来实现的，

或非门的输入端和输出端电路结构与反相器相同。

3. 与或非门　若将图 1-28 或非门电路中的每个输入端改用多发射极晶体管，就得到了图 1-29 所示的 TTL 与或非门的典型电路。

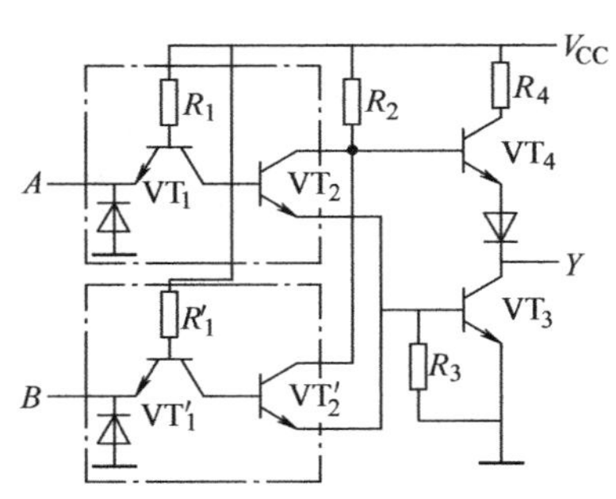

图 1-28　TTL 或非门的典型电路

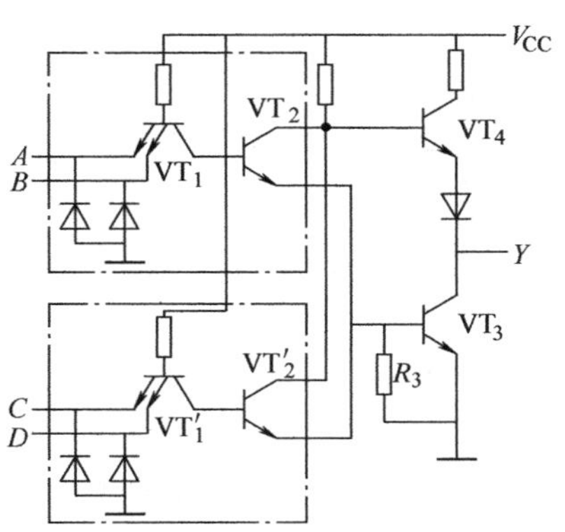

图 1-29　TTL 与或非门的典型电路

由图可见，当 A、B 同时为高电平时，VT_2、VT_3 导通而 VT_4 截止，输出 Y 为低电平。同理，当 C、D 同时为高电平时，VT_2'、VT_3 导通而 VT_4 截止，也使 Y 为低电平。只有 A、B 和 C、D 每一组输入都不同时为高电平时，VT_2 和 VT'_2 同时截止，使 VT_3 截止而 VT_4 导通，输出 Y 为高电平。因此，Y 和 A、B 及 C、D 间是与或非关系，即 $Y=\overline{AB+CD}$。

4. TTL 集电极开路门　虽然推挽式输出电路结构具有输出电阻低的优点，但使用时有一定的局限性。首先，不能把它们的输出端并联使用。由图 1-30 可见，倘若一个门的输出是高电平而另一个门的输出是低电平，则输出端并联以后必然有很大的负载电流同时流过这两个门的输出级。这个电流的数值将远远超过正常工作电流，可能使门电路损坏。

其次，在采用推挽式输出级的门电路中，只要电源确定（通常规定工作在 +5V），输出的高电平也就固定了，因而无法满足对不同输出高低电平的需要。此外，推挽式电路结构也不能满足驱动较大电流、较高电压的负载的要求。

克服上述局限性的方法就是把输出级改为集电极开路的晶体管电路结构，做成集电极开路的门电路（Open Collector Gate），简称 OC 门。图 1-31 给出了 OC 门的电路结构和逻辑符号。这种门电路在工作时 VT_3 管的集电极需要外接电阻 R_P 和电源 V'_{CC}。只要电阻的阻值和电源电压的数值选择得当，就能够做到既保证输出的高、低电平符合要求，输出端晶体管的负载电流又不过大。

图 1-32 是将两个 OC 结构与非门输出并联的例子。由图可知，只有 A、B 同时为高电平时 VT_1 才导通，Y_1 输出低电平，故 $Y_1=\overline{AB}$。同理，$Y_2=\overline{CD}$。现将 Y_1、Y_2 两条输出线直接接在一起，因而只要 Y_1、Y_2 有一个是低电平，Y 就是低电平。只有 Y_1、Y_2 同时为高电平时，Y 才是高电平，即 $Y=Y_1 \cdot Y_2$。Y 和 Y_1、Y_2 之间的这种连接方式称为“线与”。因为

$$Y=Y_1 \cdot Y_2=\overline{AB} \cdot \overline{CD}=\overline{AB+CD}$$

所以将两个 OC 结构的与非门进行线与连接即可得到与或非的逻辑功能。由于 VT_3 和 VT'_3 同时截止时输出的高电平为 $U_{OH}=V'_{CC}$，而 V'_{CC} 的电压数值可以不同于门电路本身的电源 V_{CC}，所以只要根据要求选择 V'_{CC} 的大小，就可以得到所需的 U_{OH} 值。

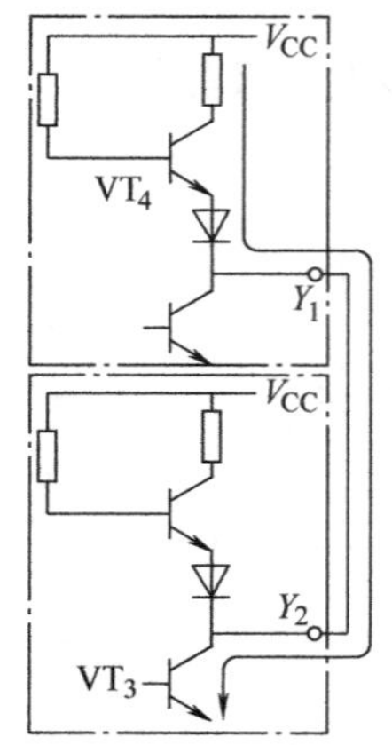

图 1-30　推挽式输出极并联的情况

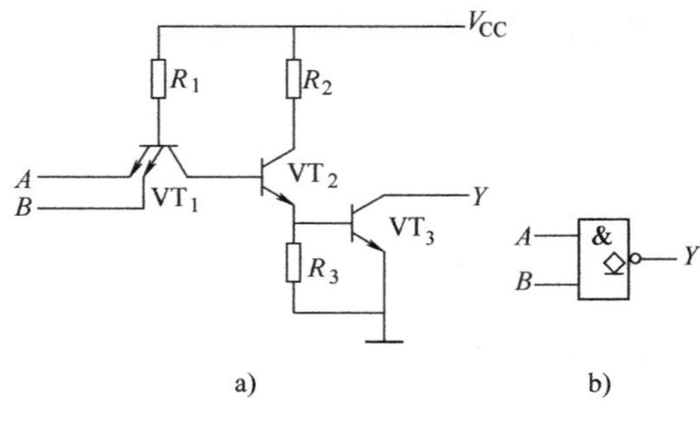

图 1-31　OC 门的电路结构和逻辑符号
a）电路图　b）逻辑符号

5. 三态输出门电路　三态输出门（Three-State Output Gate，简称 TS 门）是在普通门电路的基础上附加控制电路而构成的。

图 1-33 给出了控制端采用高电平的三态门电路及逻辑符号。图中，电路的控制端 EN 为高电平（$EN=1$）时，P 点为高电平，二极管 VD 截止，电路的工作状态和普通的与非门没有区别，即 $Y=\overline{AB}$，Y 可能是高电平也可能是低电平，视 A、B 的状态而定。而当控制端 EN 为低电平时（$EN=0$），P 点为低电平，VT_3 截止。同时，二极管 VD 导通，VT_4 的基极电位被钳在 0.7V，使 VT_4 截止。由于 VT_4、VT_3 同时截止，所以输出端呈高阻状态。这样输出端就有三种可能出现的状态：高阻、高电平、低电平，故将这种门电路称为三态输出门。

因为图 1-33 电路在 $EN=1$ 时为正常的与非工作状态，所以称电路控制端高电平有效。而在图 1-34 电路中，$\overline{EN}=0$ 时，$Y=\overline{AB}$；$\overline{EN}=1$ 时，输出端呈高阻状态。故称这个电路为控制端低电平有效。

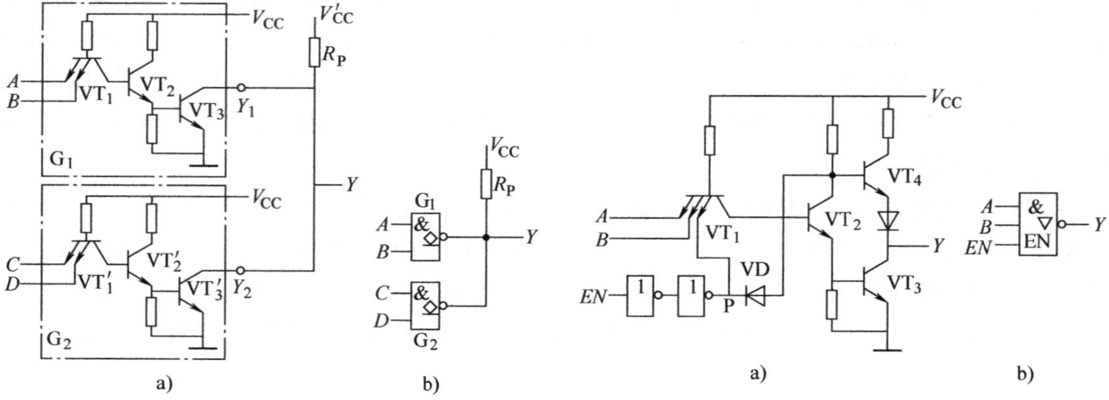

图 1-32　OC 门实现的线与逻辑
a）电路图　b）逻辑符号

图 1-33　控制端高电平有效的三态门
a）电路图　b）逻辑符号

三态门逻辑符号中，控制端有个小圆圈，表示低电平时三态门处于工作状态；若控制端没有小圆圈，表示高电平时三态门处于工作状态，使用时应加以注意。

在一些复杂的数字系统（例如微型计算机）中，为了减少各个单元电路之间连线的数目，希望能在同一条导线上分时传递若干门电路的输出信号，这时可采用图 1-35 所示的连接方式。图中各个门电路均为三态与非门。只要在工作时控制各个门的$\overline{EN}$端轮流等于低电平 0，而且任何时候仅有一个等于 0，就可以把各个门的输出信号轮流送到公共的传输线——总线上而互不干扰。这种连接方式称为总线结构。

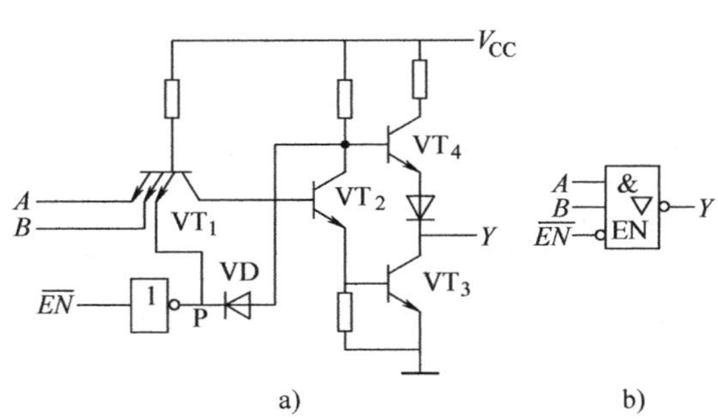

图 1-34　控制端低电平有效的三态门

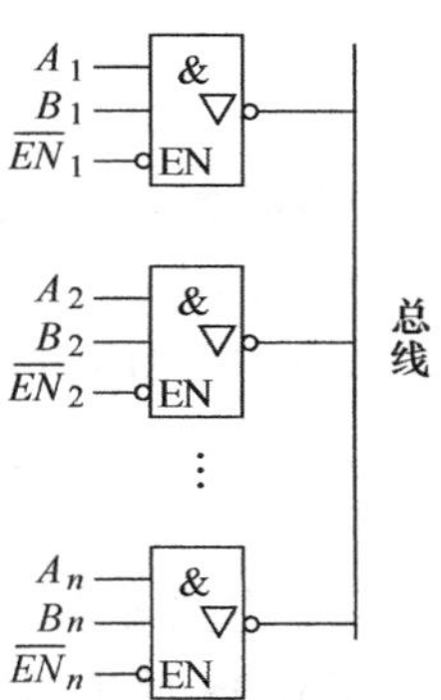

图 1-35　三态门构成的总线结构

1.3.2.3　TTL 集成门电路的使用

TTL 集成门电路在使用中要注意以下几个方面的问题。

1. 电源电压　TTL 门电路的电源电压（V_{CC}）应满足在标准 5V 的范围内，使用时不能将电源与“地”线颠倒接错，否则会因电流过大而毁坏器件。

2. 多余输入端的处理　为了避免干扰，增加工作的稳定性，应根据逻辑功能的要求对 TTL 门电路的多余输入端进行处理。

1）与非门（与门）的多余输入端一般不悬空，而应将其接正电源或固定的高电平或与使用的输入端并联，如图 1-36 所示。

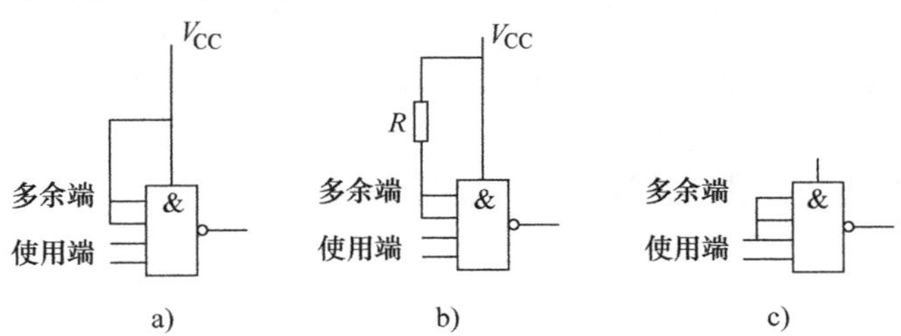

图 1-36　与非门多余输入端的处理

a）接正电源　b）接固定的高电平　c）与使用的输入端并联

2）或非门（或门）的多余输入端可以直接接地或者将其通过电阻接地，也可与使用的输入端并联，如图 1-37 所示。

3. 输入及输出端的使用　TTL 门电路的输入端不能与高于 5.5V 及低于 -0.5V 的低内阻电源相连，否则低内阻电源提供的大电流会使器件因过热损坏；电路的输出端不允许与电源或地短路，否则会造成器件损坏。除三态门和 OC 门外，TTL 门电路的输出端不允许并联使用，OC 门输出端线与时要连接合适的上拉电阻。

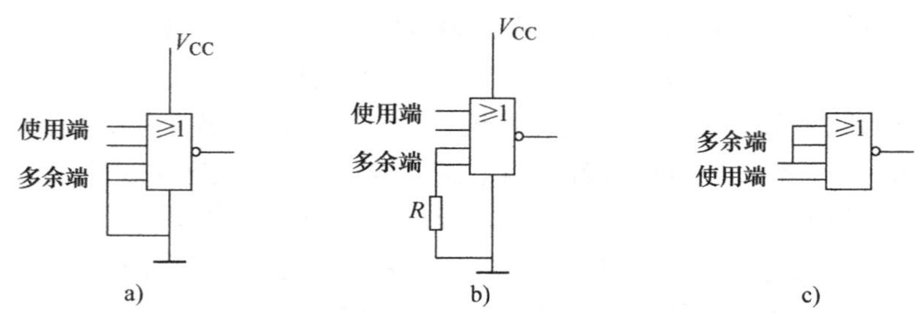

图 1-37　或非门多余输入端的处理

a）直接接地　b）通过电阻接地　c）与使用的输入端并联

1.3.3　CMOS 集成门电路

MOS 逻辑门电路有 P 沟道型 PMOS、N 沟道型 NMOS 和互补型 CMOS 3 种类型。PMOS 逻辑门是 MOS 逻辑门电路中的早期产品，其结构简单、易于制造、成本低，但其速度慢，且因使用负电源而不便与 TTL 门电路连接。NMOS 和 CMOS 逻辑门工艺虽然复杂一些，但速度比 PMOS 逻辑门快，且使用正电源，便于与 TTL 门电路连接。特别是 CMOS 逻辑门具有功耗小、负载能力强等优点，目前被广泛使用。

1.3.3.1　CMOS 反相器

数字电路中，用高、低电平表示二值逻辑的 0 和 1。在许多逻辑电路中，逻辑 0 和逻辑 1 实际上表示一定的电压范围。由 5 V 电源电压供电的典型 CMOS 电路中，逻辑 0 表示电压范围为 0 ~ 1.5V，逻辑 1 表示 3.5 ~ 5V。当电压范围在 1.5 ~ 3.5V 之间时，逻辑电平不确定（可以是逻辑 0 或逻辑 1）。CMOS 电路的电源电压范围比较宽，如 CC4000 系列，电源电压为 3 ~ 18 V。使用其他电源电压时，划分逻辑电平的范围与上述类似。

1. MOS 场效应晶体管（简称 MOS 管）的开关特性　现以 N 沟道增强型 MOS 管为例，来分析 MOS 管的开关特性。与晶体管类似，MOS 管也有可变电阻区、恒流区和截止区 3 个工作区。在数字电路中，MOS 管作为开关元件，主要工作在恒流区和截止区。

图 1-38 所示的 MOS 管开关电路中，当输入电压 u_i 为低电平且 $u_i < U_T$时（U_T为 MOS 管的开启电压），由于漏极（D）和源极（S）之间无导电沟道，MOS 管截止，电流 $i_D \approx 0$，$u_o = U_{OH} \approx V_{DD}$，漏极和源极之间相当于开关断开，其开关等效电路如图 1-39a 所示；当 u_i 为高电平时，$u_i > U_T$，MOS 管导通，沟道的导通电阻 R_{ON}很小，所以 $u_o = U_{OL} \approx 0$，漏极和源极之间相当于开关闭合，其开关等效电路如图 1-39b 所示。

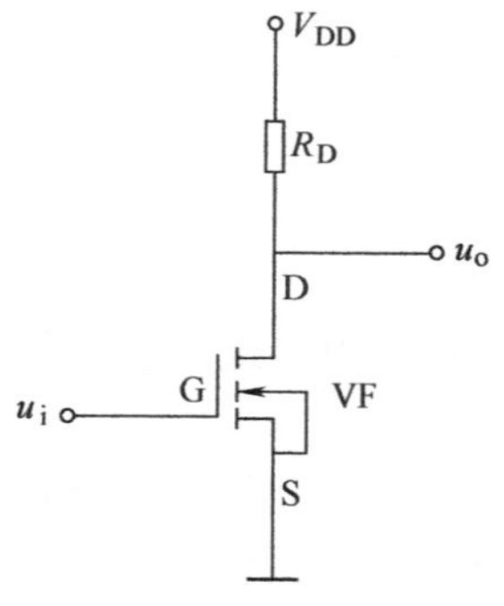

图 1-38　MOS 管开关电路

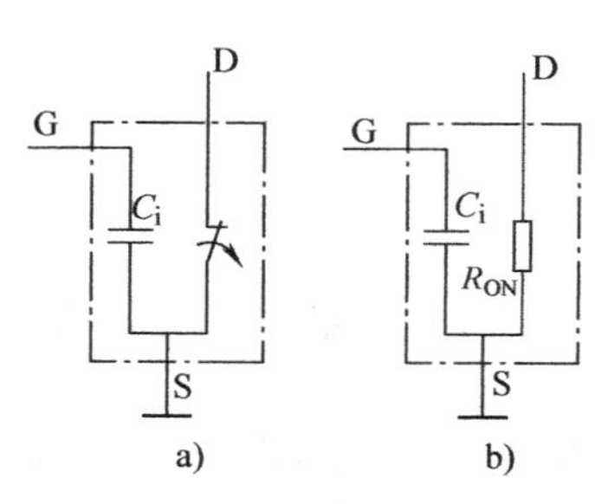

图 1-39　MOS 管开关等效电路

a）截止状态　b）饱和状态

在图1-39MOS管的实际开关等效电路中，C_i表示MOS管的栅极输入电容，它的数值约为几皮法。由于开关电路的输出端不可避免地带有一定的负载电容，加之栅极输入电容C_i的影响，所以动态情况下，输出电流i_D及输出电压u_{DS}都将滞后于输入电压的变化。

2. CMOS反相器的电路组成及工作原理　CMOS反相器由一个N沟道增强型MOS管（简称NMOS管）VF_N和一个P沟道增强型MOS管（简称PMOS管）VF_P以互补对称形式组成，两管的栅极相连作为反相器的输入端，漏极相连作为反相器的输出端，如图1-40所示。电源电压V_{DD}应大于VF_N管的开启电压U_{TN}和VF_P管的开启电压U_{TP}的绝对值之和，即$V_{DD} > U_{TN} + |U_{TP}|$。

CMOS反相器的工作原理如下：

当输入电压$u_i = 0V$时，VF_N管的$U_{GS} = 0V < U_{TN}$，VF_N截止，VF_P管的$U_{GS} = 0 - V_{DD} = -V_{DD} < U_{TP}$，$VF_P$导通，其漏、源间导通电阻很小，输出端电压$u_o \approx V_{DD}$；当输入电压$u_i = V_{DD}$时，$VF_N$管的$U_{GS} = V_{DD} > U_{TN}$，$VF_N$导通，$VF_P$管的$U_{GS} = V_{DD} - V_{DD} = 0V$，$VF_P$截止，输出端电压$u_o \approx 0V$。从以上分析可以看出，当输入为低电平时，输出为高电平；当输入为高电平时，输出为低电平，电路实现了非逻辑运算。若用A、Y分别表示u_i、u_o，则可得

$$Y = \overline{A}$$

理想情况下，可以将CMOS反相器的工作过程看成开关动作，输入、输出电压的高、低电平分别用H、L表示。当输入电压$u_i = L$时，VF_N截止，相当于开关S_2断开，VF_P导通，相当于开关S_1闭合，输出端电压$u_o = H$；当输入电压$u_i = H$时，VF_N导通，相当于开关闭合，VF_P截止，相当于开关断开，输出端电压$u_o = L$，其开关模型如图1-40c所示。

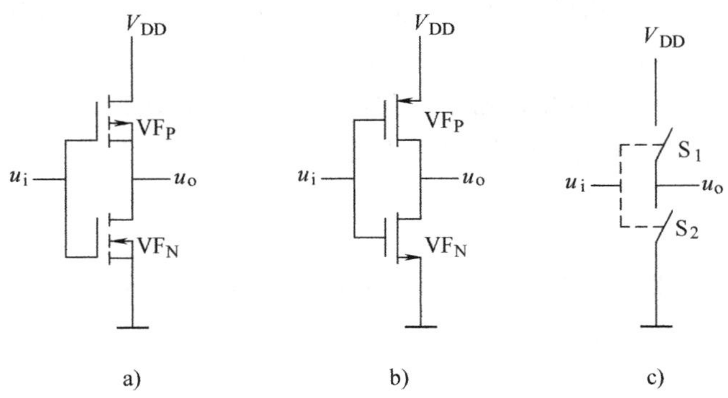

图1-40　CMOS反相器

a）电路图　b）简化电路　c）开关模型

3. CMOS反相器的电压传输特性　典型的CMOS反相器电压传输特性曲线$u_o = f(u_i)$如图1-41所示，图中$V_{DD} = 10V$，两管的开启电压$U_{TN} = |U_{TP}| = U_T = 2V$，由于$V_{DD} > U_{TN} + |U_{TP}|$，因此，当$V_{DD} - |U_{TP}| > u_i > U_{TN}$时，$VF_N$和$VF_P$两管同时导通。考虑到电路是互补对称的，一器件可将另一器件视为它的漏极负载。还应注意到，器件在放大区（饱和区）呈现恒流特性，两器件之一可当作高阻值的负载。因此，在过渡区域，传输特性变化比较陡。图中曲线分为5段，其中

AB段：$0 < u_i < U_{TN}$，VF_N截止，VF_P导通，$u_o = V_{DD}$。

BC段：$U_{TN} < u_i < U_{TH}$（$=0.5V_{DD}$），VF_N导通，但导通电阻较大，故u_o略有下降。

CD 段：u_i在$0.5V_{DD}$附近 VF_N、VF_P 均导通，且导通电阻都较小，u_o随 u_i的微小增加而急剧下降。相应地，把输入电压 $u_i = 0.5V_{DD}$称为反相器的转折电压或阈值电压，用 U_{TH}来表示。

DE、*EF* 段与 *AB*、*BC* 段是对应的，只不过 VF_N、VF_P 的工作状态，*DE* 与 *BC* 段、*EF* 与 *AB* 段时的情况正好相反。

由以上分析可见，CMOS 反相器电压传输特性曲线在阈值电压 U_{TH}附近几乎是垂直的，因此其高、低电平噪声容限都较大，特别适合于在抗干扰能力要求高的场合使用。

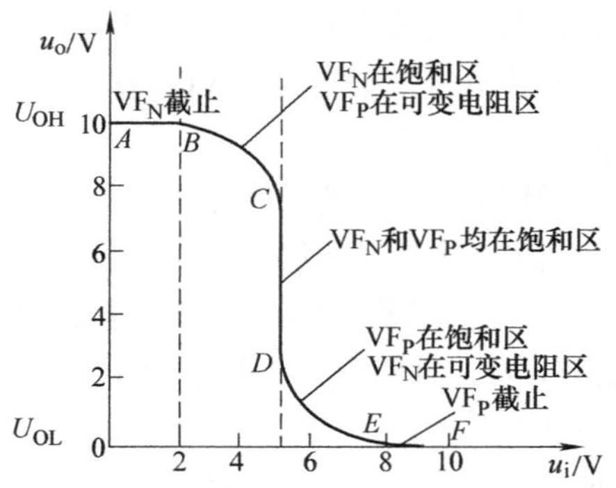

图 1-41　CMOS 反相器的电压传输特性

1.3.3.2　CMOS 其他逻辑关系的门电路

1. CMOS 与非门　图 1-42 是两输入端的 CMOS 与非门电路，它由两个 N 沟道增强型 MOS 管 VF_{N1}、VF_{N2} 串联，两个 P 沟道增强型 MOS 管 VF_{P1}、VF_{P2}并联，每个输入端连到一个 VF_N 管和一个 VF_P 管的栅极。当输入 *A*、*B* 中只要有一个为低电平时，与它相连的 VF_P 管导通，VF_N 管截止，输出 *Y* 为高电平；仅当输入 *A*、*B* 均为高电平时，才会使两个并联的 VF_P 管截止，两个串联的 VF_N 管导通，输出 *Y* 为低电平。因此，这种电路具有与非逻辑功能，即

$$Y = \overline{AB}$$

n 个输入的与非门电路必须有 *n* 个 NMOS 管串联，*n* 个 PMOS 管并联。

2. CMOS 或非门　两输入端的 CMOS 或非门电路如图 1-43 所示，它由两个 N 沟道增强型 MOS 管并联，两个 P 沟道增强型 MOS 管串联。当输入端 *A*、*B* 中有一个为高电平时，与之连接的 VF_N 管导通，VF_P 管截止，输出 *Y* 为低电平；若输入端 *A*、*B* 均为低电平时，两个并联的 VF_N 管都截止，两个串联的 VF_P 管都导通，输出 *Y* 为高电平。因此，这种电路具有或非逻辑功能，即

$$Y = \overline{A + B}$$

显然，*n* 个输入的或非门电路必须有 *n* 个 NMOS 管并联，*n* 个 PMOS 管串联。

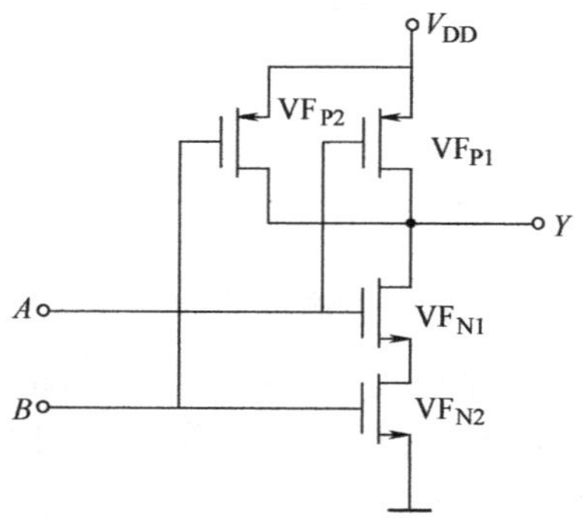

图 1-42　CMOS 与非门电路

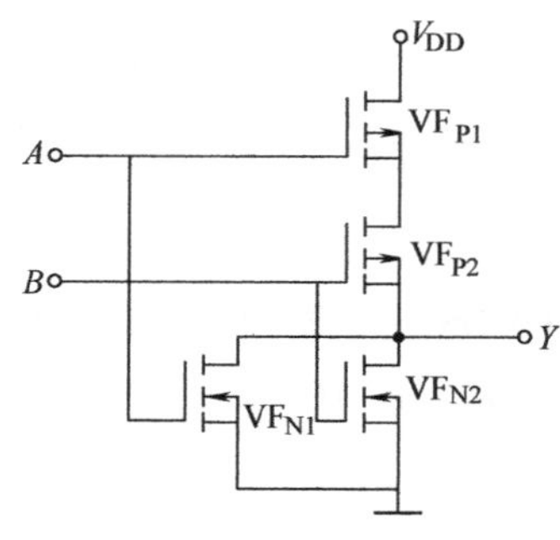

图 1-43　CMOS 或非门电路

比较 CMOS 与非门和 CMOS 或非门可知，与非门的工作管是彼此串联的，其输出电压随管子个数的增加而增加；或非门则相反，工作管是彼此并联的，对输出电压没有明显的影响，因而或非门用得较多。

在图1-42基本CMOS与非门的输出端再加一个反相器，便构成了CMOS与门。而在图1-43基本CMOS或非门的输出端再加一个反相器，便构成了CMOS或门。

3. 带缓冲的CMOS与非门　从图1-42中CMOS与非门和图1-43中CMOS或非门基本电路的输出端看两者结构是不对称的，与非门电路中两个NMOS管是串联起来的，两个PMOS管是并联起来的；而在或非门电路中，情况正好相反，并联起来的是两个NMOS管，串联起来的是两个PMOS管，这种不对称带来以下两个问题：

1）使电路的输出特性不对称。

2）使电路的电压传输特性发生偏移，阈值电压不再是$0.5V_{DD}$，因此导致了噪声容限下降。

不难理解，随着输入端数目的增加，电路结构不对称的程度会变大，因而带来的问题也会更突出。一个较有效的解决办法就是采用带缓冲的门电路。

在基本电路的输入端和输出端分别加上反相器，便构成了带缓冲的门电路。国产CC4000系列的与非门、或非门、与门、或门等就是这种带缓冲的门电路。图1-44是带缓冲级的二输入端与非门的电路图。图中VF_1和VF_2、VF_3和VF_4、VF_9和VF_{10}分别组成3个反相器，VF_5、VF_6、VF_7、VF_8组成或非门，经过逻辑变换$Y=\overline{\overline{\overline{A}+\overline{B}}}=\overline{A}+\overline{B}=\overline{AB}$。

4. CMOS三态门　图1-45是CMOS三态门的电路图和逻辑符号。A是信号输入端，Y是输出端，$\overline{EN}$是控制信号端，又称使能端，由于EN上面有非号，EN处有小圆圈，所以表示控制信号低电平有效。控制信号低电平有效的三态门的工作情况如下：

$\overline{EN}=1$，即为高电平V_{DD}时，VF_{P2}、VF_{N2}均截止，Y与地和电源都断开，输出呈现为高阻状态，用$Y=Z$来表示。

$\overline{EN}=0$，即为低电平0V时，VF_{P2}、VF_{N2}均导通，VF_{P1}、VF_{N1}构成反相器，故$Y=\overline{A}$，当$A=0$时$Y=1$；$A=1$时$Y=0$。

由以上分析可知，图1-45a所示电路其输出端Y有高阻、高电平、低电平3种状态，所以称之为三态门。图1-45b是三态门的逻辑符号。

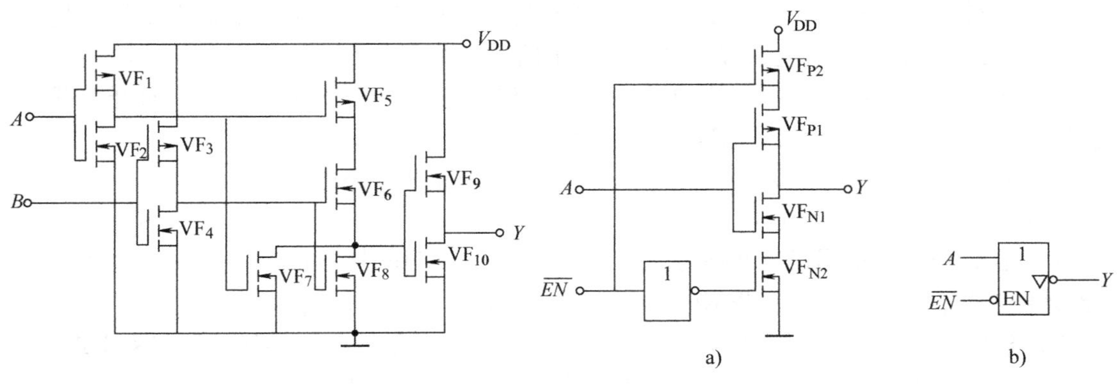

图1-44　带缓冲级的二输入端与非门电路

图1-45　CMOS三态门
a）电路图　b）逻辑符号

如果三态门逻辑符号控制端$\overline{EN}$处没有小圆圈时为高电平有效，即控制端的信号$\overline{EN}=1$时，三态门处在工作状态，$Y=\overline{A}$；控制端$\overline{EN}=0$时，三态门被禁止，$Y=Z$。

5. CMOS传输门　MOS场效应管的输出特性在原点附近呈线性对称关系，因而它们常用作模拟开关。模拟开关广泛地用于取样-保持电路、斩波电路、模-数和数-模转换电路等。图 1-46a 是 CMOS 传输门的电路图，由 N 沟道增强型 MOS 管 VF_N（其衬底接 0V）和 P 沟道增强型 MOS 管 VF_P（其衬底接 V_{DD}）的漏极和源极连接起来构成，由于 MOS 管的结构是对称的，所以信号可以双向传输。C 是控制信号，u_i 是被传输的模拟信号或数字信号。图 1-46b 是其逻辑符号。

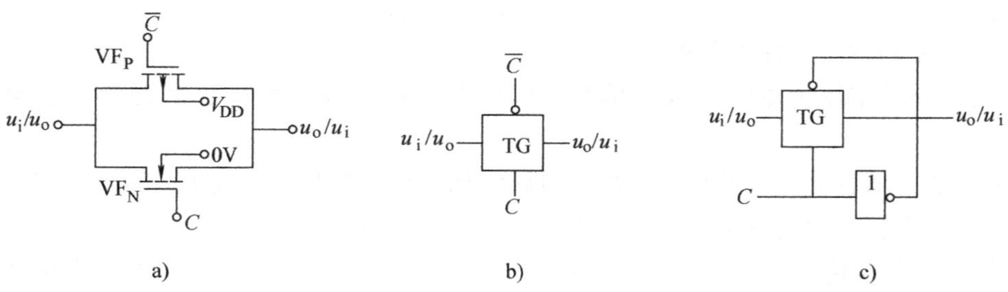

图 1-46　CMOS 传输门及模拟开关

a）电路图　b）逻辑符号　c）模拟开关

CMOS 传输门的工作情况如下：

当 $C=1$、$\overline{C}=0$，即 C 端为高电平 V_{DD}、$\overline{C}$端为低电平 0V 时，VF_N、VF_P均导通，传输门导通，$u_o = u_i$，u_i可以是 0V 到 V_{DD}的任意电压。

当 $C=0$、$\overline{C}=1$，即 C 端为低电平 0V、$\overline{C}$端为高电平 V_{DD}时，VF_N、VF_P均截止，输入和输出之间是断开的。

传输门导通时，其导通电阻小，只有几百欧姆；截止时，其关断电阻很大，达 $10^9\Omega$ 以上。

如果将图 1-46a 电路中的 VF_N 管的衬底由地改接 $-V_{DD}$，则输入电压 u_i的取值范围为 $-V_{DD}\sim V_{DD}$之间的任意值。

CMOS 传输门的另一个重要用途是作模拟开关，用来传输连续变化的模拟电压信号。这一点是无法用一般的逻辑门实现的。模拟开关的基本电路是由 CMOS 传输门和一个 CMOS 反相器组成的，如图 1-46c 所示。它也是一个双向传输器件，$C=0$（低电平）时开关截止，输出与输入之间的联系被切断；$C=1$（高电平）时开关接通。

6. CMOS 漏极开路门（OD 门）　图 1-47 是 CMOS 漏极开路门的电路。

CMOS 漏极开路门的特点：

1）输出 MOS 管的漏极是开路的。如图 1-47 所示，工作时必须外接电源 V'_{DD}和电阻 R_p，电路才能工作，实现 $Y=\overline{AB}$；若不外接电源 V'_{DD}和电阻 R_p，则电路不能工作。

2）输出端可以实现线与功能。即可以把几个 OD 门的输出端用导线连接起来实现与运算。在图 1-48 中，给出的是两个 OD 门进行线与连接的电路，其输出端

$$Y=\overline{AB}\,\overline{CD}=\overline{AB+CD}$$

3）可以用来实现逻辑电平变换。因为 OD 门输出 MOS 管漏极电源是外接的，U_{OH}随 V'_{DD}的不同而改变，所以能够方便地实现电平转换。

1.3.3.3　CMOS 逻辑门电路产品系列主要特点和使用中应注意的几个问题

1. CMOS 逻辑门电路的主要特点

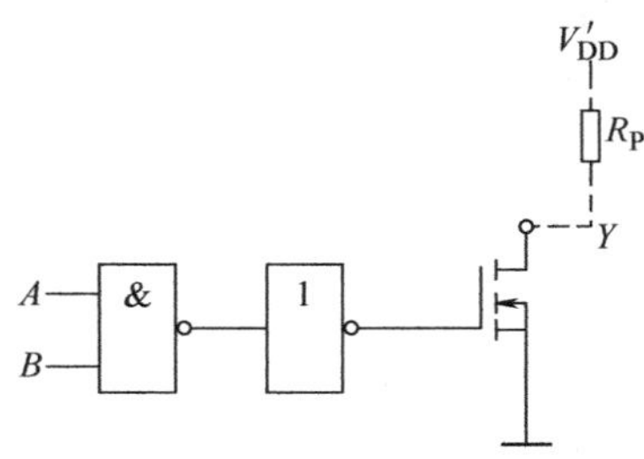

图 1-47　CMOS 漏极开路门

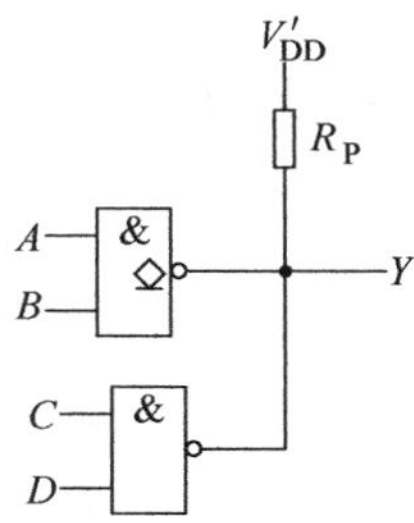

图 1-48　漏极开路门线与连接

（1）功耗极低。CMOS 逻辑门电路的静态功耗非常小，例如在电源电压 $V_{DD}=5V$ 时，门电路的功耗只有几微瓦，即使是中规模集成电路，其功耗也不会超过 100μW。

（2）电源电压范围宽。CC4000 系列 $V_{DD}=3\sim18V$。

（3）抗干扰能力强。输入端电压噪声容限典型值可达 $0.45V_{DD}$。

（4）逻辑摆幅大。输出低电平近似为 0V，高电平基本上等于电源电压 V_{DD}。

（5）输入电阻极高。由于 CMOS 逻辑门电路中，使用的开关器件是电压控制的 MOS 管，所以输入电阻可达 $10^8\Omega$ 以上。

（6）扇出能力强。人们把能带同类门电路的个数，称为扇出系数，其大小反映了扇出能力。在低频工作时，电路几乎可以不考虑扇出能力问题；高频工作时，扇出系数与工作频率有关。

另外，它还有集成度高、温度稳定性好、抗辐射能力强、成本低的优点。

2. CMOS 逻辑电路使用中应注意的几个问题　CMOS 逻辑门电路的输入端，虽然都设置了二极管保护网络，但它所能承受的静电电压和脉动功率仍然有一定限度。根据 CMOS 逻辑门电路的输入、输出特性，在存储和使用中要特别注意下面几点：

（1）注意输入端的静电防护。在存储和运输中，最好用金属容器或者用导电材料包装，不要放在易产生静电高压的化工材料或化纤织物中。组装、调试时，电烙铁、仪表、工作台等均应良好接地；要防止操作人员的静电干扰。

（2）注意输入电路的过流保护。CMOS 逻辑门电路输入端的保护二极管导通时其电流容限一般为 1mA，在可能出现过大瞬间输入电流时，应串接保护电阻。例如，当输入端接的信号内阻很小、或引线很长、或输入电容较大时，接通或关断电源时，就容易产生较大的瞬态输入电流，这时必须接输入保护电阻，若 $V_{DD}=10V$，则取限流电阻为 10kΩ 即可。

（3）注意电源电压极性，防止输出端短路。CMOS 逻辑门电路在使用时，切记不要把电源电压极性接反，否则保护二极管很快就会因过流而损坏。电源电压要在允许的电压范围内选定。

（4）注意电路输出端的使用。电路输出端既不能和电源短接，也不能和地短接，否则输出级的 MOS 管就会因过流而损坏。在 CMOS 逻辑门电路中，除了输出端采用了漏极开路结构外，不同的输出端也不能并联起来使用，否则也容易造成 MOS 管因过流或过损耗而损坏。

（5）多余输入端的处理。多余输入端绝对不能悬空，否则会因受干扰破坏逻辑关系。一般应将与门及与非门的多余输入端接电源（V_{DD}）或高电平；或门及或非门的多余输入端接地（V_{SS}）或低电平。若电路的工作速度不高，不需要特别考虑功耗，对于与非门也可以将多余端与使用端并联，如图 1-49 所示。

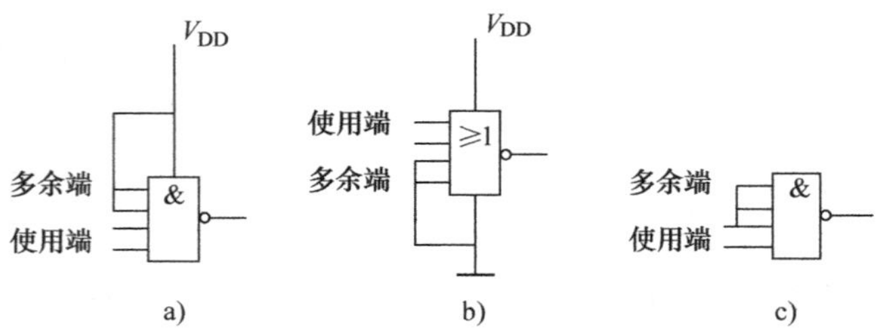

图 1-49　CMOS 逻辑门电路多余输入端的处理

a）接电源或高电平　b）接地（V_{SS}）或低电平　c）与使用端并联

3. TTL 与 CMOS 逻辑门电路的接口　在 TTL 与 CMOS 两种电路并存的情况下，经常会遇到将两种电路互相对接的问题，即接口问题。无论是用 TTL 逻辑门电路驱动 CMOS 逻辑门电路，还是用 CMOS 逻辑门电路驱动 TTL 逻辑门电路，驱动门都必须为负载门提供合乎标准的高、低电平及足够的驱动电流，即必须满足下列条件：

$$U_{OH(min)} \geqslant U_{IH(min)}$$
$$U_{OL(max)} \leqslant U_{IL(max)}$$
$$I_{OH(max)} \geqslant nI_{IH(max)}$$
$$I_{OL(max)} \geqslant mI_{IL(max)}$$

式中 n、m 分别为负载电流 I_{IH}、I_{IL}的个数。

（1）TTL 逻辑门电路驱动 CMOS 逻辑门电路。用 TTL 逻辑门电路驱动 CMOS 逻辑门电路时，TTL 输出的高电平不能满足 CMOS 输入高电平的要求。因此，必须采用接口电路将 TTL 逻辑门电路的输出高电平提高到 3.5V 以上。在图 1-50a 中，电源 $V_{CC}=V_{DD}=5V$ 时，在 TTL 逻辑门电路的输出端与电源之间接上拉电阻 R 来实现两种电路的连接。在图 1-50b 中，V_{CC}与 V_{DD}不同时，TTL 逻辑门电路的输出端仍要接一个上拉电阻 R，但需要使用集电极开路门（OC 门）。在图 1-50c 中，采用专用 CMOS 电平转移器（CC4502、CC40109 等）完成 TTL 逻辑门对 CMOS 逻辑门电路的接口。

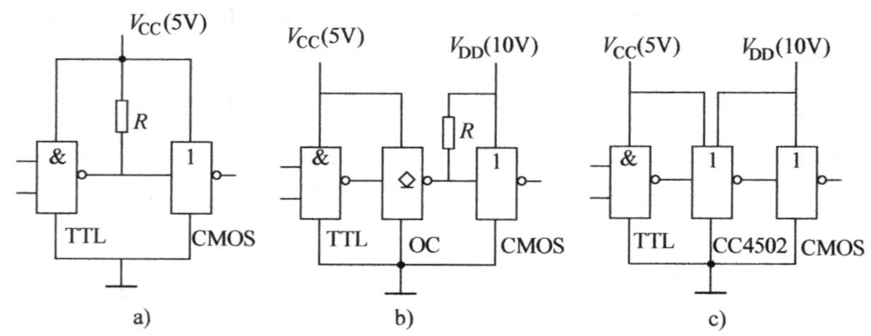

图 1-50　TTL-CMOS 逻辑门电路的接口

a）电源 $V_{CC}=V_{DD}=5V$　b）V_{CC}与 V_{DD}不同　c）用专用 CMOS 电平转移器

（2）CMOS 逻辑门电路驱动 TTL 逻辑门电路。用 CMOS 逻辑门电路驱动 TTL 逻辑门电路时，需要扩大 CMOS 电路输出低电平时，CMOS 电路吸收 TTL 电路电流的能力。在图

1-51a、图 1-51b 中，将同一封装内的门电路并联使用以扩大输出低电平时的带负载能力。图 1-51c 中，在 CMOS 逻辑门的输出端增加一级 CMOS 驱动器，如 CC4049 缓冲器等。

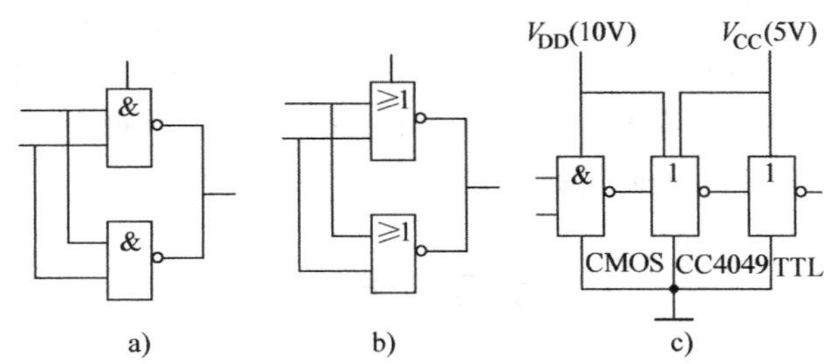

图 1-51　CMOS-TTL 电路的接口

a）将与非门电路并联使用　b）将或非门电路并联使用　c）增加一级 CMOS 驱动器

本章小结

本章主要介绍了数制和码制、逻辑代数的基本公式和定理、逻辑函数的常用表示方法、逻辑函数的化简方法及 TTL 和 CMOS 两类集成电路的电气特性和使用方法、不同输出结构的集成电路及不同电压传输特性的逻辑门电路的正确应用。

（1）数制和码制的部分主要介绍了十进制数、八进制数、十六进制数的计数规则以及它们之间的相互转换方法和常用的 8421BCD 码。在数字电路中主要采用二进制数。

（2）逻辑代数的基本知识以及基本公式和定理中主要介绍了逻辑函数是一种二值量，反映的是两种不同的状态，常用 0 和 1 来表示。基本逻辑运算和逻辑函数为与、或、非、与非、或非、异或等函数关系或它们组合后的逻辑关系。必须熟练掌握逻辑代数的基本公式和定理，它们是化简逻辑函数的依据。

（3）逻辑函数的常用表示方法有真值表、逻辑函数表达式、卡诺图、逻辑图以及波形图。它们各有自己的特点，但是本质是一样的，它们之间可以相互转换。

（4）逻辑函数的公式法化简和卡诺图法化简最终的结果通常要求的是求出最简与或表达式。公式法化简的优点是不受逻辑自变量个数的限制，适合于任何复杂逻辑变量的化简；而卡诺图法化简的特点是简单、直观、易求，但是在更多的逻辑自变量出现的情况下，求解复杂，它通常适用于 5 个或以下自变量的逻辑函数的化简。所以要牢记逻辑代数的公式、定理并熟练地掌握用卡诺图化简的方法。

（5）按制造工艺的不同，集成逻辑门电路分为双极型逻辑门电路和单极型逻辑门电路两大类。

在双极型逻辑门电路中，不论哪一种逻辑门电路，其中的关键器件是二极管和晶体管。影响它们开关速度的主要因素是器件内部的电荷存储和消散的时间。

利用二极管和晶体管可构成简单的逻辑与、或、非门电路。TTL 逻辑门电路是当前应用较广泛的门电路之一，电路的基础是 TTL 反相器，它的输出级常采用推挽式结构，其特点是输出阻抗低、带负载能力强、开关速度快。如将 TTL 反相器的输入晶体管改为多发射极结构便可构成与非门电路。

在 TTL 逻辑门电路中，为了实现线与的逻辑功能，可以采用集电极开路（OC）门和三态（TS）门来实现。

在单极型逻辑门电路中，CMOS 逻辑门电路是目前应用较广泛的一种逻辑门电路，它由互补的增强型 NMOS 和 PMOS 场效应管组成，与 TTL 逻辑门电路相比，它的优点是功耗低，扇出系数大（指带同类门负载），噪声容限大，开关速度与 TTL 逻辑门电路接近。

（6）门电路是构成各种复杂数字逻辑电路的基本单元，掌握各种门电路的逻辑功能及集成电路的电气特性，对于正确使用数字集成电路十分必要。

复习思考题

1. 数字信号与模拟信号有哪些区别？

2. 将下列二进制数转换成十进制数：

（1）$(101)_2$　　（2）$(111010)_2$　　（3）$(11010011)_2$

3. 将下列十进制数转换成二进制数：

（1）$(12)_{10}$　　（2）$(45)_{10}$　　（3）$(101)_{10}$　　（4）$(125)_{10}$

4. 将下列十进制数转换成十六进制数：

（1）$(13)_{10}$　　（2）$(39)_{10}$　　（3）$(69)_{10}$　　（4）$(218)_{10}$

5. 什么是与逻辑关系？什么是或逻辑关系？什么是非逻辑关系？请各举出两个例子。

6. 列出下列逻辑函数的真值表并画出逻辑图

（1）$F=\overline{AB}+\overline{A}B$　　（2）$F=AB+AC+BC$

7. 试由下列 F 的真值表（见表 1-17）写出它的与或逻辑函数表达式。

表 1-17　题 7 中 F 的真值表

A	B	C	F
0	0	0	0
0	0	1	0
0	1	0	0
0	1	1	1
1	0	0	0
1	0	1	1
1	1	0	1
1	1	1	1

8. 数字电路中晶体管一般工作在什么状态？

9. 根据图 1-52a、b、c、d 电路示意图写出输入变量 A、B、C、D 与输出变量 Y 之间的逻辑表达式。

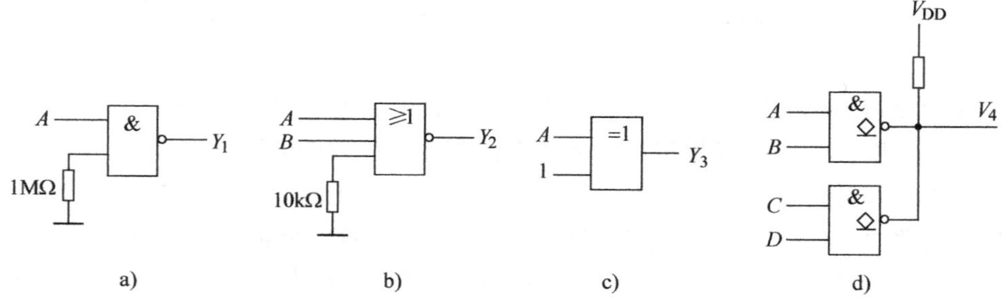

图 1-52　题 9 图

10. TTL 门电路规定高电平多少伏？低电平多少伏？CMOS 逻辑门电路又是多少伏？

11. TTL 门电路工作电压多少伏？CMOS 逻辑门电路又是多少伏？

12. CMOS 逻辑门电路有什么特点？为什么小规模数字电子电路首选 CMOS 器件？

13. OC 门电路结构有什么特点？OC 门怎样应用？

14. 什么是高阻态？何种门电路有高阻态？这种门电路怎样应用？

15. 如果将与非门、或非门、异或门用于反相器使用，则输入端将如何连接？

16. 用与非门实现下列逻辑函数：

（1）$Y=AB+\overline{B}C$

（2）$Y=AB+BC+CA$

（3）$Y=(\overline{AC}+B)(A+\overline{C})B$

17. 用公式化简下列函数：

（1）$Y=A+ABCD+BC+\overline{B}C$

（2）$Y=(A+B+C)(\overline{A}+\overline{B}+\overline{C})$

（3）$Y=\overline{ABC}+\overline{ABC}+\overline{ABC}+ABC$

（4）$Y=ABC+\overline{ABC}+BD$

（5）$Y=\overline{AB}+\overline{A}D+\overline{B}E$

18. 通过卡诺图化简法，将下列函数写成最小项表达式形式：

（1）$F=\overline{A}BC+\overline{AB}+BC$

（2）$F=\overline{A}+B+\overline{C}D$

19. 用卡诺图化简法，将下列函数化为最简与或式：

（1）$Y=\overline{ABC}+\overline{ABC}+\overline{ABC}+\overline{ABC}$

（2）$Y=\overline{ABC}+\overline{AB}C+\overline{ABC}+ABC$

（3）$Y=\overline{ABC}+\overline{AB}+\overline{A}D+C+BD$

（4）$Y(A, B, C)=\sum m(0, 1, 2, 5, 6)$

（5）$Y(A, B, C, D)=\sum m(0, 1, 2, 8, 9, 10)$

（6）$Y(A, B, C, D)=\sum m(0, 1, 2, 3, 4, 6, 9, 10, 11, 12, 13, 14, 15)$

20. 什么叫约束项？在卡诺图化简中如何处理约束项？

21. 用卡诺图化简法将下列具有约束项的逻辑函数 Y 化简为最简与或式：

（1）$Y(A, B, C)=\sum m(0, 6)+\sum d(2, 4)$

（2）$Y(A, B, C, D)=\sum m(1, 3, 5, 10, 14)+\sum d(0, 2, 9, 11, 13, 15)$

22. 写出图 1-53a、b、c、d 中各 CMOS 逻辑门电路的逻辑表达式。

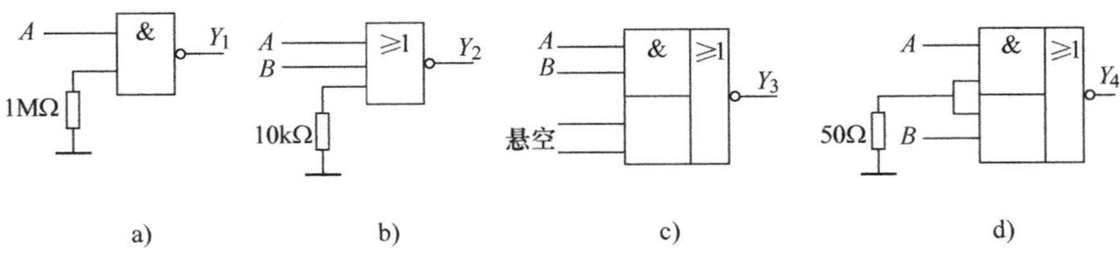

图 1-53　题 22 图

23. 写出图 1-54 中各 TTL 逻辑门电路的逻辑表达式。

24. 设 4 个电路输入均为 A、B，输出信号分别为 Y_1，Y_2，Y_3，Y_4，已知各信号波形，如图 1-55 所示，列出真值表，问这 4 个电路分别是何种逻辑关系的门电路？

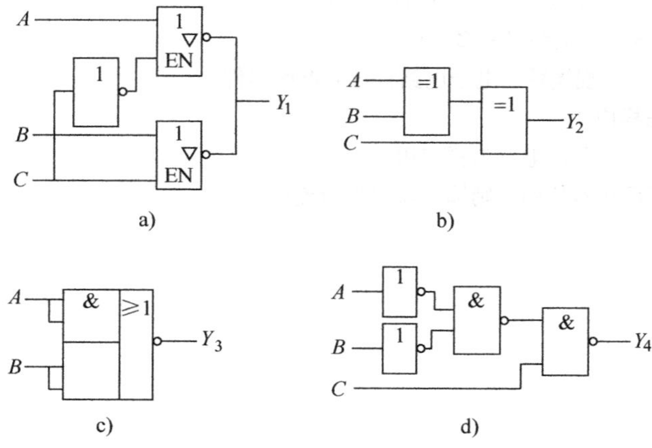

图 1-54　题 23 图

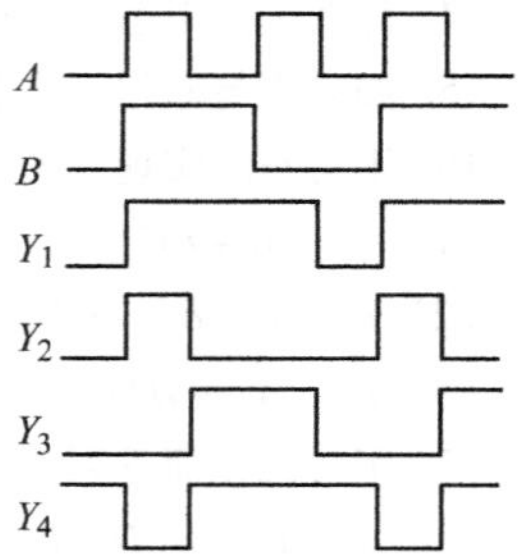

A
B
Y_1
Y_2
Y_3
Y_4

图 1-55　题 24 图

25. 回答下列问题：

（1）$A \oplus A = ?$　（2）$A \oplus \overline{A} = ?$　（3）$A \oplus 1 = ?$　（4）$1 \oplus 0 \oplus 1 = ?$

（5）$A \odot A = ?$　（6）$A \odot \overline{A} = ?$　（7）$A \odot 0 = ?$　（8）$0 \odot 0 \odot 0 = ?$

第 2 章　组合逻辑电路

2.1　组合逻辑电路的分析与设计

逻辑电路按照逻辑功能的不同可分为两大类：一类是组合逻辑电路（简称组合电路），另一类是时序逻辑电路（简称时序电路）。所谓组合电路是指电路在任一时刻的输出状态只与该时刻各输入状态的组合有关，而与前一时刻的电路输出状态无关。组合逻辑电路的示意图如图 2-1 所示。

图 2-1　组合逻辑电路示意图

可用一组逻辑函数表达式表示：

$$\begin{cases} Y_0 = f_0(I_0, I_1, \cdots, I_{n-1}) \\ Y_1 = f_1(I_0, I_1, \cdots, I_{n-1}) \\ \quad \vdots \\ Y_{m-1} = f_{m-1}(I_0, I_1, \cdots, I_{n-1}) \end{cases}$$

组合逻辑电路由基本逻辑门组合而成，可以有多个输入量，也可以有多个输出量。组合逻辑电路的特点是：

（1）输出、输入之间没有反馈延迟通路。信号只能从输入端单方向传递到输出端，输出端信号不能反馈到输入端。

（2）电路中不含记忆元器件。某时刻电路的输出只决定于该时刻电路的输入信号，而与电路以前的状态无关，即无记忆功能。

逻辑函数表达式、真值表、逻辑图、卡诺图和波形图是描述组合逻辑电路功能的常用表示方法，它们在组合逻辑电路的分析和设计中具有各自的特点和优势。

（1）逻辑函数表达式。组合逻辑电路的代数表示方式，一般为与或式，但可通过变换实现用不同门电路组成，因此形式不唯一。

（2）真值表。组合逻辑电路的列表表示方式，能清晰反映出各输入变量的取值组合与输出函数值之间的关系，是判断逻辑功能的有效手段，具有唯一性。

（3）逻辑图。组合逻辑电路的逻辑符号表示方式，表示输出、输入之间的逻辑关系，逻辑图只反映逻辑功能，不反映电气特性。

（4）卡诺图。组合逻辑电路的图形表示方式，是化简逻辑函数的主要方法，得到最简与或式，但化简结果不唯一。

（5）波形图。组合逻辑电路的波形表示方式，即反映逻辑关系，也反映时序关系。

一般在小规模集成电路中用逻辑函数表达式的居多；在中规模集成电路中通常用真值表或功能表。

2.1.1 组合逻辑电路的分析方法

组合逻辑电路的分析是指已知组合逻辑电路，找出输出量与输入变量之间的逻辑关系，了解电路所具有的逻辑功能，并对给定的逻辑电路是否合理进行评价。

组合逻辑电路的分析步骤如下：

（1）根据已知的逻辑图，从输入到输出逐级写出各逻辑门所对应的逻辑函数表达式，从而写出整个逻辑电路的输出函数对输入变量的逻辑函数表达式。

（2）对写出的逻辑函数表达式进行化简。一般利用公式法或卡诺图法化简成最简与或表达式。

（3）列出真值表，分析说明其逻辑功能。

例 2-1 分析如图 2-2 所示组合逻辑电路的功能。

解：1）写出逻辑函数表达式

$$Y_1 = \overline{AB}$$

$$Y_2 = \overline{BC}$$

$$Y_3 = \overline{AC}$$

$$Y = \overline{Y_1 Y_2 Y_3}$$

$$Y = \overline{\overline{AB} \cdot \overline{BC} \cdot \overline{AC}}$$

2）化简

$$Y = AB + BC + AC$$

3）列真值表，如表 2-1 所示。

表 2-1 例 2-1 的真值表

A	B	C	Y
0	0	0	0
0	0	1	0
0	1	0	0
0	1	1	1
1	0	0	0
1	0	1	1
1	1	0	1
1	1	1	1

由表 2-1 可知，若输入两个或两个以上的 1，输出 Y 为 1，否则 Y 为 0。因此，图 2-2 所示电路为三输入多数表决电路，在实际应用中可作为多数表决器使用。

例 2-2 分析如图 2-3 所示组合逻辑电路的功能。

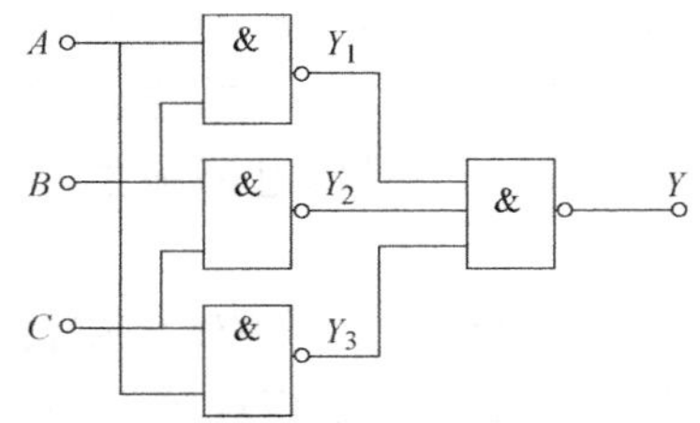

图 2-2　例 2-1 的逻辑电路

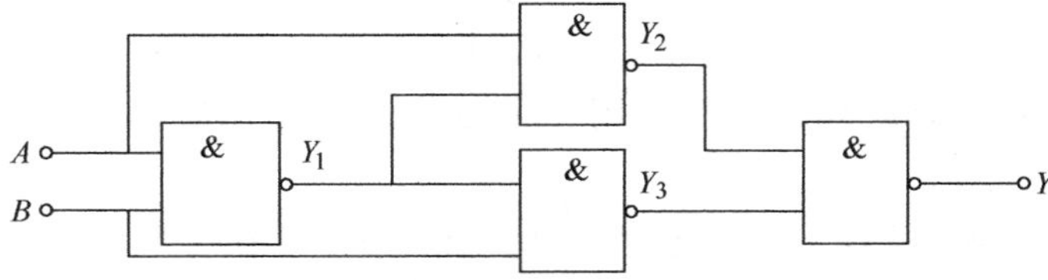

图 2-3　例 2-2 的逻辑电路

解： 1）写出逻辑函数表达式

$$Y_1 = \overline{AB} \qquad Y_2 = \overline{A \cdot Y_1} = \overline{A \cdot \overline{AB}} \qquad Y_3 = \overline{Y_1 B} = \overline{\overline{AB} \cdot B}$$

$$Y = \overline{Y_2 Y_3} = \overline{\overline{A \cdot \overline{AB}}\;\overline{\overline{AB} \cdot B}}$$

2）化简

$$\begin{aligned} Y &= \overline{(\overline{A} + AB) \cdot (AB + \overline{B})} \\ &= \overline{\overline{A}\,\overline{B} + AB} \\ &= A \oplus B \end{aligned}$$

3）确定逻辑功能。从逻辑函数表达式可以看出，电路具有“异或”功能。

从这个例题可见，如果逻辑函数表达式比较简单，就可以不列真值表，也就是说组合逻辑电路的分析步骤不是一成不变的，可以根据实际情况灵活应用。

例 2-3　分析如图 2-4 所示组合逻辑电路的功能。

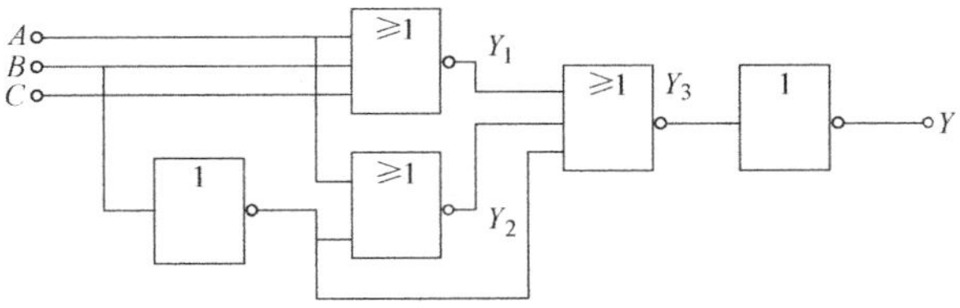

图 2-4　例 2-3 的逻辑电路

解： 1）写出逻辑函数表达式

$$Y_1 = \overline{A + B + C} \qquad Y_2 = \overline{A + \overline{B}} \qquad Y_3 = \overline{Y_1 + Y_2 + \overline{B}}$$

$$Y = \overline{Y_3} = Y_1 + Y_2 + \overline{B} = \overline{A + B + C} + \overline{A + \overline{B}} + \overline{B}$$

2）化简

$$Y = \overline{ABC} + \overline{A}B + \overline{B} = \overline{A}B + \overline{B} = \overline{A} + \overline{B}$$

$$Y = \overline{A} + \overline{B} = \overline{AB}$$

3）列真值表，如表 2-2 所示。

表 2-2　例 2-3 的真值表

A	B	C	Y
0	0	0	1
0	0	1	1
0	1	0	1
0	1	1	1
1	0	0	1
1	0	1	1
1	1	0	0
1	1	1	0

可见，电路的输出 Y 只与输入 A、B 有关，而与输入 C 无关。Y 和 A、B 的逻辑关系为：A、B 中只要一个为 0，$Y=1$；A、B 全为 1 时，$Y=0$。所以 Y 和 A、B 的逻辑关系为与非运算的关系，用一个与非门就可以实现，如图 2-5c 所示。原逻辑电路显然不够合理。

从以上组合逻辑电路的分析可以看出，在对组合逻辑电路的分析过程中，写逻辑函数表达式和列真值表的过程相对比较容易掌握，而由真值表说明电路的逻辑功能则相对较难些，这需要一定的电路知识的积累和经验。

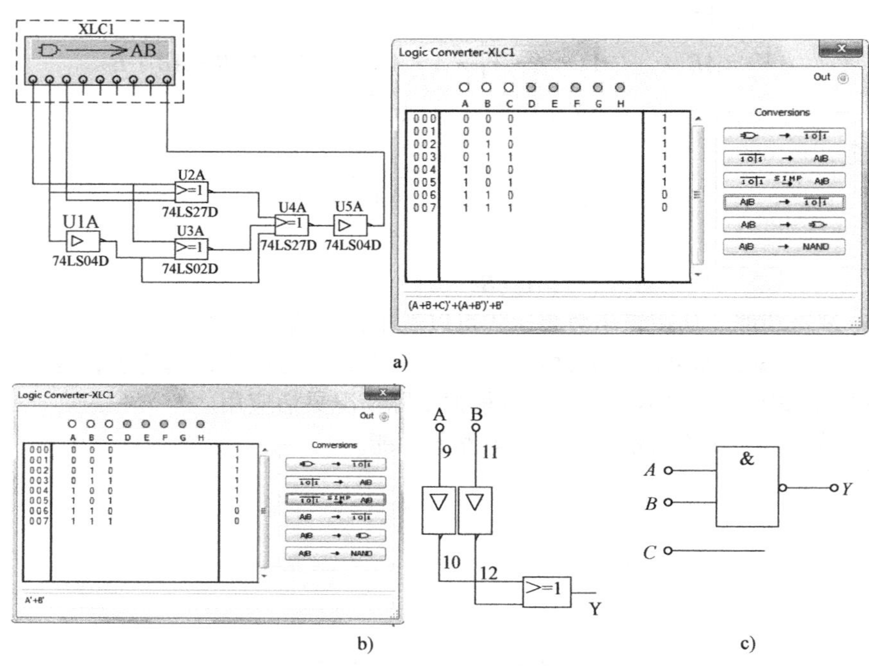

图 2-5　例 2-3 的最终逻辑电路及仿真图

a）仿真电路及逻辑关系式　b）最简逻辑式及最简逻辑电路　c）最终逻辑电路

2.1.2　组合逻辑电路的设计方法

组合逻辑电路的设计是根据实际的逻辑问题，从给定的逻辑功能要求出发，设计出满足该功能要求的最佳组合逻辑电路。所谓最佳电路，是指设计的电路所用到的器件数最少、器件种类最少且器件间连线也最少。组合逻辑电路的基本设计步骤分为 4 步：

（1）进行逻辑抽象。根据设计要求，确定输入、输出变量的个数，并对它们进行逻辑赋值（即确定 0 和 1 代表的含义），根据逻辑功能要求列出真值表。

（2）根据真值表写出逻辑函数标准与或表达式。

（3）化简逻辑函数表达式为最简式（采用公式法或卡诺图法进行化简），并变换成实际要求的逻辑函数表达式形式。

（4）根据最后的逻辑函数表达式画出相应的逻辑电路图。

例 2-4　用与非门设计一个举重裁判表决电路。设举重比赛有 3 个裁判，一个主裁判和两个副裁判。杠铃完全举上的裁决由每一个裁判按一下自己面前的按钮来确定。只有当两个或两个以上裁判判明成功，并且其中有一个为主裁判时，表明成功的灯才亮。

解：1）分析设计要求，设主裁判为变量 A，副裁判分别为 B 和 C；表示成功与否的灯为 Y，根据逻辑要求列出真值表（见表 2-3）。

表 2-3　例 2-4 的真值表

A	B	C	Y	A	B	C	Y
0	0	0	0	1	0	0	0
0	0	1	0	1	0	1	1
0	1	0	0	1	1	0	1
0	1	1	0	1	1	1	1

2）写出逻辑函数标准与或表达式

$$Y = m_5 + m_6 + m_7 = A\overline{B}C + AB\overline{C} + ABC$$

3）将逻辑函数化简，并变换成与非表达式。用图 2-6 所示的卡诺图进行化简，由此可得

$$Y = AB + AC$$

将上式变换成与非表达式为

$$Y = \overline{\overline{AB} \cdot \overline{AC}}$$

4）根据输出逻辑函数表达式画逻辑图，如图 2-7 所示。

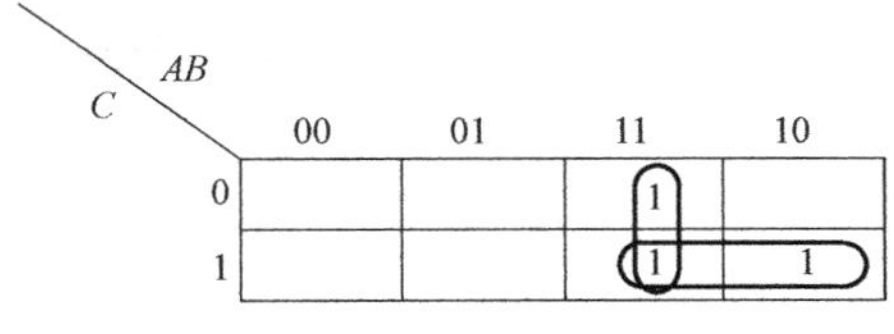

图 2-6　例 2-4 的卡诺图

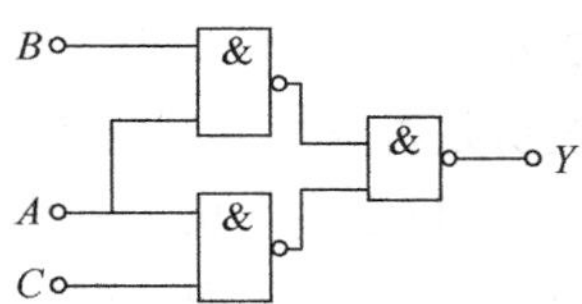

图 2-7　例 2-4 的逻辑电路

例 2-5　某设备有开关 A、B、C，要求仅在开关 A 接通的条件下，开关 B 才能接通；开关 C 仅在开关 B 接通的条件下才能接通。违反这一规程，则发出报警信号。设计一个由与非门组成的能实现这一功能的报警控制电路。

解：1）由题意可知，该报警电路的输入变量是 3 个开关 A、B、C 的状态。设开关接通用 1 表示，开关断开用 0 表示。设该电路的输出报警信号为 F，F 为 1 表示报警，F 为 0 表示不报警。

根据题目所表明的逻辑关系和上述假设，可列出真值表，如表 2-4 所示。

表 2-4　例 2-5 的真值表

A	B	C	F
0	0	0	0
0	0	1	1
0	1	0	1
0	1	1	1
1	0	0	0

（续）

A	B	C	F
1	0	1	1
1	1	0	0
1	1	1	0

2）根据真值表画的卡诺图如图 2-8 所示。

3）利用卡诺图对逻辑函数进行化简，得到最简逻辑表达式

$$F = \overline{A}B + \overline{B}C$$

$$F = \overline{\overline{\overline{A}B} \cdot \overline{\overline{B}C}}$$

4）根据逻辑表达式画出逻辑图，就得到符合题目所要求的控制电路，如图 2-9 所示。

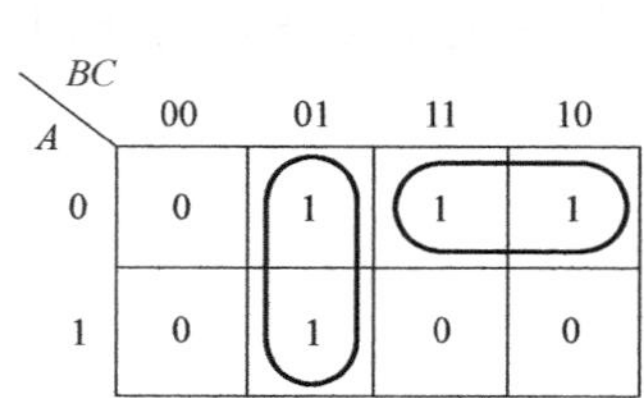

图 2-8　例 2-5 的卡诺图

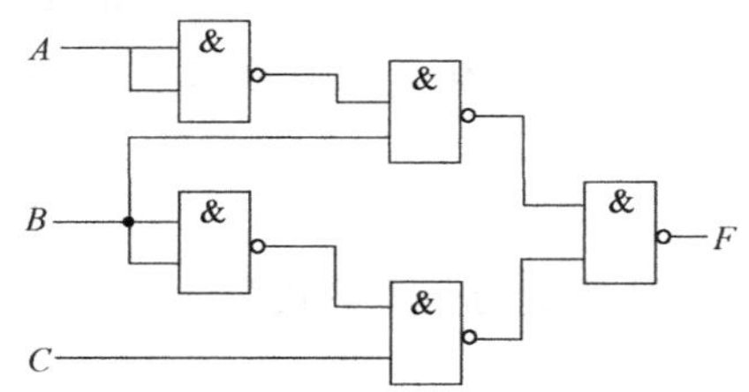

图 2-9　例 2-5 的逻辑电路

例 2-6　有三个班学生上机，大机房能容纳两个班学生，小机房能容纳一个班学生。设计两个机房是否开灯的逻辑控制电路，要求如下：

1）一个班学生上机，开小机房的灯。

2）两个班学生上机，开大机房的灯。

3）三个班学生上机，大小两机房均开灯。

解： 1）确定输入、输出变量的个数。根据电路要求，设输入变量 A、B、C 分别表示三个班学生是否上机，1 表示上机，0 表示不上机；输出变量 Y、G 分别表示大机房、小机房的灯是否亮，1 表示亮，0 表示灭。

2）列真值表，如表 2-5 所示。

表 2-5　例 2-6 的真值表

A	B	C	Y	G
0	0	0	0	0
0	0	1	0	1
0	1	0	0	1
0	1	1	1	0
1	0	0	0	1
1	0	1	1	0
1	1	0	1	0
1	1	1	1	1

3）化简。利用卡诺图化简，如图 2-10 所示，可得

$$Y = BC + AC + AB$$

$$\begin{aligned} G &= \bar{A}\bar{B}C + \bar{A}B\bar{C} + A\bar{B}\bar{C} + ABC \\ &= \bar{A}(B \oplus C) + A\,\overline{B \oplus C} \\ &= A \oplus B \oplus C \end{aligned}$$

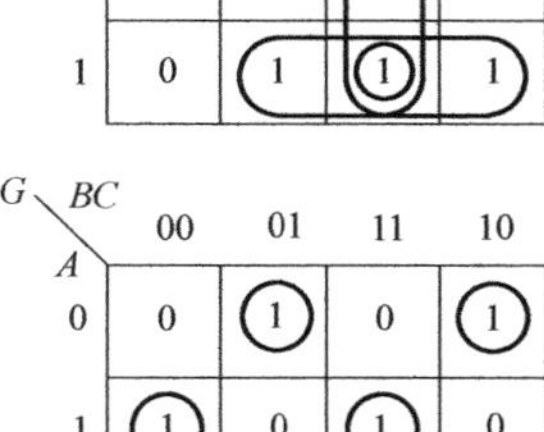

图 2-10　例 2-6 的卡诺图

4）画组合逻辑电路图。组合逻辑电路图如图 2-11a 所示。若要求用 TTL 与非门实现，该设计电路的设计步骤如下：首先，将化简后的与或逻辑表达式转换为与非形式；然后再画出如图 2-11b 所示的用与非门实现的组合逻辑电路图。

$$Y = AC + BC + AB = \overline{\overline{AC} \cdot \overline{BC} \cdot \overline{AB}}$$

$$G = \bar{A}\bar{B}C + \bar{A}B\bar{C} + A\bar{B}\bar{C} + ABC = \overline{\overline{\bar{A}\bar{B}C} \cdot \overline{\bar{A}B\bar{C}} \cdot \overline{A\bar{B}\bar{C}} \cdot \overline{ABC}}$$

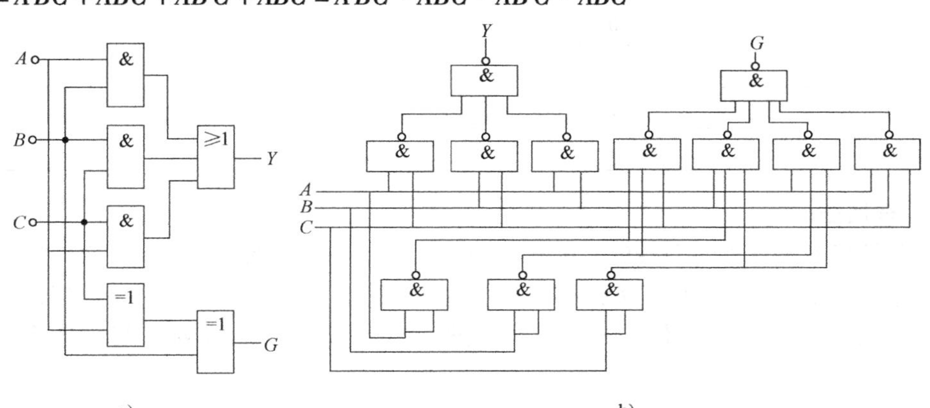

图 2-11　例 2-6 的组合逻辑图

a）直接实现的组合逻辑电路　b）用与非门实现的组合逻辑电路

2.2　组合逻辑器件

2.2.1　加法器

2.2.1.1　半加器

半加器是只考虑两个一位二进制加数本身，而不考虑来自低位进位数的组合逻辑电路。

在数字系统当中，都是用二进制数来表示，对于一位二进制数相加，有 0 + 0 = 0；0 + 1 = 1；1 + 0 = 1；1 + 1 = 10。可见，它除了产生本位和数之外，还有一个向高位的进位数。根据二进制加法运算规则，可列出半加器的真值表，如表 2-6 所示。其中 A_i，B_i 为第 i 位的两个加数，作为两个输入变量；S_i 是和数，C_i 是向高位的进位数，作为两个输出变量。

由半加器真值表可写出它的逻辑函数表达式为

$$S_i = \bar{A}_i B_i + A_i \bar{B}_i = A_i \oplus B_i$$

$$C_i = A_i B_i$$

可见，半加器可由一个异或门和一个与门组成。画出其组合逻辑电路如图 2-12a 所示，图 2-12b 为半加器的逻辑符号。

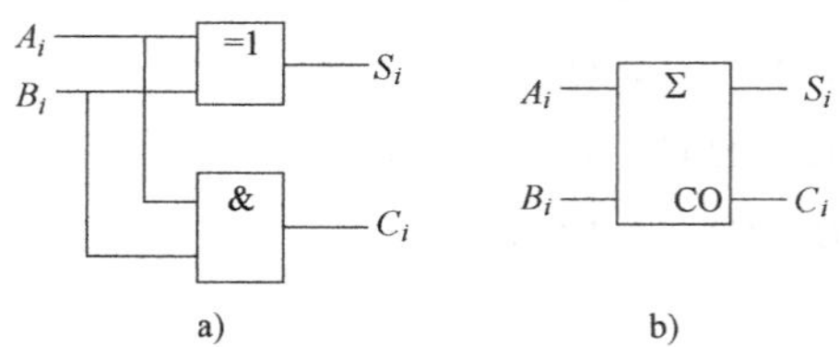

图 2-12　半加器

a）逻辑图　b）逻辑符号

表 2-6　半加器的真值表

输入		输出	
A_i	B_i	S_i	C_i
0	0	0	0
0	1	1	0
1	0	1	0
1	1	0	1

2.2.1.2　全加器

全加器是指不仅考虑两个一位二进制数相加，而且还要考虑与来自相邻低位的进位数相加的组合逻辑电路。若 A_i 和 B_i 分别是第 i 位二进制数的被加数和加数，C_{i-1} 为相邻低位的进位，S_i 为本位的和，C_i 为本位的进位。根据全加器的逻辑功能可列出其真值表如表 2-7 所示。

表 2-7　全加器的真值表

输　入			输　出	
A_i	B_i	C_{i-1}	S_i	C_i
0	0	0	0	0
0	0	1	1	0
0	1	0	1	0
0	1	1	0	1
1	0	0	1	0
1	0	1	0	1
1	1	0	0	1
1	1	1	1	1

由真值表可写出全加器的和 S_i 与进位 C_i 的逻辑函数表达式为

$$
\begin{aligned}
S_i &= \overline{A}_i\,\overline{B}_iC_{i-1} + \overline{A}_iB_i\,\overline{C}_{i-1} + A_i\,\overline{B}_i\,\overline{C}_{i-1} + A_iB_iC_{i-1} \\
&= (\overline{A}_iB_i + A_i\,\overline{B}_i)\overline{C}_{i-1} + (\overline{A}_i\,\overline{B}_i + A_iB_i)C_{i-1} \\
&= (A_i \oplus B_i)\overline{C}_{i-1} + (\overline{A_i \oplus B_i})C_{i-1} \\
&= A_i \oplus B_i \oplus C_{i-1}
\end{aligned}
$$

$$
C_i = \overline{A}_iB_iC_{i-1} + A_i\,\overline{B}_iC_{i-1} + A_iB_i\,\overline{C}_{i-1} + A_iB_iC_{i-1}
$$

$$= (\overline{A}_i B_i + A_i \overline{B}_i) C_{i-1} + A_i B_i (\overline{C}_{i-1} + C_{i-1})$$

$$= (A_i \oplus B_i) C_{i-1} + A_i B_i$$

由上述两个逻辑函数表达式可画出全加器的组合逻辑电路如图 2-13a 所示，图 2-13b 是其逻辑符号。在图 2-13b 的逻辑符号中，CI 是进位输入端，CO 是进位输出端。

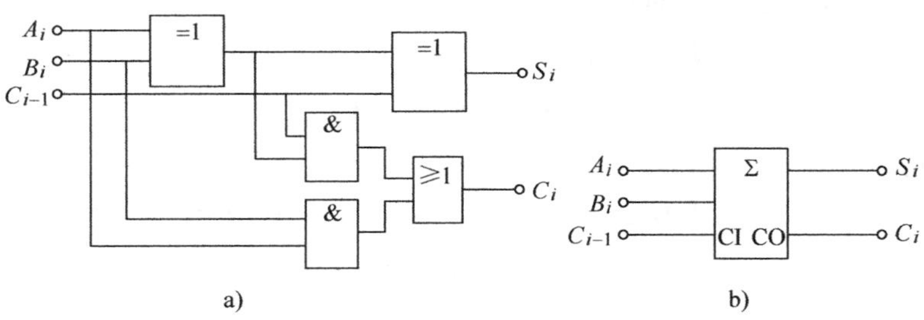

图 2-13　全加器

a）逻辑图　b）逻辑符号

实现全加器功能的电路形式有多种，可以用与门和或门电路实现，也可以用与或非门电路实现。其组合逻辑电路如图 2-14 和图 2-15 所示。

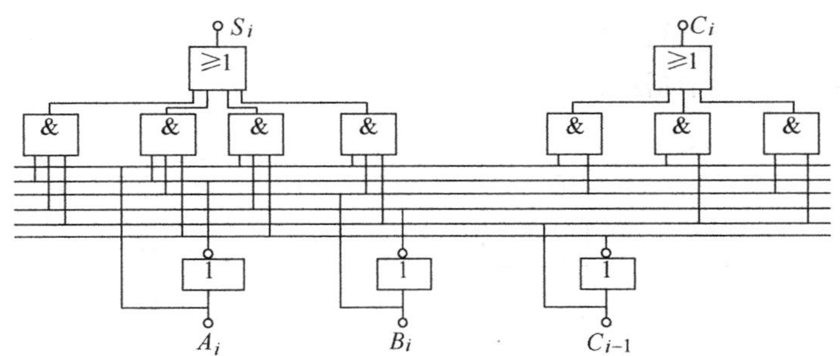

图 2-14　用与门和或门实现全加器功能

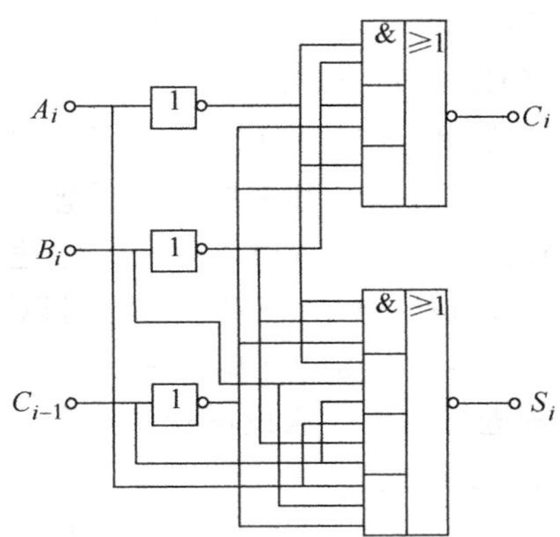

图 2-15　用与或非门实现全加器功能

图 2-14 的逻辑函数表达式为

$$S_i=\overline{A}_i\overline{B}_iC_{i-1}+\overline{A}_iB_i\overline{C}_{i-1}+A_i\overline{B}_i\overline{C}_{i-1}+A_iB_iC_{i-1}$$

$$C_i=\overline{A}_iB_iC_{i-1}+A_i\overline{B}_iC_{i-1}+A_iB_i\overline{C}_{i-1}+A_iB_iC_{i-1}=A_iB_i+A_iC_{i-1}+B_iC_{i-1}$$

图 2-15 的逻辑函数表达式可由$\overline{S}_i$和$\overline{C}_i$取反获得。

先写出$\overline{S}_i$和$\overline{C}_i$，即真值表中对应函数值为 0 的最小项之和：

$$\overline{S}_i=\overline{A}_i\overline{B}_i\overline{C}_{i-1}+\overline{A}_iB_iC_{i-1}+A_i\overline{B}_iC_{i-1}+A_iB_i\overline{C}_{i-1}$$

$$\overline{C}_i=\overline{A}_i\overline{B}_i+\overline{A}_i\overline{C}_{i-1}+\overline{B}_i\overline{C}_{i-1}$$

再取反，得

$$S_i=\overline{\overline{A}_i\overline{B}_i\overline{C}_{i-1}+\overline{A}_iB_iC_{i-1}+A_i\overline{B}_iC_{i-1}+A_iB_i\overline{C}_{i-1}}$$

$$C_i=\overline{\overline{A}_i\overline{B}_i+\overline{A}_i\overline{C}_{i-1}+\overline{B}_i\overline{C}_{i-1}}$$

2.2.1.3 多位加法器

前面所介绍的半加器和全加器均是一位二进制数的加法器，而在实际运用时不可能只有一位数相加。如果有两个 n 位二进制数相加，则需要 n 位的加法器。n 位二进制数相加时，每一位都是带进位的加法运算，所以必须用全加器，这样构成的逻辑电路称为多位加法器。多位数的加法器按照进位方式的不同其构成的方法也不同，有串行进位和超前进位两种构成形式。下面分别对其进行介绍。

1. 串行进位加法器　可以采用由多个全加器并行相加串行进位的方式来组成多位加法器，即将低位全加器的进位输出 C_i 接到高位全加器的进位输入端 C_{i-1}。图 2-16 所示为由 4 个全加器构成的 4 位二进制加法器电路。

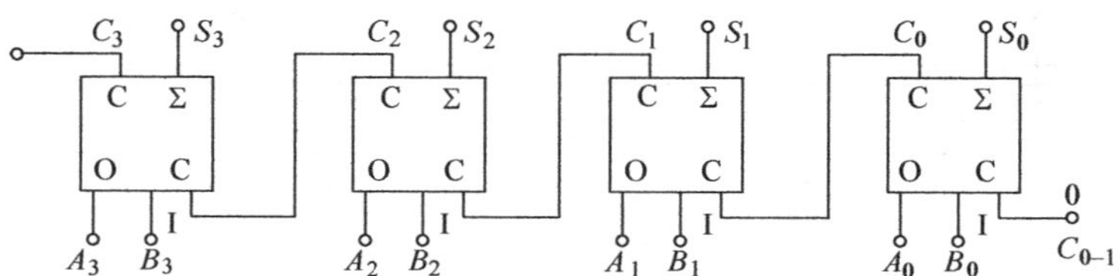

图 2-16　4 位串行进位加法器

从图 2-16 中可看出，只有在低位全加器产生进位并送到高位全加器后，才能在高位产生相加的结果。因此，运算速度较慢是这种加法器的主要缺点，特别是在运算位数增加时这一缺点尤其突出。但因其电路结构简单，在运算位数不太多的情况下，仍不失为一种可取的电路。这样的中规模集成电路有 CT54/74LS183 等。

2. 超前进位加法器　为了克服串行进位加法器运算速度比较慢的缺点，产生了一种运算速度更快的加法器——超前进位加法器。其主要设计思想是设法将低位进位输入信号 C_i 经判断直接送到输出端，以缩短中间传输路径，提高工作速度。例如，当 $A_i\oplus B_i=1$ 且 $C_{i-1}=1$ 时，可将 C_{i-1}直接送输出端 C_i；而 $A_i\cdot B_i=1$ 也可以直接送输出端 C_i，即

$$C_i=(A_i\oplus B_i)\cdot C_{i-1}+A_iB_i$$

以 4 位超前进位加法器为例进行说明。假设进位生成项为 $G_i=A_iB_i$，进位传递条件为 $P_i=A_i\oplus B_i$，则进位表达式及和的表达式为

$$C_i=A_iB_i+(A_i\oplus B_i)C_{i-1}=G_i+P_iC_{i-1}$$

$$S_i=A_i\oplus B_i\oplus C_{i-1}=P_i\oplus C_{i-1},$$

那么4位超前进位加法器的递推公式为

$$\begin{cases}S_0 = P_0 \oplus C_{0-1} \\ C_0 = G_0 + P_0 C_{0-1}\end{cases}$$

$$\begin{cases}S_1 = P_1 \oplus C_0 \\ C_1 = G_1 + P_1 C_0 = G_1 + P_1 G_0 + P_1 P_0 C_{0-1}\end{cases}$$

$$\begin{cases}S_2 = P_2 \oplus C_1 \\ C_2 = G_2 + P_2 C_1 = G_2 + P_2 G_1 + P_2 P_1 G_0 + P_2 P_1 P_0 C_{0-1}\end{cases}$$

$$\begin{cases}S_3 = P_3 \oplus C_2 \\ C_3 = G_3 + P_3 C_2 = G_3 + P_3 G_2 + P_3 P_2 G_1 + P_3 P_2 P_1 G_0 + P_3 P_2 P_1 P_0 C_{0-1}\end{cases}$$

由上面逻辑表达式可画出4位超前进位加法器的逻辑图，如图2-17所示。图中虚线框内即为超前进位发生器。

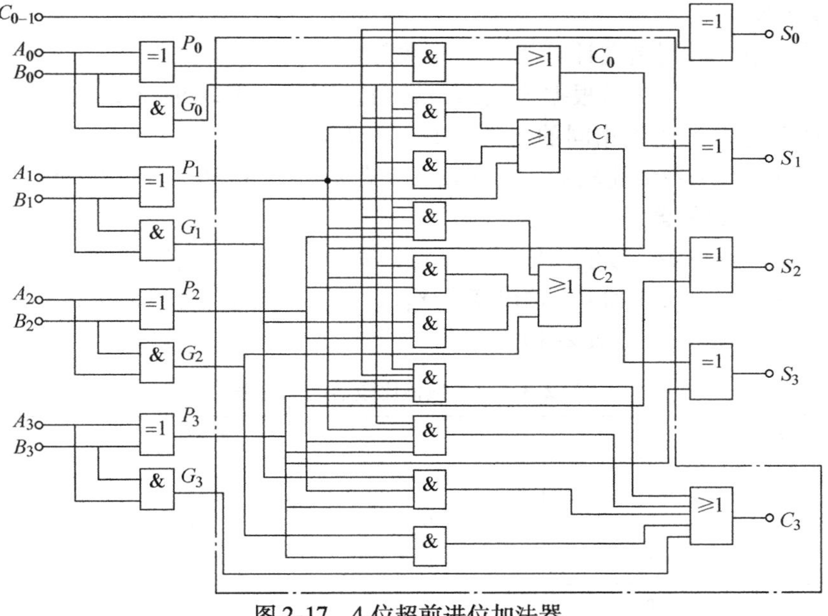

图2-17　4位超前进位加法器

常用的超前进位加法器的中规模集成电路有CT74LS283、CC4008等，它们都是4位二进制的加法器，其逻辑符号及引脚排列如图2-18所示。

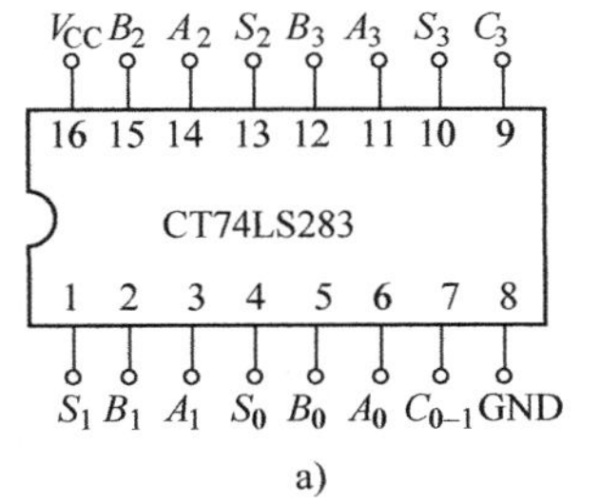

a)

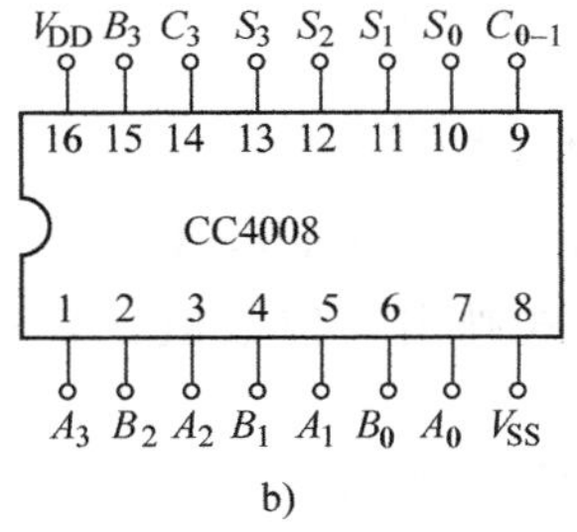

b)

图2-18　4位超前进位加法器引脚排列

a）CT74LS283　b）CC4008

3. 加法器的应用　加法器除了用来实现两个二进制数相加外，还可用来设计代码转换电路、二进制减法器和十进制加法器等。

例 2-7　设计一个代码转换电路，将 8421BCD 码转换为余 3 码。

解：根据余 3 码的编码规律，对应于同一十进制数，余 3 码总是比 8421BCD 码多了对应于十进制数的 3，即 0011。

设余 3 码为 $Y_3Y_2Y_1Y_0$，8421BCD 码为 $ABCD$，则有

$$Y_3Y_2Y_1Y_0 = ABCD + 0011$$

因此，可以用一片 CT74LS283 或 CC4008 来实现转换。只要令加数 $A_3A_2A_1A_0 = ABCD$，$B_3B_2B_1B_0 = 0011$，$C_{0-1} = 0$，则 $S_3S_2S_1S_0 = Y_3Y_2Y_1Y_0$，电路如图 2-19所示。

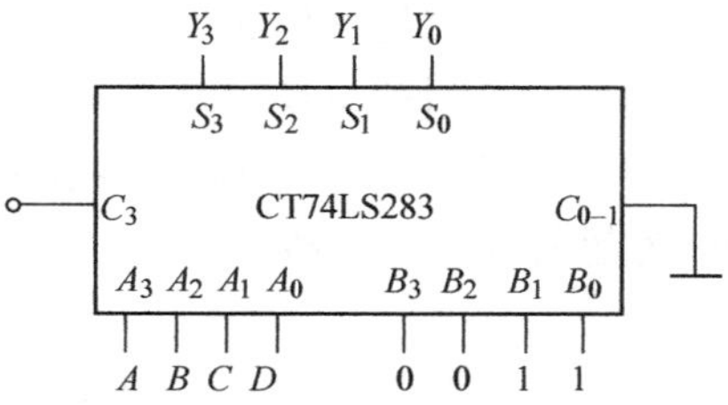

图 2-19　例 2-7 的代码转换电路

2.2.2　数值比较器

在数字系统中，特别是在计算机中，经常需要对两个数的大小进行比较，然后根据比较结果转向执行某种操作。具有对两个位数相同的二进制数 A、B 进行比较的逻辑电路称为数值比较器。其比较结果有 $A>B$、$A<B$ 和 $A=B$ 3 种可能性。

2.2.2.1　一位数值比较器

一位数值比较器是多位数值比较器的基础。两个一位二进制数 A 和 B 的比较，输入变量是两个要进行比较的数 A 和 B，输出变量 $Y_{A>B}$、$Y_{A<B}$、$Y_{A=B}$分别表示 $A>B$、$A<B$ 和$A=B$ 3 种比较结果，其真值表如表 2-8 所示。

表 2-8　一位数值比较器的真值表

输　入		输　出		
A	B	$Y_{A>B}$	$Y_{A<B}$	$Y_{A=B}$
0	0	0	0	1
0	1	0	1	0
1	0	1	0	0
1	1	0	0	1

根据真值表可分别写出各输出信号的逻辑表达式：

$$Y_{A>B} = A\overline{B}$$

$$Y_{A<B} = \overline{A}B$$

$$Y_{A=B} = AB + \overline{A}\,\overline{B} = A \odot B$$

由逻辑表达式画出一位数值比较器的逻辑电路，如图 2-20 所示。

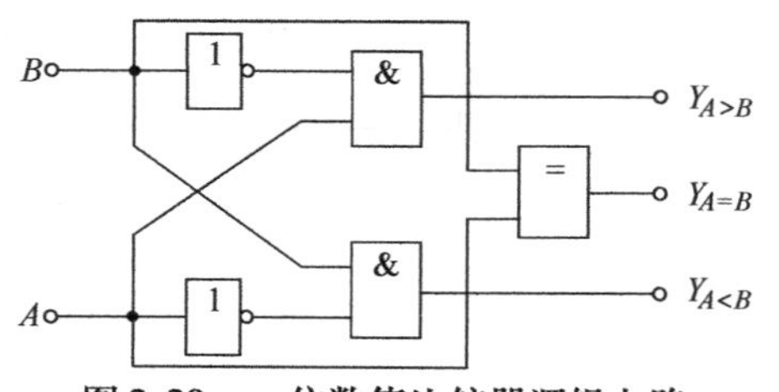

图 2-20　一位数值比较器逻辑电路

2.2.2.2　多位数值比较器

以两个 4 位二进制数为例，对多位数值比较器的工作原理进行分析。

设 A、B 是两个 4 位二进制数，表示为 $A_3A_2A_1A_0$ 和 $B_3B_2B_1B_0$。显然，对多位二进制数进行比较，首先要比较高位，只有当高位相等时才比较低位。即若 $A_3 > B_3$，则 $A > B$；若 $A_3 < B_3$，则 $A < B$；若 $A_3 = B_3$，则比较次高位中的 A_2、B_2，由次高位来决定两个数的大小，方法同上；若 $A_2 = B_2$，再比较下一位，依次类推，直至比较到最低位为止；如果最低位还相等，即 $A_0 = B_0$，则 $A = B$。

常用多位数值比较器有 74LS85，它能进行两个 4 位二进制数的比较。其引脚排列如图 2-21 所示。

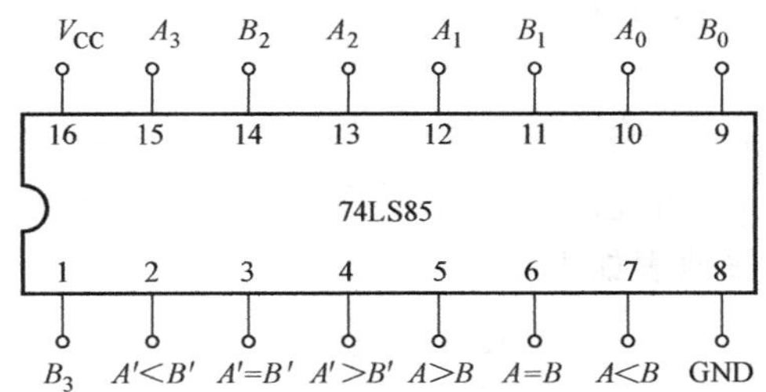

图 2-21　74LS85 的引脚排列

图中 $A_3A_2A_1A_0$ 和 $B_3B_2B_1B_0$ 是两个相比较的 4 位二进制数据输入端，$A' > B'$, $A' = B'$, $A' < B'$是扩展端，供片间级联时使用。不需扩大比较位数时，$A' > B'$、$A' < B'$接低电平，$A' = B'$接高电平。其功能表如表 2-9 所示。

表 2-9　74LS85 功能表

比较输入				级联输入			输　出		
A_3 B_3	A_2 B_2	A_1 B_1	A_0 B_0	$A'>B'$	$A'<B'$	$A'=B'$	$A>B$	$A<B$	$A=B$
$A_3>B_3$	×	×	×	×	×	×	1	0	0
$A_3<B_3$	×	×	×	×	×	×	0	1	0
$A_3=B_3$	$A_2>B_2$	×	×	×	×	×	1	0	0
$A_3=B_3$	$A_2<B_2$	×	×	×	×	×	0	1	0
$A_3=B_3$	$A_2=B_2$	$A_1>B_1$	×	×	×	×	1	0	0
$A_3=B_3$	$A_2=B_2$	$A_1<B_1$	×	×	×	×	0	1	0
$A_3=B_3$	$A_2=B_2$	$A_1=B_1$	$A_0>B_0$	×	×	×	1	0	0
$A_3=B_3$	$A_2=B_2$	$A_1=B_1$	$A_0<B_0$	×	×	×	0	1	0
$A_3=B_3$	$A_2=B_2$	$A_1=B_1$	$A_0=B_0$	1	0	0	1	0	0
$A_3=B_3$	$A_2=B_2$	$A_1=B_1$	$A_0=B_0$	0	1	0	0	1	0
$A_3=B_3$	$A_2=B_2$	$A_1=B_1$	$A_0=B_0$	0	0	1	0	0	1

利用 74LS85 的扩展端可以对其进行扩展，只要将低位的 $A > B$，$A = B$，$A < B$ 分别接高位相应的 $A' > B'$，$A' = B'$，$A' < B'$即可。如用 3 片 74LS85 扩展成 12 位数值比较器的电路如图 2-22 所示。

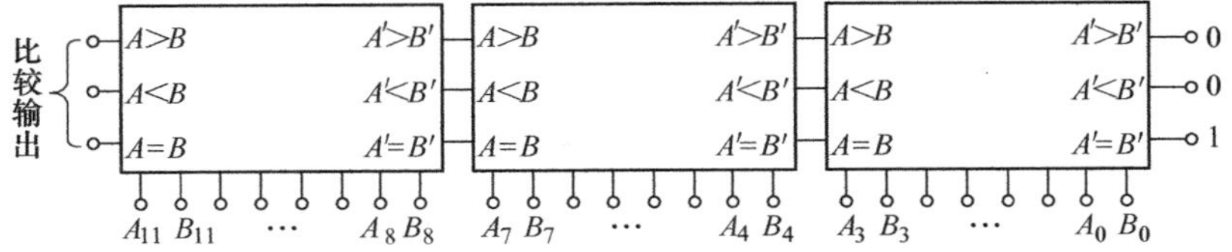

图 2-22　3 片 74LS85 扩展成 12 位数值比较器

2.2.3 编码器与译码器及显示电路

2.2.3.1 编码器

所谓编码就是将输入信号（即输入的每一个高、低电平）转换成二进制代码的过程。实现编码操作的数字电路称为编码器。按照编码方式不同，编码器可分为普通编码器和优先编码器；按照输出代码种类的不同，可分为二进制编码器和非二进制编码器（常用二-十进制编码器）。

1. 二进制编码器　用 n 位二进制数来表示 N 个输入信号，满足 $N=2^n$ 的编码电路称为二进制编码器。任何时刻只能对其中一个输入信息进行编码，即输入的 N 个信号是互相排斥的，它属于普通编码器。

若编码器输入为 4 个信号，输出为 2 位代码，则称为 4 线-2 线编码器。

输入为 I_0、I_1、I_2、I_3 4 个信息，输入信号高电平有效；输出为 Y_0、Y_1，当对 I_i 编码时为 1，不编码为 0。其编码真值表如表 2-10 所示。

表 2-10　编码真值表

I_0	I_1	I_2	I_3	Y_1	Y_0
1	0	0	0	0	0
0	1	0	0	0	1
0	0	1	0	1	0
0	0	0	1	1	1

由真值表可得两个输出变量的逻辑表达式为

$$Y_1 = I_2 + I_3$$

$$Y_0 = I_1 + I_3$$

由上式可得二进制 4 线-2 线编码器电路，如图 2-23 所示。

2. 二-十进制编码器　二-十进制编码器是指用 4 位二进制代码表示一位十进制数的编码电路，也称 10 线-4 线编码器。最常见是 8421BCD 码编码器，其逻辑图如图 2-24 所示。其中，输入信号 $I_0 \sim I_9$ 代表 0～9 共 10 个十进制信号，输出信号 $Y_0 \sim Y_3$ 为相应二进制代码。

由图 2-24 可以写出各输出变量的逻辑函数表达式为

$$Y_3 = I_8 + I_9 = \overline{\overline{I_8}\,\overline{I_9}}$$

$$Y_2 = I_4 + I_5 + I_6 + I_7 = \overline{\overline{I_4}\,\overline{I_5}\,\overline{I_6}\,\overline{I_7}}$$

$$Y_1 = I_2 + I_3 + I_6 + I_7 = \overline{\overline{I_2}\,\overline{I_3}\,\overline{I_6}\,\overline{I_7}}$$

$$Y_0 = I_1 + I_3 + I_5 + I_7 + I_9 = \overline{\overline{I_1}\,\overline{I_3}\,\overline{I_5}\,\overline{I_7}\,\overline{I_9}}$$

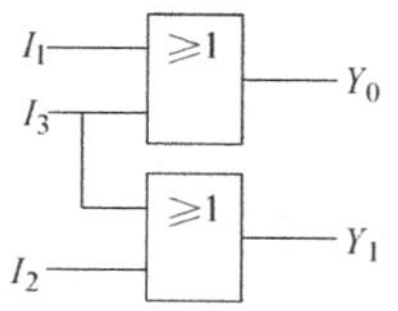

图 2-23　4 线-2 线编码器电路

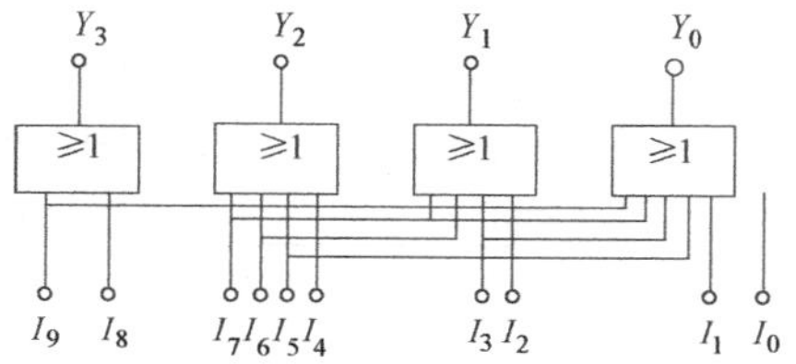

图 2-24　8421BCD 码编码器逻辑图

由上式可列出真值表如表 2-11 所示。

表 2-11　8421BCD 码编码器真值表

输入										输出			
I_0	I_1	I_2	I_3	I_4	I_5	I_6	I_7	I_8	I_9	Y_3	Y_2	Y_1	Y_0
1	0	0	0	0	0	0	0	0	0	0	0	0	0
0	1	0	0	0	0	0	0	0	0	0	0	0	1
0	0	1	0	0	0	0	0	0	0	0	0	1	0
0	0	0	1	0	0	0	0	0	0	0	0	1	1
0	0	0	0	1	0	0	0	0	0	0	1	0	0
0	0	0	0	0	1	0	0	0	0	0	1	0	1
0	0	0	0	0	0	1	0	0	0	0	1	1	0
0	0	0	0	0	0	0	1	0	0	0	1	1	1
0	0	0	0	0	0	0	0	1	0	1	0	0	0
0	0	0	0	0	0	0	0	0	1	1	0	0	1

表中高电平为有效电平，低电平为无效电平。任何时刻只允许对一个输入信号进行编码。

3. 优先编码器　优先编码器是多个输入端同时有信号输入时，电路只对其中优先级别最高的信号进行编码。解决了普通编码器每次只允许输入一个有效电平这一问题。

常用的优先编码器有 8 线-3 线集成优先编码器，常见型号为 54-74148、54-74LS148，10 线-4 线集成优先编码器常见型号为 54-74147、54-74LS147，下面以 8 线-3 线集成优先编码器 74LS148 为例进行说明。其引脚排列图及逻辑功能示意图如图 2-25 所示。表 2-12 是其功能表。

从 74LS148 的功能表可看出，输入、输出均为低电平有效，$\overline{I_7}$的优先权最高，$\overline{I_0}$的优先权最低。输出低电平有效也称反码输出。

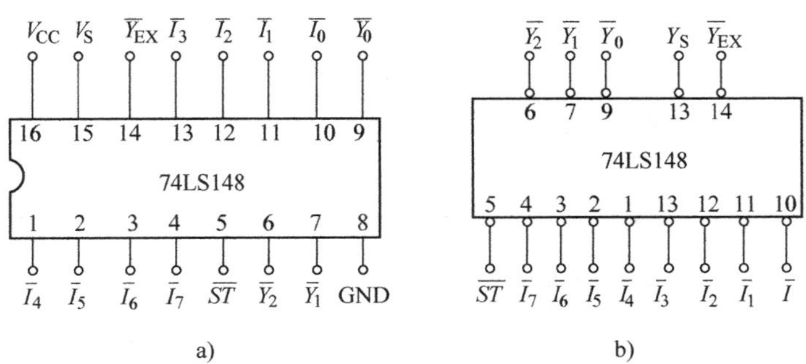

图 2-25　74LS148 优先编码器

a）74LS148 引脚排列　b）74LS148 逻辑功能示意图

为了扩展功能，74LS148 增加了 3 个控制端。其中$\overline{ST}$端为选通输入端，当$\overline{ST}=0$ 时，编码器可正常工作，当$\overline{ST}=1$ 时，编码器的输出被封锁在高电平。Y_S为选通输出端，其表达式为

$$Y_S=\overline{\overline{I_0}\,\overline{I_1}\,\overline{I_2}\,\overline{I_3}\,\overline{I_4}\,\overline{I_5}\,\overline{I_6}\,\overline{I_7}\,ST}$$

表 2-12 优先编码器 74LS148 的功能表

输入									输出				
$\overline{ST}$	$\overline{I}_7$	$\overline{I}_6$	$\overline{I}_5$	$\overline{I}_4$	$\overline{I}_3$	$\overline{I}_2$	$\overline{I}_1$	$\overline{I}_0$	$\overline{Y}_2$	$\overline{Y}_1$	$\overline{Y}_0$	$\overline{Y}_{EX}$	Y_S
1	×	×	×	×	×	×	×	×	1	1	1	1	1
0	1	1	1	1	1	1	1	1	1	1	1	1	0
0	0	×	×	×	×	×	×	×	0	0	0	0	1
0	1	0	×	×	×	×	×	×	0	0	1	0	1
0	1	1	0	×	×	×	×	×	0	1	0	0	1
0	1	1	1	0	×	×	×	×	0	1	1	0	1
0	1	1	1	1	0	×	×	×	1	0	0	0	1
0	1	1	1	1	1	0	×	×	1	0	1	0	1
0	1	1	1	1	1	1	0	×	1	1	0	0	1
0	1	1	1	1	1	1	1	0	1	1	1	0	1

当$\overline{ST}=0$时，若$Y_S=0$，则表示编码器可以与同样的另一片器件的$\overline{ST}$端连接，组成更多输入端的优先编码器；若$Y_S=1$，则表示编码器工作且有编码输出。

$\overline{Y}_{EX}$为扩展输出端，当$\overline{ST}=0$时，若$Y_S=1$，即有编码信号，则$\overline{Y}_{EX}$就为低电平，所以$\overline{Y}_{EX}=0$就表示编码器工作且有编码信号输入。它们之间的关系为

$$\overline{Y}_{EX}=\overline{Y_S\cdot ST}=\overline{Y_S}+\overline{ST}$$

利用上述 3 个特殊功能端的适当连接可将编码器进行扩展。如用两块 74LS148 可以扩展成为一个 16 线-4 线优先编码器，如图 2-26 所示。

根据图 2-26 进行分析可以看出，高位片$\overline{ST}=0$允许对输入$I_8\sim I_{15}$编码，高位片$Y_S=1$，即低位片$\overline{ST}=1$，则高位片编码，低位片禁止编码；但若$I_8\sim I_{15}$都是高电平，即均无编码请求，则高位片$Y_S=0$，即低位片$\overline{ST}=0$，允许低位片对输入$I_0\sim I_7$编码。显然，高位片的编码级别优先于低位片。

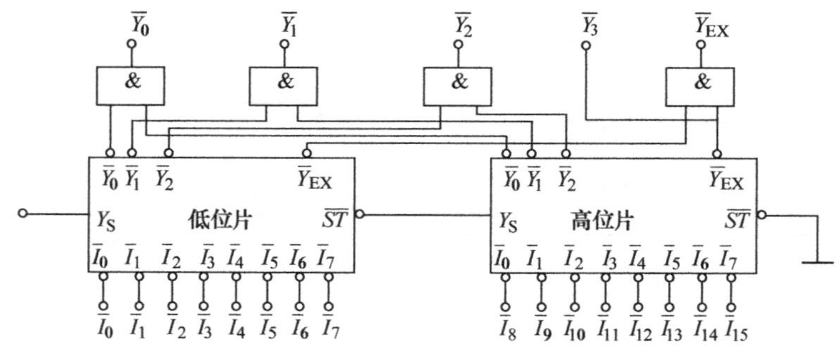

图 2-26 16 线-4 线优先编码器

74LS148 编码器的应用是非常广泛的。例如，常用计算机键盘，其内部就是一个字符编码器。它将键盘上的大、小写英文字母，数字，符号以及一些功能键（回车、空格）等编成一系列的 7 位二进制数码，送到计算机的中央处理单元（CPU），然后再进行处理、存储、输出到显示器或打印机上；还可以用 74LS148 编码器监控炉罐的温度，若其中任何一个炉温超过标准温度或低于标准温度，则检测传感器输出一个 0 电平到 74LS148 编码器的输入端，编码器编码后输出 3 位二进制代码到 CPU 进行控制。

2.2.3.2 译码器

译码是编码的逆过程，即将输入二进制代码译成对应的一个特定的输出高、低电平信号。能完成译码功能的数字电路称为译码器。译码器分为变量译码器和显示译码器。变量译码器常用的有二进制译码器和二-十进制译码器，显示译码器常用的是7段显示译码器，显示器按材料分为发光二极管显示器、液晶显示器等。

1. 二进制译码器　二进制译码器是可将输入的二进制代码翻译成对应的高、低电平输出的译码器。它有 n 个输入端，2^n 个输出端，对应每一种输入代码，只有其中一个输出端为有效电平，其余输出端均为无效电平，所以常称这种译码器为 n 线-2^n 线译码器。

常用的二进制译码器有3线-8线译码器，如TTL系列中的54/74LS138、CMOS系列中的54/74HC138、54/74HCT138；双2线-4线译码器，如54/74LS139、54/74HC139；4线-16线译码器，如54/74LS154、54/74HC154、54/74HC4514等。图2-27a、b所示为74LS138的引脚排列和逻辑功能，其功能如表2-13所示。

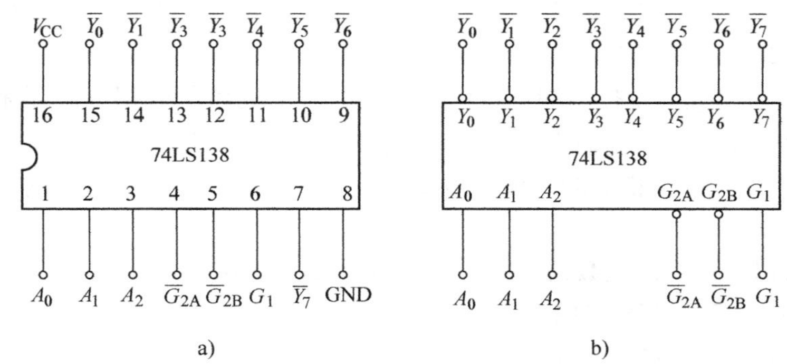

图2-27　74LS138引脚排列和逻辑功能

a）引脚排列　b）逻辑功能

表2-13　74LS138译码器功能表

输入					输出							
使能		选择										
G_1	$\overline{G}_2$	A_2	A_1	A_0	$\overline{Y}_7$	$\overline{Y}_6$	$\overline{Y}_5$	$\overline{Y}_4$	$\overline{Y}_3$	$\overline{Y}_2$	$\overline{Y}_1$	$\overline{Y}_0$
×	1	×	×	×	1	1	1	1	1	1	1	1
0	×	×	×	×	1	1	1	1	1	1	1	1
1	0	0	0	0	1	1	1	1	1	1	1	0
1	0	0	0	1	1	1	1	1	1	1	0	1
1	0	0	1	0	1	1	1	1	1	0	1	1
1	0	0	1	1	1	1	1	1	0	1	1	1
1	0	1	0	0	1	1	1	0	1	1	1	1
1	0	1	0	1	1	1	0	1	1	1	1	1
1	0	1	1	0	1	0	1	1	1	1	1	1
1	0	1	1	1	0	1	1	1	1	1	1	1

由功能表2-13可知，它能译出3个输入变量的全部状态，输入端 A_2、A_1、A_0 可称为“地址”。该译码器设置了 G_1、$\overline{G}_{2A}$、$\overline{G}_{2B}$ 3个使能输入端，当 G_1 为1且 $\overline{G}_2=\overline{G}_{2A}+\overline{G}_{2B}$ 均为0

时，译码器处于工作状态，否则译码器不工作，输出被封锁为高电平 1。该译码器有效输出电平为低电平。

各输出端的逻辑表达式为

$$\overline{Y}_0 = \overline{\overline{A}_2\overline{A}_1\overline{A}_0} = \overline{m}_0$$
$$\overline{Y}_1 = \overline{\overline{A}_2\overline{A}_1A_0} = \overline{m}_1$$
$$\overline{Y}_2 = \overline{\overline{A}_2A_1\overline{A}_0} = \overline{m}_2$$
$$\overline{Y}_3 = \overline{\overline{A}_2A_1A_0} = \overline{m}_3$$
$$\overline{Y}_4 = \overline{A_2\overline{A}_1\overline{A}_0} = \overline{m}_4$$
$$\overline{Y}_5 = \overline{A_2\overline{A}_1A_0} = \overline{m}_5$$
$$\overline{Y}_6 = \overline{A_2A_1\overline{A}_0} = \overline{m}_6$$
$$\overline{Y}_7 = \overline{A_2A_1A_0} = \overline{m}_7$$

由上式可知$\overline{Y}_0 \sim \overline{Y}_7$同时又是 A_2、A_1、A_0 3 个输入变量的全部最小项的译码输出，故又称这种译码器为最小项译码器。

利用 G_1、$\overline{G}_{2A}$、$\overline{G}_{2B}$ 3 个控制端可将译码器作为一个完整的数据分配器来使用。只要令$\overline{G}_{2A} = \overline{G}_{2B} = 0$，将 G_1 作为数据输入端使用，A_2、A_1、A_0 为地址码输入端，则从 G_1 送来的数据只能通过 A_2、A_1、A_0 所指定的一根输出线送出。其具体原理将在后面的数据分配器中详细介绍。

控制端还可以实现译码位数的扩展。下面举例加以说明。

例 2-8 用两片 74LS138 实现一个 4 线-16 线译码器。

解： 由于每片 74LS138 有 8 个输出端，两片共有 16 个输出端，但每片只有 3 个地址输入端，所以需利用译码器的使能端作为第 4 位高位地址输入端。如图 2-28 所示，将低位片的$\overline{G}_{2A}$、$\overline{G}_{2B}$与高位片的 G_1 连在一起作为 A_3 端，并将低位片的 G_1 接高电平，高位片的$\overline{G}_{2A}$、$\overline{G}_{2B}$接地，同时取两片的 A_2、A_1、A_0 即可。

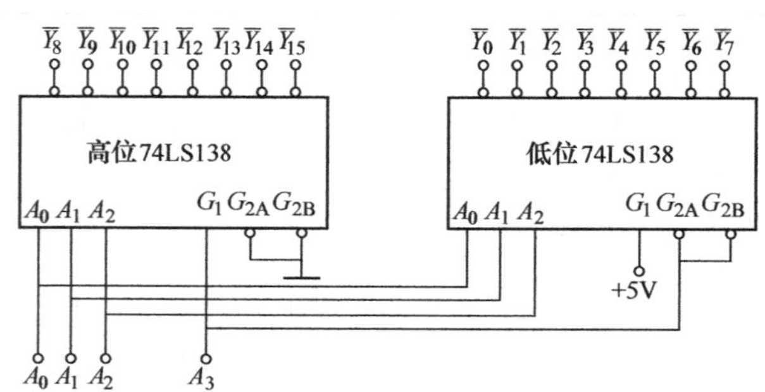

图 2-28　用两片 74LS138 组成 4 线-16 线译码器

当 $A_3 = 0$ 时，由表 2-13 可知，低位片 74LS138 工作，对输入 A_3、A_2、A_1、A_0 进行译码，还原出$\overline{Y}_0 \sim \overline{Y}_7$，而高位片禁止工作；当 $A_3 = 1$ 时，高位片 74LS138 工作，还原出$\overline{Y}_8 \sim \overline{Y}_{15}$，而低位片禁止工作。

用二进制译码器可以实现组合逻辑函数。由于 n 位地址输入的二进制译码器有 2^n 个代码输入，每个代码对应一个输出，输出包含了 n 变量函数全部最小项，利用这个特点，附加一些门电路，便可以实现任何 n 变量的逻辑函数。一般地，n 位地址的译码器实现 n 个变量的逻辑函数。

例 2-9 用 74LS138 译码器实现逻辑函数 $Y=\bar{A}\bar{B}\bar{C}+\bar{A}\bar{B}C+\bar{A}B\bar{C}+ABC$

解： 由表 2-13 可知，译码器的输出为输入变量相应最小项之反，故先将逻辑函数式 Y 写成最小项之反的形式。

$$Y=\overline{\overline{\bar{A}\bar{B}\bar{C}}\cdot\overline{\bar{A}\bar{B}C}\cdot\overline{\bar{A}B\bar{C}}\cdot\overline{ABC}}$$

将变量 C、B、A 分别接 74LS138 译码器的地址变量 A_2、A_1、A_0 端，则上式变为

$$\begin{aligned}Y&=\overline{\overline{\bar{A}_0\bar{A}_1\bar{A}_2}\cdot\overline{\bar{A}_0\bar{A}_1A_2}\cdot\overline{\bar{A}_0A_1\bar{A}_2}\cdot\overline{A_0A_1A_2}}\\&=\overline{\bar{Y}_0\cdot\bar{Y}_1\cdot\bar{Y}_2\cdot\bar{Y}_7}\end{aligned}$$

可见，用 3 线-8 线译码器再加上一个与非门就可实现逻辑函数 Y，其逻辑图如图 2-29 所示。

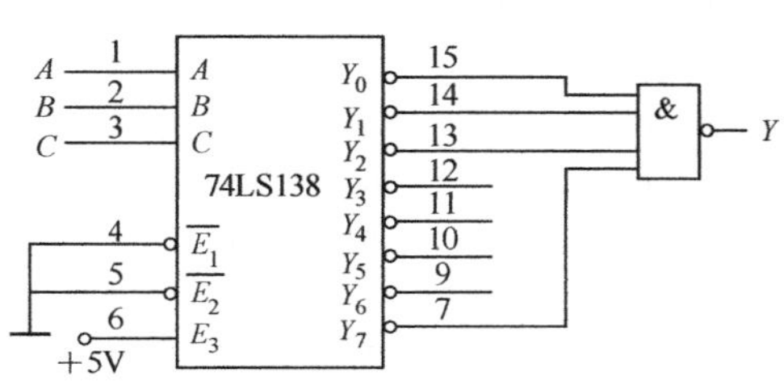

图 2-29　例 2-9 逻辑图

2. 二-十进制译码器　二-十进制译码器是一种能将 8421BCD 代码译成 10 个有效（高或低）电平输出信号的组合逻辑电路，是 4 线-10 线译码器。有 4 位地址输入端，10 个输出端。在 4 位地址输入代码的 16 种组合中，其中 6 种组合没有与之对应的输出，这 6 组代码 1010 ~ 1111 称为伪码。当伪码输入时，输出均为无效电平，具有拒绝伪码的功能。常用的二-十进制译码器有：TTL 系列的 54/7442、54/74LS42 和 CMOS 系列中的 54/74HC42、54/74HCT42 等。图 2-30 所示为 74LS42 的引脚功能和引脚排列。该译码器有 A_0 ~ A_3 4 个输入端，$\bar{Y}_0$ ~ $\bar{Y}_9$ 共 10 个输出端，简称 4 线-10 线译码器。74LS42 的功能表如表 2-14 所示。

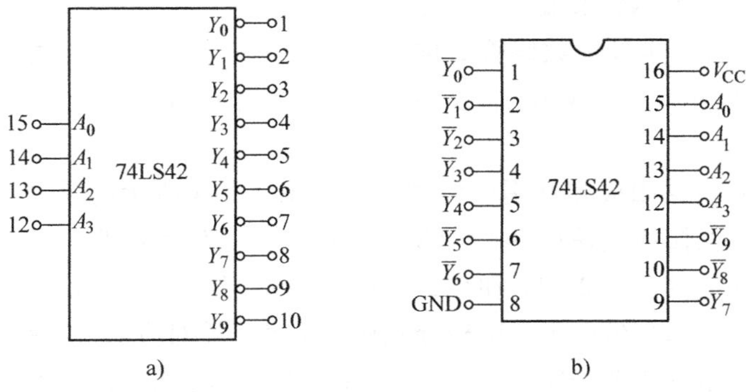

图 2-30　74LS42 二-十进制译码器

a）引脚功能　b）引脚排列

从表 2-14 可知，$\bar{Y}_0$ 的输出为 $\bar{Y}_0=\overline{\bar{A}_3\bar{A}_2\bar{A}_1\bar{A}_0}$，当 $A_3A_2A_1A_0=0000$ 时，输出 $\bar{Y}_0=0$，它对应的十进制数为 0；$\bar{Y}_1$ 的输出为 $\overline{Y1}=\overline{\bar{A}_3\bar{A}_2\bar{A}_1A_0}$，当 $A_3A_2A_1A_0=0001$ 时，输出 $\bar{Y}_1=0$，它对应

的十进制数为 1；其余输出依次类推。输出逻辑 0 为有效电平，逻辑 1 为无效电平，即输出为反码。

3. 显示译码器　在数字系统的一些终端和数字测量仪表中，为了便于观察往往需要将数字量直观地显示出来。显示译码器是最常见的数字显示电路，它可将电路中运行的二-十进制 BCD 码译成相应的高、低电平，驱动显示器将 0～9 共 10 个十进制数码显示出来。它通常由译码器、驱动器和显示器等部分组成。

表 2-14　8421BCD 码译码器 74LS42 功能表

对应十进制数	输入				输出									
	A_3	A_2	A_1	A_0	$\overline{Y}_0$	$\overline{Y}_1$	$\overline{Y}_2$	$\overline{Y}_3$	$\overline{Y}_4$	$\overline{Y}_5$	$\overline{Y}_6$	$\overline{Y}_7$	$\overline{Y}_8$	$\overline{Y}_9$
0	0	0	0	0	0	1	1	1	1	1	1	1	1	1
1	0	0	0	1	1	0	1	1	1	1	1	1	1	1
2	0	0	1	0	1	1	0	1	1	1	1	1	1	1
3	0	0	1	1	1	1	1	0	1	1	1	1	1	1
4	0	1	0	0	1	1	1	1	0	1	1	1	1	1
5	0	1	0	1	1	1	1	1	1	0	1	1	1	1
6	0	1	1	0	1	1	1	1	1	1	0	1	1	1
7	0	1	1	1	1	1	1	1	1	1	1	0	1	1
8	1	0	0	0	1	1	1	1	1	1	1	1	0	1
9	1	0	0	1	1	1	1	1	1	1	1	1	1	0
伪码	1	0	1	0	1	1	1	1	1	1	1	1	1	1
	1	0	1	1	1	1	1	1	1	1	1	1	1	1
	1	1	0	0	1	1	1	1	1	1	1	1	1	1
	1	1	0	1	1	1	1	1	1	1	1	1	1	1
	1	1	1	0	1	1	1	1	1	1	1	1	1	1
	1	1	1	1	1	1	1	1	1	1	1	1	1	1

（1）数码显示器。数码显示器目前应用最普遍的是 7 段字符显示器，由 7 段发光的线段拼合而成，有半导体数码管及液晶显示器两种。

1）半导体数码管。半导体数码管简称 LED。其每一段均是一只发光二极管，由发光二极管的亮与灭来显示 0～9 这 10 个数字，故又称其为 7 段 LED 数码管或 7 段 LED 显示器。

7 段 LED 显示器有共阳极和共阴极两种接法。图 2-31a 所示的是共阴极接法 7 段 LED 显示器的引脚排列，共阳极接法时 3 脚和 8 脚接正电源。7 段字划 a、b、c、d、e、f、g 是用条形发光二极管做成的。图 2-31b 和图 2-31c 是内部接线。图 2-31b 是共阴极接法，各发光二极管的阴极连在一起接低电平，阳极分别接显示译码器对应的输出端，这种显示器可用输出高电平有效的显示译码器来驱动，如 74LS48，高电平时就亮；图 2-31c 是共阳极接法，各发光二极管阳极连在一起接高电平，阴极分别接显示译码器对应的输出端，这种显示器可用输出低电平有效的显示译码器来驱动，如 74LS46、74LS47，低电平时就亮。图中 h 是为显示小数点用的发光二极管，若需显示小数点，则只需在 5 脚上接固定的高或低电平即可，不用时 5 脚可悬空。常用的共阴极 7 段 LED 显示器有 BS201、BS202、BS207 等；常用的共阳极 7 段 LED 显示器有 BS204、BS206 等。

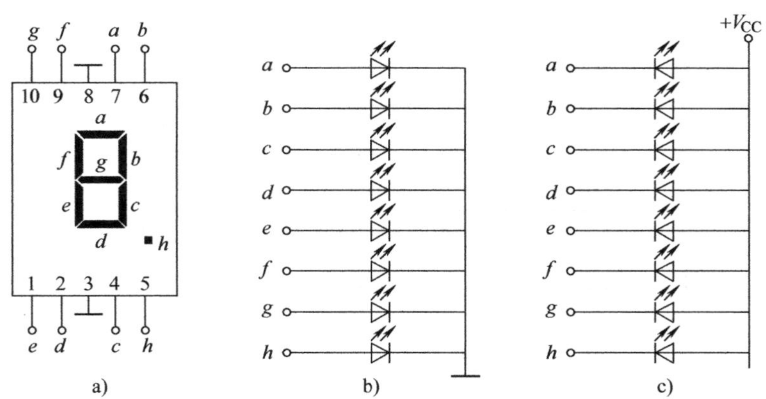

图 2-31 7 段 LED 数码显示器

a）共阴极 LED 引脚排列 b）共阴极 LED 内部接线 c）共阳极 LED 内部接线

2）液晶显示器。液晶显示器简称 LCD。液晶是一种既具有液体的流动性又具有光学特性的有机化合物。由于它的透明度和呈现的灰白度受外加电场的控制，因此可制成液晶显示器。其结构及符号如图 2-32 所示。

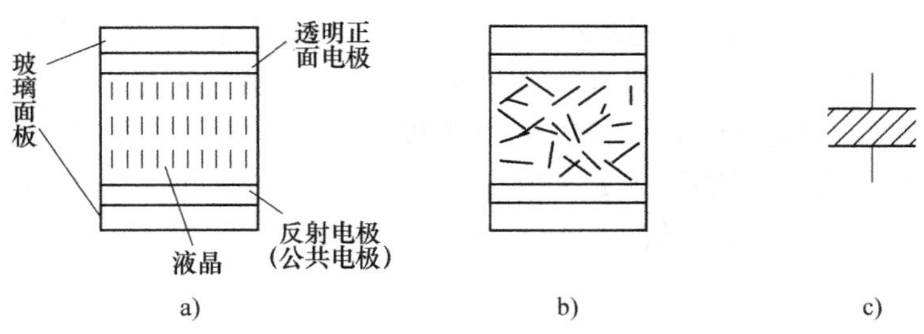

图 2-32 液晶显示器的结构和符号

a）末加电场时 b）加电场时 c）符号

在没有外加电场时，液晶分子按一定方向整齐排列，如图 2-32a 所示，此时射入的光线大部分被反射回来，液晶呈透明状，显示器呈现为浅白色；在外加电场时，液晶因电离而产生正离子，这些正离子在电场作用下运动并撞击其他液晶分子，打乱了液晶分子的整齐排列，射入的光线大部分被散射，只有少量反射回来，使液晶呈混浊状，显示器呈现暗灰色，这称为动态散射现象，如图 2-32b 所示。当外加电场消失后，液晶分子又恢复为整齐排列状态。

将 7 段透明的正面电极排列成“日”字，只要选择不同段的电极组合加以正驱动信号电压，便能显示出数码或其他字符来。

液晶长时间处在直流电压作用下会发生电分解现象，为了防止老化，液晶显示器总是用交变电压驱动。通常在液晶显示器的两个电极间加上 50～500Hz 的交变电压，这电压一般是从计数器的分频电路获得的对称方波。而对交变电压的控制可以通过异或门来实现，如图 2-33 所示。

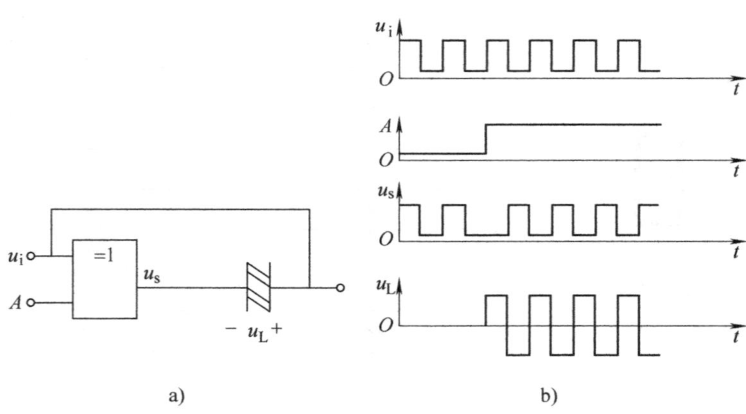

图 2-33 用异或门驱动液晶显示器

a）电路图 b）波形图

u_i 为对称方波，当 $A=0$ 时，$u_s=u_i$，显示器两极电位相等，$u_L=0$，显示器不工作；当 $A=1$ 时，u_s 与 u_i 反相，u_L 为幅度等于 u_i 两倍的对称方波，显示器工作。

液晶显示器是目前功耗最低的一种显示器，工作电压低，特别适合于袖珍显示器、低功耗便携式计算机和仪器仪表等应用场合，它的缺点是亮度较差，响应速度较慢。

图 2-34 是一位 7 段液晶显示器驱动电路的逻辑图。信号 $A\sim G$ 是 7 段译码器输出的每段信号电平。显示驱动信号 D_{fi} 一般为 50 ~ 100Hz（数字钟、数字表往往是 32Hz 或 64Hz）的脉冲信号。该信号同时加到液晶显示器的公共电极。在译码器内部异或门的作用下，送到液晶显示器信号电极上的驱动信号 $a\sim g$ 是信号 D_{fi} 分别与段信号 $A\sim G$ 异或的结果。显示字段上所加的电压峰峰值为显示驱动信号电压的两倍。

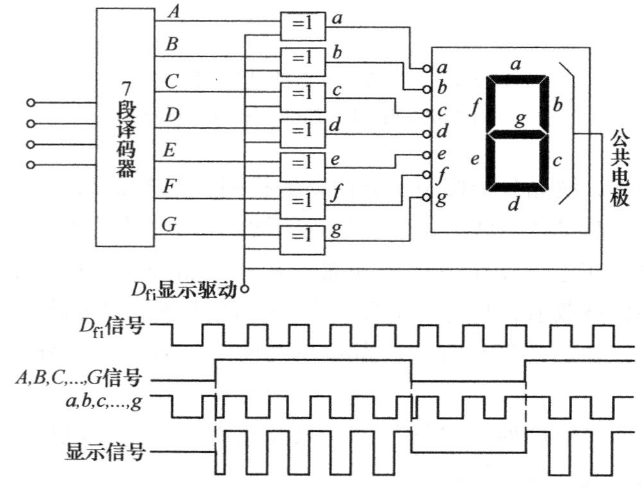

图 2-34 一位 7 段液晶显示器驱动电路的逻辑图

由图 2-34 可见，送到液晶显示器某段上的驱动信号为脉冲信号。因此液晶显示段的发亮是脉冲式的。由于此脉冲频率较快，视觉上感到它一直发亮，这是液晶显示器的特点。

（2）7 段显示译码器。半导体数码管和液晶显示器可以用显示译码器直接驱动，显示译码器将代表十进制数的 BCD 代码译成对应的高、低电平，驱动相应的显示器显示对应的数字。

1）共阴极 LED 数码管显示译码器。常用的共阴极 7 段显示译码器有 54/74LS48、54/74LS47、54/74HC4511、14513 等，其功能大同小异。下面以 74LS48 为例分析 7 段显示译码器的工作原理。图 2-35 为 74LS48 的引脚排列，其功能如表 2-15 所示。

由功能表可以看出，为了增强器件的功能，在 74LS48 中还设置了一些辅助端。这些辅助端的功能如下。

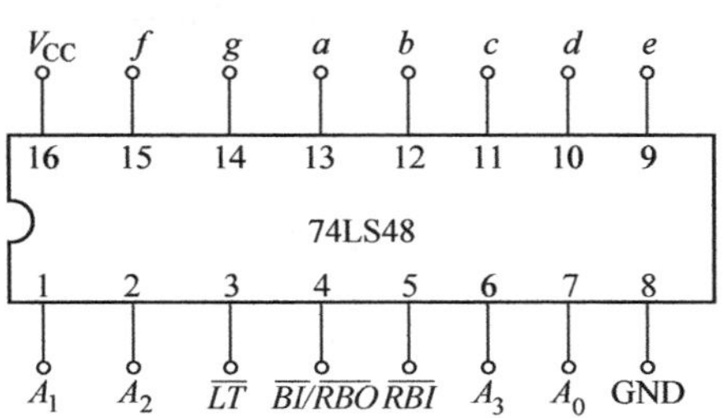

图 2-35　74LS48 的引脚排列

① 试灯输入端$\overline{LT}$：低电平有效。当$\overline{LT}=0$，$\overline{BI}/\overline{RBO}=1$ 时，数码管的 7 段应全亮，与输入的译码信号无关。本输入端用于测试数码管的好坏。

表 2-15　7 段显示译码器 74LS48 的功能表

十进制或功能	输入						$\overline{BI}/\overline{RBO}$	输出						
	$\overline{LT}$	$\overline{RBI}$	A_3	A_2	A_1	A_0		a	b	c	d	e	f	g
0	1	1	0	0	0	0	1	1	1	1	1	1	0	1
1	1	×	0	0	0	1	1	0	0	1	0	1	0	0
2	1	×	0	0	1	0	1	1	1	1	0	0	1	1
3	1	×	0	0	1	1	1	1	0	1	0	1	1	1
4	1	×	0	1	0	0	1	0	0	1	1	1	1	0
5	1	×	0	1	0	1	1	1	0	0	1	1	1	1
6	1	×	0	1	1	0	1	0	1	0	1	1	1	1
7	1	×	0	1	1	1	1	1	0	1	0	1	0	0
8	1	×	1	0	0	0	1	1	1	1	1	1	1	1
9	1	×	1	0	0	1	1	1	0	1	1	1	1	1
10	1	×	1	0	1	0	1	0	1	0	0	0	1	1
11	1	×	1	0	1	1	1	0	0	0	0	1	1	1
12	1	×	1	1	0	0	1	0	0	1	1	0	1	0
13	1	×	1	1	0	1	1	1	0	0	1	0	1	1
14	1	×	1	1	1	0	1	0	1	0	1	0	1	1
15	1	×	1	1	1	1	1	0	0	0	0	0	0	0
消隐	×	×	×	×	×	×	0	0	0	0	0	0	0	0
动态灭零	1	0	0	0	0	0	0	0	0	0	0	0	0	0
灯测试	×	×	×	×	×	×	1	1	1	1	1	1	1	1

② 动态灭零输入端$\overline{RBI}$：低电平有效。当$\overline{LT}=1$，$\overline{RBI}=0$，且译码输入全为 0 时，该位输出不显示，即 0 字被熄灭，用来动态灭零；当译码输入不全为 0 时，该位正常显示。图 2-36 为用 7 段显示译码器 74LS48 驱动一位数码显示器的电路。

③ 灭灯输入/动态灭零输出端$\overline{BI}/\overline{RBO}$：这是一个特殊的端钮，有时用作输入，有时用作输出。当$\overline{BI}/\overline{RBO}$作为输入使用，且$\overline{LT}=\overline{RBI}=0$ 时，数码管 7 段全灭，与译码输入无关。当$\overline{BI}/\overline{RBO}$作为输出使用时，受控于$\overline{LT}$和$\overline{RBI}$，即当$\overline{LT}=1$ 且$\overline{RBI}=0$ 时，$\overline{BI}/\overline{RBO}=0$，为控制

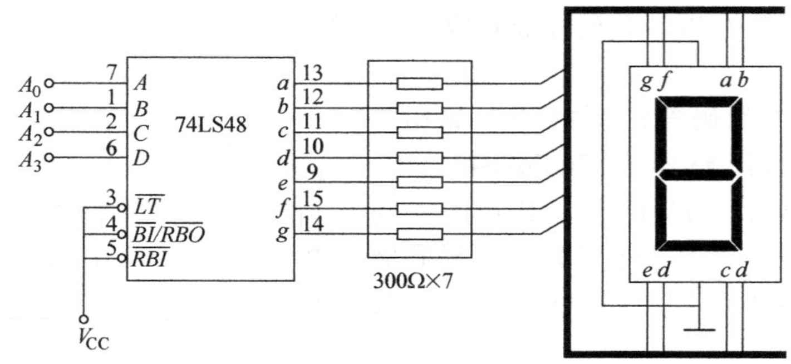

图 2-36　共阴极 LED 数码管与译码器的连接图

低位灭零信号，主要用于显示多位数字时，进行多个译码器之间灭零控制的连接；若 $\overline{BI}/\overline{RBO}=0$，接低位的 $\overline{RBI}$，且低位为零，则低位零被熄灭。

图 2-37 给出 6 位数码显示系统灭零控制的连接方法。只要把整数部分高位的 $\overline{BI}/\overline{RBO}$ 与低位的 $\overline{RBI}$ 相连，小数部分低位的 $\overline{BI}/\overline{RBO}$ 与高位的 $\overline{RBI}$ 相连，整数部分最高位的 $\overline{RBI}$ 及小数部分最低位的 $\overline{RBI}$ 接低电平，即可把前后无须显示的多余的零熄灭掉。

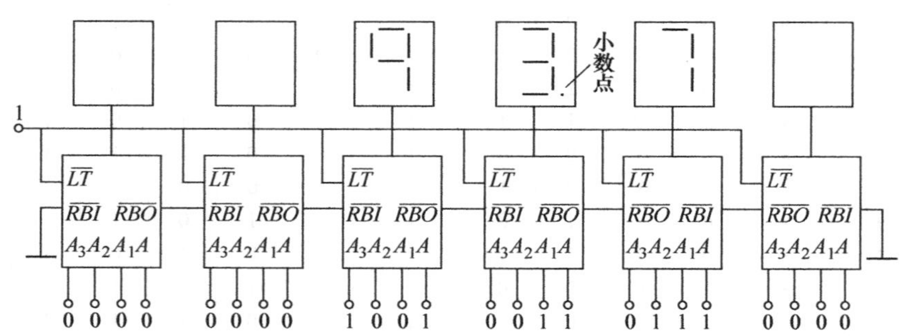

图 2-37　有灭零控制功能的 6 位数码显示系统

2）共阳极 LED 数码管显示译码器。共阳极数码管译码器也比较多，以 74LS47 为例，其功能与 74LS48 相似，只不过译码输出的是低电平有效。其接线图如图 2-38 所示。

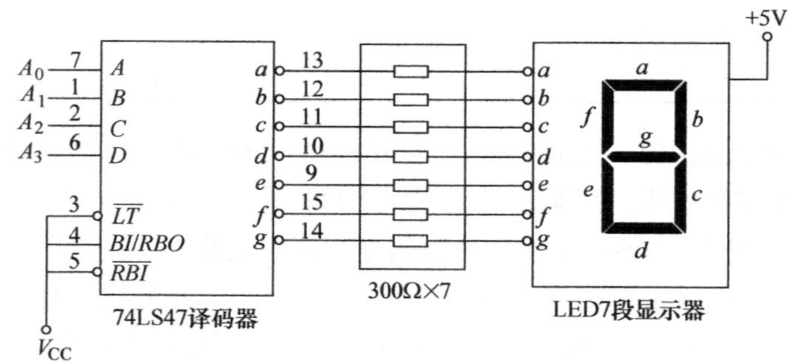

图 2-38　共阳极 LED 数码管与译码器的连接图

4. 应用实例

（1）微控制器报警编码电路。图 2-39 为利用 74LS148 编码器监视 8 个液体储藏罐液面的报警编码电路。若 8 个储藏罐中任何一个储藏罐的液面超过预定高度时，其液面便通过检测传感器输出一个 0 电平到编码器的输入端。编码器输出 3 位二进制代码到微控制器。此时，微控制器仅需要 3 根输入线就可以监视 8 个独立的被测点。

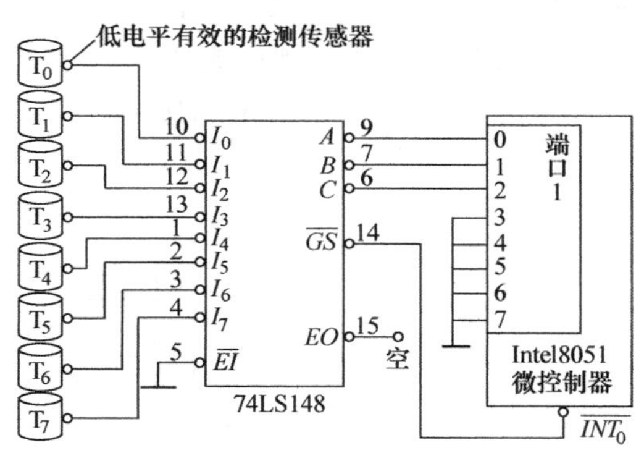

图 2-39　74LS148 微控制器报警编码电路

这里用的是 Intel8051 微控制器，它有 4 个输入/输出接口。我们使用其中的一个接口输入被编码的报警代码，并且利用中断输入$\overline{INT}_0$ 接收报警信号$\overline{GS}$。$\overline{GS}$是编码器输入信号有效的标志输出端，只要有一个输入信号为有效的低电平，则$\overline{GS}$就变成低电平。当 Intel8051 的$\overline{INT}_0$ 端接收到一个 0 时，就运行报警处理程序并做相应的反应，完成报警。

（2）存储器地址译码电路。实现微机系统中存储器或输入/输出接口芯片的地址译码是译码器的一个典型用途。图 2-40 所示是将四输入变量译码器用于半导体只读存储器地址译码的一个实例。图中，译码器的输出用来控制存储器的片选端，该输出信号取决于高位地址码 $A_5 \sim A_8$。$A_5 \sim A_8$ 4 位地址有 16 个输出信号。利用这些输出信号可从 16 片存储器中选用一片，再由低位地址码 $A_0 \sim A_4$ 从被选片中选中一个存储单元，读出选中单元的内容。

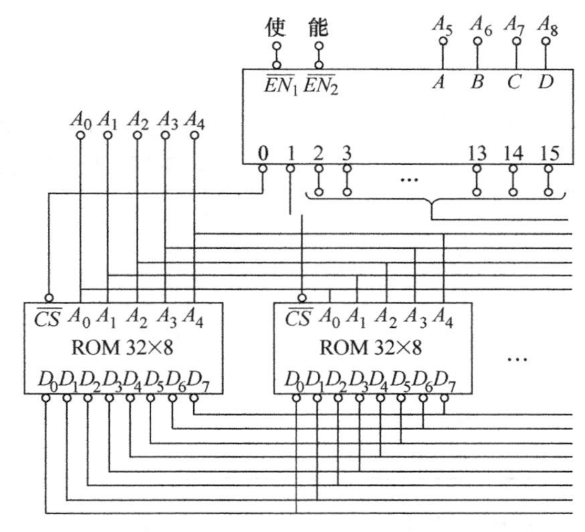

图 2-40　四输入变量译码器用于存储器的地址译码

2.2.4　数据选择器和数据分配器

2.2.4.1　数据选择器

1. 工作原理　数据选择器（Multiplexer，MUX），又称多路开关，是一种按要求从多路输入数据中选择一路输出的组合逻辑电路。其功能如图 2-41 所示的单刀多掷开关。数据选择器一般可根据输入端的个数分为 4 选 1、8 选 1、16 选 1 MUX 等等。

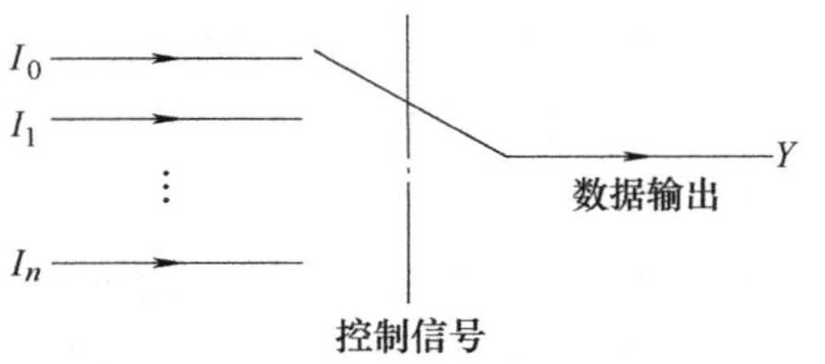

图 2-41　数据选择器（单刀多掷开关）示意图

图 2-42 是 4 选 1 数据选择器的逻辑图和符号图。其中 A_1、A_0 为控制数据准确传输的地址输入信号，$D_0 \sim D_3$ 为供选择的电路并行输入信号，$\overline{S}$ 为选通端（即使能端），低电平有效。当$\overline{S}=1$ 时，

选择器不工作，禁止数据输入；$\overline{S}=0$ 时，选择器正常工作，允许数据选通。由图 2-42 可写出 4 选 1 数据选择器输出逻辑表达式：

$$Y=(\overline{A}_1\overline{A}_0D_0+\overline{A}_1A_0D_1+A_1\overline{A}_0D_2+A_1A_0D_3)\cdot S$$

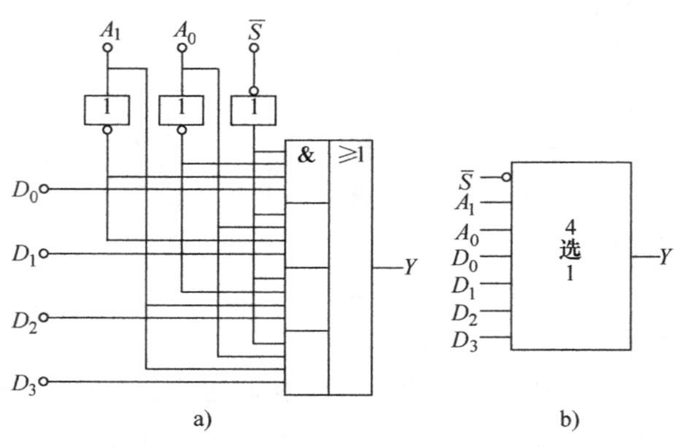

图 2-42　4 选 1 数据选择器

a）逻辑图　b）符号图

由逻辑表达式可列出 4 选 1 数据选择器功能表如表 2-16 所示。

表 2-16　4 选 1 数据选择器功能表

输　入			输　出
$\overline{S}$	A_1	A_0	Y
1	×	×	0
0	0	0	D_0
0	0	1	D_1
0	1	0	D_2
0	1	1	D_3

从表可以看出，当$\overline{S}=0$ 时，从 4 路输入中选择哪一路输出由地址码 A_1A_0 决定，即

$$\begin{aligned}Y&=\overline{A}_1\overline{A}_0D_0+\overline{A}_1A_0D_1+A_1\overline{A}_0D_2+A_1A_0D_3\\&=m_0D_0+m_1D_1+m_2D_2+m_3D_3\\&=\sum_{i=0}^{3}m_iD_i\end{aligned}$$

2. 集成数据选择器　数据选择器的芯片种类很多，常用的有 4 选 1，如 74LS153、74LS253、54153、HC253；8 选 1，如 74LS151、54151、HC251；16 选 1、如 74LS150 等。

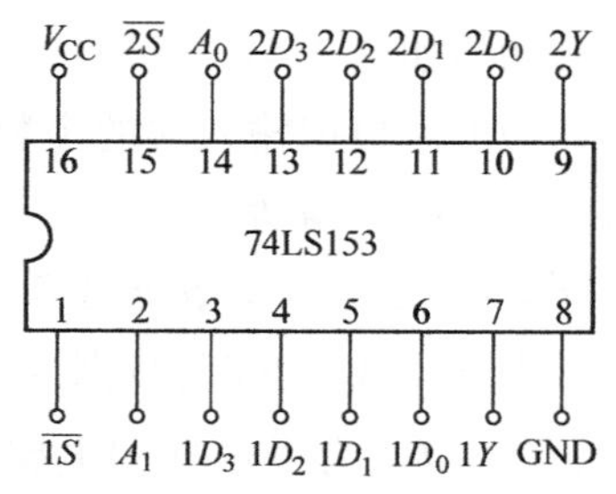

图 2-43　74LS153 引脚排列

图 2-43 所示的是双 4 选 1 数据选择器 74LS153 的引脚排列。其每个的功能同表 2-16 4 选 1 数据选择器功能表。图 2-44 所示的是 8 选 1 数据选择器 74LS151 的引脚排列。它有 3 个地址端 $A_2A_1A_0$。可选择 $D_0\sim D_7$ 8 个数

据，具有两个互补输出端 W 和 $\overline{W}$。其功能如表 2-17 所示。

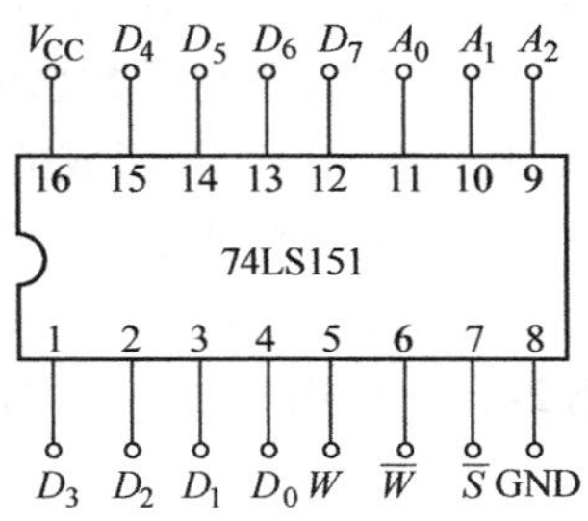

图 2-44 74LS151 引脚排列

3. 数据选择器的扩展

例 2-10 用两片 74LS151 连接成一个 16 选 1 的数据选择器。

解： 16 选 1 数据选择器的地址输入端应有 4 位 $A_3A_2A_1A_0$，最高位 A_3 的输入可以由两片 8 选 1 数据选择器的控制端 $\overline{EN}$ 接非门来实现，低 3 位地址输入端由两片 74LS151 的地址输入端相连而成，连接图如图 2-45 所示。当 $A_3=0$ 时，由表 2-17 知，低位片 74LS151 工作，高位片截止，根据地址控制信号 $A_3A_2A_1A_0$ 选择数据 $D_0 \sim D_7$ 输出；$A_3=1$ 时，高位片 74LS151 工作，低位片截至，选择 $D_8 \sim D_{15}$ 输出。

表 2-17 74LS151 的功能表

$\overline{E}$	A_2	A_1	A_0	W	$\overline{W}$
1	×	×	×	0	1
0	0	0	0	D_0	$\overline{D_0}$
0	0	0	1	D_1	$\overline{D_1}$
0	0	1	0	D_2	$\overline{D_2}$
0	0	1	1	D_3	$\overline{D_3}$
0	1	0	0	D_4	$\overline{D_4}$
0	1	0	1	D_5	$\overline{D_5}$
0	1	1	0	D_6	$\overline{D_6}$
0	1	1	1	D_7	$\overline{D_7}$

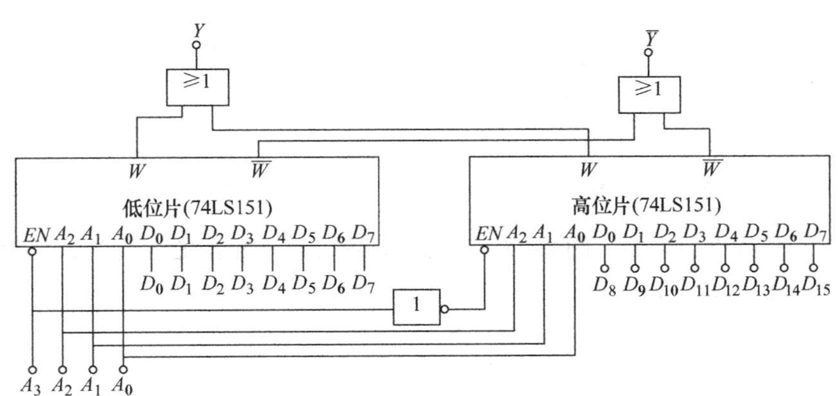

图 2-45 例 2-10 的连接图

4. 用数据选择器实现组合逻辑函数 由前节分析可知数据选择器的主要特点如下。

（1）具有标准与或表达式的形式。即 $Y=\sum_{i=0}^{2^n-1} D_i m_i$。

（2）提供了地址变量的全部最小项。

(3）一般情况下，D_i 可以当作一个变量处理。

因为任何组合逻辑函数总可以用最小项之和的标准形式构成，所以，利用数据选择器的输入 D_i 来选择地址变量组成的最小项 m_i，可以实现任何所需的组合逻辑函数。

一般地，n 个地址变量的数据选择器在不需要增加门电路的情况下，最多可实现 $n+1$ 个变量的组合逻辑函数。

例 2-11 试用 8 选 1 数据选择器 74LS151 产生逻辑函数

$$Y = AB\overline{C} + \overline{A}BC + \overline{A}\,\overline{B}$$

解：把逻辑函数表达式变换成最小项表达式：

$$Y = AB\overline{C} + \overline{A}BC + \overline{A}\,\overline{B} = AB\overline{C} + \overline{A}BC + \overline{A}\,\overline{B}C + \overline{A}\,\overline{B}\,\overline{C} = m_0 + m_1 + m_3 + m_6$$

8 选 1 数据选择器的输出逻辑函数表达式为

$$\begin{aligned} Y &= \overline{A_2}\,\overline{A_1}\,\overline{A_0}D_0 + \overline{A_2}\,\overline{A_1}A_0D_1 + \overline{A_2}A_1\overline{A_0}D_2 + \overline{A_2}A_1A_0D_3 + A_2\overline{A_1}\,\overline{A_0}D_4 + \\ &\quad A_2\overline{A_1}A_0D_5 + A_2A_1\overline{A_0}D_6 + A_2A_1A_0D_7 \\ &= m_0D_0 + m_1D_1 + m_2D_2 + m_3D_3 + m_4D_4 + m_5D_5 + m_6D_6 + m_7D_7 \end{aligned}$$

若将式中 A_2、A_1、A_0 分别用 A、B、C 来代替，则 $D_0 = D_1 = D_3 = D_6 = 1$，$D_2 = D_4 = D_5 = D_7 = 0$，画出该逻辑函数的逻辑图，如图 2-46 所示。

2.2.4.2 数据分配器

数据分配器是数据选择器的反过程，即将一路输入数据有选择地分配给任意一个输出的组合逻辑电路。数据分配器的示意图如图 2-47 所示。根据输出端的个数，数据分配器可分为 4 路分配器、8 路分配器、16 路分配器等。

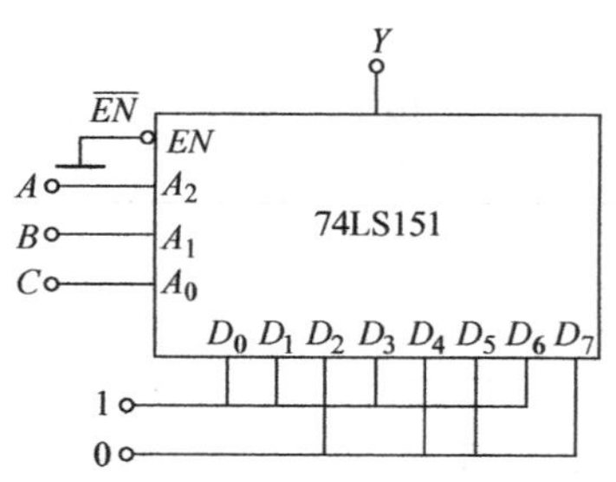

图 2-46 例 2-11 逻辑图

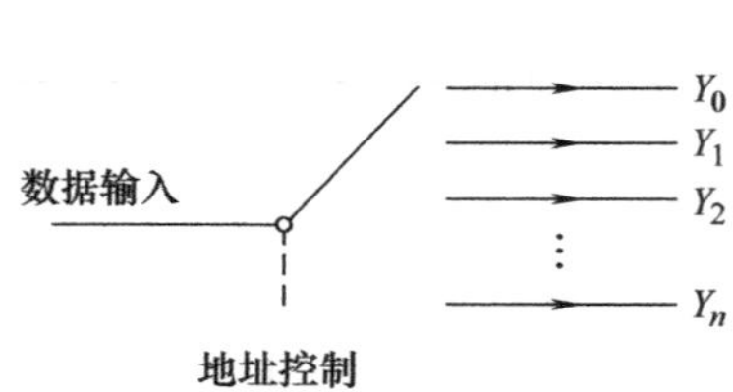

图 2-47 数据分配器的示意图

1. 1 路-4 路数据分配器 图 2-48 是 1 路-4 路数据分配器的逻辑图，D 为数据输入端，A_1、A_0 为地址输入端，Y_3、Y_2、Y_1、Y_0 为数据输出端。

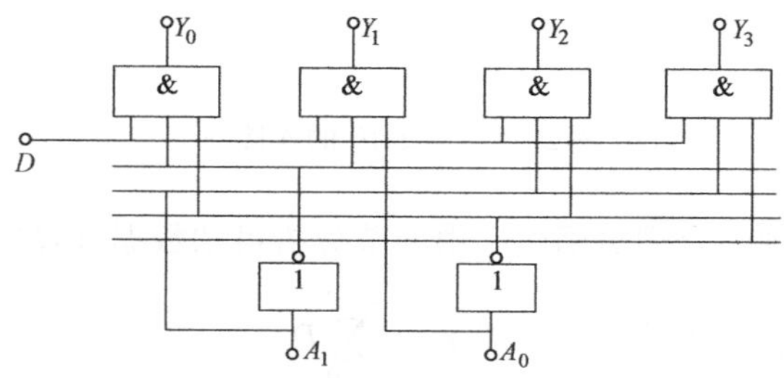

图 2-48 1 路-4 路数据分配器的逻辑图

由图 2-48 可写出输出表达式：

$$Y_0 = D\overline{A}_1\overline{A}_0 \quad Y_1 = D\overline{A}_1 A_0 \quad Y_2 = DA_1\overline{A}_0 \quad Y_3 = DA_1A_0$$

其功能如表 2-18 所示。

表 2-18　4 路选择器功能表

输　入			输　出			
	A_1	A_0	Y_0	Y_1	Y_2	Y_3
D	0	0	D	0	0	0
	0	1	0	D	0	0
	1	0	0	0	D	0
	1	1	0	0	0	D

从表 2-18 可看出，输入数据 D 送给哪一路输出是由地址码 A_1A_0 决定的。

2. 集成数据分配器及其应用

（1）集成数据分配器。首先应注意的是，厂家不生产专门的数据分配器电路，一般使用的数据分配器实际上是译码器（显示译码器除外）的特殊应用。作为数据分配器使用的译码器必须具有控制端，且控制端要作为数据输入端使用，而译码器的输入端则作为输出选择的地址码输入端，译码器的输出端就是分配器的输出端。图 2-49 所示是用 74LS138 译码器作为 1 路-8 路数据分配器的逻辑原理图。

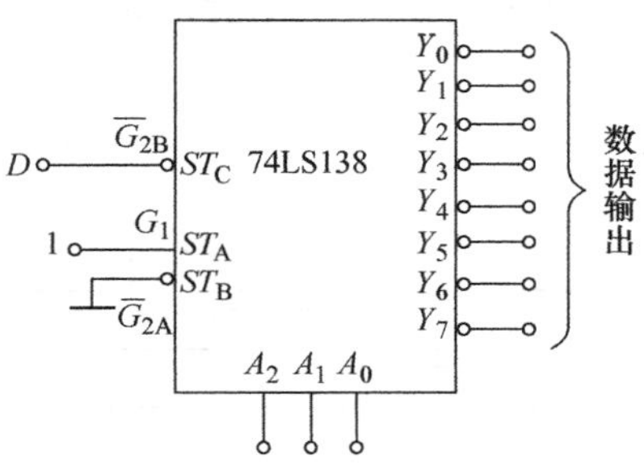

图 2-49　用 74LS138 作为数据分配器

（2）数据分配器的应用。用 74LS138 作为数据分配器，如图 2-49 所示。数据分配器和数据选择器可一起构成数据分时传送系统，如图 2-50 所示。

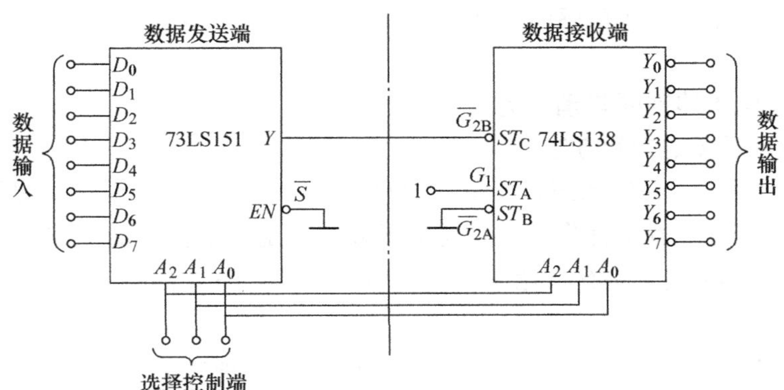

图 2-50　数据分时传送系统

2.3 组合逻辑电路中的竞争冒险

2.3.1 竞争和冒险现象

组合逻辑电路中输入信号的某个变量通过两条以上途径传输到电路各级集成门输入端时，在时间上有先有后，这种先后所形成的时差称为竞争。由于竞争而在电路输出端可能产生尖峰脉冲的现象，称为竞争冒险。

前面分析组合逻辑电路的功能时，都假定输入信号处于稳定状态，若输入信号处于跳变状态，且门电路的传输延迟时间不能忽略时，组合逻辑电路就有可能产生竞争冒险现象。

如图 2-51a 所示电路中，其逻辑表达式 $Y_1 = A \cdot \overline{A}$，稳态时输出衡为 0，由于非门的延迟，$\overline{A}$的输入要滞后于 A 的输入，致使与门的输出出现一个高电平窄脉冲（正向尖峰脉冲），违背了稳态下的逻辑功能，如图 2-51b 所示。

如图 2-52a 所示电路中，同样有类似的问题。稳态时，$Y_2 = A + \overline{A} = 1$，由于非门的延迟，$\overline{A}$的输入要滞后于 A 的输入，致使或门的输出出现一个低电平窄脉冲（负向尖峰脉冲），同样也违背了稳态下的逻辑功能，如图 2-52b 所示。

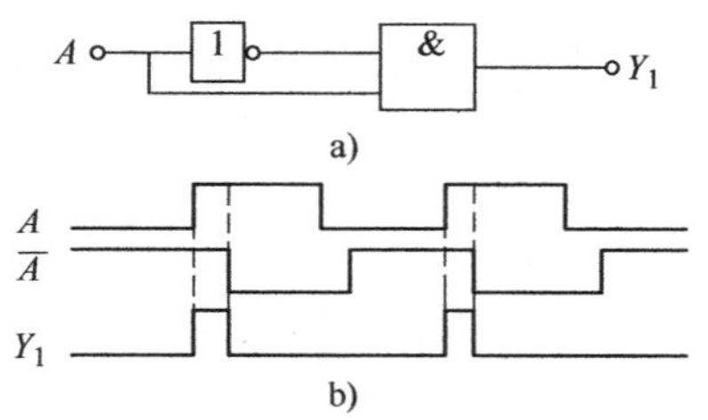

图 2-51 高电平窄脉冲的产生

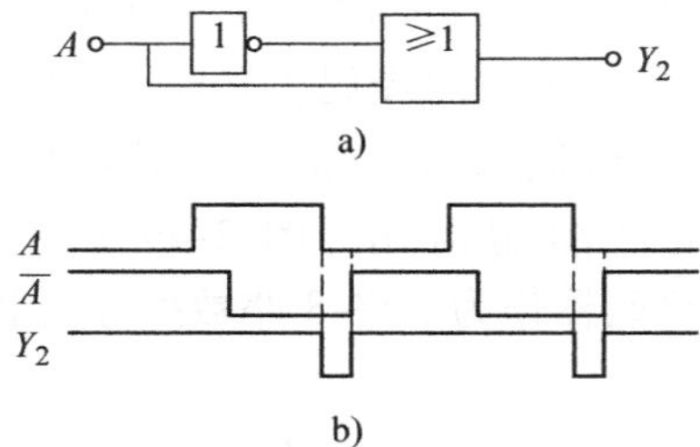

图 2-52 低电平窄脉冲的产生

输出出现高电平窄脉冲，这种冒险也称为“1”型冒险。使输出出现低电平窄脉冲，这种冒险称为“0”型冒险。

尖峰脉冲会使如触发器等敏感的电路误动作，因此，设计组合逻辑电路时要采取措施加以避免。

2.3.2 竞争冒险现象的判断与消除方法

2.3.2.1 竞争冒险现象的判断方法

1. 逻辑函数判断法　在输入逻辑变量每次只有一个改变状态的简单情况下，通过函数式可以判断电路是否存在竞争冒险。只要逻辑函数在一定的条件下能化成 $Y = A \cdot \overline{A}$ 或 $Y = A + \overline{A}$ 的形式，则可判定其电路存在竞争冒险。形式为 $Y = A \cdot \overline{A}$ 的将出现“1”型冒险；形式为 $Y = A + \overline{A}$ 的将出现“0”型冒险。

例如判断逻辑函数式 $Y = AC + B\overline{C}$是否存在竞争冒险现象。表达式中 C 有原变量和反变量，可改变 A、B 的取值来判断是否出现冒险。当 $A = 1$，$B = 1$ 时，$Y = C + \overline{C}$，C 变量有“0”型冒险。因此，判断逻辑函数表达式 $Y = AC + \overline{C}B$ 会出现“0”型竞争冒险现象。

2. 实验的方法判断　在电路输入端加入所有可能发生状态变化的信号电平，用示波器观察输出端是否有尖峰脉冲，这个方法较直观可靠。

3. 卡诺图判断法　凡是逻辑函数的卡诺图中存在相切而不相交的包围圈，则存在竞争冒险现象。

例如判断逻辑函数式 $Y=AC+B\overline{C}$的卡诺图如图 2-53 所示。图 2-53a 中的卡诺圈相切，所以判断其有竞争冒险现象。当卡诺圈相交或相离时均无竞争冒险产生（图 2-53b）。

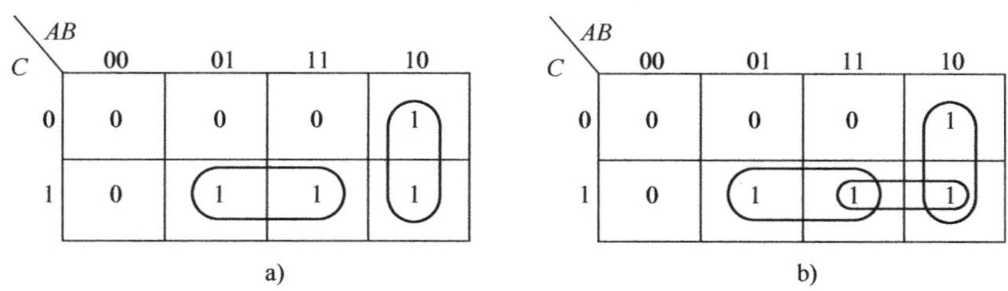

图 2-53　包围圈相切的卡诺图

2.3.2.2　竞争冒险现象的消除方法

1. 引入封锁脉冲　为了消除因竞争冒险所产生的干扰脉冲，可以引入一个负脉冲，在输入信号发生竞争的时间内，把可能产生干扰脉冲的门封住。如图 2-54a 中的负脉冲 P_1 就是这样的封锁脉冲。从图 2-54b 的波形图上可以看出，封锁脉冲必须与输入信号的转换同步，而且它的宽度不应小于电路从一个稳态到另一个稳态所需要的过渡时间 Δt。

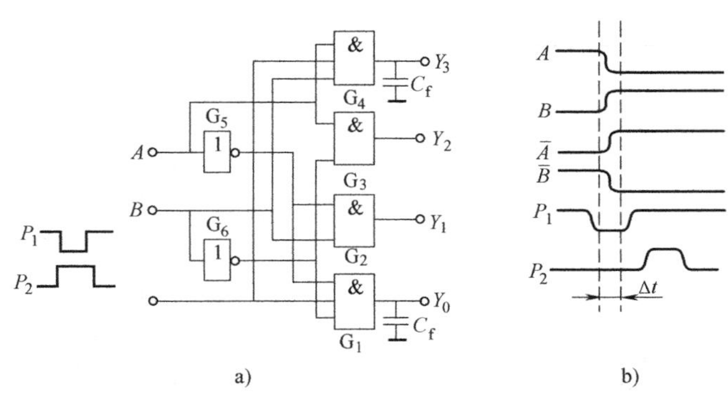

图 2-54　引入封锁脉冲的电路图与波形图

a）电路图　b）波形图

2. 引入选通脉冲　在电路中引入一个选通脉冲。如图 2-54a 中的 P_2。由于 P_2 的作用时间取在电路到达新的稳定状态之后，所以 G_1、G_4 的输出端不会有干扰脉冲出现。不过，这时 G_1、G_4 正常的输出信号也马上变成脉冲形式了，而且它们的宽度也与选通脉冲相同。例如，当输入信号变为 11 以后，Y_3 并不马上变成高电平，而要等到 P_2 出现时，Y_3 才变成高电平。

3. 接入滤波电容　因为竞争冒险所产生的尖峰干扰脉冲一般很窄（几十纳秒以内），所以可以在出现冒险的输出端并接一个不大的滤波电容（几十至几百皮法），就可消除干扰脉冲，如图 2-54a 中的 C_f。

4. 增加冗余项修改逻辑设计　当竞争冒险是由单个变量改变状态引起时，则可用增加冗余项的方法予以消除。例如，图 2-55a 所示电路，$Y = A\overline{B} + BC$，从图 2-55b 的卡诺图中也可判断存在“0”型冒险。利用公式法增加冗余项 AC，则 $Y = A\overline{B} + BC + AC$，当 $A = 1$，$C = 1$ 时，无论如何变化，Y 始终为 1，克服了“0”型冒险。增加冗余项后的电路如图 2-55c 所示。

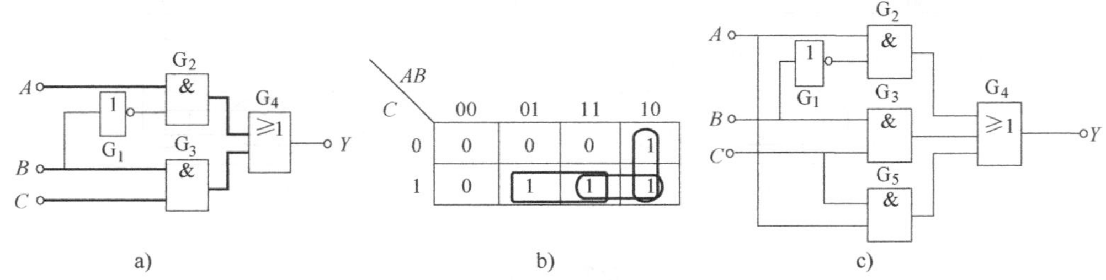

图 2-55　修改逻辑设计消除竞争冒险

2.4　应用实例——译码器用于灯光控制

图 2-56 是用于娱乐场所或电子玩具中的滚环追逐电路。该电路能够产生正、反两方向循环，双向循环，并有常态和闪烁两种方式。这个电路主要由定时器 555、双 16 分频器 74LS393 及两片集电极开路的 4 线-16 线译码器 74159 构成。

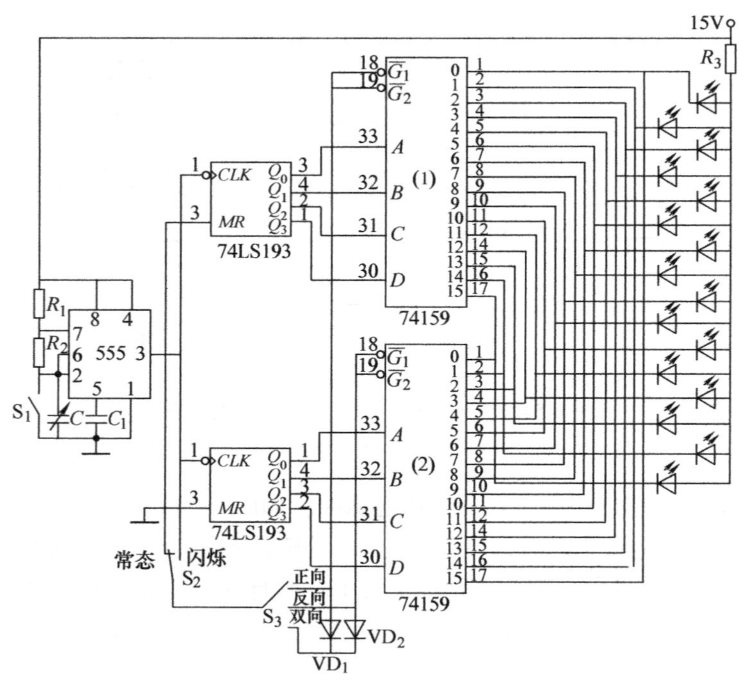

图 2-56　滚环追逐电路

图 2-56 中用 555 构成多谐振荡器，其输出为一串矩形脉冲。它的充电路径为 +5V→R_1→R_2→C→地，输出为高电平（$R_1=4.7\text{k}\Omega$，$R_2=10\Omega$）。

放电路径为 C→R_2→T（555 内放电管）→地，输出为低电平。电容 C 上的充放电使得 555 连续翻转，产生矩形脉冲。其脉冲宽度 $T_1\approx0.7(R_1+R_2)C$，脉冲休止期 $T_2\approx0.7R_2C$，周期 $T=T_1+T_2$。调整 C 的值，即可改变振荡器的输出频率。$C_1=0.01\mu\text{F}$ 用作旁路电容。

555 输出的脉冲信号，同时送到 74LS393 的两个计数脉冲 CLK 端，使它们同步工作。$Q_3\sim Q_0$ 为 16 分频器的输出信号，它们以二进制方式记录 CLK 的脉冲数。计满 16 个脉冲，又回到起始状态，重新开始计数。MR 接地时，正常计数；MR 接高电平时，$Q_3\sim Q_0$ 置 0。

开关 S_1 断开时，555 产生一串矩形脉冲。S_2 有闪烁和常态两种状态。S_2 置常态时，相当于 MR 接地。S_3 置正向，74159（1）的两个控制端接地，片（1）工作，74159（2）的控制端悬空，片（2）不工作。发光二极管按 0→1→2→…→14→15→0→1→…的顺序正向循环发光。S_3 置反向时，74159（1）不工作，74159（2）工作，发光二极管按 15→14→13→…→1→0→15→14→…顺序反向循环发光。S_3 置双向时，两片 74159 都工作，一路按正循环发光，一路按反循环发光。S_2 置闪烁时，S_3 与 555 输出的矩形脉冲相连。当脉冲是低电平时，74159 工作，点亮发光二极管；当脉冲是高电平时，74159 处于禁止状态，发光二极管熄灭。在脉冲一个周期内，发光二极管一亮一灭地闪烁，发光顺序仍由 S_3 决定。

开关 S_1 闭合时，74159 的输出信号维持不变，即发光二极管某一只或两只亮。由于 74159（1）的 0 线与（2）片的 15 线，（1）片的 1 线与（2）片的 14 线……（1）片的 15 线与（2）片的 0 线接起来，使得同一时刻最多只有两只发光二极管同时点亮，因而只用一只限流电阻 R_3 即可，$R_3=E_C/2I_D$。其中 $E_C=+5\text{V}$，I_D 为发光二极管允许流过的电流，应小于 74159 允许输入的电流。加驱动电路后，可以提高其输出电压和电流，驱动颜色艳丽的节日灯。

调节电容 C 可改变振荡器的振荡频率，用于不同场合。若用于控制节日彩灯、商店橱窗广告等场合，可使 555 输出的频率为 60Hz 左右；若用于博彩游戏中，则可将 555 输出的频率调为 800～900Hz。

本章小结

（1）组合逻辑电路是由若干个基本逻辑单元组合而成的没有记忆功能的电路。它的特点是任何时刻的输出信号仅取决于该时刻的输入信号，而与电路原来所处的状态无关。实现组合电路的基础是逻辑代数和门电路。组合电路的逻辑功能可用逻辑图、真值表、逻辑表达式、卡诺图和波形图等 5 种方法来描述，它们在本质上是相通的，可以互相转换。

（2）组合逻辑电路的分析方法是根据给定的逻辑图，分析得到该图的逻辑功能。其分析步骤是：逐级写出输出逻辑表达式→化简和变换逻辑表达式→列出真值表→确定逻辑功能。

（3）组合逻辑电路的设计方法是根据要求设计出符合要求的逻辑电路。其设计步骤是：逻辑抽象（确定输入变量和输出函数）→列出真值表→写出逻辑表达式→逻辑化简和变换（公式化简法或卡诺图化简法）→画出逻辑图。

在设计组合逻辑电路时遇到最棘手的问题是组合逻辑电路竞争冒险问题。如存在竞争冒险，则需要采取措施加以克服。

（4）本章着重介绍了具有特定功能常用的中规模集成逻辑部件，如全加器、比较器、编码器、译码器、数据选择器和数据分配器等。介绍了它们的逻辑功能、集成芯片及集成电路的功能扩展和应用。在一些集成芯片中设置了控制端（或选通端、片选端等），它既可控制电路的工作状态，又可作为输出信号的选通，还可作为信号的输入端使用。

（5）加法器用来实现算术运算。按照进位方式的不同，分为串行进位加法器和超前进位加法器两种。串行进位加法器电路简单、但速度较慢，超前进位加法器速度较快、但电路复杂。加法器还可用来设计代码转换电路等。

（6）数值比较器用来比较两个二进制数的大小。在各种数字系统尤其是在计算机中，经常需要对两个二进制数进行大小判别，然后根据判别结果转向执行某种操作。利用集成数值比较器的级联输入端，很容易构成更多位数的数值比较器。

（7）编码器和译码器是功能相反的两种组合电路。编码就是将输入的电平信号转换成二进制代码；译码是将二进制代码翻译成相应的电平的过程。编码器分为二进制编码器、二-十进制编码器等，集成编码器均采用优先编码方案。译码器分为二进制译码器、十进制译码器及显示译码器。显示器是用来显示图形、文字、符号的器件，本章主要介绍了常用的LED、LCD 显示器。显示器总是和显示译码器结合起来使用，显示译码器与显示器要正确连接。

编码器和译码器除了输入端和输出端外，都设有使能控制端，这便于多片连接使编/译码器的位数得到扩展。

（8）数据选择器和分配器功能正好相反。数据选择器是能够从多路输入数字信息中任意选出所需要的一路信息作为输出的组合电路，至于选择哪一路数据输出，则由当时的选择控制信号决定。数据分配器是将一路输入数据传送到多个输出端中的任意一个输出端的组合电路，至于传送到哪一个输出端，也是由当时的选择控制信号决定。

数据分配器就是带使能端即选通控制端的二进制译码器。只要把二进制译码器的选通控制端当作数据输入端，二进制代码输入端当作选择控制端使用就可以了。

数据分配器经常和数据选择器一起构成数据传送系统。其主要特点是可以用很少的几根线实现多路数字信息的分时传送。

（9）在许多情况下，如果用中规模集成电路来实现组合逻辑函数，可以取得事半功倍的效果。用数据选择器可实现逻辑函数及组合逻辑电路。用数据选择器实现组合逻辑函数的步骤：选用数据选择器→确定地址变量→求 D_i→画连线图。用二进制译码器辅以门电路，可以实现单输出或多输出的组合逻辑函数。

（10）组合逻辑电路存在竞争冒险现象，在电路的输出端会出现尖峰干扰脉冲，可能会引起负载电路的错误动作。因此，应采取适当的措施消除竞争冒险现象。消除竞争冒险的方法一般有：加封锁脉冲、加选通脉冲、接滤波电容、修改逻辑设计等。

复习思考题

1. 判断题

（1）优先编码器的编码信号是相互排斥的，不允许多个编码信号同时有效。 （ ）

（2）编码器与译码器的功能相反，互为逆过程。 （ ）

（3）二进制译码器相当于是一个最小项发生器，便于实现组合逻辑电路。 （ ）

（4）加法器和数值比较器都属于组合逻辑电路。 （ ）

（5）液晶显示器可以在完全黑暗的工作环境中使用。 （ ）

（6）译码器是一种多输入、多输出的逻辑电路。 （ ）

（7）共阴极接法的 LED 数码显示器用有效输出为高电平的显示译码器来驱动。 （ ）

（8）数据选择器和数据分配器的功能正好相反，互为逆过程。 （ ）

（9）数据选择器具有记忆功能，可实现时序逻辑电路。 （ ）

（10）组合逻辑电路中产生竞争冒险的主要原因是输入信号受到尖峰干扰。 （ ）

2. 选择题

（1）在下列逻辑电路中，不是组合逻辑电路的有______。

A. 译码器　　B. 编码器　　C. 全加器　　D. 寄存器

（2）在设计编码电路中需对 60 个编码对象进行编码，则需要输出的二进制代码位数为______位。

A. 5　　B. 6　　C. 10　　D. 60

（3）一个 16 选 1 的数据选择器，其地址输入（选择控制输入）端有______个。

A. 1　　B. 2　　C. 4　　D. 16

（4）在二进制译码器中，若输入 5 位代码，则有______个输出信号。

A. 10　　B. 25　　C. 32　　D. 64

（5）4 选 1 数据选择器的数据输出 Y 与数据输入 D_i 和地址码 A_i 之间的逻辑表达式为 $Y=$______。

A. $A_1A_0D_3$　　B. $\overline{A}_1\overline{A}_0D_0$　　C. $\overline{A}_1A_0D_1$

D. $\overline{A}_1\overline{A}_0D_0+\overline{A}_1A_0D_1+A_1\overline{A}_0D_2+A_1A_0D_3$

（6）一个 8 选 1 数据选择器的数据输入端有______个。

A. 1　　B. 2　　C. 3　　D. 4　　E. 8

（7）用译码器 74LS138 和辅助门电路实现逻辑函数 $Y=A_2+\overline{A_2A_1}$，应______。

A. 用与非门 $Y=\overline{\overline{Y_0Y_1Y_4Y_5Y_6Y_7}}$　　B. 用与门 $Y=\overline{Y_2Y_3}$

C. 用或门 $Y=\overline{Y_2}+\overline{Y_3}$　　D. 用或门 $Y=\overline{Y_0}+\overline{Y_1}+\overline{Y_4}+\overline{Y_5}+\overline{Y_6}+\overline{Y_7}$

（8）8 路数据分配器，其地址输入端有______个。

A. 1　　B. 3　　C. 4　　D. 8

（9）用 4 选 1 数据选择器实现函数 $Y=A_1A_0+\overline{A}_1A_0$，应使______。

A. $D_0=D_2=0$，$D_1=D_3=1$　　B. $D_0=D_2=1$，$D_1=D_3=0$

C. $D_0=D_1=0$，$D_2=D_3=1$　　D. $D_0=D_1=1$，$D_2=D_3=0$

（10）下列表达式中不存在竞争冒险的有______。

A. $Y=\overline{B}+AB$　　B. $Y=AB+\overline{B}C$

C. $Y=AB\overline{C}+AB$　　D. $Y=\overline{AC}+BC+A\overline{B}$

3. 试分析图 2-57 所示各组合逻辑电路的逻辑功能，写出函数表达式。

4. 设计一个用单刀双掷开关来控制楼梯照明灯的电路。要求在楼下开灯后，可在楼上关灯；同样也可在楼上开灯，在楼下关灯。用与非门实现此逻辑功能。

5. 火灾报警系统，有三种探测器分别为：烟感、温感和光感。为防止误报，规定只有两种或两种以上发出报警才确认有火灾，启动声光报警设备。用与非门实现该逻辑功能。

6. 试用 74LS148 并辅以适当门电路实现 10 线-4 线优先编码器。

7. 用与非门设计一个 7 段显示译码器，要求能显示 H、F、E、L 四个符号。

8. 设计一个偶校验电路。要求 3 位二进制数码由高位至低位分别送至电路的 3 个输入端，3 位数码中

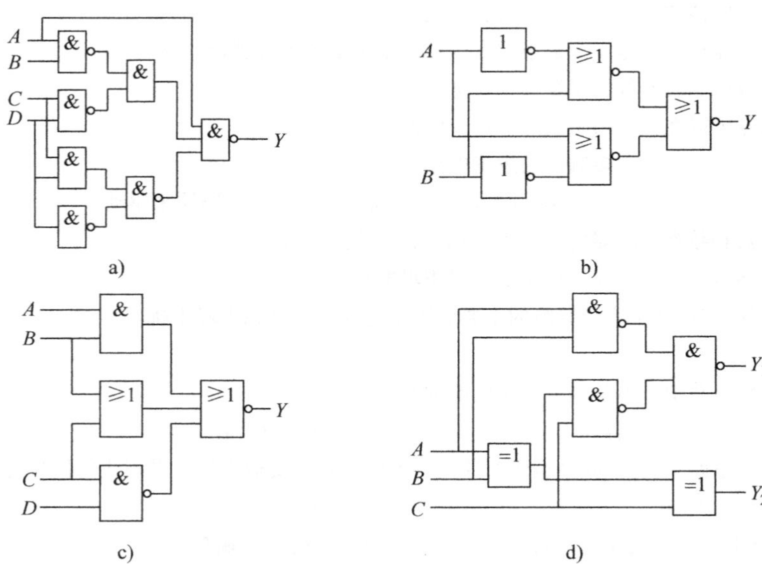

图 2-57　题 3 图

有偶数个 1 时，电路输出为 1，否则为 0。

9. 用译码器实现下列逻辑函数，画出连线图。

（1）$Y_1=\sum m$（3，4，5，6）

（2）$Y_2=\sum m$（1，3，5，9，11）

（3）$Y_3=\sum m$（2，6，9，12，13，14）

10. 试用 74LS151 数据选择器实现逻辑函数。

（1）$Y=A\overline{B}+AC$

（2）Y（A，B，C）$=\sum m$（1，3，5，7）

（3）$Y=\overline{A}\overline{B}C+\overline{A}BC+AB\overline{C}+ABC$

（4）$Y=$（A，B，C，D）$=\sum m$（0，1，2，3，8，9，10，11）

11. 试用集成电路实现将 16 路输入中的任意一组数据传送到 16 路输出中的任意一路，画出逻辑连接图。

12. 某设备有开关 A、B、C，要求：只有开关 A 接通的条件下，开关 B 才能接通；开关 C 只有在开关 B 接通的条件下才能接通。违反这一规程，则发出报警信号。设计一个由与非门组成的能实现这一功能的报警控制电路。

13. 分析如图 2-58 所示的逻辑电路，做出真值表，说明其逻辑功能。

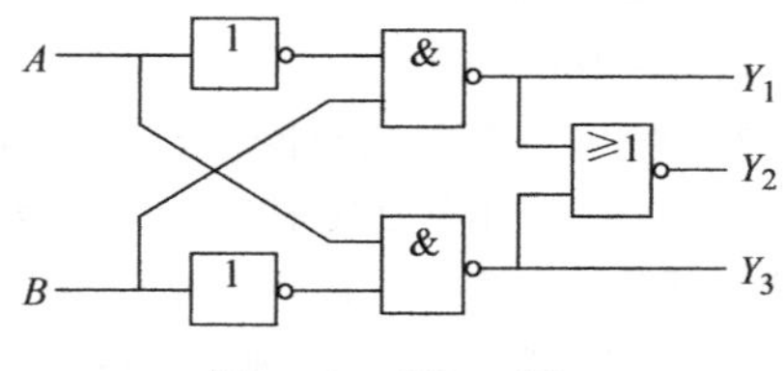

图 2-58　题 13 图

14. 设计一个用 3 个单刀双掷开关控制的卧室内照明灯电路。要求房门入口处有一个开关，床两边分别设有开关，3 个开关都可将照明灯点亮、关闭。用与非门实现。

15. 设 A，B 为两个 1 位二进制数（0 或 1），试用“与非”门实现下列比较功能，当 $A>B$ 时则输出 F_1 为“1”，F_2 为“0”；$A<B$ 时，输出 F_2 为“1”，F_1 为“0”；$A=B$ 时，$F_1=F_2=$ “0”。要求写出逻辑式，画出逻辑图。

16. 8 路数据选择器构成的电路如图 2-59 所示，A_2、A_1、A_0 为数据输入端，根据图中对 $D_0\sim D_7$ 的设置，写出该电路所实现函数 L 的表达式。

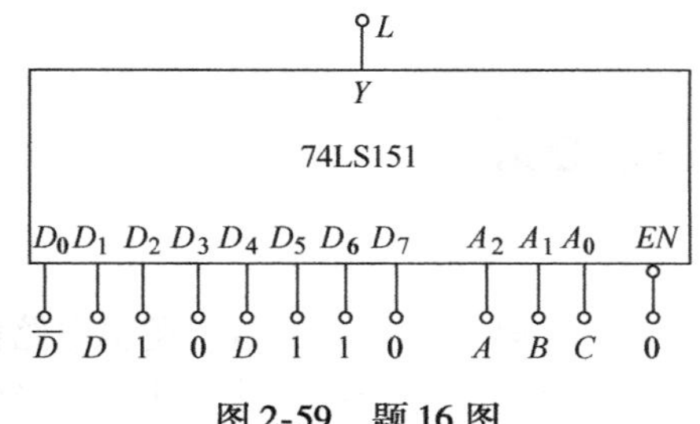

图 2-59　题 16 图

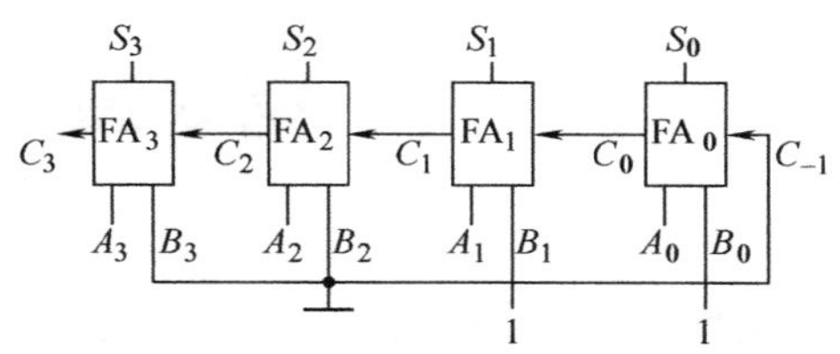

图 2-60　题 17 图

17. 用 4 个全加器 FA_0、FA_1、FA_2、FA_3 组成的组合逻辑电路如图 2-60 所示，试分析该电路的功能。

18. 在如图 2-61 所示的电路中，74LS138 是 3 线-8 线译码器。试写出输出 Y_1、Y_2 的逻辑函数式。

19. 用 CT74LS151 型 8 选 1 数据选择器实现 $Y=A\overline{B}+AC$。

20. 试用如图 2-62 所示双 4 选 1 数据选择器 74LS153 和必要的门电路实现两个 2 位二进制数 $A=A_1A_0$，$B=B_1B_0$ 的比较电路。要求当 $A>B$ 时，$Y_1=1$；当 $A<B$ 时，$Y_2=1$。

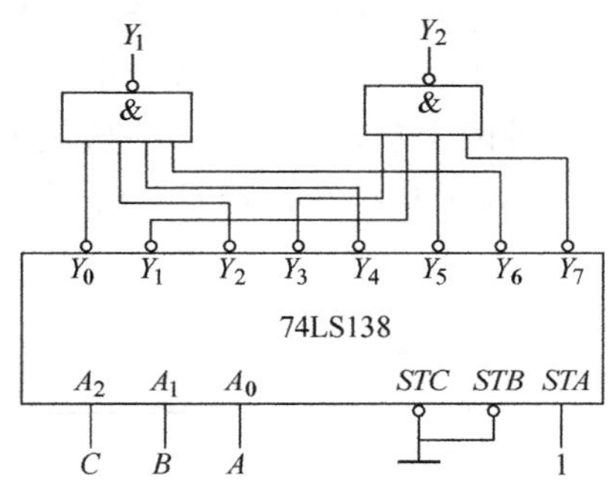

图 2-61　题 18 图

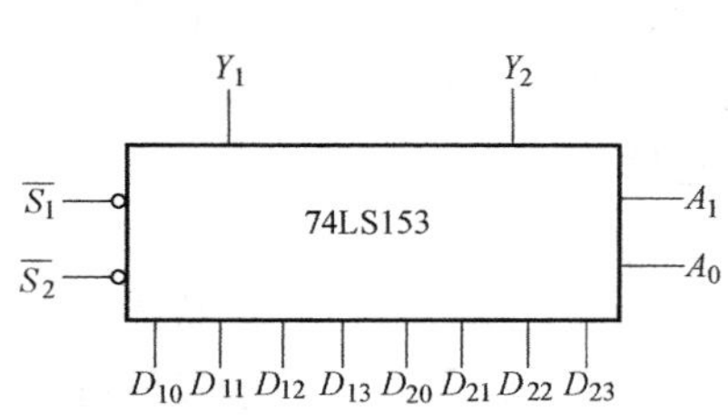

图 2-62　题 20 图

21. 判断下列逻辑函数是否存在竞争冒险现象。

（1）$Y_1=AB+\overline{A}C+\overline{B}C+\overline{ABC}$

（2）$Y_2=(A+B)(\overline{B}+\overline{C})(\overline{A}+\overline{C})$

第 3 章　时序逻辑电路

逻辑电路分为两大类，即组合逻辑电路和时序逻辑电路。第 2 章介绍了组合逻辑电路的分析和设计。本章主要介绍触发器和时序逻辑电路的特点、分类、分析和设计方法，以及常用时序逻辑部件：计数器、寄存器等。

3.1　触发器

3.1.1　基本 RS 触发器

3.1.1.1　用与非门组成的基本 RS 触发器

1. 电路结构　逻辑电路如图 3-1a 所示，两个与非门的输入、输出端交叉连接，$\overline{R}$和$\overline{S}$两个输出端分别称为直接置 0 端和直接置 1 端，字母上的非号表示低电平有效，即$\overline{R}$、$\overline{S}$端为低电平时表示有信号，高电平时表示无信号；Q 和$\overline{Q}$是它的两个互补输出端。一般规定 Q 端的状态为触发器的状态，即若 $Q=0$，$\overline{Q}=1$ 时，称触发器处于 0 状态；若 $Q=1$，$\overline{Q}=0$ 时，称触发器处于 1 状态。

2. 工作原理

（1）触发器的两个稳定状态。当$\overline{R}=\overline{S}=1$，即无输入信号时，若触发器处于 0 状态，即 $Q=0$，$\overline{Q}=1$，此时 $Q=0$ 送到与非门 G_1 的输入端，使之封锁，保证$\overline{Q}=1$，而$\overline{Q}=1$ 和$\overline{S}=1$ 一起使与非门 G_2 打开，维持 $Q=0$；若触发器处于 1 状态，即 $Q=1$，$\overline{Q}=0$，则$\overline{Q}=0$ 送到与非门 G_2 的输入端，使之封锁，保证 $Q=1$，而 $Q=1$ 和$\overline{R}=1$ 一起使与非门 G_1 打开，维持$\overline{Q}=0$。

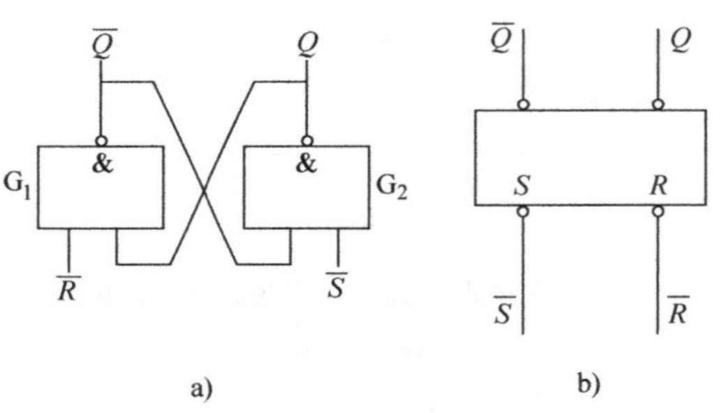

图 3-1　用与非门组成的基本 RS 触发器

a）逻辑电路图　b）逻辑符号

显然，触发器的 0 状态和 1 状态可以自己保持，是稳定的。

（2）触发器的状态转换。

1）令$\overline{R}=0$（$\overline{S}=1$），即$\overline{R}$端有信号输入。如果触发器原来处于 0 状态，则 $Q=0$ 和$\overline{R}=0$ 一起使与非门输出$\overline{Q}=1$，而$\overline{Q}=1$ 和$\overline{S}=1$ 一起使与非门 G_2 的输出 $Q=0$，即触发器维持 0 状态不变；如果触发器原来处于 1 状态，则根据与非门的逻辑特性，$\overline{R}=0$ 使与非门 G_1 的输出$\overline{Q}=1$，而$\overline{Q}=1$ 和$\overline{S}=1$ 一起使与非门 G_2 的输出 $Q=0$，也就是说，触发器转换为 0 状态，这个过程称为触发器翻转（由 1 状态翻转为 0 状态）。

因为在$\overline{R}$端加输入信号，能也只能将触发器置成 0 状态，所以把$\overline{R}$端叫置 0 端，也称为复位端。

2）令$\overline{S}=0$（$\overline{R}=1$），即$\overline{S}$端有信号输入。如果触发器原来处于 0 状态，根据与非门的逻辑特性，$\overline{S}=0$ 送入与非门 G_2，使 G_2 输出 $Q=1$，而 $Q=1$ 和$\overline{R}=1$ 一起使与非门 G_1 的输出

$\overline{Q}=0$，也就是说，此时触发器转换为 1 状态（由 0 状态翻转为 1 状态）；如果触发器原来处于 1 状态，$\overline{S}=0$ 送入与非门 G_2，使 G_2 输出 $Q=1$，即触发器保持 1 状态不变，同时，$Q=1$ 和$\overline{R}=1$ 一起使与非门 G_1 的输出$\overline{Q}=0$。

因为在$\overline{S}$端加输入信号，能也只能将触发器置成 1 状态，所以把$\overline{S}$端叫置 1 端，也称为置位端。

（3）触发器的竞争现象。若在$\overline{R}$、$\overline{S}$端均加上输入信号，即$\overline{R}=\overline{S}=0$ 时，触发器的输出 Q 端和$\overline{Q}$端会出现所谓的 0 状态和 1 状态竞争的现象。

根据与非门的逻辑特性可知，Q 端和$\overline{Q}$端都将为高电平 1。由于两个与非门动态特性的微小差异，Q 端和$\overline{Q}$端负载情况的稍许不同，甚至$\overline{R}$端和$\overline{S}$端由 0 跳变为 1 的时间差别，这些不确定因素都影响触发器状态竞争的结果，即可能是 0 状态，也可能是 1 状态，无法确定。所以在正常工作情况下，基本 RS 触发器用做存储单元时，不允许出现$\overline{R}$端和$\overline{S}$端同时为 0 的情况。

3. 逻辑功能的表示

（1）现态和次态。触发器接收输入信号之前所处的状态称为现态用Q^n 和$\overline{Q^n}$表示。因为触发器有两个稳定状态（1 状态和 0 状态），且它总是处在某一个稳态，所以 Q^n 不是 0 就是 1。

触发器接收输入信号之后所处的新的状态叫次态，用 Q^{n+1}和$\overline{Q^{n+1}}$表示。Q^{n+1}的值也是 0 或 1，但它不仅和输入信号有关，还要决定于现态 Q^n。

（2）特性表。反映触发器的次态 Q^{n+1}与现态 Q^n和输入 R、S 之间对应关系的表格称为特性表。根据工作原理的分析，图 3-1a 所示基本 RS 触发器的特性表如表 3-1 所示。它是触发器逻辑功能的数学表达形式，直观地表示了 Q^{n+1}、Q^n、R、S 之间取值的对应关系。

表 3-1 基本 RS 触发器的特性表

Q^n	$\overline{R}$	$\overline{S}$	Q^{n+1}	说明
0	0	0	×	不定状态(禁止)
1	0	0	×	
0	0	1	0	置 0
1	0	1	0	
0	1	0	1	置 1
1	1	0	1	
0	1	1	0	保持原态不变
1	1	1	1	

（3）特性方程。由表 3-1 可画出如图 3-2 所示的 Q^{n+1}的卡诺图，在此设定×均为 1。由卡诺图可得

$$\begin{cases} Q^{n+1}=S+\overline{R}Q^n \\ RS=0(\text{约束条件}) \end{cases} \qquad (3\text{-}1)$$

式（3-1）概括了基本 RS 触发器次态输出 Q^{n+1}与现态 Q^n 和输入 $\overline{R}$、$\overline{S}$ 之间的函数关系，称为特性方程。

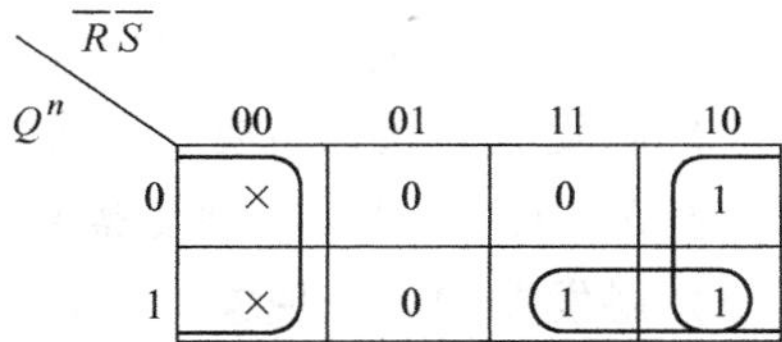

图 3-2 基本 RS 触发器 Q^{n+1}的卡诺图

（4）工作波形图。根据表3-1所示，假设触发器初始状态为0状态，可画出基本RS触发器的工作波形如图3-3所示。

例3-1 在图3-1所示基本RS触发器中，输入图3-4所示波形，试画出Q和$\overline{Q}$的波形。

解：由基本RS触发器的特性方程$\begin{cases}Q^{n+1}=S+\overline{R}Q^n\\ RS=0\text{（约束条件）}\end{cases}$可列出在输入图3-4所示波形时$Q$和$\overline{Q}$的波形，如图3-4所示。

3.1.1.2 用或非门组成的基本RS触发器

1. 电路组成

逻辑电路如图3-5a所示，两个或非门的输入、输出端交叉耦合起来构成基本RS触发器。和图3-1a所示的触发器比较，R、S分别为置0端和置1端，上面无非号，表示高电平有效，即R端、S端为高电平1时表示有信号，为低电平0时表示无信号。Q和$\overline{Q}$同样为触发器两个互补的输出端。

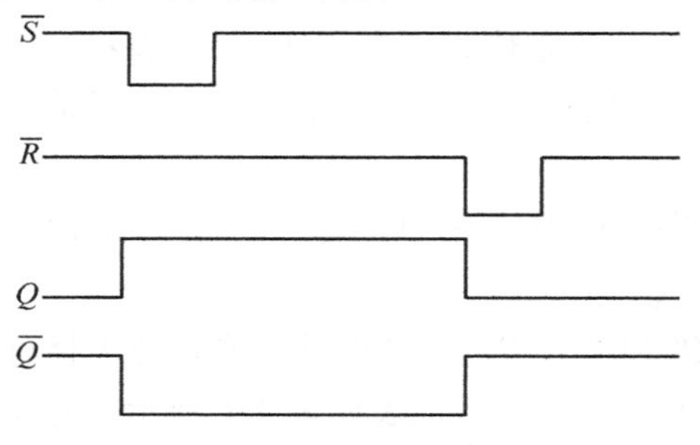

图3-3 基本RS触发器Q^{n+1}的工作波形

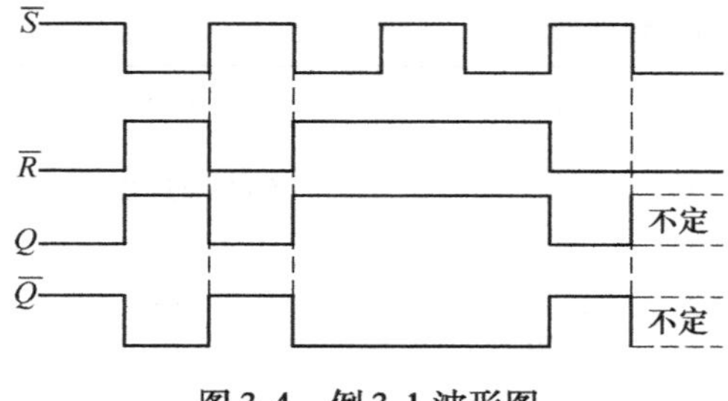

图3-4 例3-1波形图

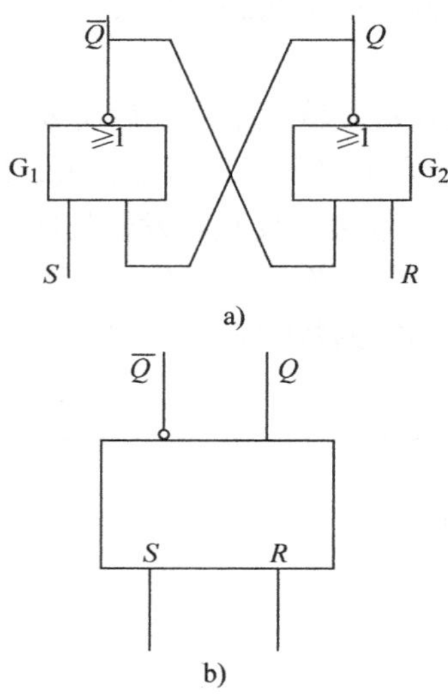

图3-5 用或非门组成的基本RS触发器

a）逻辑电路图 b）逻辑符号

2. 工作原理

（1）触发器的两个稳定状态。当$R=S=0$，即无输入信号时，若$Q=0$，$\overline{Q}=1$，则$\overline{Q}=1$送到或非门G_2的输入端，使Q保持0，同时$Q=0$和$S=0$一起送到或非门G_1的输入端，保证了$\overline{Q}=1$；若$Q=1$，$\overline{Q}=0$，则$Q=1$送到或非门G_1的输入端使$\overline{Q}=0$，同时$\overline{Q}=0$和$R=0$一起送到或非门G_2的输入端，保证了$Q=1$。由此可见触发器的0状态和1状态都是稳定的。

（2）触发器的状态转换。由或非门的逻辑特性可知，触发器不管原来处于0状态还是1状态，若$R=0$，$S=1$，则触发器置1；若$R=1$，$S=0$，则触发器置0。

（3）触发器的竞争现象。若$R=S=1$时，触发器的输出Q端和$\overline{Q}$端也会出现所谓的0状态和1状态竞争的现象。由或非门的逻辑特性知道，Q端和$\overline{Q}$端同时置0，这种状态是一种未定义状态，没有意义，在正常工作情况下，也不允许出现这种情况。

3. 逻辑功能的表示

（1）特性表。根据工作原理的分析，可得图3-5a所示基本RS触发器的特性表如表3-2所示。

（2）卡诺图。由表3-2可画出对应的卡诺图如图3-6所示，在此设×均为1。

（3）特征方程。由卡诺图可得特性方程为

$$\begin{cases} Q^{n+1}=S+\overline{R}Q^n \\ RS=0(\text{约束条件}) \end{cases} \tag{3-2}$$

（4）工作波形图。根据特征表3-2，假设触发器初始状态为0状态，可画出或非门组成的基本RS触发器的工作波形如图3-7所示。

表3-2　或非门组成的基本RS触发器的特性表

Q^n	R	S	Q^{n+1}	说明
0	0	0	0	保持
1	0	0	1	
0	0	1	1	置1
1	0	1	1	
0	1	0	0	置0
1	1	0	0	
0	1	1	×	不允许（禁用）
1	1	1	×	

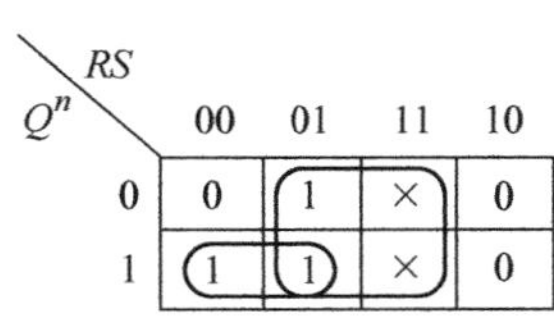

图3-6　用或非门组成的基本RS触发器Q^{n+1}的卡诺图

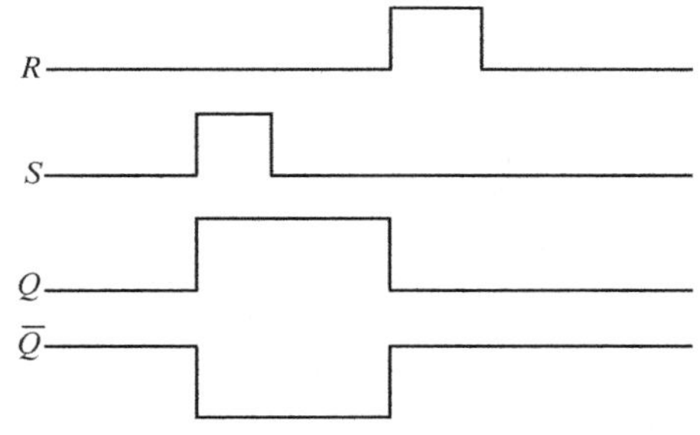

图3-7　用或非门组成的基本RS触发器工作波形

3.1.1.3　集成基本RS触发器

通用的集成基本RS触发器有74LS279，CC4044，CC4043等几种型号。

1. 由与非门组成的触发器CC4043和CC4044　它们均为CMOS触发器，其逻辑功能并无区别，特性表和特性方程也相同。两者的区别仅在于CC4044为低电平有效，CC4043为高电平有效；在违反约束条件即$R=S=1$时，前者的$Q=0$，后者的$Q=1$。下面以CC4044为例说明。

（1）逻辑电路和引脚功能图。如图3-8所示，CC4044中集成了4个如图3-8a所示的基本RS触发器，传输门TG是输出控制门。

（2）工作原理。CC4044触发器与图3-1a所示电路的工作原理基本相同，只是该集成电路采用了三态门作为它的输出门。当使能控制端$EN=1$时三态传输门工作；$EN=0$时三态传输门被禁止，输出端Q为高阻态。由此可得CC4044触发器的特性表如表3-3所示。

表 3-3　CC4044 的特性表

输　　入			输　　出	说　　明
R	S	EN	Q^{n+1}	
×	×	0	Z	高阻态
0	0	1	Q^n	保持
0	1	1	1	置 1
1	0	1	0	置 0
1	1	1	×	不允许

由特性表 3-3 可得特性方程：

$$\begin{cases} Q^{n+1}=S+RQ^n \\ RS=0 \end{cases}\Bigg|_{EN=1} \tag{3-3}$$

$$Q^{n+1}=Z \mid EN=0$$

2. TTL 集成基本 RS 触发器 74LS279

（1）逻辑电路和引脚功能图。如图 3-9a、b 所示，在一个芯片中，集成了 4 个如图3-9a 所示的电路，一个芯片里共有 4 个触发器单元，且其中每个触发器单元各有两个为与逻辑关系的置位端。

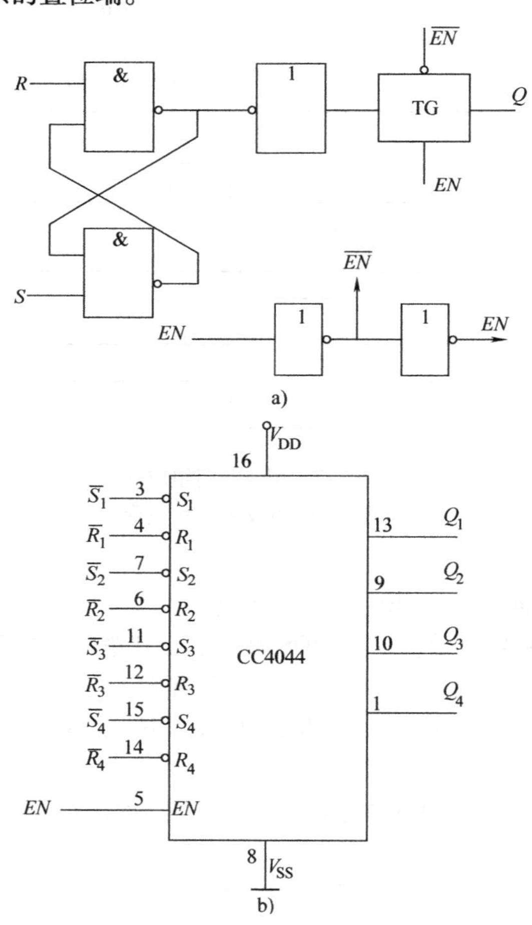

图 3-8　与非门组成的集成基本 RS 触发器 CC4044

a）逻辑电路图　b）引脚功能图

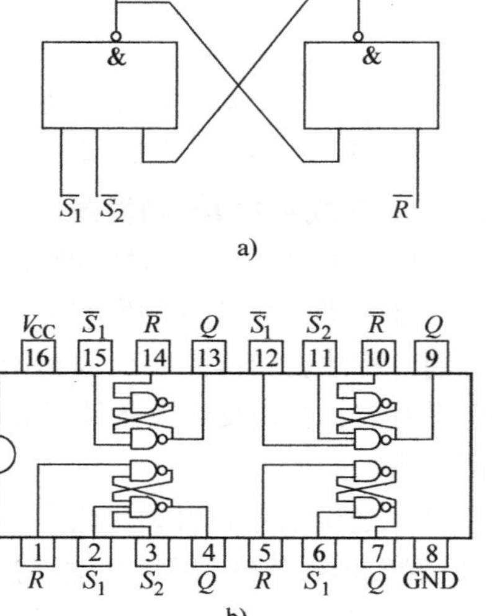

图 3-9　TTL 集成基本 RS 触发器 74LS279

a）逻辑电路图　b）引脚排列图

（2）逻辑功能。74LS279 的逻辑功能表如表 3-4 所示。

表 3-4　74LS279 功能表

输　入		输　出	
$\overline{S_1}$	$\overline{S_2}$	$\overline{R}$	Q
0	0	0	×
0	×	1	1
×	0	1	1
1	1	0	0
1	1	1	不变

3.1.2　时钟控制触发器

由于基本 RS 触发器的输入信号是直接加在输出门的输入端上的，这不仅使电路的抗干扰能力下降，而且不便于多个触发器同步工作。本节将介绍受时钟脉冲控制的触发器，来克服基本 RS 触发器存在的缺陷，主要类型有同步 RS 触发器，边沿 D 触发器，维持-阻塞 D 触发器和边沿 JK 触发器等几种类型。

1. 同步 RS 触发器

（1）与非门构成的同步 RS 触发器。

1）电路结构。如图 3-10a 所示，与非门 G_1、G_2 构成基本 RS 触发器，与非门 G_3、G_4 是控制门，R、S 是信号输入端，CP 为时钟脉冲，是输入控制信号。

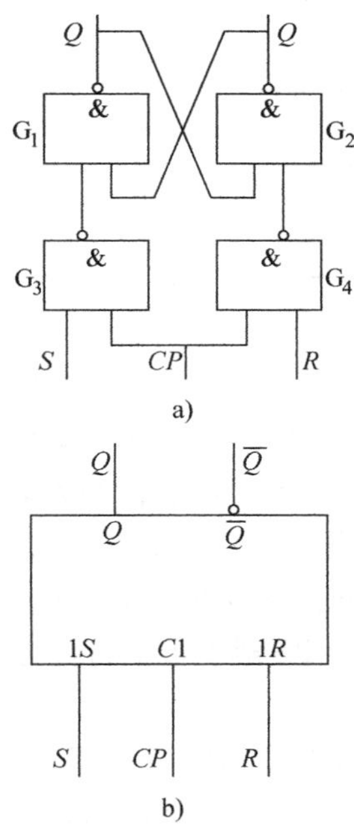

图 3-10　与非门构成的同步 RS 触发器

a）逻辑电路　b）符号

2）工作原理

a）时钟电平的控制。在 $CP=1$ 期间触发器接收输入信号，$CP=0$ 时触发器被禁止，状态保持不变，提高了抗干扰能力。

b）触发器的状态转换。在 $CP=1$ 期间，若 $R=S=0$，则触发器处在保持状态。即 $Q^{n+1}=Q^n$；若 $R=0$，$S=1$ 则触发器置 1，即 $Q^{n+1}=1$；若 $R=1$，$S=0$，则触发器置 0，即 $Q^{n+1}=0$。

c）触发器的竞争现象。在 $CP=1$ 期间，若 $R=S=1$，则触发器输出端出现 Q 和 $\overline{Q}$ 均为 1 的不允许状态。

d）特性表。由上述分析可得与非门组成的同步 RS 触发器的特性表如表 3-5 所示。

表 3-5　与非门组成的同步 RS 触发器特性表

CP	R	S	Q^{n+1}	说明
0	×	×	Q^n	保持
1	0	0	Q^n	保持
1	0	1	1	置 1
1	1	0	0	置 0
1	1	1	×	不允许

e）特性方程。由表3-4所示特性表可列出特性方程为

$$\begin{cases}Q^{n+1}=S+\overline{R}Q^{n}\\RS=0\end{cases}\quad（CP=1\text{期间有效}）\tag{3-4}$$

例3-2 在图3-10所示的同步RS触发器中，若CP、R、S的波形如图3-11所示，对应画出Q和$\overline{Q}$的波形。（Q的起始状态可以自己假定）。

解：同步RS触发器的逻辑功能和其特性表如表3-5所示。其波形图如图3-11所示。

（2）或非门、与门组成的同步RS触发器。

1）电路结构。如图3-12所示。两个或非门G_1、G_2的输入输出端交叉连接组成基本RS触发器，两个与门G_3、G_4构成输入通道，CP为时钟控制脉冲。

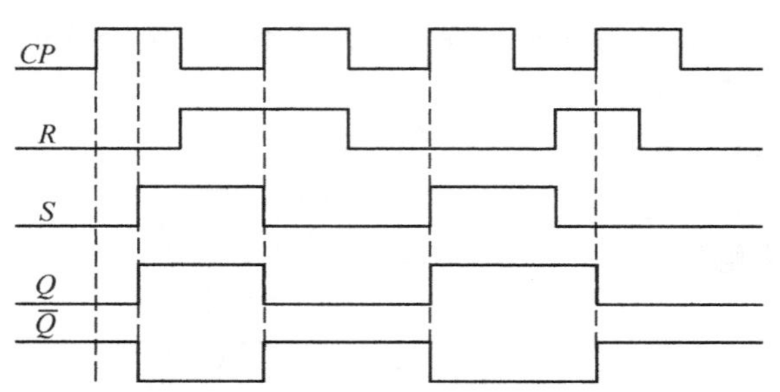

图3-11 例3-2的工作波形图

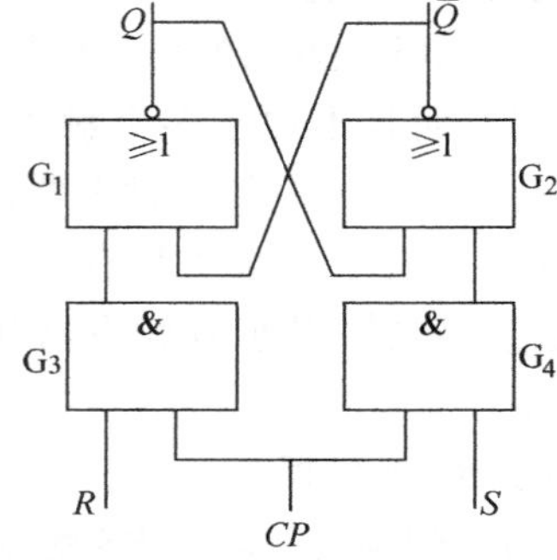

图3-12 或非门、与门组成的同步RS触发器

2）逻辑功能。在$CP=0$时，与门G_3、G_4被封锁，R、S信号被阻断，触发器保持原状态不变。而$CP=1$期间，与G_3、G_4打开，触发器接收R、S的输入信号。对照图3-5所示或非门构成的基本RS触发器即可得同步RS触发器的特性方程如式（3-4）。

2. 边沿D触发器

（1）电路结构。如图3-13所示，D为信号输入端，CP为时钟控制脉冲输入端，在逻辑符号图上CP端的“∧”号表示CP边沿有效，小圆圈表示CP下降边沿有效。它具有主从结构形式，又是边沿控制的电路。

（2）工作原理。

1）$CP=0$时。与非门G_7、G_8被禁止，输入信号D被阻断。G_3、G_4打开，从触发器的状态决定于主触发器，即$Q=Q_m$，$\overline{Q}=\overline{Q_m}$。

2）$CP=1$时。与非门G_7、G_8打开，G_3、G_4被封锁，从触发器保持原状态不变，D信号进入主触发器，$Q_m=D$。

3）CP下降边沿时。与非门G_7、G_8封锁，G_3、G_4被打开，主触发器锁存，CP下降沿瞬间的$Q_m=D$，

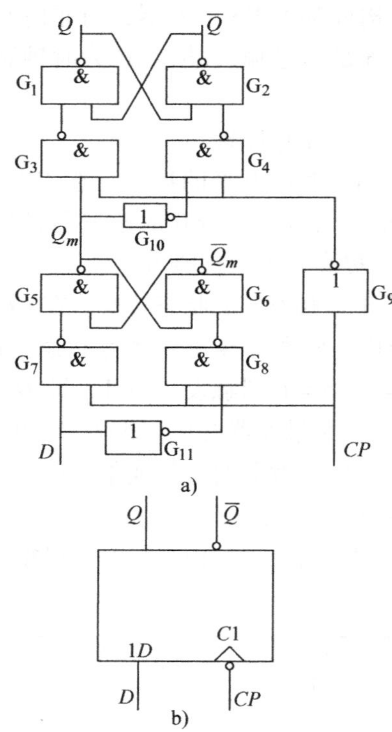

图3-13 边沿D触发器

a）逻辑电路 b）符号

随后将该值送入从触发器，使 $Q=D$，$\overline{Q}=\overline{D}$。

综上所述，可得

$$Q^{n+1}=D \quad (CP\text{ 下降沿时刻有效}) \tag{3-5}$$

式（3-5）为边沿 D 触发器的特性方程。

例 3-3 在图 3-13 边沿 D 触发器中，CP、D 的波形如图 3-14 所示。试画出 Q、$\overline{Q}$的波形。

解：由边沿 D 触发器的逻辑功能分析知：

$$Q^{n+1}=D \quad (CP\text{ 下降沿时刻有效})$$

其 Q 和 $\overline{Q}$ 的波形如图 3-14 所示。

（3）带异步输入端的边沿 D 触发器。如图 3-15 所示逻辑符号图中，$\overline{R_D}$，$\overline{S_D}$为异步输入端，$\overline{R_D}$用于直接置 0（复位），称为直接复位端或清零端；$\overline{S_D}$用于直接置 1（置位），称为直接置 1 端，其逻辑功能与图 3-13 所示边沿 D 触发器的逻辑功能相同。

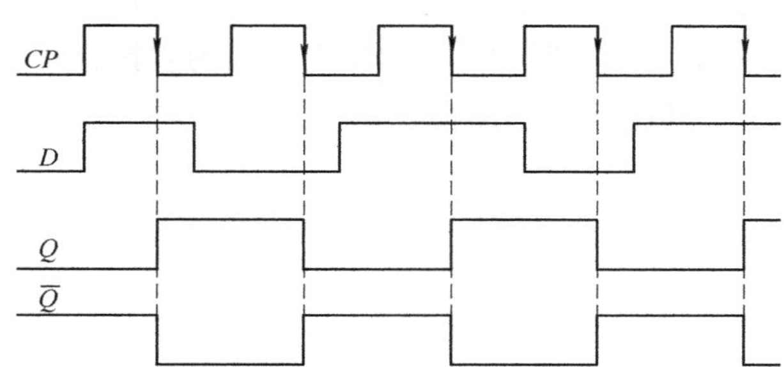

图 3-14　例 3-3 的工作波形

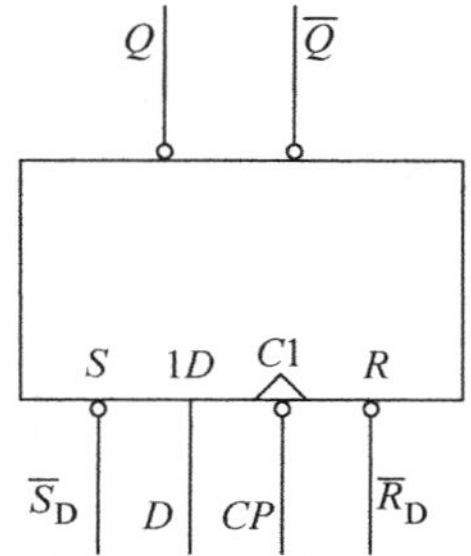

图 3-15　带异步输入端的边沿 D 触发器

（4）集成边沿 D 触发器。这里介绍 CMOS 边沿 D 触发器 CC4013。

1）逻辑符号及引脚功能。CC4013 中集成了两个 CP 上升沿触发的边沿 D 触发器，R_D，S_D 均为高电平有效，即 $R_D=1$ 时触发器复位到 0，$S_D=1$ 时，触发器置位到 1，如图 3-16所示。

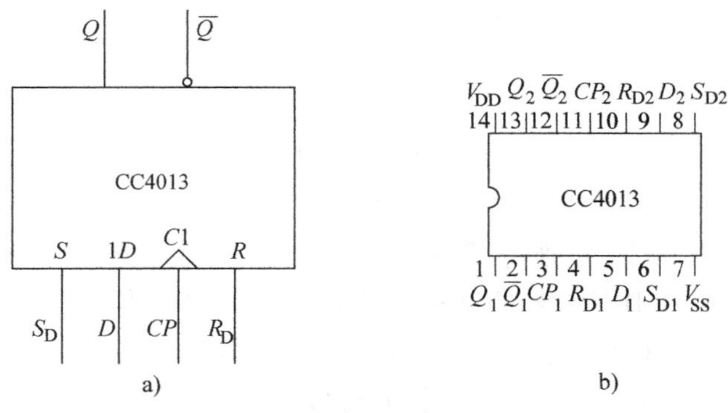

图 3-16　CMOS 边沿 D 触发器 CC4013

a）符号　b）引脚功能

2）逻辑功能。根据边沿 D 触发器的逻辑功能，在 $R_D=S_D=0$ 时，电路按照方程 $Q^{n+1}=D$（CP 上升沿时刻有效）转换状态；$R_DS_D=01$ 时，CP、D 均无效，触发器直接置 1；$R_DS_D=10$ 时，CP、D 也无效，触发器直接置 0。由此可画特性表如表 3-6 所示。

表 3-6　CC4013 触发器的特性表

输入				输出	说明
CP	D	R_D	S_D	Q^{n+1}	
↓	×	0	0	Q^n	保持
↑	0	0	0	0	置 0
×	×	1	0	0	异步置 0
↑	1	0	0	1	置 1
×	×	0	1	1	异步置 1
×	×	1	1	×	不允许

3. 维持-阻塞 D 触发器　同步 RS 触发器虽然可以在 CP 脉冲控制下存储信号，但它有约束条件，且存在翻转问题，而维持-阻塞 D 触发器只有 CP 脉冲由 0 到 1 的上升沿瞬间接收 D 输入端的信号，在 $CP=0$ 或 $CP=1$ 的持续时间内及 CP 从 1 到 0 的下降沿，由于触发器本身的维持-阻塞功能，触发器状态保持不变，即可以有效地克服翻转。

（1）电路结构。图 3-17 所示为维持-阻塞 D 触发器 74LS74 的内部结构和逻辑符号图。它由 6 个与非门构成，其中 G_1、G_2 门组成基本 RS 触发器，G_3、G_4、G_5、G_6 门作触发器引导门。Q 和 $\overline{Q}$ 为互补输出端，D 为数据输入端，CP 为时钟脉冲控制端。$\overline{R}_D$ 为直接置 0 端，$\overline{S}_D$ 为直接置 1 端，在完成直接置 0 或置 1 后，$\overline{R}_D$、$\overline{S}_D$ 端应接高电平。

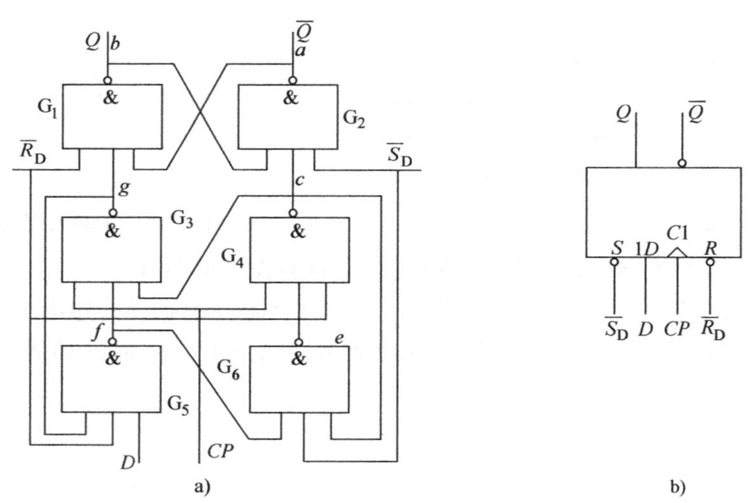

图 3-17　维持-阻塞 D 触发器
a）逻辑电路　b）符号

（2）基本功能。图 3-17a 是维持-阻塞 D 触发器的逻辑电路，其特性表如表 3-7 所示。由表 3-7 可知，维持-阻塞 D 触发器的基本功能是：若 $D=1$，在 CP 脉冲上升沿到来时触发器翻转为 1；若 $D=0$，在 CP 脉冲上升沿到来时触发器翻转为 0；而在 $CP=0$ 时，无论 D 的状态如何变化，触发器均维持原态不变，从而有效地避免了翻转现象。由此可得 D 触发器的特性方程为

$$Q^{n+1}=D \quad （CP\text{ 上升沿时刻有效}） \tag{3-6}$$

其仿真电路和工作波形图如图 3-18a、b 所示，在图 3-18b 中，上面的波形对应时钟脉冲，下面幅值大的方波对应于 D 的波形，幅值小的波形对应于 D 触发器的输出端 Q 的波形。读者可自行分析。

表 3-7　维持-阻塞 D 触发器的特性表

CP	D	Q^{n+1}	说明
0	×	Q^n	保持
↑	0	0	置 0
↑	1	1	置 1

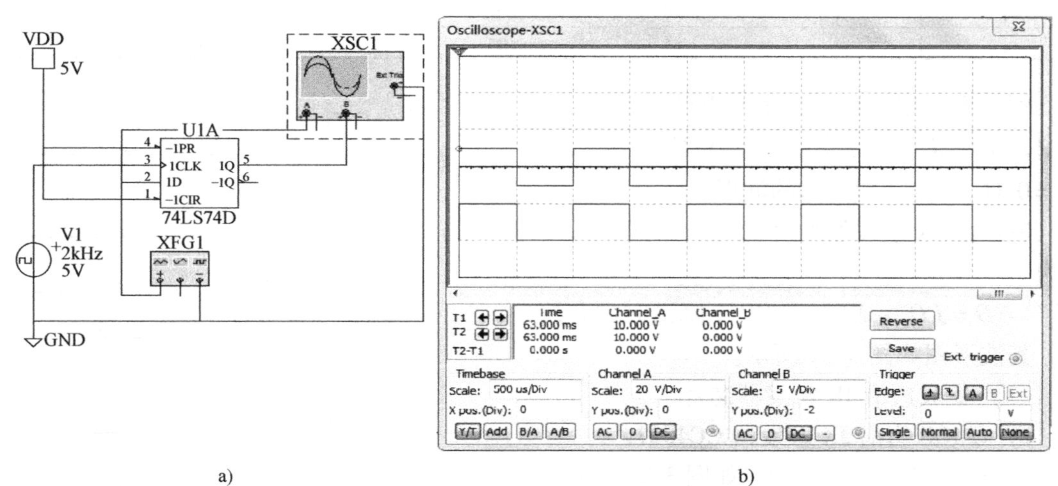

a)　　　　b)

图 3-18　维持-阻塞 D 触发器仿真电路和工作波形

a) 仿真电路　b) 工作波形图

4. 边沿 JK 触发器

(1) 电路结构。如图 3-19 所示，在边沿 D 触发器的基础上，增加 3 个门 G_1、G_2、G_3，把输出 Q 反馈送回 G_1、G_3，便构成了边沿 JK 触发器。逻辑符号图上 CP 端的小圆圈加三角表示 CP 下降沿时刻有效。

(2) 工作原理

1) 特性方程。由图 3-19a 可知：

$$
\begin{aligned}
D &= \overline{\overline{J+Q^n}+KQ^n} \\
&= (J+Q^n)\overline{KQ^n} \\
&= (J+Q^n)(\overline{K}+\overline{Q^n}) \\
&= J\overline{Q^n}+\overline{K}Q^n+J\overline{K} \\
&= J\overline{Q^n}+\overline{K}Q^n
\end{aligned}
$$

根据边沿 D 触发器的逻辑功能 $Q^{n+1}=D$（CP 下降沿时刻有效），可得边沿 JK 触发器的特性方程：

$$Q^{n+1}=D=J\overline{Q^n}+\overline{K}Q^n \quad (CP\text{ 下降沿时刻有效}) \tag{3-7}$$

2) 特性表。根据式（3-7）可得边沿 JK

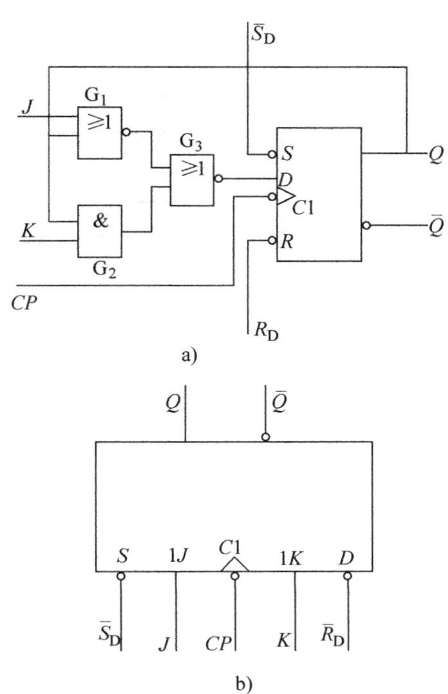

图 3-19　D 触发器构成的边沿 JK 触发器

a) 逻辑电路　b) 逻辑符号

触发器的特性表（见表3-8）及其工作波形（见图3-20）。

表3-8　边沿JK触发器的特性表

CP	J	K	Q^{n+1}	说明
↓	0	0	Q^n	保持
↓	0	1	0	置0
↓	1	0	1	置1
↓	1	1	$\overline{Q^n}$	翻转

例3-4　在图3-19所示CMOS边沿JK触发器中，CP、J、K的波形如图3-21所示，$S_D = R_D = 0$时，试画出Q、$\overline{Q}$的波形。

解：由JK触发器的逻辑功能知其逻辑表达式为

$$Q^{n+1} = D = J\overline{Q^n} + \overline{K}Q^n \quad （CP\text{下降沿时刻有效}）$$

其波形图如图3-21所示。

(3) 集成边沿JK触发器芯片。

1) CMOS边沿JK触发器CC4027。

a) 逻辑符号和引脚功能如图3-22所示。

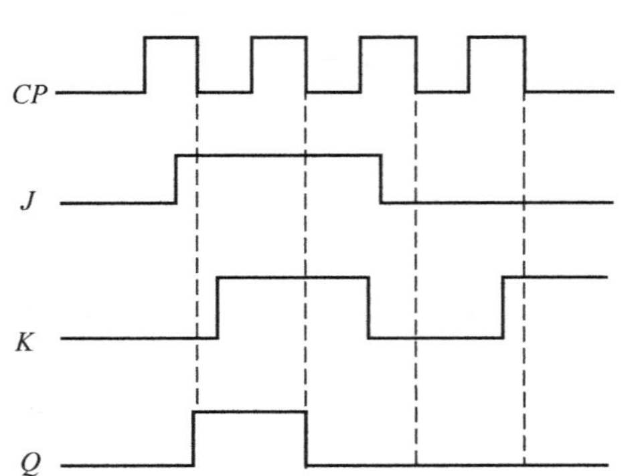

图3-20　边沿JK触发器的工作波形

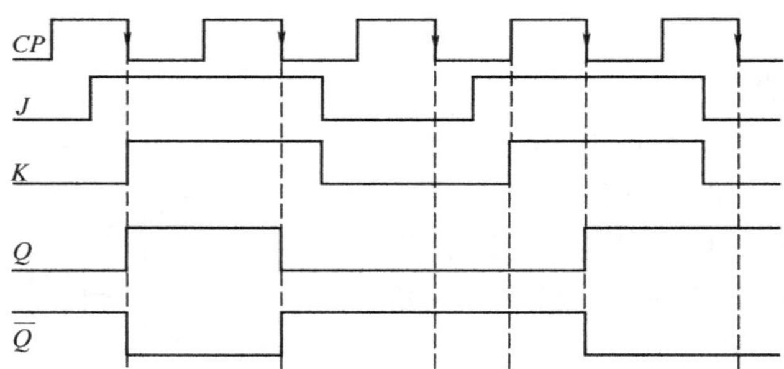

图3-21　例3-4工作波形图

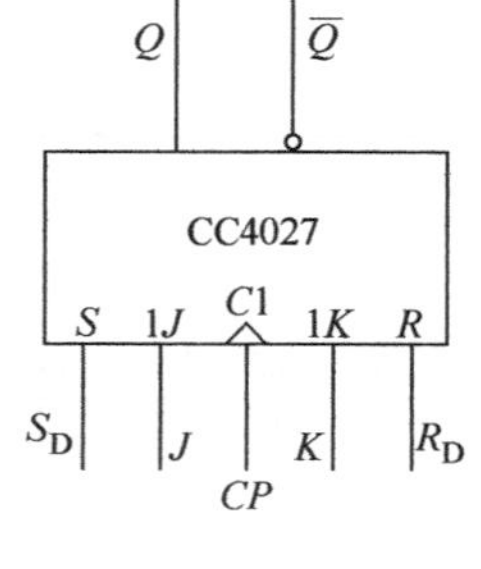

a)

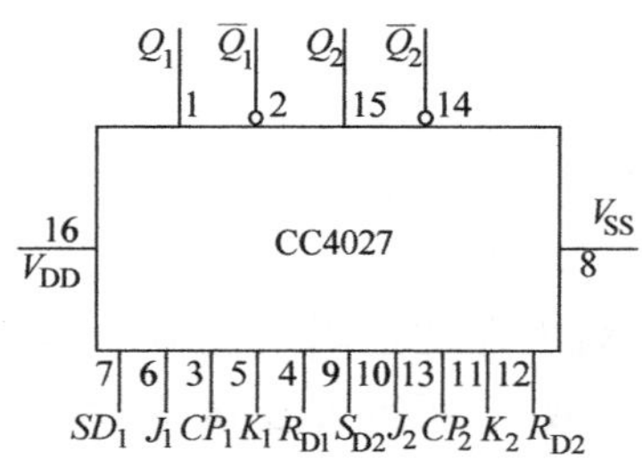

b)

图3-22　边沿JK触发器CC4027

a) 逻辑符号　b) 引脚功能

b）特性表如表3-9所示。

表3-9　边沿JK触发器CC4027的特性表

J	K	Q^n	R_D	S_D	CP	Q^{n+1}	说明
0	0	0	0	0	↑	0	保持
0	0	1	0	0	↑	1	
0	1	0	0	0	↑	0	同步置0
0	1	1	0	0	↑	0	
1	0	0	0	0	↑	1	同步置1
1	0	1	0	0	↑	1	
1	1	0	0	0	↑	1	翻转
1	1	1	0	0	↑	0	
×	×	×	0	1	×	1	异步置1
×	×	×	1	0	×	0	异步置0

由特性表可知，当$R_D=S_D=0$时，在CP下降沿瞬间，触发器按照特性方程$Q^{n+1}=\overline{JQ^n}+\overline{K}Q^n$的规定转换状态；当异步输入端$R_D$、$S_D$为有效信号时，触发器的状态仅决定于$R_D$、$S_D$的取值，当$R_DS_D=01$时，触发器置1，$R_DS_D=10$时，触发器置0，$R_DS_D=11$不允许。

2）TTL边沿JK触发器74LS112。

a）逻辑符号和引脚功能如图3-23a、b所示。

b）特性表如表3-10所示。

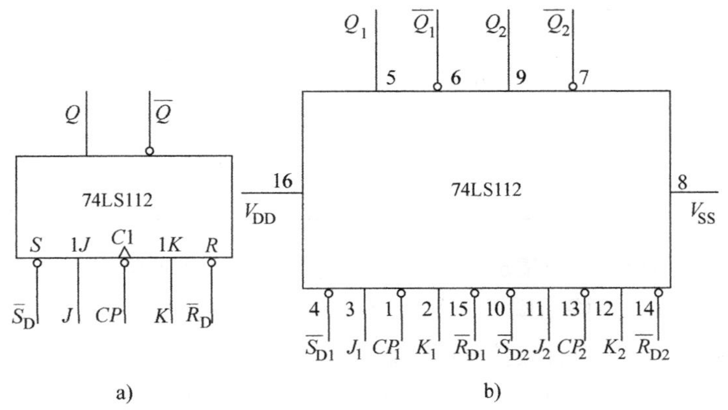

图3-23　边沿JK触发器74LS112

a）逻辑符号　b）引脚功能

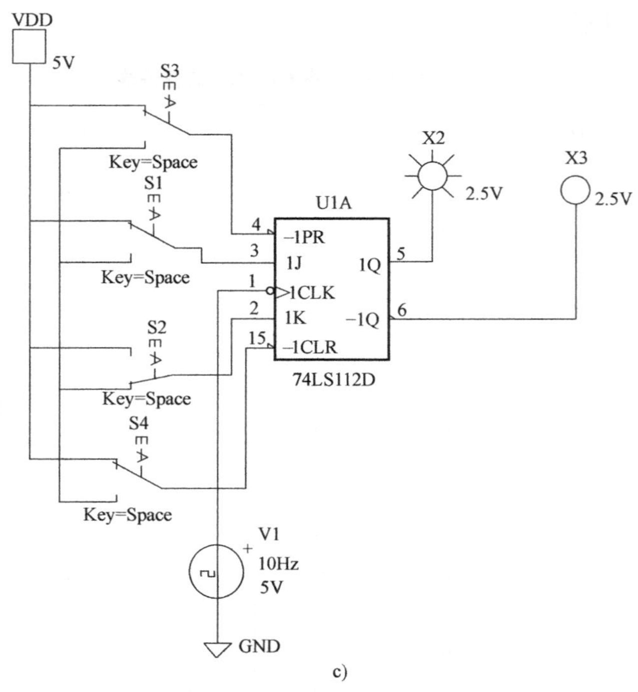

c)

图 3-23　边沿 JK 触发器 74LS112（续）

c）74LS112 仿真

表 3-10　边沿 JK 触发器 74LS112 的特性表

CP	J	K	Q^n	$\overline{R}_D$	$\overline{S}_D$	Q^{n+1}	说明
↓	0	0	0	1	1	0	保持
↓	0	0	1	1	1	1	
↓	0	1	0	1	1	0	置 0
↓	0	1	1	1	1	0	
↓	1	0	0	1	1	1	置 1
↓	1	0	1	1	1	1	
↓	1	1	0	1	1	1	翻转
↓	1	1	1	1	1	0	
×	×	×	×	0	1	0	异步置 0
×	×	×	×	1	0	1	异步置 1

由特性表可知，74LS112 中集成的两个单元电路都是 CP 下降沿触发的边沿 JK 触发器。当 $\overline{R}_D=\overline{S}_D=1$ 时，在 CP 下降沿瞬间，触发器按照特性方程 $Q^{n+1}=J\overline{Q^n}+\overline{K}Q^n$ 的规定转换状态。当异步输入端 $\overline{R}_D$、$\overline{S}_D$ 为有效信号时，触发器的状态决定于 $\overline{R}_D$、$\overline{S}_D$ 的取值。当 $\overline{R}_D\overline{S}_D=01$ 时，触发器置 0，$\overline{R}_D\overline{S}_D=10$ 时，触发器置 1，$\overline{R}_D\overline{S}_D=00$ 不允许。

5. T 触发器和 T′触发器

（1）T 触发器。在时钟脉冲控制下，根据输入信号 T 取值的不同，具有保持和翻转功能的电路，即 $T=0$ 时能保持输出状态不变；$T=1$ 时输出状态翻转，称作 T 型时钟触发器，简称 T 触发器。目前市场上并无单独的 T 触发器产品。它可由 JK 触发器，令 $J=K=T$ 构成，如图 3-24 所示。

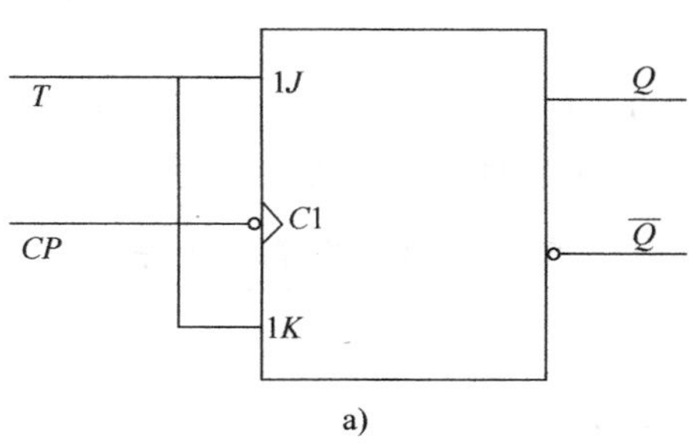

a)

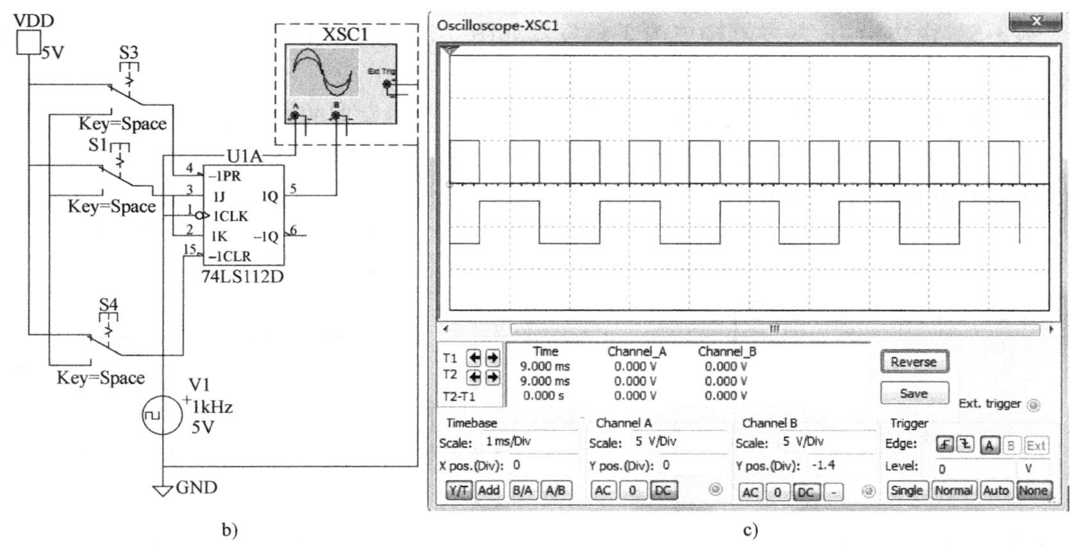

b)　　　　c)

图 3-24　边沿 JK 触发器构成的 T 触发器

a) 原理图　b) 仿真电路图　c) T 触发器的 *CP* 和输出波形

由边沿 JK 触发器的特性方程

$$Q^{n+1}=J\overline{Q^n}+\overline{K}Q^n \quad (CP\text{ 下降边沿有效})$$

可得 T 触发器的特性方程

$$Q^{n+1}=T\overline{Q^n}+\overline{T}Q^n=T\oplus Q^n \quad (CP\text{ 下降边沿有效}) \tag{3-8}$$

根据特性方程，可得 T 触发器的特性表，如表 3-11 所示。

表 3-11　T 触发器的特性表

CP	T	Q^n	Q^{n+1}	说明
↓	0	0	0	保持
↓	0	1	1	
↓	1	0	1	翻转
↓	1	1	0	

(2) T′触发器。每来一个时钟控制脉冲就翻转一次的电路，称为 T′型时钟触发器，简称 T′触发器。不难看出，令 T 触发器的 $T=1$，电路便成了 T′触发器，它可由边沿 D 触发器 $\overline{Q}$端与 D 端相连构成，如图 3-25 所示。

根据边沿 D 触发器的特性方程

$$Q^{n+1}=D \quad （CP\ 下降边沿有效）$$

可得 T′触发器的特性方程为

$$Q^n+1=D=T'=\overline{Q^n} \quad （CP\ 下降边沿有效） \tag{3-9}$$

根据特性方程可得 T′触发器的特性表，如表 3-12 所示。

表 3-12　T′触发器的特性表

CP	Q^n	T'	Q^{n+1}	说明
↓	0	↓	1	翻转
↓	1	0	0	翻转

例 3-5　由边沿 JK 触发器构成的 T 触发器如图 3-24 所示。设初始状态为 0，试画出 Q 和$\overline{Q}$端的波形。

解：由 JK 触发器的逻辑功能知，在 $J=K=1$ 时的 T 触发器的特性方程为

$$Q^{n+1}=T\overline{Q^n}+\overline{T}Q^n \quad （CP\ 下降边沿有效）$$

则其工作波形如图 3-26 所示。

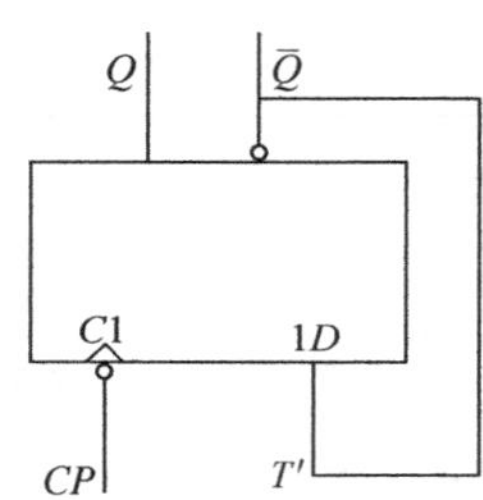

图 3-25　由 D 触发器构成的 T′触发器

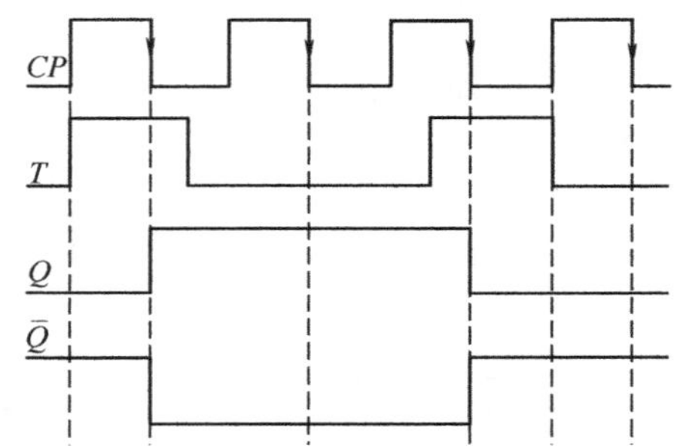

图 3-26　例 3-5 的工作波形

3.1.3　触发器功能的转换

在实际电子电路中，根据逻辑功能需要，可以把已有的触发器转换成其他类型的触发器。转换的步骤为：

1）写出已有触发器和待求触发器的特性方程。

2）变换待求触发器的特性方程，使之形式与已有触发器的特性方程一致。

3）根据若变量相同，系数相等则方程一定相同的原则，比较已有和待求触发器的特性方程，求出转换条件。

4）根据转换条件，画出待求触发器的逻辑图。

3.1.4　转换方程及逻辑图

1. JK 触发器到 D、T、T′和 RS 触发器的转换　由前所知，JK 触发器的特性方程为 $Q^{n+1}=J\overline{Q^n}+\overline{K}Q^n$。

（1）JK→D。D 触发器的特性方程为 $Q^{n+1}=D$，变换特性方程可得

$$Q^{n+1}=D=D\overline{Q^n}+DQ^n \tag{3-10}$$

比较式（3-7）和（3-10）可得

$$\begin{cases}J=D\\K=\overline{D}\end{cases}$$

画出逻辑电路如图 3-27 所示。

（2）JK→T。T 触发器的特性方程为 $Q^{n+1}=T\overline{Q^n}+\overline{T}Q^n$。

比较 T 触发器的特性方程和 JK 触发器的特性方程可得

$$\begin{cases}J=T\\K=T\end{cases}$$

画出逻辑电路如前面的图 3-24 所示。

（3）JK→T′。T′触发器的特性方程为 $Q^{n+1}=\overline{Q^n}$。

变换表达式可得

$$Q^{n+1}=\overline{Q^n}=1\cdot\overline{Q^n}+\overline{1}\cdot Q^n \tag{3-11}$$

比较 T′触发器的特性方程和 JK 触发器的特性方程，可得

$$\begin{cases}J=1\\K=1\end{cases}$$

画出电路图如图 3-28 所示。

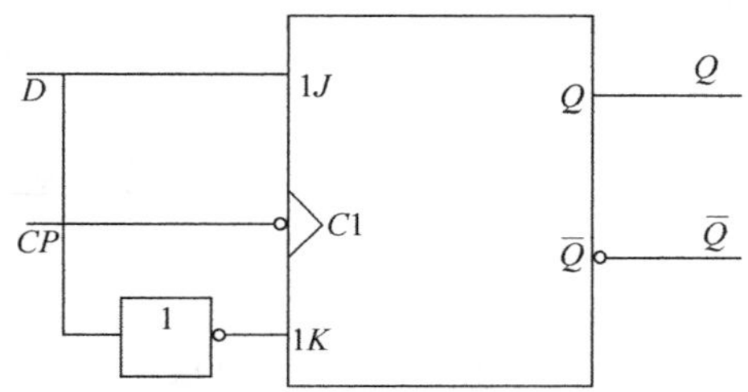

图 3-27　JK→D 的转换

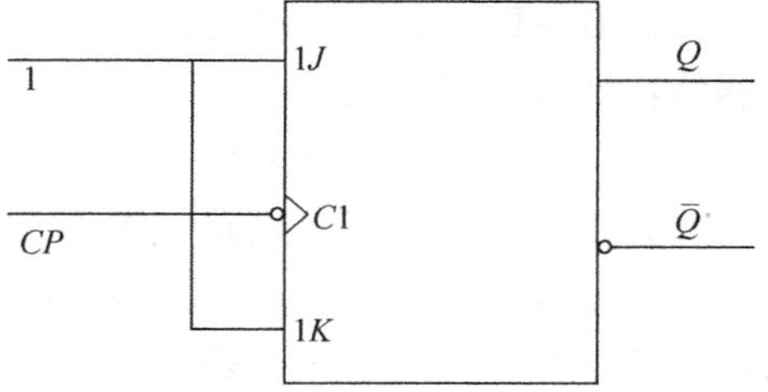

图 3-28　JK→T′的转换

（4）JK→RS。RS 触发器的特性方程为

$$\begin{cases}Q^{n+1}=S+\overline{R}Q^n\\RS=0\end{cases}$$

变换表达式可得

$$\begin{aligned}Q^{n+1}&=S+\overline{R}Q^n\\&=S(Q^n+\overline{Q^n})+\overline{R}Q^n\\&=S\overline{Q^n}+\overline{R}Q^n+SQ^n(\overline{R}+R)\\&=S\overline{Q^n}+\overline{R}Q^n+\overline{R}SQ^n+RSQ^n\\&=S\overline{Q^n}+\overline{R}Q^n(1+S)+RSQ^n\\&=S\overline{Q^n}+\overline{R}Q^n\end{aligned}$$

(3-12)

比较 JK 触发器的特性方程和式（3-12）可得

$$J=S$$
$$K=R$$

画出逻辑电路如图 3-29 所示。

2. D 触发器到 JK、T、T′和 RS 触发器的转换

（1）D→JK。比较 D 触发器的特性方程和 JK 触发器的特性方程可知，若令

$$D = J\overline{Q^n} + \overline{K}Q^n$$

则两式即相等，由此可画逻辑图如图 3-30 所示。

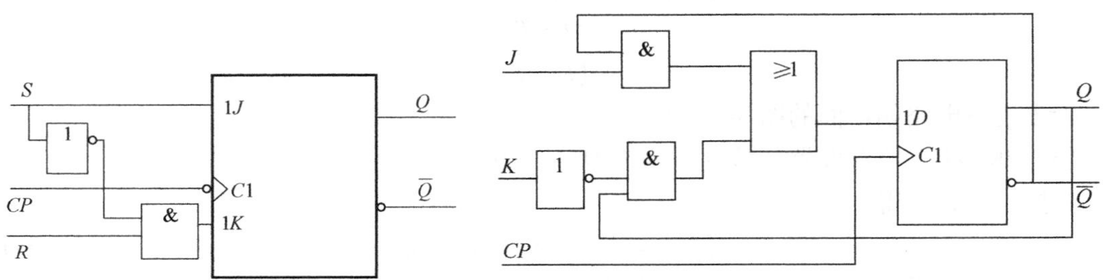

图 3-29　JK→RS 的转换　　　图 3-30　D→JK 的转换

（2）D→T。比较 D 触发器的特性方程和 T 触发器的特性方程可知，若令

$$D = T \oplus Q^n$$

则两式必相等。画逻辑电路如图 3-31 所示。

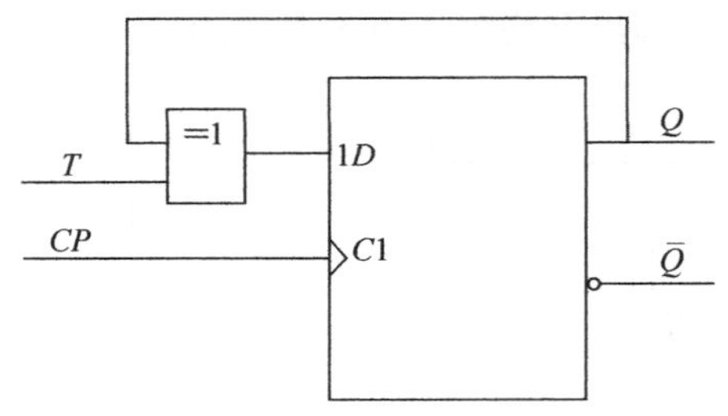

图 3-31　D→T 的转换

（3）D→T′。比较 D 触发器的特性方程和 T′触发器的特性方程可知，若令

$$D = \overline{Q^n}$$

则两式必相等，由此可画电路如图 3-32 所示。

（4）D→RS。比较 D 触发器的特性方程和 RS 触发器的特性方程式可知，若令

$$D = S + \overline{R}Q^n$$

则两式必相等。可画出电路如图 3-33 所示。

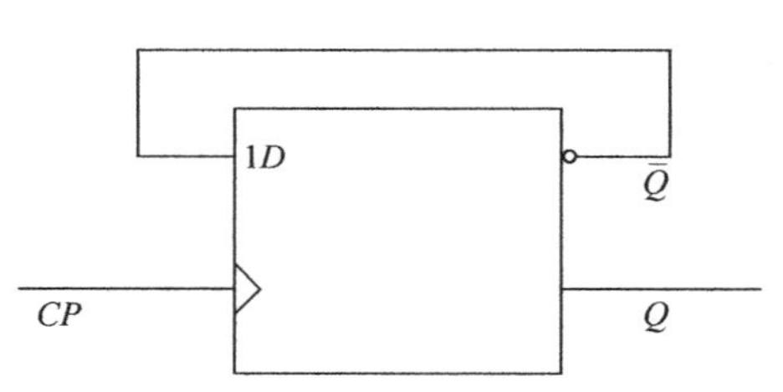

图 3-32　D→T′的转换

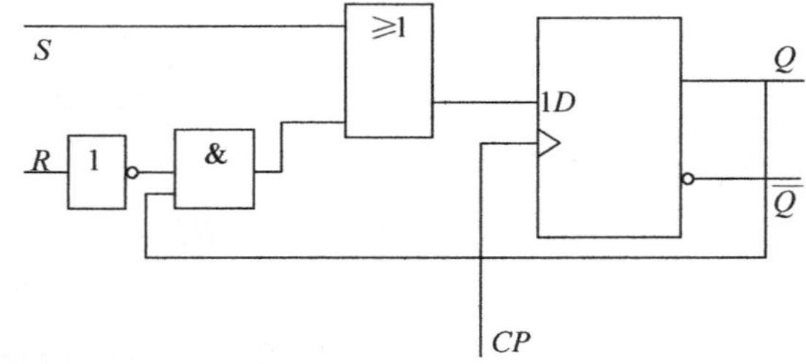

图 3-33　D→RS 的转换

3.2　时序逻辑电路的特点和分类

3.2.1　时序逻辑电路的特点

在组合逻辑电路中，当输入信号发生变化时，输出信号也随之立刻响应。即在任何一个时刻的输出信号仅取决于当时的输入信号。而在时序逻辑电路中，任何时刻的输出信号不仅取决于当时的输入信号，而且还取决于电路原来的工作状态，即与以前的输入、输出信号也有关系。

为了进一步说明时序逻辑电路的特点，引入结构示意图如图 3-34 所示。图中 X（x_1，x_2，$\cdots x_i$，）为输入逻辑变量；Z（z_1，z_2，$\cdots z_j$）为输出逻辑变量；W（w_1，w_2，$\cdots w_k$）为

存储电路的输入信号；Y（y_1，y_2，$\cdots y_l$）为存储电路的输出信号。这些变量之间的关系可用以下 3 个方程来描述。

$$\begin{cases}\text{输出方程：} Z(t_n)=F[X(t_n),Y(t_n)]\\ \text{驱动方程：} W(t_n)=G[X(t_n),Y(t_n)]\\ \text{状态方程：} Y(t_{n+1})=H[W(t_n),Y(t_n)]\end{cases}$$

通过上述 3 组方程，就可以完整地描述出时序逻辑电路的逻辑功能。可见这种描述方法要比组合逻辑电路复杂。之所以用 t_n、t_{n+1} 两个相邻的离散时间，是为了反映存储电路的次态和初态两种不同状态。由结构图可知，时序逻辑电路在 t_{n+1} 时刻的输出不仅与该时刻的输入 X_{n+1}、Y_{n+1} 有关，而且还与过去 t_n 时刻存储电路的输入 $W(t_n)$ 及存储电路在 t_n 时刻的状态 Y（t_n）有关。这正好说明时序逻辑电路的主要特点。同时可以看出时序逻辑电路在结构上的特点：由于它要记忆以前的输入和输出情况，因此，时序电路中一定含有具有记忆功能的存储单元，以存储电路前一时刻的状态。

3.2.2 时序逻辑电路的分类

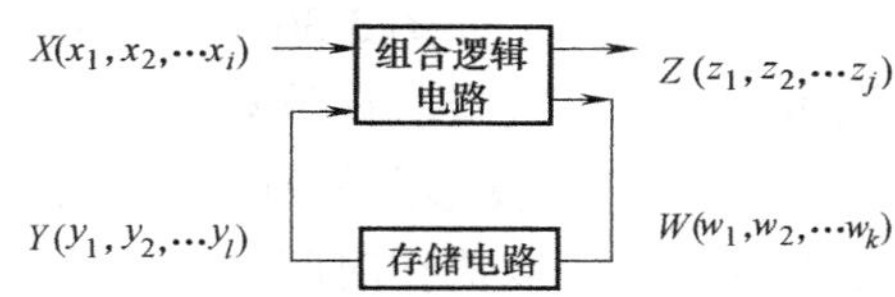

图 3-34 时序逻辑电路结构示意图

1. 按触发时间分类 时序逻辑电路按各触发器接受时钟信号的不同，可分为同步时序电路和异步时序电路。在同步时序电路中，各触发器均受统一的时钟信号控制，并在同一脉冲作用下发生状态变化；异步时序电路则无统一的时钟信号，各存储单元状态的变化不是同时发生的，因此状态转换有先有后。

2. 按逻辑功能分类 时序逻辑电路按逻辑功能的不同划分为计数器、寄存器、脉冲发生器等。在实际应用中，时序电路是千变万化的，这里提到的只是几种比较典型的电路而已。

3. 按输出信号的特性分类 时序逻辑电路按输出信号的特性可分为：米利（Mealy）型和穆尔（Moore）型。米利型时序逻辑电路的输出不仅取决于存储电路的状态，还取决于电路的输入变量；穆尔型时序电路输出仅取决于存储电路的现态。可见，穆尔型电路只不过是米利型电路的一种特例而已。

3.2.3 时序逻辑电路功能的描述方法

由时序逻辑电路的定义可知，触发器实际上是一种简单的时序电路。所以触发器逻辑功能的描述方法也适用于一般时序逻辑电路。

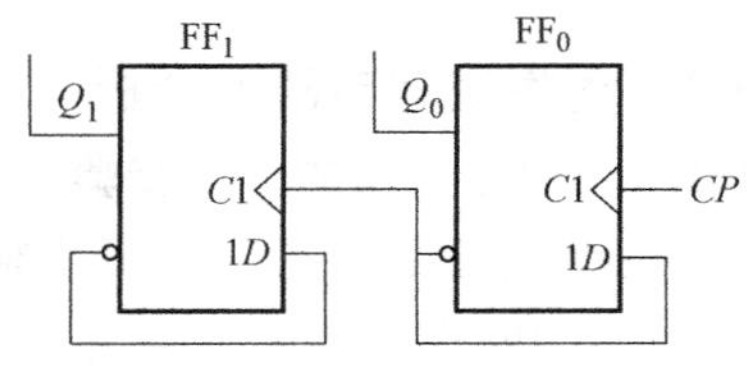

图 3-35 时序逻辑电路的逻辑电路图

根据图 3-35 所示的逻辑电路图，写出如下各式。

1. 逻辑表达式

时钟方程：

$$CP_1=CP$$
$$CP_2=\overline{Q}_0^n$$

状态方程：

$$Q_0^{n+1} = \overline{Q}_0^n$$

$$Q_1^{n+1} = \overline{Q}_1^n$$

2. 状态转换表　与组合电路类似，根据时钟方程和状态方程，可列出状态转换表如表 3-13 所示。

表 3-13　状态转换表

计数脉冲数	Q_1	Q_0
0	1	1
1	1	0
2	0	1
3	0	0

3. 状态转换图　状态转换图简称为状态图，反映时序电路状态转换规律及相应输入、输出取值情况的几何图形，如图 3-36 所示。电路的状态用圆圈表示（圆圈也可以不画出）。由状态转换图可知是 4 进制减法计数器。

4. 时序波形图　时序波形图简称时序图，如图 3-37 所示。它直观地表达了输入信号、输出信号及电路的状态等取值在时间上的关系。便于用实验方法检查时序电路的功能。

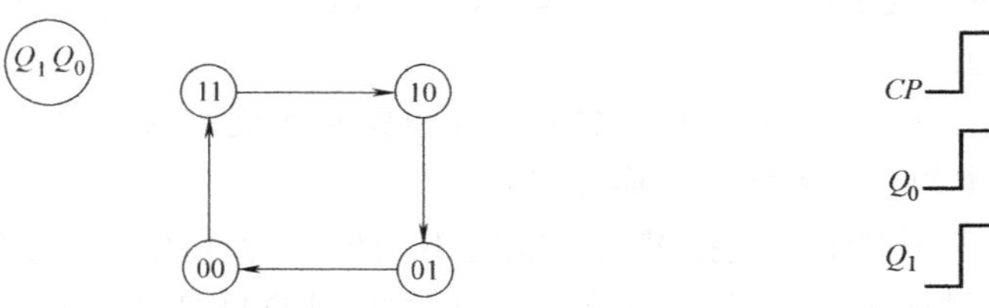

图 3-36　状态转换图　　图 3-37　时序波形图

上述 4 种描述时序电路逻辑功能的方法从不同侧面突出了时序电路逻辑功能的特点，它们本质上是相通的，可以转换。在实际分析、设计中，可以根据具体情况选用。

3.3　时序逻辑电路的分析与设计

3.3.1　时序逻辑电路的分析

3.3.1.1　时序电路的分析步骤

分析时序电路一般按以下步骤进行。

1. 写出时序电路的方程组

（1）时钟方程。根据给定时序电路图的触发脉冲，写出各触发器的时钟方程。若为同步时序电路，因为各触发器接的是同一个触发脉冲，则时钟方程可以不写。

（2）驱动方程。各个触发器输入端信号的逻辑表达式。

（3）输出方程。时序逻辑电路各个输出信号的逻辑表达式。

2. 写出时序电路的状态方程　将驱动方程代入相应触发器的特征方程，得到一组反映各触发器次态的方程式，即为时序逻辑电路的状态方程。

3. 列出状态表，画出状态转换图和时序波形图　根据时序电路的状态方程和输出方程，列出该时序电路的状态表。要注意的是，触发器的次态方程只有在满足时钟条件时才会有效，否则电路将保持原来的状态不变。

4. 判断电路的逻辑功能　一般情况下，根据时序电路的状态表或状态图就可反映电路的功能。但在实际应用中，若各个输入、输出信号有明确的物理含义时，常需要结合这些信号的物理含义，进一步说明电路的具体功能。

以上 4 个步骤是分析时序逻辑电路的基本步骤，实际应用中，可以根据具体情况加以取舍。

3.3.1.2　同步时序逻辑电路的分析

例 3-6　时序电路如图 3-38 所示，分析其逻辑功能。

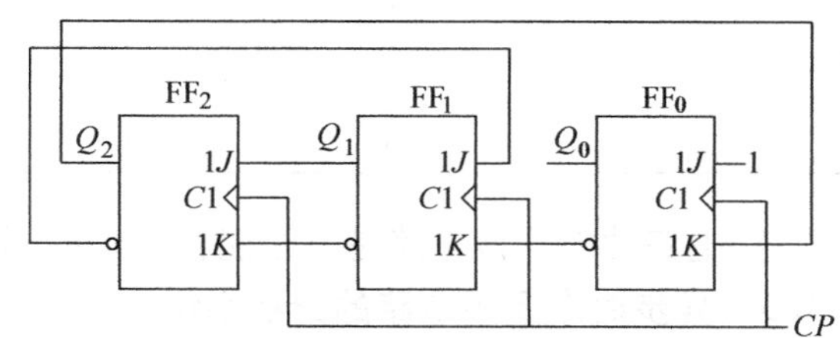

图 3-38　例 3-6 的逻辑电路图

解：该电路中，时钟脉冲接到每个触发器的时钟输入端，故为同步时序逻辑电路。

（1）写出驱动方程。$J_2 = Q_1^n$　　$J_1 = \overline{Q_2^n}$　　$J_0 = 1$

$K_2 = \overline{Q_1^n}$　　$K_1 = \overline{Q_0^n}$　　$K_0 = Q_2^n$

（2）状态方程。将上述驱动方程代入 JK 触发器的特性方程 $Q^{n+1} = J\overline{Q^n} + \overline{K}Q^n$ 中，即得每一触发器的状态方程。

$$Q_2^{n+1} = Q_1^n\overline{Q_2^n} + Q_1^nQ_2^n = Q_1^n$$

$$Q_1^{n+1} = \overline{Q_2^n}\,\overline{Q_1^n} + Q_0^nQ_1^n \qquad Q_0^{n+1} = \overline{Q_0^n} + \overline{Q_2^n}Q_0^n$$

（3）进行计算，列状态表。依次假定电路的现态 $Q_2^nQ_1^nQ_0^n$，代入上述各状态方程中，进行计算，求出相应的次态，可得状态表 3-14。

（4）画状态转换图（或时序图）。根据状态表，可以从初始状态 $Q_2^nQ_1^nQ_0^n = 000$ 开始，找出次态，而这个次态又作为下一个 CP 到来前的现态，这样依次下去，画出所有可能出现的状态，如图 3-39 所示。

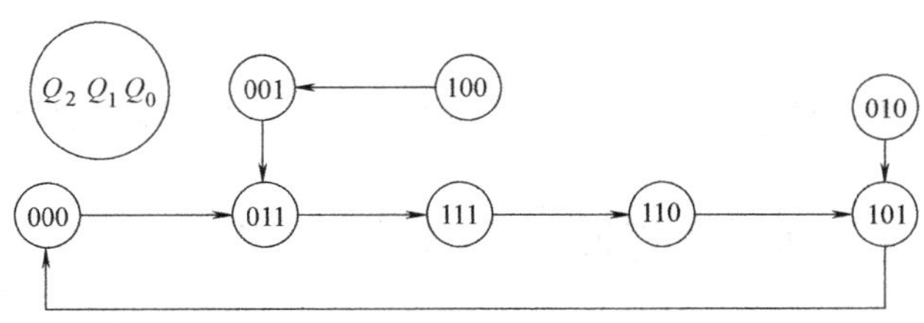

图 3-39　例 3-6 的状态转换图

该电路中利用的（有效）状态有 5 个，没有利用的（无效）状态有 3 个，无效状态在 CP 脉冲作用下总能进入有效状态的循环中来（例如 100→001→011，010→101），所以称之为能够自启动，否则就是不能自启动，不能自启动的电路是没有实际意义的。

表 3-14 例 3-6 电路的状态表

序号	初态			次态		
	Q_2^n	Q_1^n	Q_0^n	Q_2^{n+1}	Q_1^{n+1}	Q_0^{n+1}
0	0	0	0	0	1	1
1	0	0	1	0	1	1
2	0	1	0	1	0	1
3	0	1	1	1	1	1
4	1	0	0	0	0	1
5	1	0	1	0	0	0
6	1	1	0	1	0	1
7	1	1	1	1	1	0

（5）电路功能。该电路是一个能自启动的同步五进制计数器。

3.3.1.3 异步时序逻辑电路的分析举例

异步时序电路的分析方法与同步时序电路的分析方法基本相同，但由于在异步时序电路中，各触发器的触发脉冲不统一，分析时必须写出时钟方程。并根据各触发器的时钟方程及触发方式确定各脉冲端是否有触发信号作用。只有在各自触发脉冲有效时，触发器才会改变状态，触发脉冲无效时，触发器保持原状态不变。

例 3-7 试分析如图 3-40 所示电路的逻辑功能。图中各触发器均为 TTL 电路，其输入端悬空相当于逻辑 1 状态。

解： 1）写出该电路的方程组。

时钟方程：$CP_1 = CP_2 = CP$　　　　$CP_3 = Q_2^n$

驱动方程：$J_1 = \overline{Q_2^n}$　　　　$J_2 = Q_1^n$　　　　$J_3 = 1$　　　　$K_1 = K_2 = K_3 = 1$

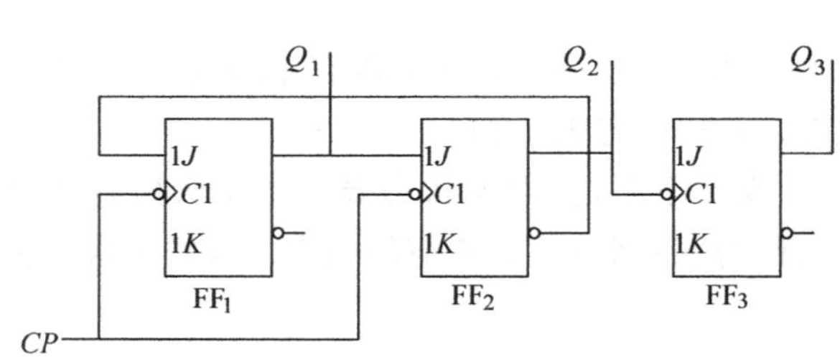

图 3-40 例 3-7 的逻辑电路图

2）写出状态方程。将上述各驱动方程分别代入 JK 触发器的特征方程 $Q^{n+1} = J\overline{Q^n} + \overline{K}Q^n$，

得到电路的状态方程：$Q_1^{n+1} = \overline{Q_2^n}\,\overline{Q_1^n}$　　　　$Q_2^{n+1} = \overline{Q_2^n}Q_1^n$　　　　$Q_3^{n+1} = \overline{Q_3^n}$。

3）进行计算，列出状态表。由于各触发器仅在其时钟脉冲的下降沿动作，其余时刻均处于保持状态，故在列状态表时必须注意以下几点。

① 当现态 $Q_3^nQ_2^nQ_1^n$ 为 000 时，代入 Q_1 及 Q_2 的状态方程中，可知在 CP 作用下 $Q_1^{n+1} = 1$，$Q_2^{n+1} = 0$，FF_3 只有在 Q_2 的下降沿到来时才触发，而此时 Q_2 由 0→0，不是下降沿，所以 Q_3 保持原状态。

② 当现态 $Q_3^nQ_2^nQ_1^n$ 为 010 时，因 $Q_2^{n+1} = 0$，由于此时 Q_2 由 1→0 产生一个下降沿（用符

号↓表示)，故 FF_3 触发，Q_3 由 0→1。依此类推，得其状态转换表如表 3-15 所示。

表 3-15　图 3-40 的状态转换表

序号	Q_3　Q_2　Q_1	CP_3　CP_2　CP_1
0	0　0　0	0　0　0
1	0　0　1	0　↓　↓
2	0　1　0	0　↓　↓
3	1　0　0	↓　↓　↓
4	1　0　1	0　↓　↓
5	1　1　0	0　↓　↓
6	0　0　0	↓　↓　↓

注：上表中 $CP=0$ 时表示除下降沿以外的时刻。

4）画出状态转换图。图 3-40 中有 3 个触发器，它们的状态组合有 8 种，而表 3-15 中只包含了 6 种状态，需要分别求出其余 2 种状态下的输出和次态。将这些计算结果补充到表 3-15 中，状态表才完整。状态转换图如图 3-41 所示。状态转换图表明，当电路处于表 3-15 中所列出的 6 种状态以外的任何一种状态时，都会在时钟信号作用下最终进入表 3-15 中的状态循环中去。可见该电路能够自启动。

5）逻辑功能。由状态转换图可知该电路是一个能自启动的异步六进制计数器。

3.3.2　时序逻辑电路的设计

用门电路和触发器等小规模集成电路设计时序逻辑电路的一般步骤如下：

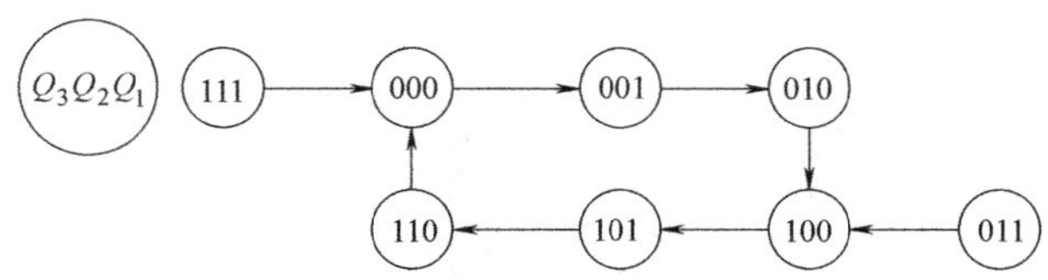

图 3-41　例 3-7 的状态转换图

(1) 逻辑抽象。根据设计要求的逻辑功能，建立时序逻辑电路的原始状态转换表或状态转换图。

(2) 状态化简。若两个状态在相同的输入下有相同的输出并且转换到同一次态，则这两个状态可以合并为 1 个。

(3) 状态分配。时序电路中的状态是用触发器的不同组合来表示的，所以首先要确定所需触发器的数目，然后画出用二进制数码进行编码后的状态图。

(4) 选择触发器的类型，然后求出电路的时钟方程、输出方程和状态方程。

(5) 求电路的驱动方程。根据状态方程列写驱动表，从而得出驱动方程。

(6) 画逻辑电路图。先按照选定的触发器画出触发器符号，并进行编号；标出相关的输入端与输出端。然后按照时钟方程、驱动方程和输出方程进行连线。

(7) 检查电路能否自启动。将电路无效状态依次代入状态方程进行计算，观察在 CP 脉冲作用下能否回到有效状态。若无效状态形成循环，则设计的电路不能自启动，反之能自启动。若电路不能自启动，须修改设计重新进行状态分配，或用触发器的异步输入端强行预置到有效状态。

例 3-8　设计一个按二进制自然状态序列变化的七进制同步加法计数器，计数规则为逢七进一，产生一个进位输出。

解：首先要进行题目分析。

根据设计要求得出，该题需要一个输出变量表示进位信号，可用 Y 表示，且 $Y=0$ 时表示无进位输出，$Y=1$ 时表示有进位输出。

（1）进行逻辑抽象，建立原始的状态转换表或状态转换图。

七进制计数器需用3个触发器，根据题意，可得图3-42a 所示状态转换图。

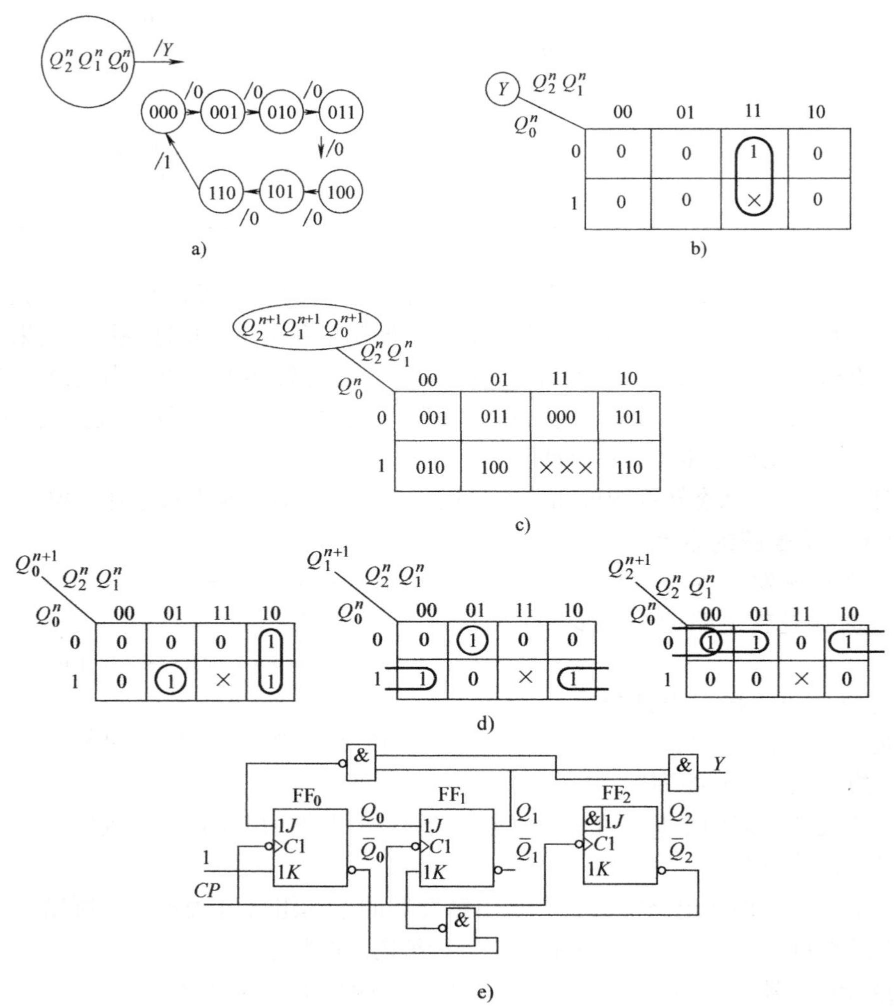

图3-42　例3-8图

a）状态转换图　b）输出 Y 的卡诺图　c）电路次态的卡诺图

d）各触发器的次态卡诺图　e）逻辑电路图

从原始状态转换图可见，原始状态已经最简，不需再化简，也不需进行状态分配。接下来从第4步开始进行。

（2）进行触发器类型的选择，并求电路的时钟方程、输出方程和状态方程。

1）触发器类型的选择：这里选用3个 CP 下降沿触发的 JK 触发器，分别用 FF_0、FF_1、FF_2 表示。

2）求电路的时钟方程。由于要求采用同步方案，故各触发器采用同一时钟，时钟方程为

$$CP_0=CP_1=CP_2=CP$$

3）求电路的输出方程。由电路的状态转换图，画出输出 Y 的卡诺图，如图 3-42b 所示。经化简可得

$$Y = Q_1^n Q_2^n$$

4）求电路的状态方程。

据电路的状态转换图，画出电路次态的卡诺图，如图 3-42c 所示，再分解便可得到各触发器的次态卡诺图，如图 3-42d 所示。

用卡诺图进行化简，得电路的状态方程为

$$\begin{cases} Q_2^{n+1} = Q_1^n Q_0^n \overline{Q_2^n} + \overline{Q_1^n} Q_2^n \\ Q_1^{n+1} = Q_0^n \overline{Q_1^n} + \overline{Q_2^n}\,\overline{Q_0^n}\,\overline{Q_1^n} \\ Q_{01}^{n+1} = \overline{Q_2^n}\,\overline{Q_0^n} + \overline{Q_1^n}\,\overline{Q_0^n} \end{cases}$$

（3）求驱动方程。JK 触发器的特性方程为 $Q^{n+1} = J\overline{Q^n} + \overline{K}Q^n$。电路的状态方程与 JK 触发器的特性方程相比较，可得触发器的驱动方程如下：

$$\begin{cases} J_0 = \overline{Q_2^n Q_1^n};K_0 = 1 \\ J_1 = Q_0^n;K_1 = \overline{\overline{Q_2^n}\,\overline{Q_0^1}} \\ J_2 = Q_1^n Q_0^n;K_0 = Q_1^n \end{cases}$$

（4）画逻辑图。依据 JK 触发器的时钟方程、输出方程、驱动方程，可画出电路的逻辑示意图如图 3-42e 所示。

（5）检查电路能否自启动。将无效状态 $Q_2^n Q_1^n Q_0^n = 111$ 代入状态方程

$$\begin{cases} Q_2^{n+1} = Q_1^n Q_0^n \overline{Q_2^n} + \overline{Q_1^n} Q_2^n \\ Q_1^{n+1} = Q_0^n \overline{Q_1^n} + \overline{Q_2^n}\,\overline{Q_0^n} Q_1^n \\ Q_{01}^{n+1} = \overline{Q_2^n}\,\overline{Q_0^n} + \overline{Q_1^n}\,\overline{Q_0^n} \end{cases}$$

可得出 111 的次态 $Q_2^{n+1} Q_1^{n+1} Q_0^{n+1} = 000$，电路能自启动。

3.4 计数器

统计输入脉冲 CP 的个数称为计数，实现计数操作的逻辑电路称为计数器。它是数字系统中用途最广泛的基本部件之一，是现代数字系统中不可缺少的组成部分。除了计数的基本功能以外，还能实现分频、定时、进行数字运算等功能。

3.4.1 二进制计数器

由于二进制只有“0”和“1”两种数码，而双稳态触发器又具有“0”和“1”两种状态，所以用 n 个触发器可以表示 n 位二进制数。

3.4.1.1 异步二进制计数器

异步二进制计数器结构简单，是最基本的一种计数器。异步计数器各触发器的状态转换与时钟是异步工作的，即当脉冲到来时，各触发器的状态不是同时翻转，而是从低位到高位依次改变状态。所以，异步计数器又称串行进位计数器。

1. 异步二进制加法计数器　加法计数器就是每输入一个计数脉冲进行一次加 1 运算，

二进制加法计数器状态表如表 3-16 所示。

分析表 3-16 可以得出二进制加法计数器的规律：每输入一个计数脉冲，最低位触发器 Q_0 的状态翻转一次；高位触发器的输出是在相邻低位触发器的输出状态由 1 变为 0 时，该位才翻转。

根据以上规律，只要将触发器接成 T′计数型触发器，既可满足上述要求。如果采用下降沿触发的触发器构成计数器，则由低位 Q 端引出进位信号作为相邻高位的时钟脉冲，电路如图 3-43 所示。

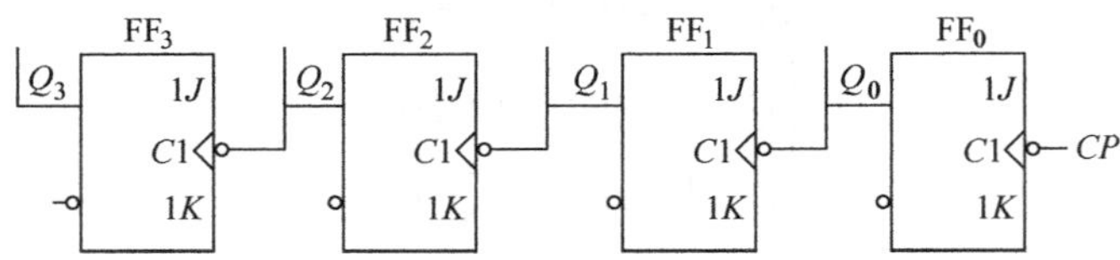

图 3-43　4 位异步二进制加法计数器（下降沿）

若是上升沿触发的触发器，则只能由低位的 $\overline{Q}$ 端提供该位的时钟信号，如图 3-44 所示。

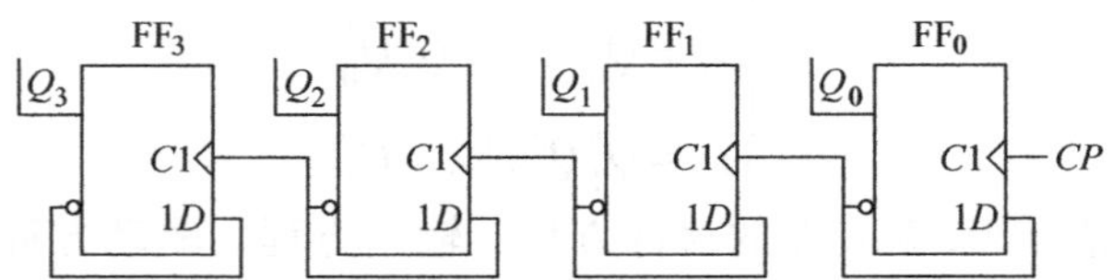

图 3-44　4 位异步二进制加法计数器（上升沿）

表 3-16　4 位二进制加法计数器状态表

计数脉冲数	二进制数				十进制数
	Q_3	Q_2	Q_1	Q_0	
0	0	0	0	0	0
1	0	0	0	1	1
2	0	0	1	0	2
3	0	0	1	1	3
4	0	1	0	0	4
5	0	1	0	1	5
6	0	1	1	0	6
7	0	1	1	1	7
8	1	0	0	0	8
9	1	0	0	1	9
10	1	0	1	0	10
11	1	0	1	1	11
12	1	1	0	0	12
13	1	1	0	1	13
14	1	1	1	0	14
15	1	1	1	1	15
16	0	0	0	0	0

其工作波形如图 3-45 所示。

由波形图可知，它与状态转换表 3-16 完全一致，这表明该电路具有 4 位二进制加法计

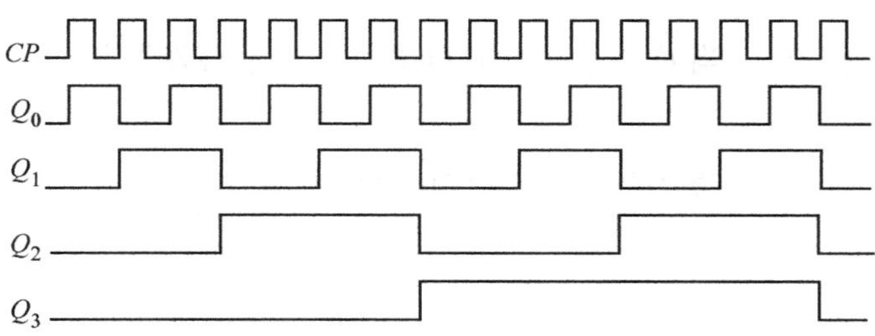

图 3-45　4 位二进制计数器波形图

数的功能。且每来 16 个计数脉冲，计数器状态就循环一周，所以又称为十六进制计数器。由波形图可以看出，各级触发器输出波形频率均为相邻触发器低位输出波形频率的 2 分频，因此，第 4 位触发器 FF_3 输出波形的频率为计数脉冲 N 的 16 分频。

2. 异步二进制减法计数器　递减计数是递增计数的逆过程，按表 3-16 的逆变状态，我们发现二进制减法计数器的规律如下：

1）每输入一个计数脉冲，最低位的状态 Q_0 翻转一次，原因是最低位每输入一个计数脉冲就减 1，导致该触发器状态必须翻转。

2）高位触发器的输出是在相邻低位触发器的输出状态由 0 变为 1 时，该位才翻转一次，即低位由 0 变为 1 时向高位产生借位。（例如 0100 − 1 = 0011）

每一级触发器仍组成 T′计数型触发器。对于上升沿触发的触发器，其高位脉冲端应与邻近低位的原码端 Q 相连，即 $CP_i = Q_{i-1}$。以 4 位为例，其电路图如图 3-46 所示，对下降沿触发的触发器，其高位脉冲端应与邻近低位的反码端 $\overline{Q}$ 相连，即 $CP_i = \overline{Q}_{i-1}$，读者可自己画出逻辑电路图。

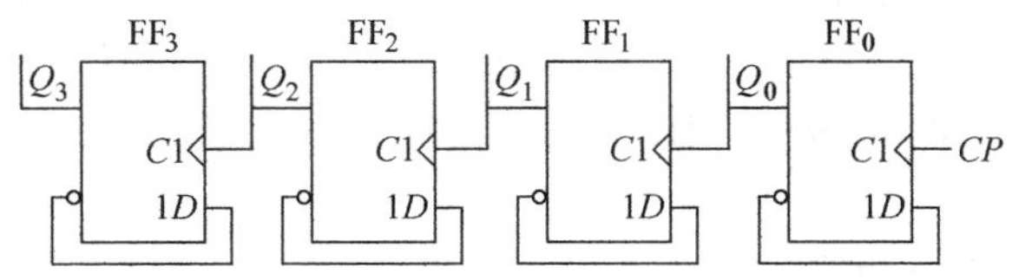

图 3-46　4 位二进制减法计数器（上升沿）

3.4.1.2　同步二进制计数器

异步计数器中各触发器之间是串行进位的，它的进位（或借位）信号是逐级传递的，因而使计数速度受到限制，工作频率不能太高。而同步计数器中各触发器同时受到时钟脉冲的触发，各个触发器的翻转与时钟同步，所以工作速度较快，工作频率较高。因此同步触发器又称并行进位计数器。

1. 同步二进制加法计数器　由于同步计数器中各触发器均有同一时钟脉冲输入，因此它们的翻转就由其输入信号的状态决定，即触发器应该翻转时，要满足计数状态的条件，不应翻转时，要满足状态不变的条件。结合 3 位二进制计数器的状态表 3-17，可以得出各触发器 J、K 端的逻辑关系式。

1）最低位触发器 FF_0，每输入一个计数脉冲 CP，触发器的状态翻转一次故 $J_0 = K_0 = 1$。

2）第二位触发器 FF_1，当 $Q_0 = 1$ 时再来一个计数脉冲触发器的状态才翻转，故 $J_1 =$

$K_1 = Q_0$。

3）第三位触发器 FF_2，当 $Q_1 = Q_0 = 1$ 时再来一个计数触发器脉冲的状态才翻转，$J_2 = K_2 = Q_1Q_0$。

表 3-17　3 位二进制加法计数器状态表

计数脉冲数	二进制数			十进制数
	Q_2	Q_1	Q_0	
0	0	0	0	0
1	0	0	1	1
2	0	1	0	2
3	0	1	1	3
4	1	0	0	4
5	1	0	1	5
6	1	1	0	6
7	1	1	1	7
8	0	0	0	0

根据以上分析，结合主从 JK 触发器的特性组成的 3 位同步二进制加法计数器的逻辑电路如图 3-47 所示。

2. 同步二进制减法计数器　根据二进制减法计数状态转换规律，最低位触发器 FF_0 与加法计数中 FF_0 相同，每来一个计数脉冲翻转一次，故 $J_0 = K_0 = 1$。其他触发器的翻转条件是所有低位触发器的 Q 端全为 0，故 $J_1 = K_1 = \overline{Q}_0$、$J_2 = K_2 = \overline{Q}_1\overline{Q}_0$。所以只要将图 3-46 中 FF_1、FF_2 的 J、K 端改接为低位 $\overline{Q}$ 端，就构成了二进制减法计数器。

3.4.1.3　集成二进制计数器

1. 集成异步二进制计数器（74LS197）　集成异步二进制计数器是按照 8421 编码进行加法计数的电路，规格品种较多，现以比较典型的芯片 74197、74LS197 为例作简单说明。集成异步 4 位二进制计数器 74197、74LS197 的惯用符号如图 3-48 所示。功能表如表 3-18 所示。

74197/74LS197 的主要功能：

1）异步清零。当$\overline{CR} = 0$ 时，其他输入信号都不起作用（包括时钟信号 CP），计数器输出将被直接置零，称为异步清零。

2）置数功能。当$\overline{CR} = 1$、$CT/\overline{LD} = 0$ 时，计数器异步置数。

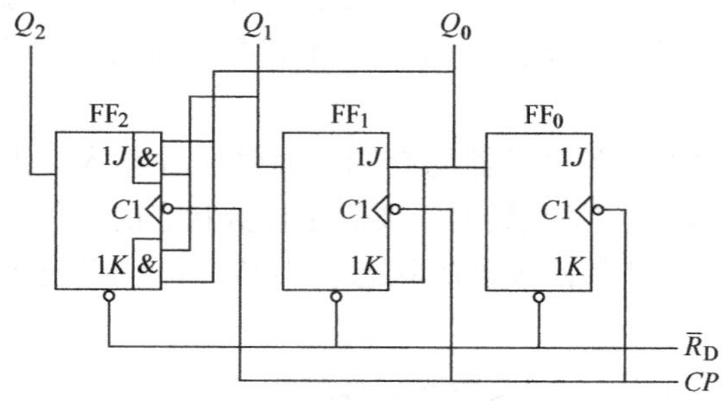

图 3-47　3 位同步二进制加法计数器

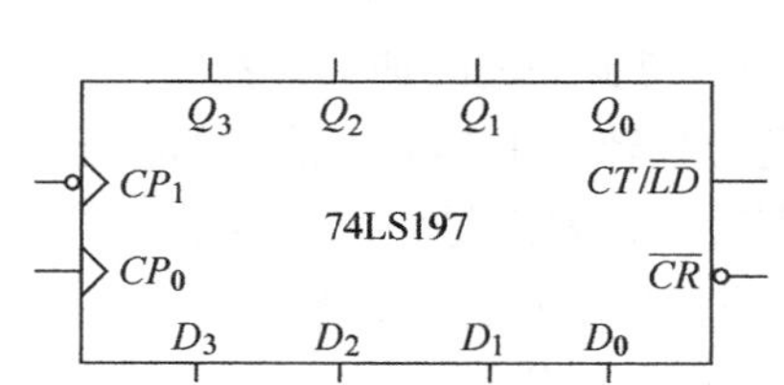

图 3-48　74LS197 惯用符号

表 3-18　74197-74LS197 功能表

$\overline{CR}$	$CT/\overline{LD}$	CP	D_3　D_2　D_1　D_0	Q_3　Q_2　Q_1　Q_0
0	×	×	×　×　×　×	0　0　0　0
1	0	×	d_3　d_2　d_1　d_0	d_3　d_2　d_1　d_0
1	1	↓	×　×　×　×	计　数

3）计数。当$\overline{CR}=1$、$CT/\overline{LD}=1$ 时，异步加法计数。注意：将 CP 加在 CP_0 端、把 Q_0 与 CP_1 连接起来，构成 4 位二进制即异步十六进制加法计数器；如果只将 CP 加在 CP_0 端，CP_1 接 0 或 1，那么 FF_0 工作，构成 1 位二进制计数器（FF_1、FF_2、FF_3 不工作）；若将 CP 加在 CP_1 端，CP_0 接 0 或 1，那么 FF_0 不工作，FF_1、FF_2、FF_3 工作，构成 3 位二进制计数器。因此，74197 又称为二－八－十六进制计数器。

2. 集成同步二进制计数器　74LS161 是具有预置数、清零、计数和保持等功能的 4 位二进制加法计数器。74LS161 有 TTL 系列中的 54/74161、54/74LS161 和 54/74F161 以及 CMOS 系列中的 54/74HC161、54/74HCT161 等。它们的逻辑功能、外形和尺寸、引脚排列顺序等都与 74LS161 完全相同。图 3-49是 74LS161 的惯用符号。表 3-19 是 74LS161 的逻辑功能表。其逻辑功能是：

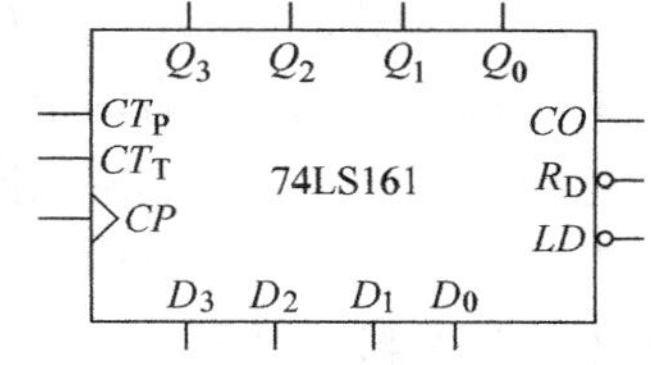

图 3-49　74LS161 惯用符号

1）异步清零。当 $R_D=0$ 时，其他输入信号都不起作用（包括时钟信号 CP），计数器输出将被直接置零，称为异步清零。

2）同步并行预置数。在 $R_D=1$、$LD=0$ 时，在时钟脉冲 CP 的上升沿作用下，D_0 ~ D_3 输入端的数据分别被 Q_0 ~ Q_3 接收。由于这个置数操作必须在 CP 上升沿来到后，计数器才接收数据，所以称为同步并行预置数操作。

表 3-19　74161/74LS161 的功能表

清零 R_D	预置 LD	使能 CT_P　CT_T	时钟 CP	预置数据输入 D_3　D_2　D_1　D_0	输出 Q_3　Q_2　Q_1　Q_0
0	×	×　×	×	×　×　×　×	0　0　0　0
1	0	×　×	↑	d_3　d_2　d_1　d_0	d_3　d_2　d_1　d_0
1	1	0　×	×	×　×　×　×	保持
1	1	×　0	×	×　×　×　×	保持
1	1	1　1	↑	×　×　×　×	计数

3）保持。在 $R_D=LD=1$ 的条件下，当 $CT_P\cdot CT_T=0$，即两个计数使能端中有 0 时，不管有无 CP 脉冲作用，计数器都将保持原有状态不变（停止计数）。需要说明的是，当 $CT_P=0$，$CT_T=1$ 时，进位输出 CO 也保持不变；而当 $CT_T=0$ 时，不管 CT_P 状态如何，进位输出 $CO=0$。

4）计数。当 $R_D=LD=CT_P=CT_T=1$ 时，计数器对 CP 信号按照 8421 码进行加法计数。

3. 可逆计数器（74LS193）　74LS193 为双时钟输入 4 位二进制同步可逆计数器。其逻辑功能如表 3-20 所示。CP_U 是加法计数脉冲输入端，CT_D 是减法计数脉冲输入端。

表 3-20　74LS193 的功能表

清零 R_D	预置 LD	时钟 CP_U	CP_D	预置数据输入 D_3	D_2	D_1	D_0	输出 Q_3	Q_2	Q_1	Q_0
1	×	×	×	×	×	×	×	0	0	0	0
0	0	×	×	d_3	d_2	d_1	d_0	d_3	d_2	d_1	d_0
0	1	↑	1	×	×	×	×	加计数			
0	1	1	↑	×	×	×	×	减计数			
0	1	1	1	×	×	×	×	保持			

从功能表可分析出 74LS193 具有下列逻辑功能。

1）异步清零。当清零信号 $R_D=1$ 时，无论时钟脉冲（CP_U、CT_D）的状态如何，计数器的输出将被直接置零。

2）异步预置数。当 $R_D=LD=0$ 时，不管时钟脉冲的状态如何，立即把预置数据输入端 $D_0\sim D_3$ 的状态置入计数器的 $Q_0\sim Q_3$ 端。

3）计数。74LS193 有两个计数脉冲输入端 CP_U 和 CT_D。当 $R_D=0$、$LD=1$ 时，令 $CT_D=1$，计数脉冲从 CP_U 输入，实现加计数；若令 $CP_U=1$，计数脉冲从 CT_D 输入，实现减计数。

74HC193、74HCT193 的逻辑功能与 74LS193 完全相同。

3.4.2　十进制计数器

十进制计数器是利用 BCD 码来表示计数的状态。由于采用的 BCD 码不同，因此计数器的结构也不相同，其中 8421BCD 码十进制计数器是最常见的。

3.4.2.1　同步十进制计数器

图 3-50 是由 JK 触发器组成的同步十进制加法计数器，现对其逻辑功能进行分析。

（1）驱动方程。$\begin{cases} J_0=K_0=1 \quad J_1=\overline{Q_3^n}Q_0^n \quad K_1=Q_0^n \\ J_2=K_2=Q_1^nQ_0^n \quad J_3=Q_2^nQ_1^nQ_0^n \quad K_3=Q_0^n \end{cases}$

（2）输出方程。$Z=Q_3^nQ_0^n$

（3）求出状态方程。JK 触发器的特征方程为 $Q^{n+1}=J\overline{Q^n}+\overline{K}Q^n$ 中，将上述驱动方程代入特征方程后求出

$$\begin{cases} Q_0^{n+1}=\overline{Q_0^n} \qquad Q_1^{n+1}=\overline{Q_3^n}\,\overline{Q_1^n}Q_0^n+Q_1^n\overline{Q_0^n} \\ Q_2^{n+1}=\overline{Q_2^n}Q_1^nQ_0^n+Q_2^n\overline{Q_1^n}+Q_2^n\overline{Q_0^n} \qquad Q_3^{n+1}=\overline{Q_3^n}Q_2^nQ_1^nQ_0^n+Q_3^n\overline{Q_0^n} \end{cases}$$

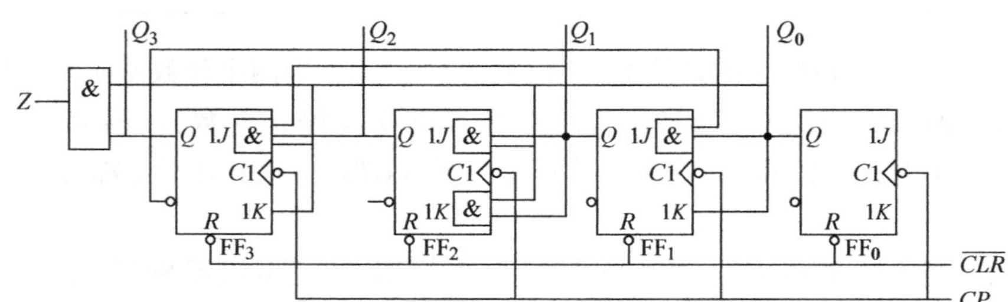

图 3-50　同步十进制加法计数器

（4）列出状态表。设初态为 $Q_3Q_2Q_1Q_0=0000$，依次代入状态方程和输出方程中进行计算，得到状态表如表 3-21 所示。由状态表可知，有效循环为 10 个状态，所以为十进制计数器。从有效循环中可以发现，正好用 4 位二进制码中的前 10 种状态来表示递增计数，且各位 Q_3、Q_2、Q_1、Q_0 的权分别为 8、4、2、1，因此常称为 8421BCD 码。若计数进入无效状态，在时钟 CP 的连续作用下，能自动回到有效循环中，所以该计数器具有自启动能力。

表 3-21　图 3-49 的状态表

初态				次态				输出	说明
Q_3^n	Q_2^n	Q_1^n	Q_0^n	Q_3^{n+1}	Q_2^{n+1}	Q_1^{n+1}	Q_0^{n+1}	Z	
0	0	0	0	0	0	0	1	0	有效循环
0	0	0	1	0	0	1	0	0	
0	0	1	0	0	0	1	1	0	
0	0	1	1	0	1	0	0	0	
0	1	0	0	0	1	0	1	0	
0	1	0	1	0	1	1	0	0	
0	1	1	0	0	1	1	1	0	
0	1	1	1	1	0	0	0	0	
1	0	0	0	1	0	0	1	0	
1	0	0	1	0	0	0	0	1	
1	0	1	0	1	0	1	1	0	无效状态
1	0	1	1	0	1	0	0	1	
1	1	0	0	1	1	0	1	0	
1	1	0	1	0	1	0	1	1	
1	1	1	0	1	1	1	1	0	
1	1	1	1	0	0	0	0	1	

（5）时序图。图 3-51 为同步十进制加法计数器时序图。从图中可以发现，在第 9 个脉冲（下降沿）到来时进位信号 $Z=1$。当第 10 个计数脉冲（下降沿）到来时，计数器的状态由 1001 返回 0000，同时 Z 由 1 变为 0，使高位计数器加 1。

3.4.2.2　异步十进制计数器

异步十进制加法计数器是在 4 位异步二进制加法计数器的基础上加以修改而得到的。图 3-52 是常用的异步十进制加法计数器的典型电路，它由两部分组成，虚线右边是一个模为 2 的计数器，虚线左边是异步五进制计数器，模等于 5。计数器总的模为 $2\times5=10$。

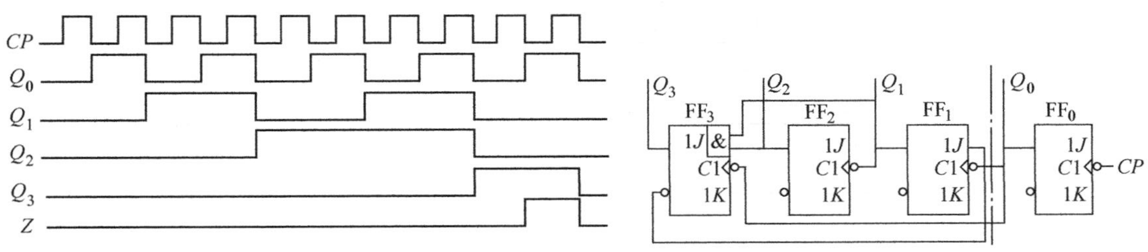

图 3-51　同步十进制加法计数器时序图　　图 3-52　异步十进制加法计数器

（1）由逻辑图写出方程式。

时钟方程：$CP_0=CP$　　$CP_1=Q_0$　　$CP_2=Q_1$　　$CP_3=Q_0$

驱动方程：$J_0 = K_0 = 1$

$$J_1 = \overline{Q}_3^n \qquad K_1 = 1$$

$$J_2 = K_2 = 1$$

$$J_3 = Q_2^n Q_1^n \qquad K_3 = 1$$

（2）列出状态方程。将驱动方程代入 JK 触发器的特征方程得状态方程如下：

$$\begin{cases} Q_0^{n+1} = \overline{Q}_0^n & CP\downarrow 有效 \\ Q_1^{n+1} = \overline{Q}_3^n \overline{Q}_1^n & Q_0\downarrow 有效 \\ Q_2^{n+1} = \overline{Q}_2^n & Q_1\downarrow 有效 \\ Q_3^{n+1} = \overline{Q}_3^n Q_2^n Q_1^n & Q_0\downarrow 有效 \end{cases}$$

（3）计算。将电路的初态分别代入各自的状态方程，通过计算求出次态，需要注意的是：只有在满足时钟条件时，触发器才会按照状态方程的规律变化，否则触发器将保持原状态不变。

将上述过程用波形表示，如图 3-53 所示。

3.4.2.3 集成十进制计数器

1. 集成同步十进制计数器（74LS160） 中规模集成同步计数器的产品型号比较多。其电路结构是在基本计数器（二进制计数器）的基础上增加了一些附加电路，以扩展其功能。典型产品为 74LS160，各输入端的功能和用法与 74161 相同，即其功能表与 74161 的功能表相同，它们的区别是 74160 是十进制，而 74161 是十六进制。

2. 集成异步十进制计数器（74LS290） 中规模集成异步计数器 74290 是在图 3-54 电路的基础上，增加一些控制端制成的。惯用符号如图 3-54 所示，功能表如表 3-22 所示。

主要功能如下：

1）异步清零。当复位输入端 $R_{0(1)} \cdot R_{0(2)} = 1$，且置数输入端 $R_{9(1)} \cdot R_{9(2)} = 0$ 时，无论有无时钟脉冲 CP，计数器输出将被直接置零。

2）异步置 9。当置数输入端 $R_{9(1)} \cdot R_{9(2)} = 1$，复位输入端 $R_{0(1)} \cdot R_{0(2)} = 0$ 时，无论有无时钟脉冲 CP，计数器输出将被直接置 9，即 $Q_3Q_2Q_1Q_0 = 1001$。

3）计数功能。当复位输入端 $R_{0(1)} \cdot R_{0(2)} = 0$，同时置数输入端 $R_{9(1)} \cdot R_{9(2)} = 0$ 时，根据 CP_A、CP_B 的不同接法，对输入计数脉冲 CP，将进行二、五、十进制加法计数。

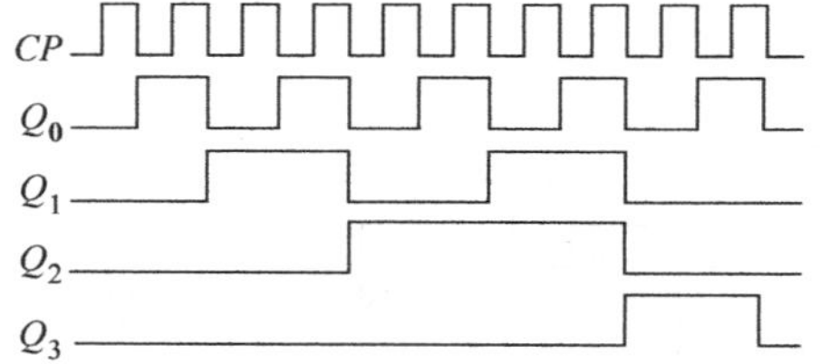

图 3-53 异步十进制加法计数器时序图

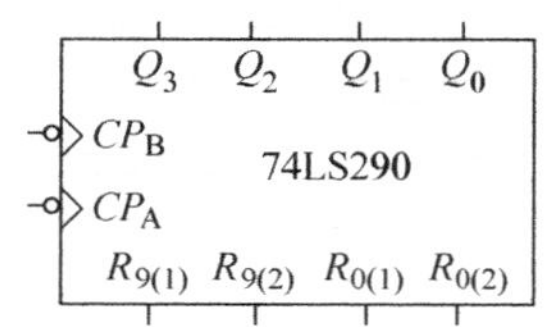

图 3-54 74LS290 惯用符号

① 时钟脉冲从 CP_A 输入，Q_0 作为输出端，则构成一个独立的 1 位二进制计数器；

② 时钟脉冲从 CP_B 输入，$Q_3Q_2Q_1$ 作为输出端，则构成一个独立的异步五进制计数器；

表 3-22　74LS290 功能表

复位输入	置位输入	时钟	输出
$R_{0(1)}$　$R_{0(2)}$	$R_{9(1)}$　$R_{9(2)}$	CP	Q_3　Q_2　Q_1　Q_0
1　1	0　×	×	0　0　0　0
1　1	×　0	×	0　0　0　0
0　×	1　1	×	1　0　0　1
×　0	1　1	×	1　0　0　1
0　×	0　×	↓	二进制计数
0　×	×　0	↓	五进制计数
×　0	0　×	↓	8421BCD 十进制计数
×　0	×　0	↓	5421BCD 十进制计数

③ 如果将 Q_0 与 CP_B 相连，时钟脉冲从 CP_A 输入，$Q_3Q_2Q_1Q_0$ 作为输出端，则构成 8421BCD 码十进制计数器，见图 3-55a；

④ 如果将 Q_3 与 CP_A 相连，时钟脉冲从 CP_B 输入，从高位到低位的输出为 $Q_0Q_3Q_2Q_1$ 作为输出端，则构成 5421BCD 码十进制计数器，见图 3-55b。

3. 可逆集成计数器（192）　192 是可预置的双时钟可逆十进制计数器。它包括 TTL 系列中的 54/74192、54/74LS192、54/74F192 等，以及 CMOS 系列中的 54/74HC192、54/74HCT192 等。功能表如表 3-23 所示，具有以下逻辑功能：

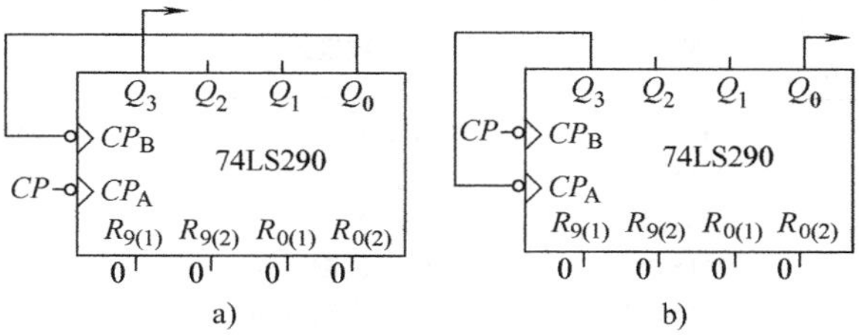

图 3-55　十进制计数器

a）8421BCD 码十进制计数器

b）5421BCD 码十进制计数器

1）异步清零。清零控制端为 R_D，高电平有效。

2）异步置数。当 $R_D=0$，$\overline{LD}=0$ 时预置输入端 $D_3\sim D_0$ 的数据送至相应触发器的输出端。

3）计数。当 $R_D=0$，$\overline{LD}=1$，若 $CP_D=1$，CP_U 为上升沿时，加法计数；若 $CP_U=1$，CP_D 上升沿到达时，实现减法计数。

4）进位输出和借位输出是分开的。$\overline{CO}$是进位输出，加法计数时，进入 1001 状态后有负脉冲输出；$\overline{BO}$为借位输出，减法计数时，进入 0000 状态后有负脉冲输出。

表 3-23　192 功能表

清零	预置	时钟	预置数据输入	输出
R_D	$\overline{LD}$	CP_U　CP_D	D_3　D_2　D_1　D_0	Q_3　Q_2　Q_1　Q_0
1	×	×　×	×　×　×　×	0　0　0　0
0	0	×　×	d_3　d_2　d_1　d_0	d_3　d_2　d_1　d_0
0	1	↑　1	×　×　×　×	加计数
0	1	1　↑	×　×　×　×	减计数

3.4.3　任意进制计数器

在计数脉冲作用下，计数器中有效循环的状态个数称为计数器的模数。如用 N 来表示模数，则 n 位二进制计数器的模数为 $N=2^n$（n 为构成计数器中的触发器的个数）。获得 N 进制计数器常用的方法有两种：一是用触发器和门电路进行设计；二是用现成的集成电路构成，目前大量生产和销售的计数器集成芯片是4位二进制计数器和十进制计数器，当需要用其他任意进制计数器时，只要将这些计数器通过反馈线不同的连接就可实现。用这种方法构成的 N 进制计数器电路结构非常简单，因此，实际应用中广泛采用这种方法。

3.4.3.1 反馈清零法

在计数过程中，利用某个中间状态反馈到清零端，强行使计数器返回到“0”，再重新开始计数，可构成比原集成计数器模较小的任意进制计数器。反馈清零法适用于有清零输入的集成计数器，分为异步清零和同步清零两种方法。

1. 异步清零法

由表3-24可知74LS161、74193、74LS160、74192、7493、74293、74290、74176、…均为异步清零，即清零端有效时，不受时钟及任何信号影响，可直接使计数器清零，因而采用瞬时过渡状态作为清零信号。

表3-24 74系列计数器典型芯片

脉冲引入方式	型号	计数模式	清　零	预置数
同步	74LS161	4位二进制加法	异步(低电平)	同步(低电平)
	74LS163	4位二进制加法	同步(低电平)	同步(低电平)
	74169	4位二进制可逆	无	同步(低电平)
	74LS191	单时钟4位二进制可逆	无	异步(低电平)
	74LS193	双时钟4位二进制可逆	异步(高电平)	异步(低电平)
	74699	4位二进制可逆	同步(低电平)	同步(低电平)
	74691	4位二进制	异步(低电平)	同步(低电平)
	74160	十进制加法	异步(低电平)	同步(低电平)
	74LS162	十进制计数器	同步(低电平)	同步(低电平)
	74LS190	单时钟十进制可逆	无	异步(低电平)
	74168	十进制可逆	无	同步(低电平)
	74LS192	双时钟十进制可逆	异步(高电平)	异步(低电平)
	74692	十进制计数器	同步(低电平)	同步(低电平)
异步	93	二－八－十六进制	异步	无
	74293	二－八－十六进制	异步(高电平)	无
	74393	双时钟4位二进制	异步(高电平)	无
	74LS90	二－五－十进制	异步(高电平)	异步置9(高电平)
	74LS290	二－五－十进制	异步(高电平)	异步置9(高电平)
	74176	二－五－十进制	异步	异步
	74177	二－八－十六进制	异步	异步
	74196	二－五－十进制	异步(低电平)	异步(低电平)
	74197	二－八－十六进制	异步(低电平)	异步(低电平)

注：凡是十进制计数器，型号的末位数都是偶数。

例3-9 用74LS161构成十一进制计数器。

解： 由题意 $N=11$，而74LS161的计数过程中有16个状态，多了5个状态，此时只需设法跳过这5个状态即可。

由图3-56可知，74LS161从0000状态开始计数，当输入第11个 CP 脉冲（上升沿）

时，输出为1011，通过与非门译码后，反馈给 R_D 端一个清零信号，立即使 $Q_3Q_2Q_1Q_0$ 返回0000状态，接着 R_D 端的清零信号也随之消失，74LS161 重新从0000状态开始新的计数周期。需要注意的是，此电路一进入1011状态后，立即被置成0000状态，即1011状态仅在极短的瞬间出现，因此称为过渡状态。

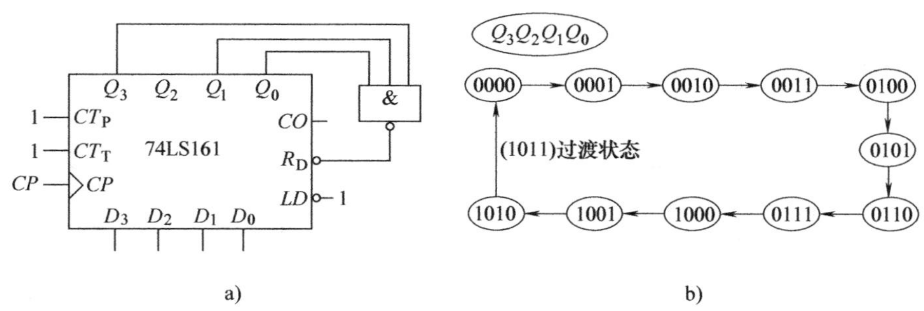

图3-56　异步反馈清零十一进制计数器

a）电路图　b）状态图

2. 同步清零法

由表3-24可知74LS163、74LS162、74699、74692等均为同步清零。同步清零法必须在清零信号有效时，再来一个 *CP* 时钟脉冲触发沿，才能使触发器清零。采用74163构成同步清零十一进制计数器，其电路及状态图如图3-57所示。反馈清零信号为1010，与图3-56中反馈清零信号1011不同，即同步清零无瞬时过渡状态。

3.4.3.2　反馈置数法

反馈置数法适用于具有预置数功能的集成计数器，分为同步和异步两种置数方法。对于具有同步置数功能的计数器，与同步清零一样，同步置数输入端获得置数有效信号后，计数器不能立刻置数，而是在下一个 *CP* 脉冲作用后，计数器才会被置数。对于具有异步置数功能的计数器，只要置数信号满足时（不需要脉冲 *CP* 作用），即可立即置数，因此异步反馈置数法仍需瞬时过渡状态作为置数信号。

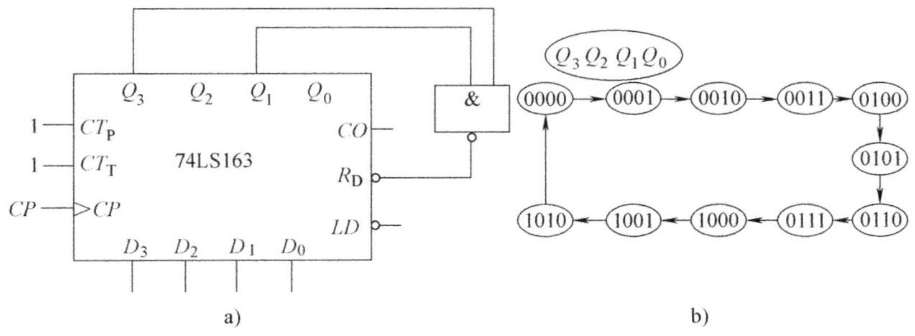

图3-57　同步反馈清零十一进制计数器

a）电路图　b）状态图

由于预置数可以改变，使得反馈预置法比清零法更加灵活。图3-58为用异步置数法实现 *N* 进制计数器，图3-58a为七进制计数器的电路和状态图，利用 $Q_3Q_2Q_1Q_0=1011$ 作为过渡状态；图3-58b为四进制计数器，预置数据为0110，电路从0110开始加1计数，当

$Q_3Q_2Q_1Q_0=1000$ 时，$Q_2=0$，反馈至 LD 端，使 $LD=0$，$Q_3Q_2Q_1Q_0$ 被置成 1110（$D_3=Q_3=1$），继续加 1 计数，当 $Q_3Q_2Q_1Q_0=0000$ 时，LD 再次为 0，$Q_3Q_2Q_1Q_0$ 被置成 0110（$D_3=Q_3=0$），新的计数周期又从 0110 开始。本电路的过渡状态有两个，分别为 0000 和 1000（两次置数）。

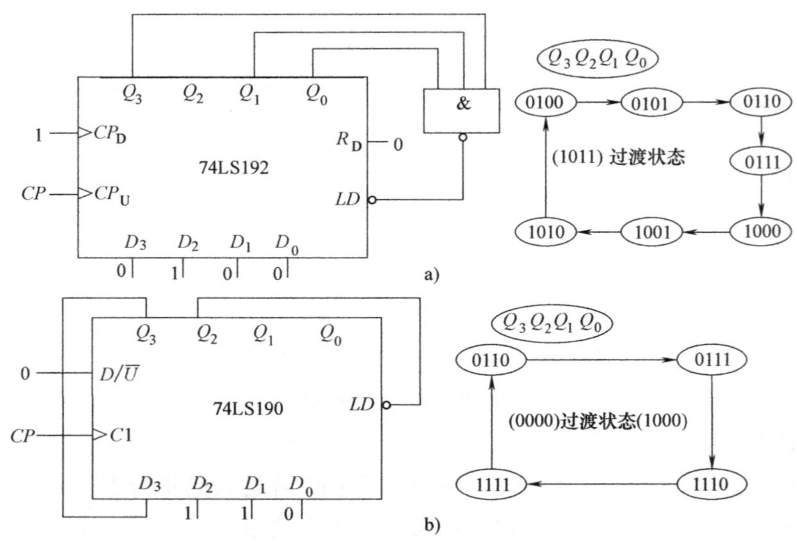

图 3-58　异步反馈置数

a）七进制计数器的电路和状态　b）四进制计数器的电路和状态

图 3-59 为用同步置数法实现六进制计数器。其中图 3-59a 电路的接法是把输出 $Q_3Q_2Q_1Q_0=1000$ 状态译码产生预置数控制信号反馈至 LD 端，在下一个 CP 脉冲的上升沿到达时置入 0011 状态。图 3-59b 电路的接法是将 74LS161 计数到 1111 状态时产生的进位信号译码后，反馈到预置控制端。预置数据为 1010。该电路从 1010 状态开始加 1 计数，到 1111 状态，此时 $CO=1$，$LD=0$，在下一个 CP 作用下，$Q_3Q_2Q_1Q_0$ 被置成 1010 状态，同时使 $CO=0$，$LD=1$。新的计数周期又从 1010 开始。

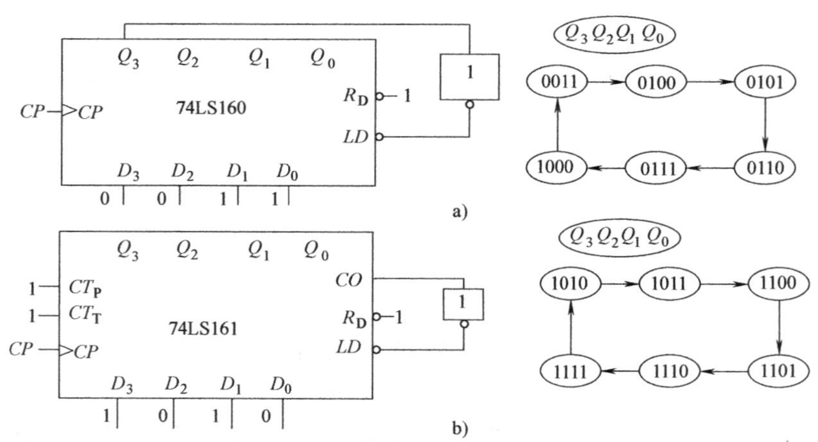

图 3-59　同步反馈置数

a）把输出 1000 状态译码反馈至 LD 端　b）1111 状态时进位信号译码后反馈到预置控制端

上述方法的关键是要弄清楚集成计数器是同步清零（置数）还是异步清零（置数），异步清零（置数）以 N 作为反馈信号，同步清零（置数）以 $N-1$ 作为反馈信号。此外还要注意清零（置数）端的有效电平，以确定反馈门。

3.4.3.3 提高清零法可靠性的方法

用清零法构成 N 进制计数器时，由于计数器中各个触发器的动态特性和带负载情况不一样，再加上干扰信号的影响，特别是异步计数器存在各级触发器的复位速度很难做到完全同步，只要有一个动作较快的触发器首先清零，那么清零信号就会撤销，动作稍慢的触发器显然无法再清零了。

图 3-60a 是利用反馈清零获得的十进制计数器，电路接线虽然简单，但工作可靠性却比较差。当计数器一进入 1010 状态，便立即使计数器清零，脱离 1010 状态，清零信号也随即消失。因为这个过程其作用时间短，只要一个触发器先复位，清零信号立即无效，其余触发器无法再清零。改进型电路的思路是：用一个基本 RS 触发器将清零信号暂时存放一下，以便保证清零信号有足够的作用时间，使计数器可靠地清零，如图 3-60b 所示。

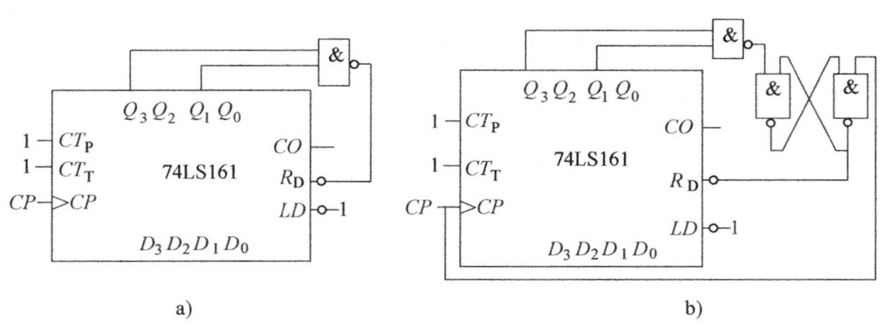

图 3-60

a）利用反馈清零获得的十进制计数器 b）改进型电路

3.4.3.4 级联法

所谓级联，就是把两个以上的集成计数器连接起来，从而获得任意进制计数器。如把一个 N_1 进制计数器和一个 N_2 进制计数器串联起来可以构成 $N=N_1N_2$ 进制计数器。

例 3-10 用 74LS160 设计模为 24 的计数器，要求个位计数器有“逢十进一”的功能，同时，十位和个位计数器一起，具有“逢 24 复 0”的功能。

解： 用两块 4 位 BCD 码可将预置同步计数器 74LS160 级联组成 24 进制计数器，如图 3-61a所示，利用个位计数器（芯片 1）产生的进位信号从进位输出端 CO 接到十位计数器（芯片 2）的 CT_P 端，下一个计数脉冲的上升沿到来时，可实现“逢十进一”。利用与非门对计数状态 24 进行译码，将其输出接到两块 74LS160 的清零端，因 160 是异步清零，所以清零信号为 00100100，可实现“逢 24 复 0”。

若采用具有同步清零的芯片，那么反馈信号为 00100011。

例 3-11 用两块 74LS161 级联组成的计数电路如图 3-62a、b 所示。

1）分析图 3-62a、b 的级联方式。

2）说明级联组成的计数电路功能。

解： 1）图 3-61a 是以并行进位的连接方法。两片 74LS161 的脉冲端均与计数脉冲 CP 相连接，所以是同步计数器。低位芯片（芯片 1）的使能端 $CT_P=CT_T=1$，始终处于计数工

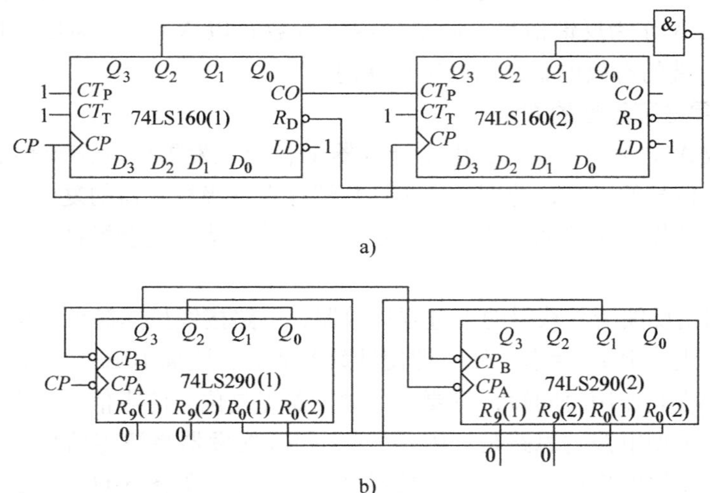

图 3-61　模 24 进制计数器

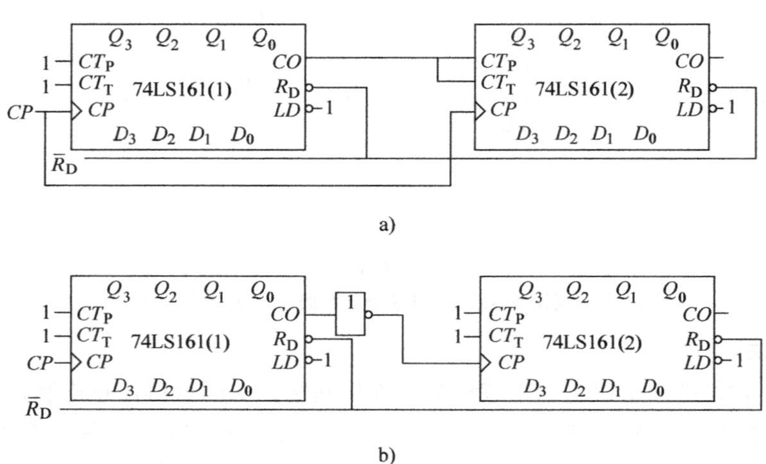

图 3-62　两种级联方式

作状态；以芯片 1 的进位输出 *CO* 作为芯片 2 的 CT_P 和 CT_T 的输入，当芯片 1 计数至 1111 状态时 *CO* 变为 1，在下一个计数脉冲 *CP* 到达时芯片 2 处于计数状态，计入 1，而芯片 1 由 1111 状态变成 0000 状态，它的进位信号变为 0，使芯片 2 停止计数。

图 3-62b 所示电路是串行进位方式。两片 74LS161 的 CT_P 和 CT_T 恒为 1，都工作在计数状态。芯片 1 每计数到 16（1111）时 *CO* 端输出变为高电平，经反相器后使芯片 2 的 *CP* 端为低电平。下个计数输入脉冲到达后，芯片 1 计成 0（0000）状态，*CO* 端跳回低电平，经反相后使芯片 2 的输入端产生一个上升沿，于是芯片 2 计入 1。可见，在这种接法下两片 74LS161 不是同步工作的。

2）虽然图 3-62a、b 的级联方式不同，但是芯片 1 和芯片 2 均接成 16 进制，即 16 × 16 = 256，所以图 3-62a、b 均为 256 进制计数器。

例 3-12　利用 74LS290 构成的 100 进制计数器。

74LS290 为二－五－十进制计数器，先用两片 74LS290 接成 8421BCD 十进制计数器，然后再将它们接成 100 进制计数器。逻辑电路图如图 3-63 所示。

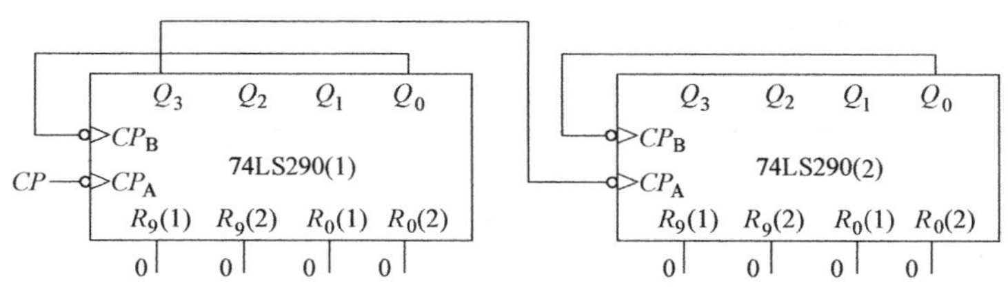

图 3-63　模为 100 的计数器

3.5　寄存器

寄存器是一种重要的数字电路部件，常用来暂时存放指令、数据等，它是数字测量和数字控制系统中常用的部件，是计算机的主要部件之一。其主要组成部分是具有记忆功能的双稳态触发器。每个触发器能存放一位二进制码，存放 N 位数码，就要具有 N 位触发器，为了控制二进制数码的存入和取出，在寄存器中一般还加入了由门电路构成的控制电路与触发器配合工作。

寄存器从功能上来分类可以分为数码寄存器和移位寄存器两种，后者除了寄存信息外，还有信息移位功能。

按接收信息的方式来分，寄存器有单拍工作方式和双拍工作方式。单拍工作方式就是时钟触发脉冲一到达，就存入新的信息；双拍工作方式是先将寄存器置 0，然后再存入新的信息。现在大多数寄存器采用单拍工作方式。

寄存器按输入输出信息的方式不同分为并行输入－并行输出、串行输入－并行输出、并行输入－串行输出、串行输入－串行输出 4 种方式。寄存器的 n 位信息由一个时钟触发脉冲控制同时接收或发出，称为并行输入或者并行输出；寄存器的 n 位信息由 n 个触发脉冲按顺序逐位移入或者移出，称为串行输入或串行输出。

3.5.1　数码寄存器

数码寄存器只供暂时存放数码，根据需要可以将存放的数码随时取出参加运算或者进行数据处理。寄存器是由触发器构成的，对于触发器的选择只要求它们具有置 1、置 0 的功能即可，因而无论是用同步结构的 RS 触发器、主从结构的触发器，还是边沿触发结构的触发器都可以组成寄存器。

图 3-64 是由 D 触发器组成的 4 位集成数码寄存器 74LS175 的逻辑电路图。其中 R_D 是异步清零端，通常存储数据之前，须先将寄存器清零，否则有可能出错；CP 为时钟脉冲；$D_0 \sim D_3$ 是并行数据输入端；$Q_0 \sim Q_3$ 端是并行数据输出端。74LS175 的功能表如表 3-25 所示。

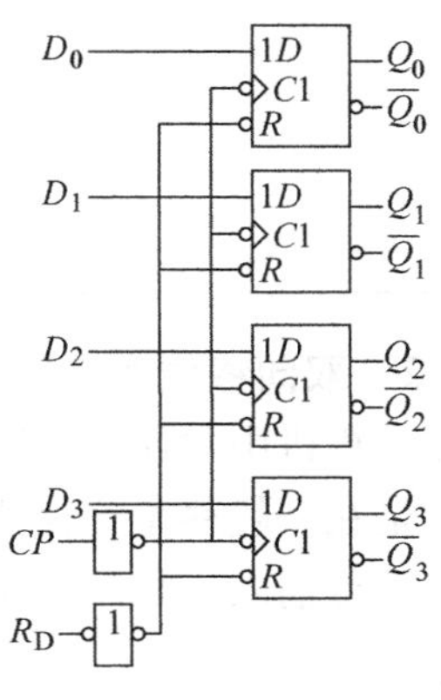

图 3-64　4 位集成寄存器 74LS175

3.5.2　移位寄存器

移位寄存器是一类应用很广的时序逻辑电路。移位寄存器不仅能寄存数码，而且还能根据要求，在移位时钟脉冲作用下，将数码逐位左移或者右移。

根据移位寄存器的移位方向可分为单向移位寄存器和双向移位寄存器。单向移位寄存器有左移移位寄存器、右移移位寄存器之分；双向移位寄存器又称可逆移位寄存器，在门电路的控制下，既可左移又能右移。

表 3-25　74LS175 的功能表

R_D	CP	D_0　D_1　D_2　D_3	Q_0　Q_1　Q_2　Q_3
0	×	×　×　×　×	0　0　0　0
1	↑	d_0　d_1　d_2　d_3	d_0　d_1　d_2　d_3
1	1	×　×　×　×	保　持
1	0	×　×　×　×	保　持

3.5.2.1　单向移位寄存器

将若干个触发器串接，可以构成单向移位寄存器。由 3 个 D 触发器串接组成的左移移位寄存器如图 3-65 所示，由图可见：

$$Q_0^{n+1}=D_0 \qquad Q_1^{n+1}=Q_0^n \qquad Q_2^{n+1}=Q_1^n$$

假设移位寄存器的初始状态 $Q_2Q_1Q_0=000$，串行输入数据 $D=101$，从低位 Q_0 到高位 Q_2 依次输入。当输入第一个数码时，$D_0=1$、$D_1=Q_0=0$、$D_2=Q_1=0$，所以当第一个移位脉冲到来后，$Q_2Q_1Q_0=001$，即第一个数码 1 存入 FF_0 中，其原来的状态 0 移入 FF_1 中，数码左移了一位。依此类推，在第 4 个移位脉冲到来后，$Q_2Q_1Q_0=101$，3 位串行数码全部移入寄存器中。过程如表 3-26 所示。从 3 个触发器的 Q 端得到并行的数码输出，这种工作方式称为串行输入/并行输出方式。如果再经过 3 个 CP 移位脉冲，则所存的数码逐位从 Q_2 端输出，就构成了串行输入/串行输出的工作方式。

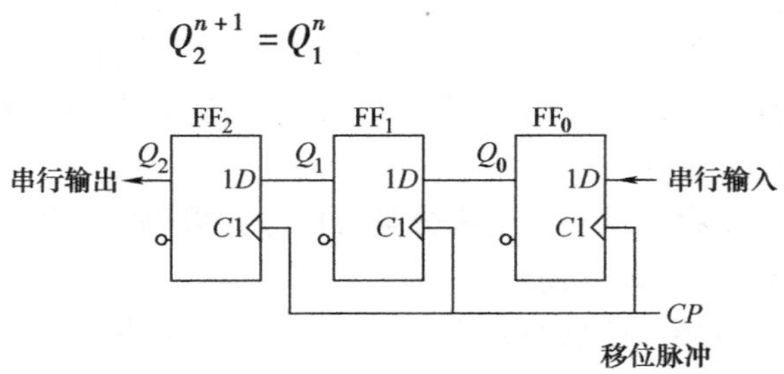

图 3-65　3 位左移移位寄存器

表 3-26　左移移位寄存器的工作过程示意表

移位脉冲数	寄存器中的数码			移位过程
	Q_2	Q_1	Q_0	
0	0	0	0	清零
1	0	0	1	左移 1 位
2	0	1	0	左移 2 位
3	1	0	1	左移 3 位

3.5.2.2　双向移位寄存器

在计算机中常使用的移位寄存器需要同时具有左移位和右移位的功能，即双向移位寄存器。它是在一般移位寄存器的基础上加上左、右移位控制信号 M，D_R 为右移串行输入，D_L 为左移串行输入，如图 3-66 所示，各触发器的驱动方程如下：

$$D_0=\overline{\overline{M\,\overline{D_L}}+\overline{\overline{M}Q_1^n}} \qquad D_1=\overline{\overline{M\,Q_0^n}+\overline{\overline{M}Q_2^n}} \qquad D_2=\overline{\overline{M\,Q_1^n}+\overline{\overline{M}D_R}}$$

各触发器的状态方程为：

$$Q_0^{n+1}=D_0^n=\overline{\overline{M\overline{D_L}}+\overline{\overline{M}Q_1^n}}\quad Q_1^{n+1}=D_1^n=\overline{\overline{M\,Q_0^n}+\overline{\overline{M}Q_2^n}}\quad Q_2^{n+1}=D_2^n=\overline{\overline{M\,Q_1^n}+\overline{\overline{M}D_R}}$$

当$M=0$时，$Q_0^{n+1}=Q_1^n$，$Q_1^{n+1}=Q_2^n$，$Q_2^{n+1}=D_R$在移位脉冲CP的作用下，电路实现右移功能；当$M=1$时，$Q_0^{n+1}=D_L$，$Q_1^{n+1}=Q_0^n$，$Q_2^{n+1}=Q_1^n$在移位脉冲CP的作用下，电路实现左移功能。由于移位寄存器各级触发器是在同一脉冲作用下实现状态转移，因而是同步时序逻辑电路。

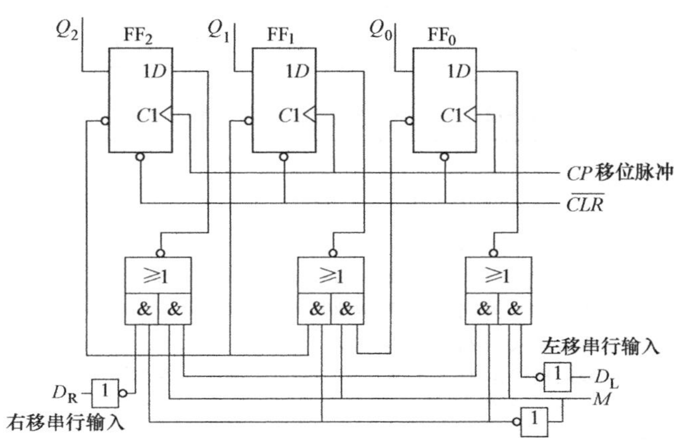

图 3-66　双向移位寄存器

除上述介绍的 D 触发器能构成移位寄存器以外，JK、RS 触发器均可构成移位寄存器。但它们在使用中实际上已经转换成 D 触发器，即$J=D$、$K=\overline{D}$或者$S=D$、$R=\overline{D}$。

3.5.2.3　集成移位寄存器

中规模集成移位寄存器是在移位寄存器的基础上附加了一些控制电路，以扩展其功能和应用范围。目前，集成寄存器的种类非常多，按位数来分，有 4 位、8 位等；按移位方向分，有单向、双向；按输入输出方式分类，有并行、串行输入输出及其各种组合形式等。其中典型的中规模集成移位寄存器是 194，194 是 4 位多功能双向移位寄存器。它有 TTL 系列中的 54/74194、54/74LS194、54/74F194 和 CMOS 系列中的 54/74HC194、54/74HCT194 等。

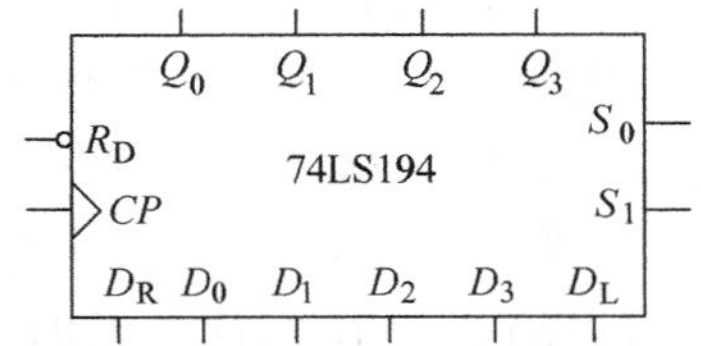

图 3-67　74LS194 惯用符号

图 3-67 为 74LS194 的惯用符号，表 3-27 为 74LS194 的功能表。由功能表可知：R_D是异步清零端，低电平有效。D_0、D_1、D_2、D_3是并行数据输入端。D_R、D_L分别是右移和左移串行数据输入端。CP是同步时钟脉冲输入端，CP的上升沿引起移位寄存器状态的转换。S_1和S_0为控制端，当$S_1S_0=00$时，保持数据；$S_1S_0=01$时，数据右移；$S_1S_0=10$时，数据左移；$S_1S_0=11$时，并行送入数据。

常用的移位寄存器还有 CT1198（8 位双向并行输入/并行输出）、CT1199（8 位单向，并行输入/并行输出）、CT1164（8 位单向，串行输入/串行输出）、CT1166（8 位单向，并行输入/串行输出）等 CMOS 芯片，表 3-28 为 74 系列部分集成移位寄存器型号介绍。

表 3-27　双向移位寄存器 74LS194 的功能表

输入					输出	功能
R_D	S_1　S_0	D_R　D_L	$D_0D_1D_2D_3$	CP	Q_0　Q_1　Q_2　Q_3	
0	×　×	×　×	××××	×	0　0　0　0	异步清零
1	0　0	×　×	××××	↑	Q_0^n　Q_1^n　Q_2^n　Q_3^n	保　持
1	0　1	D_R　×	××××	↑	D_R　Q_0^n　Q_1^n　Q_2^n	串行输入右移
1	1　0	×　D_L	××××	↑	Q_1^n　Q_2^n　Q_3^n　D_L	串行输入左移
1	1　1	×　×	$d_0d_1d_2d_3$	↑	d_0　d_1　d_2　d_3	并行输入

表 3-28　74 系列常用集成移位寄存器

器件型号	功　能
7491A	8 位、串行输入、串行输出
7495	4 位、并行/串行输入、并行/串行输出
7496	5 位、串行输入、串行/并行输出、异步清零、双拍预置
74165	8 位、串行输入、串行输出、异步预置
74179	4 位、串行输入、串行/并行输出、异步清零、同步预置、同步保持
74194	4 位、双向移位、串行输入、串行/并行输出、异步清零、同步预置
74195	4 位、并行/串行输入、并行/串行输出
74198	8 位、双向移位、串行输入、串行/并行输出、异步清零、同步预置
74199	8 位、并行/串行输入、并行/串行输出
74166	8 位、并行/串行输入、串行输出、同步清零

3.5.2.4　移位寄存器的应用

数字系统中的数据传送体系有串行和并行两种传送体系。串行传送体系：每一节拍只传送一位信息，N 位数据的传送需要 N 个节拍。并行传送体系：一个节拍可以同时实现 N 位数据的传送。如在数字系统中，计算机内部数据的传递通常是并行传送的，为了降低远距离通信线路的价格往往采用串行方式来传送信息（如通过电话线）。因此存在两种数据传送体系的转换问题。

1. 串行转换成并行　7 位串行输入/并行输出的转换电路如图 3-68 所示，其转换过程的状态变化如表 3-29 所示。具体过程是：串行数据 $d_0 \sim d_6$ 从 D_L 端输入（低位 d_0 先输入），并行数据从 $Q_7 \sim Q_0$ 输出，表示转换结束的标志码 0 加在芯片 1 的 D_3 端，其他并行输入端接 1。清零后，$Q_7=0$，所以 $S_1S_0=11$，第 1 个 CP 使芯片完成预置数操作，将并行输入的数据 11111110 送入 $Q_7 \sim Q_0$。此时 $Q_7=1$，所以 $S_1S_0=10$，实现左移操作，经过 7 次左移后，

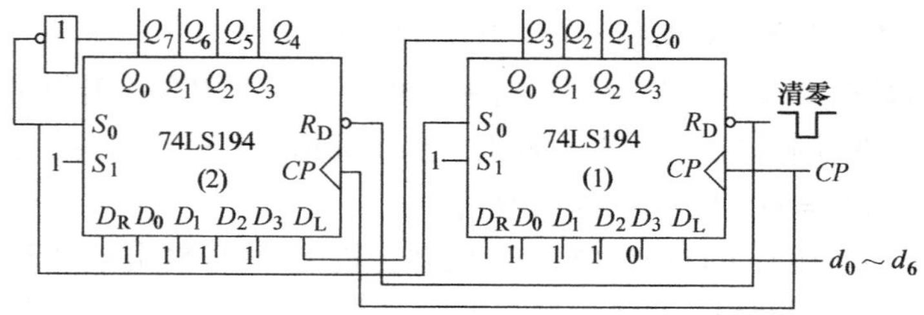

图 3-68　7 位串行输入/并行输出的转换电路

7 位串行输入的数据全部移入寄存器中。此时 $Q_7 \sim Q_0 = d_0 \sim d_7$，且转换结束标志已到达 Q_7，表示转换结束，此刻可读出并行输出数据。由于 $Q_7 = 0$，$S_1S_0 = 11$，因此第 9 个 CP 使移位寄存器再次预置数，重复上述过程。

表 3-29　7 位串行输入-并行输出示意表

CP	Q_7 Q_6 Q_5 Q_4 Q_3 Q_2 Q_1 Q_0	操　作
0	0 0 0 0 0 0 0 0	清　零
1	1 1 1 1 1 1 1 0	送　数
2	1 1 1 1 1 1 0 d_0	向左移动 7 次
3	1 1 1 1 1 0 d_0 d_1	
4	1 1 1 1 0 d_0 d_1 d_2	
5	1 1 1 0 d_0 d_1 d_2 d_3	
6	1 1 0 d_0 d_1 d_2 d_3 d_4	
7	1 0 d_0 d_1 d_2 d_3 d_4 d_5	
8	0 d_0 d_1 d_2 d_3 d_4 d_5 d_6	
9	1 1 1 1 1 1 1 0	送　数

2. 并行转换成串行　输入是并行数码，输出为串行数码，以 4 位为例，其转换示意表如表 3-30 所示，如在第 0 个 CP 作用下寄存器清零，输出 $Q_0Q_1Q_2Q_3 = 0000$；在第 1 个 CP 作用下并行输入数据为 1001，若从 Q_0 端输出数据，串行输出为 1；在第 2 个 CP 作用下，移位寄存器中的数据 $Q_0Q_1Q_2Q_3 = 0010$，Q_0 串行输出 0；在第 3 个 CP 作用下，移位寄存器中的数据 $Q_0Q_1Q_2Q_3 = 0100$，Q_0 串行输出为 0；在第 4 个 CP 作用下，移位寄存器中的数据 $Q_0Q_1Q_2Q_3 = 1000$，Q_0 串行输出为 1，即将并行输入数据 1001 从 Q_0 端依次串行输出。

表 3-30　4 位并行-串行转换示意表

CP	Q_0 Q_1 Q_2 Q_3	操　作
0	0 0 0 0	清　零
1	1 0 0 1	并行送数
2	0 0 1 0	左　移
3	0 1 0 0	
4	1 0 0 0	

3.6　应用实例——简易旋转彩灯

下面是简易旋转彩灯电路。

图 3-69 中有两个 74LS194 移位寄存器，由于（1）、（2）片的 S_1 接地为逻辑“0”，S_2 为逻辑“1”，所以它们均有向右移位的功能。A-H 为 8 种不同颜色的彩灯（由发光二极管模拟），各灯由左向右依次由暗变亮，当来一个移位脉冲 CP 时，各 Q 端状态均右移。

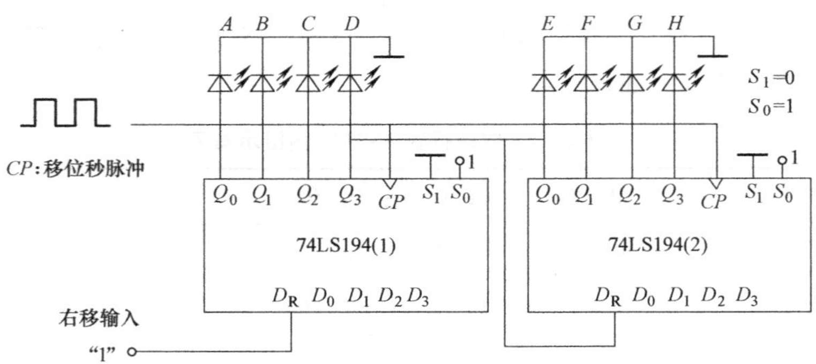

图 3-69　简易旋转彩灯电路图

本章小结

本章讲述了时序逻辑电路的特点，时序逻辑电路的分析方法及几种常用的时序逻辑器件。

（1）时序逻辑电路在逻辑功能上的特点：任一时刻的输出信号不仅取决于当时的输入信号，而且还与电路原来的状态有关。从电路的结构上看，为了记忆电路的状态，时序逻辑电路中一定含有存储电路。存储电路的输入和输出变量一起共同决定时序逻辑电路的输出状态。存储电路通常由若干个触发器组成。

（2）时序逻辑电路的工作方式有同步和异步两种。主要区别：同步时序电路各触发器的脉冲相同，均受计数脉冲 *CP* 的控制；异步时序电路中各触发器的脉冲端不完全受计数脉冲 *CP* 的控制。

（3）时序逻辑电路可以用状态方程、状态转换表、状态转换图及时序图来描述。分析时序电路的方法是：

1）由已知逻辑电路图写出各触发器的驱动方程、时钟方程和电路的输出方程。

2）将驱动方程代入相应触发器的特征方程，求出电路的状态方程。

3）通过状态方程计算并列出状态转换表。

4）画出状态转换图，必要时也可画出时序波形图。

5）通过对状态转换规律分析，判断电路的逻辑功能。

（4）计数器是由触发器和门电路组成的最常用的时序逻辑器件，它的种类很多，计数器可用作计数、分频、脉冲分配等。

1）计数器的分类。

① 按计数脉冲的引入方式分为同步计数器和异步计数器。

② 按计数进制的不同分为二进制计数器、十进制计数器及 *N* 进制计数器。

③ 按计数的增减规律可分为加法、减法及可逆计数器。

2）计数器的分析与设计。

要求熟悉典型电路的组成、工作原理和特点，正确分析计数器的逻辑功能，根据需要选用合适的集成计数器，能用反馈清零及反馈置数法构成任意进制的计数器。

（5）寄存器是用来暂时存放参与运算的数据和结果的时序电路。

1）按存放数码的方式分为并行、串行两种。

① 并行方式是将各待存数码同时输入到各寄存器的输入端。

② 串行方式是将待存数码逐位依次输入到各寄存器的输入端。

2）按取出数码的方式分为并行和串行两种。

① 并行方式中被输出数码的各位在寄存器对应的输出位同时输出。

② 串行方式中被输出数码存在寄存器的一个输出端依次输出。

③ 寄存器工作在并行方式时，存取数码速度快、数据线较多。

④ 寄存器工作在串行方式时，存取数码速度慢、数据线较少。

（6）对于集成计数器和寄存器，通过阅读器件的功能表掌握各控制端的作用和惯用符号，从而正确的应用器件。

复习思考题

1. 时序逻辑电路和组合逻辑电路的根本区别是什么？

2. 同步时序逻辑电路与异步时序逻辑电路区别是什么？

3. 简述异步反馈清零（置数）与同步反馈清零（置数）的区别。

4. 通常计数器应具有什么功能？

5. 利用集成计数器构成任意进制计数器的方法有哪几种？

6. 数码寄存器和移位寄存器的主要区别是什么？

7. 指出下列各种触发器中，哪些可以用来构成移位寄存器？

①基本 RS 触发器；②同步 RS 触发器；③TTL 主从结构的触发器；④维持-阻塞型触发器；⑤用传输延迟时间的边沿触发器。

8. 两个 JK 触发器组成的同步计数器电路如图 3-70 所示。写出各触发器的驱动方程、状态方程，画出电路的状态转换图及时序图。

9. 分析图 3-71 时序电路的逻辑功能，写出电路的驱动方程、状态方程、输出方程，画出电路的状态转换图。A 为输入逻辑变量。

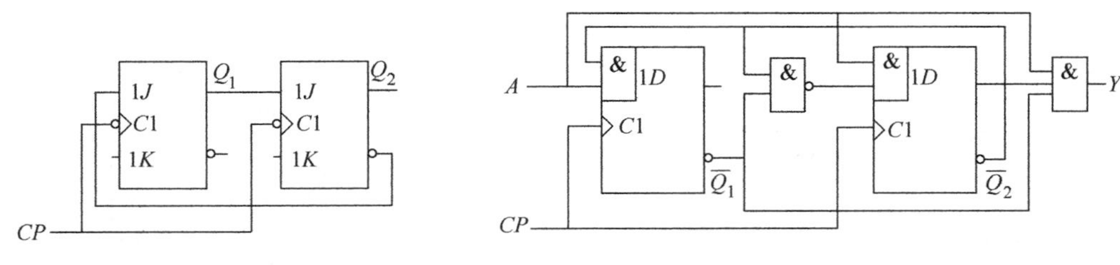

图 3-70　题 8 图　　图 3-71　题 9 图

10. 异步计数器电路如图 3-72 所示，分析其逻辑功能，并画出电路的状态转换图。

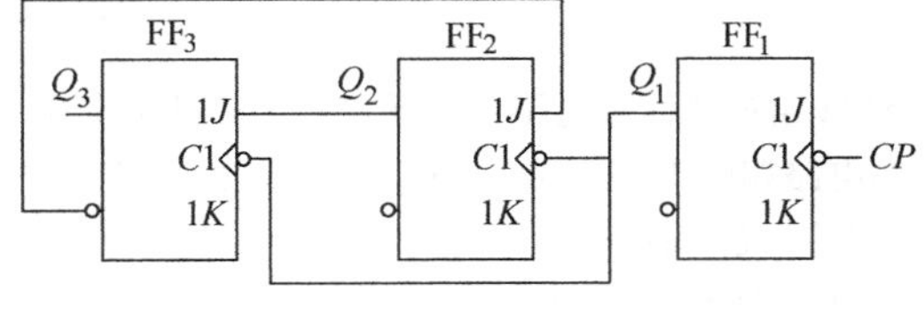

图 3-72　题 10 图

11. 分析图 3-73 所示电路的逻辑功能，画出电路的状态转换图。

12. 由 D 触发器组成的左移位寄存器如图 3-74 所示，设各触发器初态均为 0，$D_L = 1011$，写出连续 4 个 CP 作用后，$Q_3 \sim Q_0$ 的状态。

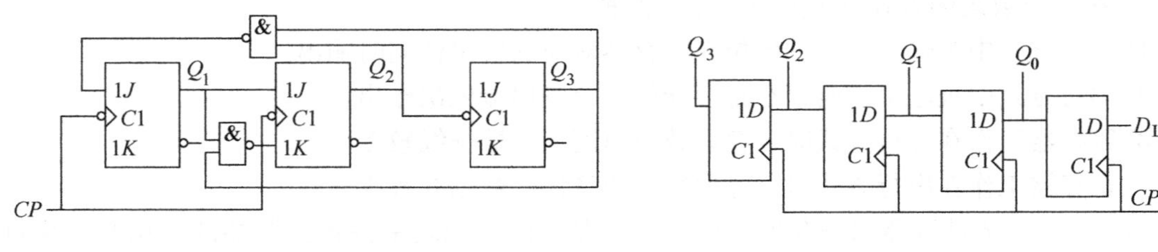

图 3-73　题 11 图　　　　图 3-74　题 12 图

13. 在图 3-75 电路中，若两个移位寄存器中的原始数据分别为 $A_3A_2A_1A_0 = 1011$，$B_3B_2B_1B_0 = 0111$，试问经过 4 个 CP 信号作用以后两个寄存器中的数据如何？并分析此电路具有什么功能。

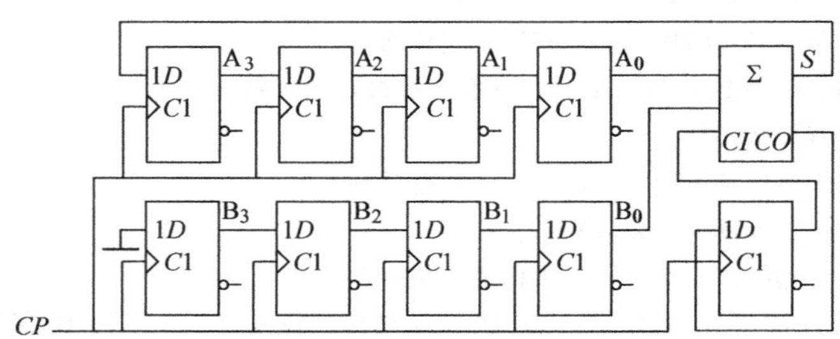

图 3-75　题 13 图

14. 分析图 3-76 电路的逻辑功能。

15. 分析图 3-77 电路是多少进制的计数器，并画出电路的状态转换图。

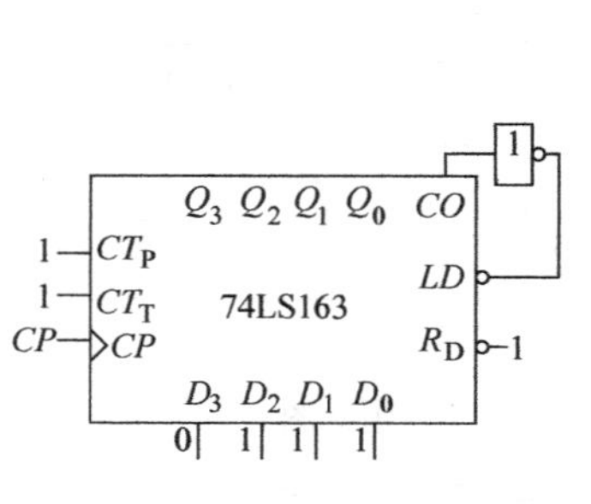

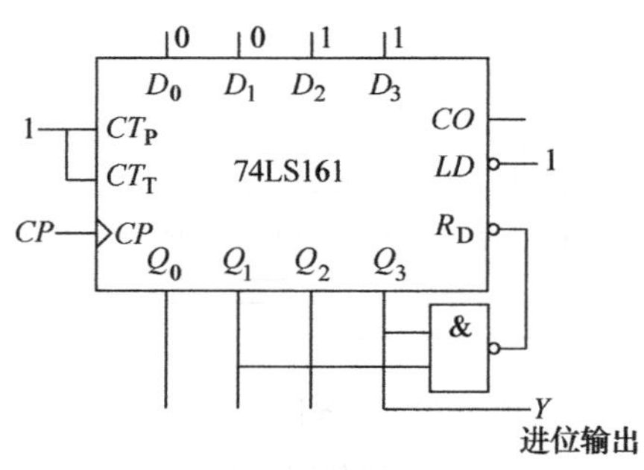

图 3-76　题 14 图　　　　图 3-77　题 15 图

16. 图 3-78 是由芯片 74LS192 组成的计数电路，分析它是几进制计数器。

17. 用 74LS290 芯片接成的电路如图 3-79 所示，CP_B 端输入脉冲 CP，CP_A 连接 Q_3 端，试分析电路的计数长度 N 为多少，并画出相应的状态转换图。

18. 用同步十进制计数器芯片 74LS160 设计一个三百六十进制的计数器，允许附加必要的门电路。74LS160 的功能表与 74LS161 的功能表相同。

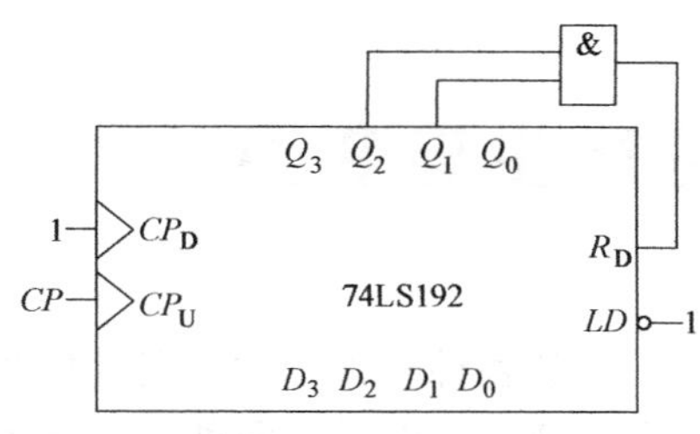

图 3-78　题 16 图

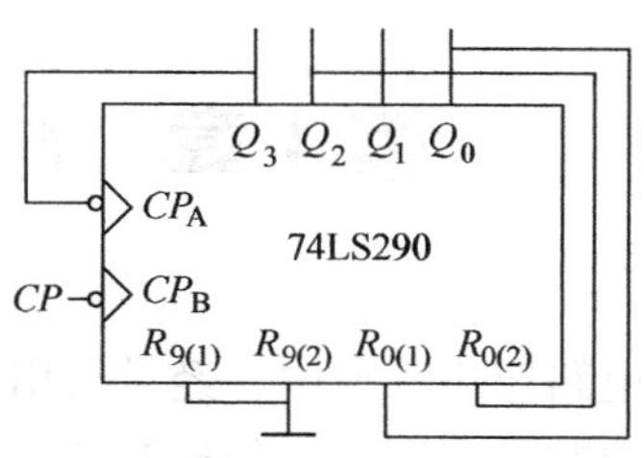

图 3-79　题 17 图

19. 用 74LS290 组成 8421BCD 七进制计数器。

20. 用 74LS290 以级联方式组成四十进制计数器。

21. 用 74LS161 采取异步清零的方法设计一个模为 9 的计数器。

22. 用 74LS161 采取预置数的方法设计一个十一进制计数器。

23. 用 74LS161 以级联方式组成五十二进制计数器。

24. 设计一个可控进制的计数器，当输入控制变量 $M=1$ 时工作在六进制，$M=0$ 时工作在十二进制。标出计数输入端和进位输出端，芯片型号可自行选择。

第4章 脉冲信号的产生与变换

数字电路应用系统中，经常要用到各种脉冲波形，例如各种时钟脉冲、定时脉冲、计数脉冲以及控制系统中的各种控制脉冲等。这些脉冲波形的获得一般通过两种方法来实现：一种方法是利用多谐振荡器直接产生符合要求的矩形脉冲；另一种方法则是通过整形电路对已有的周期性信号进行整形和变换来产生所需要的矩形脉冲，以满足电路系统的要求。产生脉冲波形的电路统称为定时和整形电路。典型的脉冲产生和变换电路有单稳态触发器、施密特触发器以及多谐振荡器等。

在脉冲信号的产生和整形电路中，常用到555定时器，只要在其外围配接少量的阻容元件就可以构成单稳态触发器、施密特触发器和多谐振荡器。

4.1 单稳态触发器

单稳态触发器是单稳态电路，有如下三个特点：第一，它具有一个稳态（0状态或1状态）和一个暂稳态（对应为1状态或0状态）两个不同的工作状态；第二，在外加触发脉冲的作用下，电路能从稳态翻转到暂稳态，暂稳态在维持一段时间后，再自动地返回到原来的稳态；第三，暂稳态维持时间的长短取决于电路本身的参数，而与外触发脉冲的宽度无关。单稳态触发器的输出通常为宽度恒定的脉冲信号。

单稳态触发器被广泛地应用于数字系统中。主要的用途是用于脉冲波形的整形，实现把不规则的波形转换为固定宽度与固定幅度的脉冲，还可以用于延时，实现将输入脉冲延后一定时间再输出，以及用于定时，即产生固定时间宽度的信号等。

4.1.1 微分型单稳态触发器

单稳态触发器的暂稳态通常都是依靠 *RC* 电路的充、放电过程来维持的。根据 *RC* 电路的不同接法，即 *RC* 电路是接成微分电路形式还是积分电路形式，可以把单稳态触发器分为微分型与积分型两种。门电路构成的单稳态触发器既可以采用TTL型门电路，也可以采用CMOS型门电路；既可以用与非门构成，也可以用或非门构成。下面我们介绍用CMOS与非门构成的微分型单稳态触发器的工作原理与相关的参数计算。

4.1.1.1 电路组成

电路组成如图4-1所示。其中 G_1 与 G_2 是CMOS与非门和非门，从 G_1 到 G_2 用 *RC* 微分电路耦合；电阻 R 的数值较小，以保证 u_{O1} 为低电平时 u_R 可以降至 G_2 门的阈值电压 U_{TH} 以下。该电路是由负脉冲触发的。

4.1.1.2 工作原理

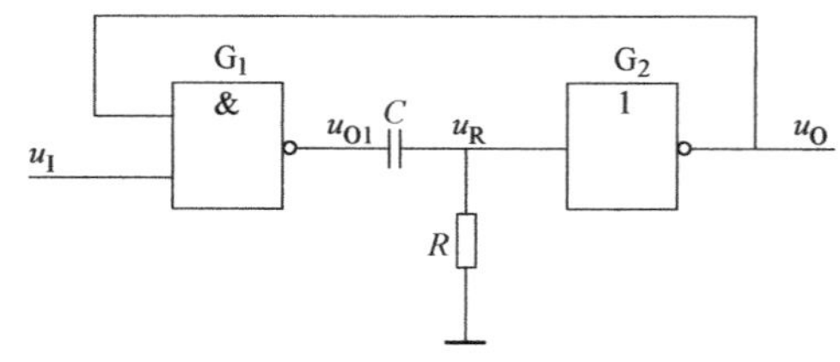

图4-1 微分型单稳态触发器

1. 稳定状态 当输入信号 u_I 为高电平 U_{IH} 时，由于 R 的数值较小，则 G_2 关闭，其输出 u_O 为高电平 U_{OH}，因此 G_1 门的输入都是高电平，其输出 u_{O1} 为低电平 U_{OL}，此时电路处于稳定状态，输出 u_O 为高电平 U_{OH}，即稳态1。

2. 触发进入暂稳态　当输入信号 u_I 由高电平 U_{IH} 跳变到低电平 U_{IL} 的瞬间，G_1 门的输出 u_{O1} 由 U_{OL} 跃变到 U_{OH}。但由于电容 C 两端的电压不能突变，所以电阻上的电压 u_R 随之产生正跳变，使 u_R 大于 G_2 的阈值电压 U_{TH}，则 G_2 门的输出 u_O 由高电平 U_{OH} 跳变到低电平 U_{OL}，则电路存在如下正反馈：

$$u_I \downarrow \rightarrow u_{O1} \uparrow \rightarrow u_R \uparrow \rightarrow u_O \downarrow$$

正反馈的结果是：即使输入信号 u_I 由低电平 U_{IL} 变回到高电平 U_{IH}，但是由于 G_1 门的另一个输入端为 G_2 门的输出低电平 U_{OL}，所以 G_1 关闭，其 u_{O1} 为高电平 U_{OH}；G_2 门开通，其输出 u_O 为低电平 U_{OL}，电路进入到暂稳态，即 0 态。在此期间 G_1 门输出的高电平 U_{OH} 经电阻 R 对电容 C 进行充电；在暂稳态结束前，输入电压 u_I 回到高电平 U_{IH}。

3. 自动翻转回到稳态　暂稳态是不能长久地维持下去的，因为随着电容 C 充电的进行，电容两端的压降越来越大，即 u_R 将不断地下降，当 u_R 下降至 G_2 门的阈值电压时，即 $u_R = U_{TH}$，G_2 由开通状态向关闭转换，此时电路又产生另一个正反馈过程：

$$C\text{ 充电} \rightarrow u_R \downarrow \rightarrow u_O \uparrow \rightarrow u_{O1} \downarrow$$

正反馈的结果使 G_2 关闭，输出 u_O 由低电平 U_{OL} 又跳变回高电平 U_{OH} 状态；G_1 开通，其输出 u_{O1} 由高电平 U_{OH} 跳变回低电平 U_{OL}，电路返回到初始的稳定状态，即 1 状态。暂稳态结束。

4. 恢复时间 T_{re}　在 G_1 门的输出 u_{O1} 由高电平跳变回低电平后，电容 C 要经过 G_1 的输出电阻和电阻 R 放电，经过恢复时间 T_{re} 后，电容 C 上的压降和电阻 R 上的压降 u_R 才恢复到稳定时的值。恢复时间 T_{re} 指的是 RC 电路从过渡过程回到稳态时所用的时间。这里就是指从电容 C 开始放电到使 u_R 恢复为初始低电平值的时间的长短。电路中各点的电压波形如图 4-2 所示。

通过上述分析可以看出，电路的暂稳态即 u_O 为低电平状态的维持时间仅取决于 RC 电路的充电时间常数。

4.1.1.3　电路参数的计算

1. 输出脉冲宽度 T_W　通过上述分析可以看出，微分型单稳态触发器的输出脉冲宽度 T_W 等于电容 C 从充电开始到使 u_R 下降至 $u_R = U_{TH}$ 的时间，也就是电容两端的电压上升为 $U_C = U_{OH} - U_{TH}$ 的时间，而根据对 RC 电路的分析得知，RC 串联电路的充、放电过程中，电容上的电压 u_C 从充、放电开始到变化至某一数值 U_C 的时间可以用下

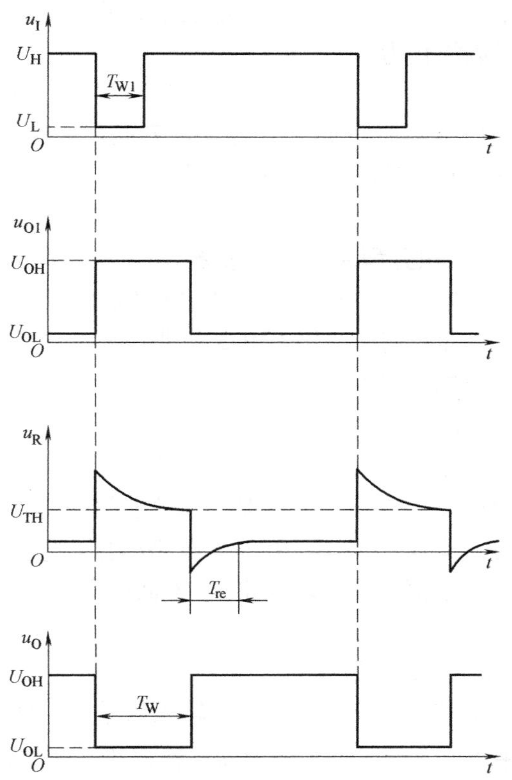

图 4-2　微分型单稳态触发器的工作波形

式计算：

$$t = RC\ln\frac{u_{C(\infty)} - u_{C(0)}}{u_{C(\infty)} - U_C} \qquad (4\text{-}1)$$

式中 $u_{C(0)}$ 为电容电压的起始值，$u_{C(\infty)}$ 为电容电压的终了值。在图 4-1 电容充电过程中 $u_{C(0)}=0$，$u_{C(\infty)}=U_{OH}$，$U_C=U_{OH}-U_{TH}$，U_{OH}是门电路的输出高电平值，带入到式（4-1）中，则有

$$T_W = (R + R_{OH})C\ln\frac{U_{OH}}{U_{TH}} \qquad (4\text{-}2)$$

式中 R_{OH}是 G_1门输出高电平时的输出电阻。

2. 输出脉冲幅度 U_m　由图 4-2 的电压波形可以直接得到输出脉冲幅度 U_m为

$$U_m = U_{OH} - U_{OL} \qquad (4\text{-}3)$$

说明：CMOS 门电路输出的高电平几乎等于电源电压，低电平几乎等于零，所以输出脉冲的幅度接近于电源电压。TTL 门电路输出高低电平的差值约在 3 ~4V。

3. 恢复时间 T_{re}　在分析 RC 电路的过渡过程时，一般认为经过 3 ~5 倍的时间常数以后电路基本上已经达到稳态。那么在图 4-1 电路中，从电容 C 开始放电到使 U_R恢复为低电平的恢复时间可以用下式计算：

$$T_{re} = (3\sim5)(R + R_{OL})C \qquad (4\text{-}4)$$

式中 R_{OL}是 G_1门开通输出低电平时的输出电阻，一般门电路开通时的输出电阻较小，则上式可以简化为

$$T_{re} = (3\sim5)RC \qquad (4\text{-}5)$$

4. 分辨时间 T_d　分辨时间 T_d是指在保证电路能正常工作的前提下，允许的两个相临触发脉冲间的最小时间间隔。所以有

$$T_d = T_W + T_{re} \qquad (4\text{-}6)$$

4.1.2　积分型单稳态触发器

当单稳态触发器中的 RC 电路是接成积分电路形式，那么就构成了积分型单稳态触发器。下面我们介绍用 CMOS 与非门和非门构成的积分型单稳态触发器。

4.1.2.1　电路组成

积分型单稳态触发器的电路组成如图 4-3 所示。其中 G_1与 G_2是 CMOS 非门和与非门，从 G_1到 G_2用 RC 积分电路耦合；电阻 R 的数值较小，以保证 u_{O1}为低电平时 u_C可以降至 G_2门的阈值电压 U_{TH}以下。该电路是由正脉冲触发的。

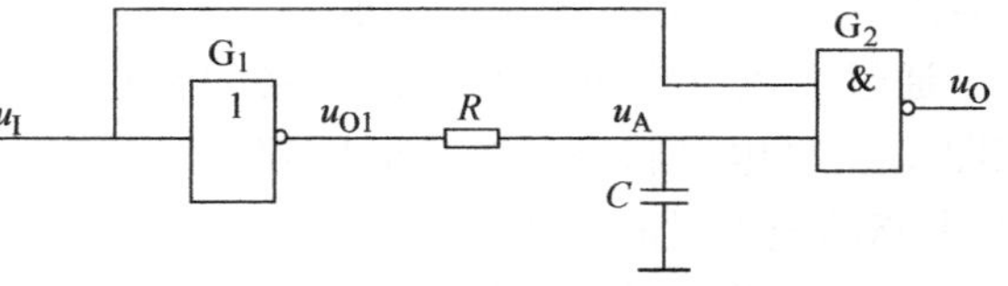

图 4-3　积分型单稳态触发器

4.1.2.2　工作原理

1. 稳定状态　稳态时，输入信号 u_I为低电平 U_{IL}，G_1与 G_2都关闭，u_{O1}、u_C与 u_O都是高电平 U_{OH}。此时即为触发器的稳定状态 1 状态。

2. 触发进入暂稳态　当输入信号 u_I由低电平 U_{IL}跳变到高电平 U_{IH}的时候，G_1门开通，其输出 u_{O1}由 U_{OH}跃变到 U_{OL}，即产生负跳变，但由于电容 C 两端的电压即 u_C不能突变，所

以在一段时间里 u_C 仍在 G_2 门的阈值电压 U_{TH} 以上，在这段时间里，由于 G_2 门的两个输入端都为高电平，所以 G_2 开通并可维持，使输出 u_O 为低电平 U_{OL}，电路进入到暂稳态 0 状态。与此同时电容 C 经电阻 R、G_1 的输出端到地放电。

3. 自动翻转回到稳态　暂稳态是不能长久地维持下去的，因为随着电容 C 放电的进行 u_C 将不断地下降，当 u_C 下降至 G_2 门的阈值电压时，即 $u_C = U_{TH}$，G_2 关闭，u_O 又回到高电平 U_{OH} 的稳定状态。等输入信号 u_I 回到低电平 U_{IL} 以后，G_1 关闭，其输出 u_{O1} 跳变为高电平 U_{OH}，此高电平又开始给电容 C 充电。

4. 恢复时间 T_{re}　经过恢复时间 T_{re} 后，u_C 恢复为高电平，电路达到稳态。此电路的恢复时间 T_{re} 就是指从电容 C 开始充电到使 u_C 恢复为高电平的时间的长短。电路中各点的电压波形如图4-4所示。

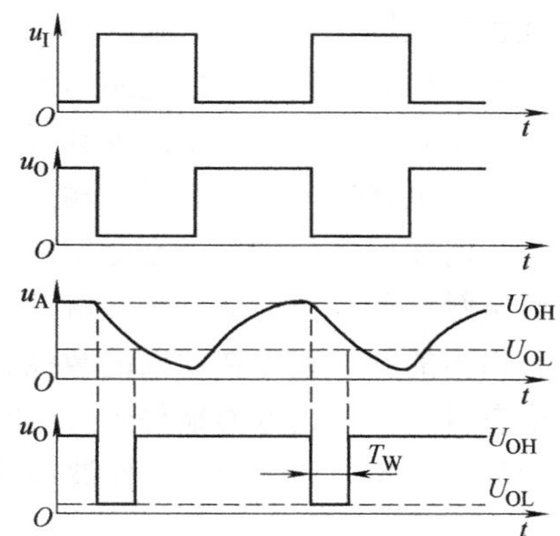

图 4-4　积分型单稳态触发器的电压波形

通过上述分析可以看出，积分型单稳态触发器的暂稳态，即 u_O 为低电平状态的维持时间仅取决于 RC 电路的放电时间常数。

4.1.2.3　电路参数的计算

1. 输出脉冲宽度 T_W　通过上述分析可以看出，输出脉冲宽度 T_W 等于电容 C 从放电开始到使 u_C 下降至 $u_C = U_{TH}$ 的时间。在电容放电过程中 $u_{C(0)} = U_{OH}$，$u_{C(\infty)} = U_{OL}$，$U_C = U_{TH}$；U_{OH} 与 U_{OL} 分别是门电路的输出高电平与低电平值，U_{TH} 为门电路的阈值电压。带入到公式（4-1）中，则有

$$T_W = (R + R_{OL}) C \ln \frac{U_{OL} - U_{OH}}{U_{OL} - U_{TH}} \tag{4-7}$$

式中 R_{OL} 是 G_1 输出低电平时的输出电阻，可以忽略不计，则上式可以简化为

$$T_W = RC \ln \frac{U_{OL} - U_{OH}}{U_{OL} - U_{TH}} \tag{4-8}$$

2. 输出脉冲幅度 U_m　由图 4-4 的电压波形可以直接得到输出脉冲幅度 U_m 为

$$U_m = U_{OH} - U_{OL} \tag{4-9}$$

3. 恢复时间 T_{re}　在图 4-3 电路中，从电容 C 开始充电到使 u_C 恢复为高电平的时间可以用下式计算：

$$T_{re} = (3 \sim 5) [(R + R_{OH}) // R_{i2}] C \tag{4-10}$$

式中 R_{OH} 为 G_1 输出高电平时的输出电阻，R_{i2} 则是 G_2 的输入电阻。

4. 分辨时间 T_d　积分型单稳态触发器的分辨时间用下式计算：

$$T_d = T_W + T_{re} \tag{4-11}$$

积分型单稳态触发器的电路结构简单，而且具有较强的抗干扰能力。但是由于电路中没有正反馈的存在所以输出方波的边沿稍差。另外该电路必须在触发脉冲的宽度大于输出脉冲的宽度时才能正常工作，这是因为只要输入一回到低电平，输出马上变为稳态的高电平，所以单稳态只可能存在于输入为高电平期间，可以对其进行改进来实现窄脉冲触发。在此就不做详细介绍了。

4.1.3 集成单稳态触发器

门电路构成的单稳态触发器虽然电路简单，但是输出脉宽稳定性差，调节范围小，并且触发方式单一。为适应单稳态触发器在数字系统中的广泛应用，在 TTL 与 CMOS 的集成电路产品中都生产了单片集成的单稳态触发器器件。在使用这些器件时，只需外接很少的阻容元件和连线，并且由于在电路中又附加了上升沿与下降沿触发控制以及清零等功能，所以使用极为方便灵活。另外元器件集成于同一芯片上，并且从电路上采取了补偿措施，因而电路的温度稳定性较好。

集成单稳态触发器根据电路与工作状态的不同分为非重触发型和可重触发型两种。非重触发型单稳态触发器在触发进入到暂稳态后，输入端如果再次受到触发，电路的工作过程不受影响。即电路进入暂稳态后，输入信号不再起作用，输出的脉冲宽度仍从第一次触发时开始计算。前述的微分型单稳态触发器就属于非重触发型。

可重触发型单稳态触发器在触发进入到暂稳态期间如果再次有触发脉冲作用则会被重复触发，输出的脉冲宽度在此前的暂稳态时间基础上再延长一个 T_W 宽度。因此采用可重触发型单稳态触发器可较方便地得到持续时间更长的输出脉冲宽度。两种单稳态触发器的逻辑符号分别如图 4-5a、b 所示，工作波形分别如图 4-6a、b 所示。

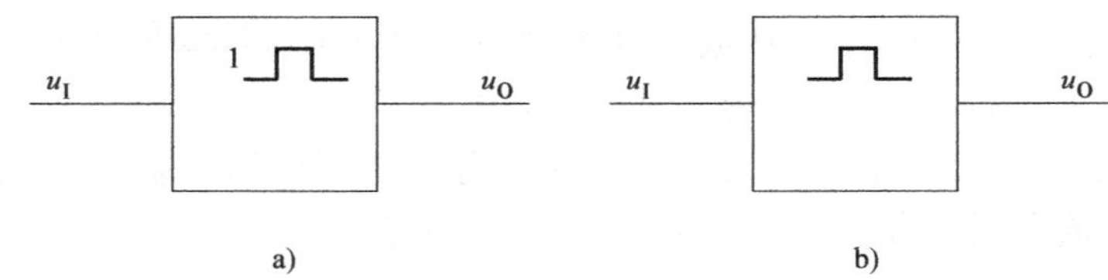

图 4-5　单稳态触发器的逻辑符号

a）非重触发型单稳态触发器　b）可重触发型单稳态触发器

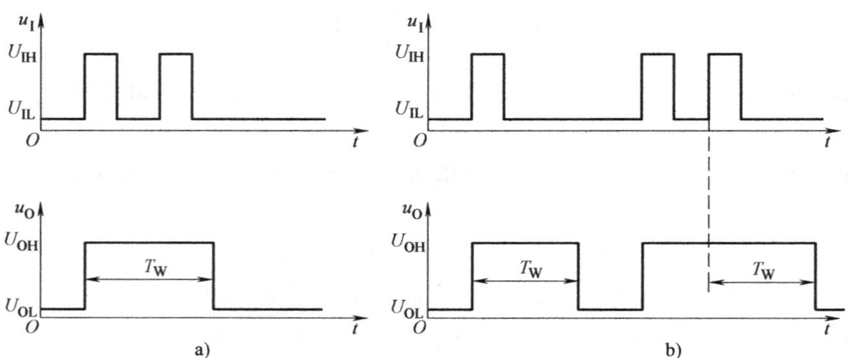

图 4-6　单稳态触发器的工作波形

a）非重触发型单稳态触发器　b）可重触发型单稳态触发器

4.1.3.1 非重触发型单稳态触发器

集成非重触发型单稳态触发器主要有 TTL 系列的 74121 和 74221 等，其中 74221 是双单稳态触发器，即在一个芯片上集成了两个相同的触发器。下面我们以 74121 为例介绍集成非重触发型单稳态触发器的逻辑功能以及参数的估算。

1. 74121 的引脚排列与逻辑符号　74121 为 14 引脚的集成块，其引脚排列如图 4-7a 所示，逻辑符号如图 4-7b 所示。其中 14 引脚和 7 引脚分别为电源端 V_{cc}和接地端 GND；2、8、12 和 13 引脚为空；3 引脚 1A 和 4 引脚 2A 为下降沿触发信号输入端；5 引脚 B 为上升沿触发信号输入端；9 引脚 R_{int}为电路内部电阻外引线端；10 引脚 C_{ext}为外接电容连接端；11 引脚 R_{ext}/C_{ext}为外接电阻和电容连接端；6 引脚 Q 和 1 引脚$\overline{Q}$是两个互补输出端。

2. 74121 的逻辑功能　集成非重触发型单稳态触发器 74121 的逻辑功能表如表 4-1 所示。通过分析该表可知其具有如下功能：

1）稳定状态。当触发输入端处 1A、2A 和 B 端处于表中前四行的任一种取值状态时，电路都处于 $Q=0$、$\overline{Q}=1$ 的稳定状态。

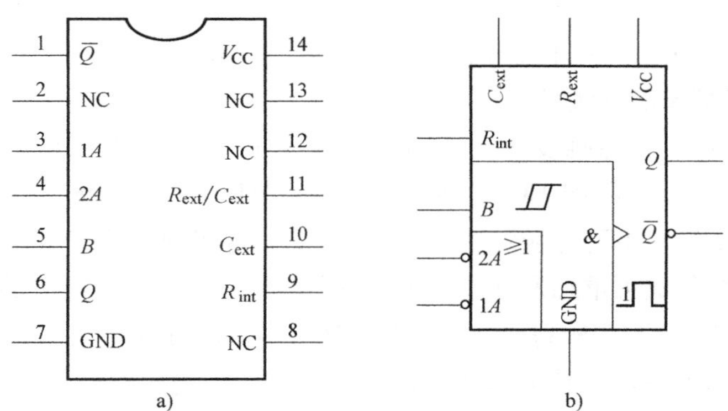

图 4-7　集成非重触发型单稳态触发器 74121 的引脚排列与逻辑符号

a）引脚排列　b）逻辑符号

2）暂稳态。在下述三种情况下，电路由稳态进入到暂稳态，并输出宽度符合要求的脉冲。

一是在 1A 端或在 2A 端输入由高电平跃到低电平的下降沿触发信号，同时另外两个触发输入端接高电平，电路进入到暂稳态。

二是在 1A 端和 2A 端同时输入由高电平跃到低电平的下降沿触发信号，B 端接高电平，电路进入到暂稳态，这两种方式都为下降沿触发方式。

三是在 B 端输入由低电平跃到高电平的上升沿触发信号，同时 1A 端和 2A 端至少一个接低电平，电路进入到暂稳态，此时为上升沿触发方式。

3. 输出脉冲宽度 T_W的估算　脉冲宽度为暂稳态持续的时间，可用下式计算。

$$T_W = R_{ext}C_{ext}\ln 2 \approx 0.693R_{ext}C_{ext} \tag{4-12}$$

具体应用时，外接电容 C_{ext}接在 C_{ext}端和 R_{ext}/C_{ext}端之间，外接电阻 R_{ext}接在 R_{ext}/C_{ext}端和电源 V_{CC}之间。如要求输出脉冲宽度可调，可在 R_{ext}/C_{ext}端和电源 V_{CC}之间接入一个可调电阻。

表 4-1　TTL 集成单稳态触发器 74121 的功能表

输　入			输　出		触发器状态
$1A$	$2A$	B	Q	$\overline{Q}$	
0	×	1	0	1	稳定状态
×	0	1	0	1	
×	×	0	1		
1	1	×	0	1	
1	↓	1	⊓	⊔	暂稳态 下降沿触发
↓	1	1	⊓	⊔	
↓	↓	1	⊓	⊔	
0	×	↑	⊓	⊔	暂稳态 上升沿触发
×	0	↑	⊓	⊔	

通常外接电阻 R_{ext}的取值在 2 ~ 40kΩ 之间，外接电容 C_{ext}的取值在 10pF ~ 10μF 之间，那么 T_W值的范围为 20ns ~ 300ms。

在输出脉冲宽度不大时，可以利用芯片内部的电阻 R_{int} = 2kΩ 取代外接的电阻 R_{ext}，此时 R_{int}端接电源，R_{ext}/C_{ext}端则不需外接电阻，可以简化外部连线。

4.1.3.2　可重触发型单稳态触发器

集成可重触发型单稳态触发器主要有 TTL 系列的 74122 和 74123 以及 CMOS 系列的 CC4098、CC4538、CC14528 和 CC14538 等，其中 74123、CC4098、CC4538、CC14528 和 CC14538 都是双可重触发单稳态触发器，即在一个芯片上集成了两个相同的触发器。下面我们以 74123 为例介绍集成可重触发型单稳态触发器的逻辑功能以及参数的估算。

1. 74123 的引脚排列与逻辑符号　74123 为 16 引脚的集成块，在其内部集成了两个相同的可重触发型单稳态触发器。其引脚排列如图 4-8a 所示，逻辑符号如图 4-8b 所示。

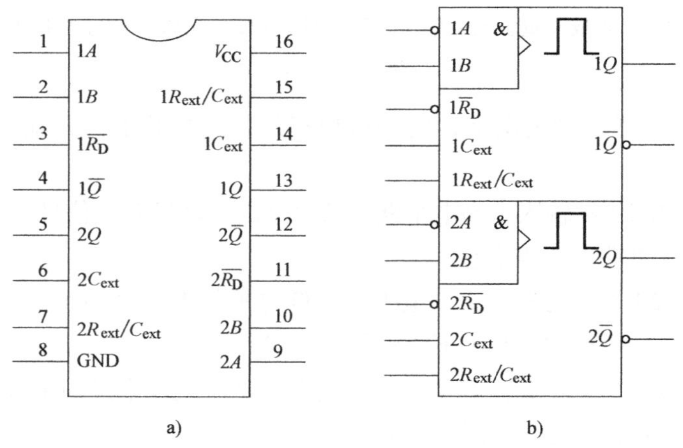

图 4-8　集成可重触发型单稳态触发器 74123 的引脚排列与逻辑符号
a）引脚排列　b）逻辑符号

其中 16 引脚和 8 引脚分别为电源端 V_{CC}和接地端 GND；1 引脚 $1A$ 和 2 引脚 $1B$ 分别为触发器 1 的下降沿和上升沿触发信号输入端；3 引脚 1 $\overline{R_D}$为触发器 1 的复位端，低电平有效；14 引脚 $1C_{ext}$为触发器 1 的外接电容连接端；15 引脚 $1R_{ext}/C_{ext}$为触发器 1 的外接电阻和电容连接端；13 引脚 $1Q$ 和 4 引脚 $1\overline{Q}$是触发器 1 的两个互补输出端。5 引脚 $2Q$、6 引脚 $2C_{ext}$、7 引脚 $2R_{ext}/C_{ext}$、9 引脚 $2A$、10 引脚 $2B$、11 引脚 $2\overline{R_D}$和 12 引脚 $2\overline{Q}$分别为触发器 2 的触发信号输入端、外接阻容端、输出端以及复位端。

2. 74123 的逻辑功能　集成可重触发型单稳态触发器 74123 的逻辑功能表如表 4-2 所示。通过分析该表可知其具有如下功能。

表 4-2　集成可重触发单稳态触发器 74123 的功能表

输　入			输　出		触发器状态
$\overline{R_D}$	A	B	Q	$\overline{Q}$	
1	×	×	0	1	复位状态
1	1	×	0	1	稳定状态
1	×	0	0	1	
1	↓	1	⊓	⊔	下降沿触发
1	0	↑	⊓	⊔	暂稳态 上升沿触发
↓	0	1	⊓	⊔	

1）复位状态。

当$\overline{R_D}=0$ 时，不论其他输入端为何种输入信号，单稳态触发器都处于 $Q=0$、$\overline{Q}=1$ 的稳定状态，也可称为直接置零。

2）稳定状态。

当复位信号$\overline{R_D}$和触发输入端 A、B 端处于表中第 2 和第 3 行的取值状态时，电路都处于 $Q=0$、$\overline{Q}=1$ 的稳定状态。

3）暂稳态。

在下述三种情况下，电路由稳态进入到暂稳态，并输出宽度符合要求的脉冲。

一是当$\overline{R_D}=1$、$B=1$ 时，在 A 端输入触发信号的下降沿，电路便进入到暂稳态。此时为下降沿触发；

二是当$\overline{R_D}=1$、$A=0$ 时，在 B 端输入触发信号的上升沿，电路便进入到暂稳态。

三是当 $A=0$、$B=1$ 时，在$\overline{R_D}$端输入触发信号的上升沿，电路亦进入到暂稳态。

第二和第三种情况都为上升沿触发。

可重触发单稳态触发器 74123 的输出脉冲宽度 T_W 取决于外接电阻和电容值，其外接电阻和外接电容的连接方法与 74121 相同，只进行一次触发时的输出脉冲宽度的计算方法与 74121 相同。

对于可重触发单稳态触发器而言，如果在电路触发进入暂稳态时再次进行触发则电路又重新开始延长暂稳态时间，此时输出脉冲宽度为在此前的暂稳态时间基础上再延长一个脉冲宽度 T_W。所以为了获得宽度很大的脉冲信号，可以在暂稳态期间进行重复触发从而延长暂稳态的持续时间；如果要获得宽度很窄的脉冲信号，则可以在暂稳态期间在复位端$\overline{R_D}$上输入有效的低电平从而提前终止暂稳态。

4.1.4　单稳态触发器的应用

1. 脉冲整形　单稳态触发器的一个直接应用就是用作矩形脉冲的整形电路。脉冲信号在经过长距离的传输后其边沿会变差或者是在波形上叠加了某些干扰信号，为了使这些脉冲信号变成符合要求的脉冲波形，这时就可以利用单稳态触发器对其进行整形。

现假设有一系列幅度与宽度都不规则的信号，只要这些信号的幅度大于单稳态触发器的触发电平，那么把他们加到单稳态触发器的输入端作为输入触发信号，在其输出端 Q 就可以得到宽度与幅度都固定的正脉冲输出，在$\overline{Q}$端可得到相同宽度与幅度的负脉冲输出。脉冲的宽度由外接电阻 R_{ext}和外接电容 C_{ext}的数值决定。在 TTL 电路中，脉冲幅度为 $U_m = U_{OH} - U_{OL}$；在 CMOS 电路中，脉冲幅度接近于电源电压值。单稳态触发器脉冲整形电路连接与工作波形如图 4-9a、b 所示。

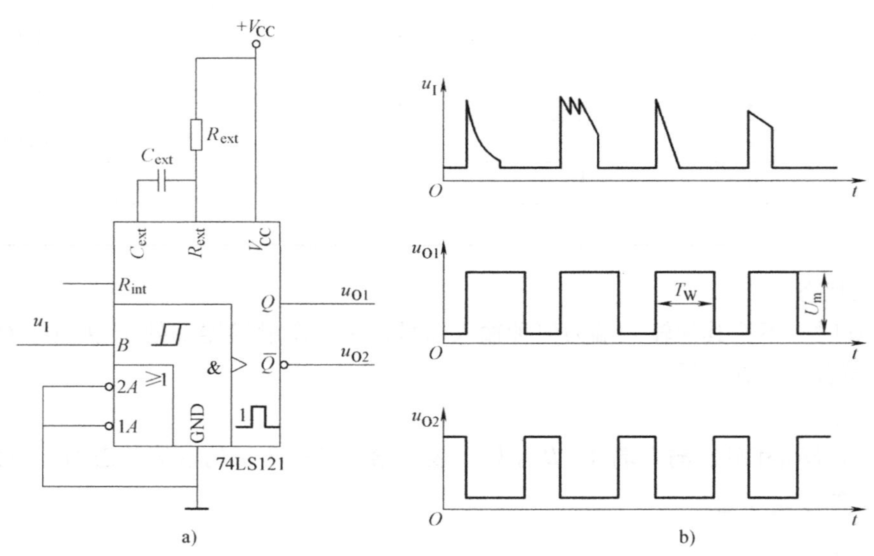

图 4-9　单稳态触发器构成的脉冲整形电路连接与工作波形
a）电路连接　b）工作波形

2. 脉冲定时　由于单稳态触发器可以输出脉宽和幅度符合要求的矩形脉冲，在数字电路中常用它来控制其他一些电路在这个脉冲宽度时间内动作或者不动作，也就实现了定时控制作用。具体定时电路组成如图 4-10a 所示，工作波形如图 4-10b 所示。在该电路中单稳态触发器的输出脉冲作为 u_{O1}与门 G 的开通时间的控制信号，只有在 u_{O1}输出为高电平期间，与门 G 才开通，u_{I2}才能通过与门，此时 $u_O = u_{I2}$，与门 G 开通的时间完全由单稳态触发器决定。在触发器的输出 u_{O1}为低电平期间，与门 G 关闭，u_{I2}不能通过。在此电路中单稳态触发器起的就是定时控制作用，与门打开的时间即定时时间的长短完全取决于单稳态触发器输出的脉冲宽度，也就是取决于外接的阻容参数值，改变其值可以实现不同的定时控制。

3. 脉冲展宽　当输入脉冲较窄时，则可以利用单稳态触发器对其进行展宽，图 4-11a 就是利用 74121 组成的脉冲展宽电路。只要合理选择外接电阻 R 和电容 C 的值，就可输出宽度符合要求的矩形脉冲。图 4-11b 为其工作波形。

单稳态触发器还可以用于脉冲滞后（延迟）电路，在此就不详细叙述了。总之单稳态触发器在脉冲信号的变换和整形电路中得到了广泛的应用。

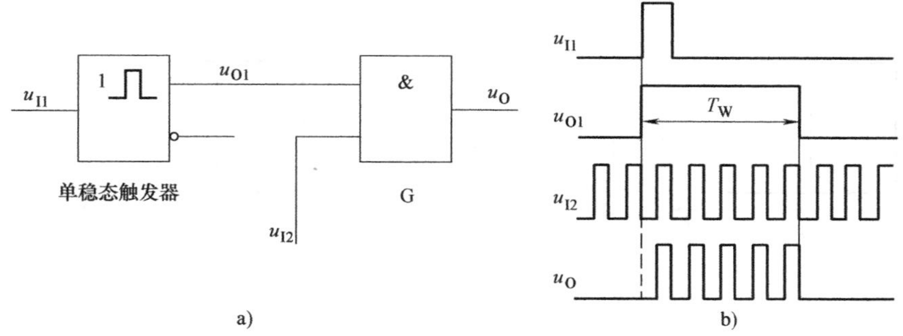

图 4-10 单稳态触发器构成的脉冲定时电路与工作波形

a）电路连接 b）工作波形

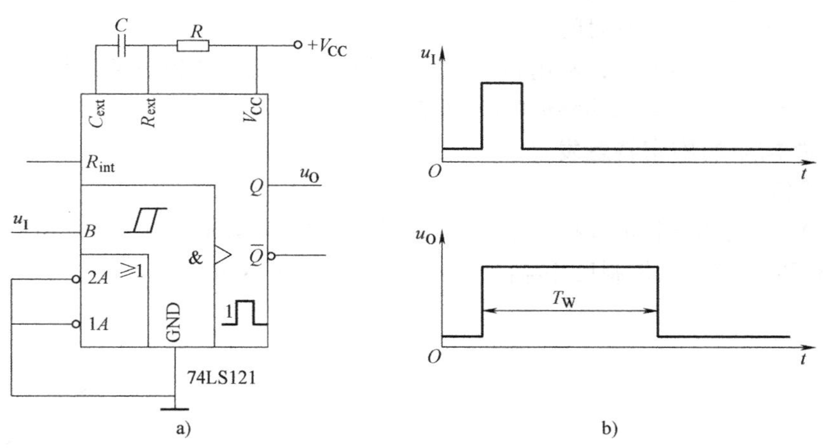

图 4-11 单稳态触发器构成的脉冲展宽电路连接与工作波形

a）电路连接 b）工作波形

4.2 施密特触发器

4.2.1 施密特触发器的特性

施密特触发器是脉冲波形产生与整形中经常用到的一种电路。其触发特性如图 4-12 所示，其特性曲线具有类似于迟滞回线形状，其中图 4-12a 为反相输出型电压传输曲线和逻辑符号，图 4-12b 为同相输出型电压传输曲线和逻辑符号。

由触发特性曲线可以看出，施密特触发器在性能上具有两个重要的特点。

（1）输出电压上升（由 0 变 1）时与下降（由 1 变 0）时，特性曲线转折点所对应的输入电压不同。分别对应的是 U_{T+} 与 U_{T-}，其中 U_{T+} 称为正向阈值电压，U_{T-} 称为负向阈值电压。把 U_{T+} 与 U_{T-} 的差值定义为回差电压，用 ΔU_T 表示，即

$$\Delta U_T = U_{T+} - U_{T-} \tag{4-13}$$

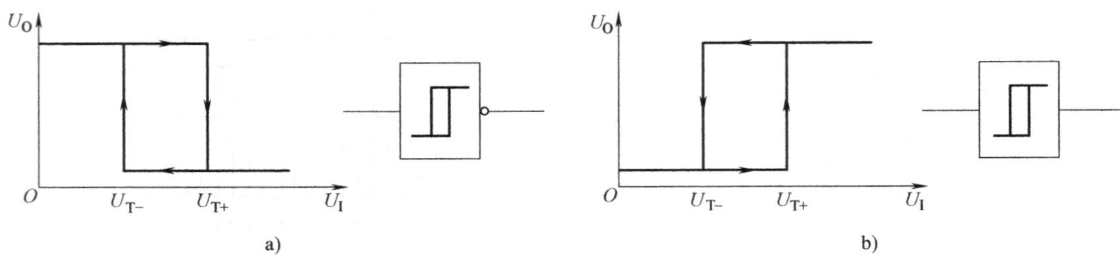

图 4-12 施密特触发器的电压传输曲线与逻辑符号

a）反相输出型 b）同相输出型

具有回差的特性曲线称为滞回特性曲线或施密特触发特性曲线。

（2）在电路状态转换时，通过电路内部的正反馈过程使输出电压波形的边沿变得很陡，即电压传输特性转折时的上升时间与下降时间极短。

通过下面的学习将会发现，利用施密特触发器的滞回特性能很方便地构成多谐振荡器。施密特触发器的滞回特性在脉冲整形电路中有着广泛的应用。

4.2.2 门电路构成的施密特触发器

4.2.2.1 电路组成

用两级 CMOS 反相器就可以构成施密特触发器，如图 4-13a 所示。在此电路中输入电压 u_I 经过电阻 R_1 和 R_2 分压来控制反相器的工作状态，要求 $R_1 < R_2$。

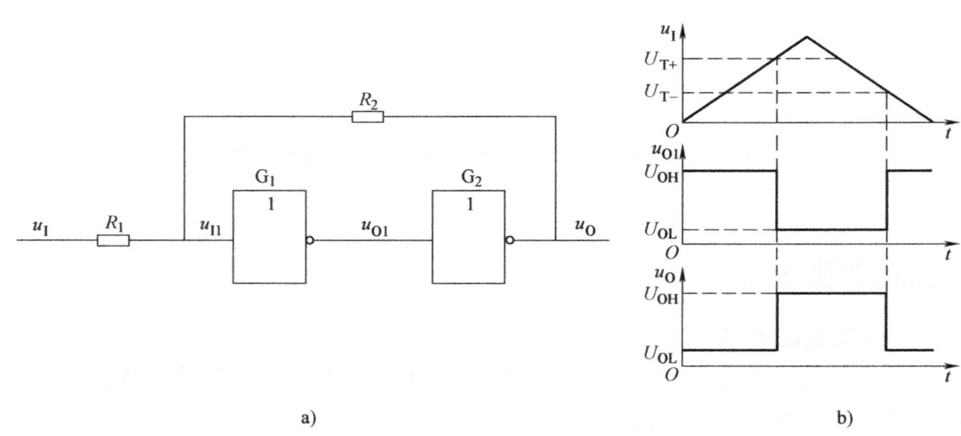

图 4-13 门电路构成的施密特触发器的逻辑电路与工作波形

a）逻辑电路 b）工作波形

4.2.2.2 工作原理

1. 初始状态　假定 CMOS 反相器的电源电压为 V_{DD}，其阈值电压为 $U_{TH} \approx 1/2V_{DD}$，$U_{OH} \approx V_{DD}$，$U_{OL} \approx 0$，且 $R_1 < R_2$。若初始状态为 $u_I = 0$，G_1 关闭，其输出 $u_{O1} = U_{OH} \approx V_{DD}$，

则 G_2开通，输出$u_O=U_{OL}\approx0$，$u_{I1}\approx0$。

2. 电路状态的第一次翻转　当u_I逐渐升高并使u_{I1}也随之升高到$u_{I1}=U_{TH}$时，反相器G_1与G_2进入到电压传输特性的转折区。此时只要u_{I1}随u_I再升高很少一点，由于G_1与G_2之间的正反馈作用，使电路的状态迅速地翻转为G_1开通，其输出$u_{O1}=U_{OL}\approx0$，则G_2关闭，输出$u_O=U_{OH}\approx V_{DD}$的高电平输出状态。由此可以求出u_I上升时使$u_{I1}=U_{TH}$所对应的转折电平，即U_{T+}的值。因为在$u_I=U_{T+}$之前，u_O的值始终为$u_O=U_{OL}\approx0$，所以有

$$u_{I1}=U_{TH}\approx\frac{R_2}{R_1+R_2}U_{T+} \tag{4-14}$$

$$U_{T+}\approx\frac{R_1+R_2}{R_2}U_{TH}=\left(1+\frac{R_1}{R_2}\right)U_{TH} \tag{4-15}$$

此后u_I如果继续增大，由于$u_{I1}>U_{TH}$，电路状态保持不变。

3. 电路状态的第二次翻转　同理，当u_I从高电平逐渐降低并使u_{I1}也随之降低到$u_{I1}=U_{TH}$时，反相器G_1与G_2也进入到电压传输特性的转折区。此时只要u_{I1}随u_I再降低很少一点，由于G_1与G_2之间的正反馈作用，使电路的状态迅速地翻为G_1关闭，其输出$u_{O1}=U_{OH}\approx V_{DD}$，则$G_2$开通，其输出为$u_O=U_{OL}\approx0$的低电平输出状态。由此可以求出$u_I$下降时使$u_{I1}=U_{TH}$所对应的转折电平，即$U_{T-}$的值。因为在$u_I=U_{T-}$之前，$u_O$的值始终为$u_O=U_{OH}\approx V_{DD}$，所以有

$$u_{I1}=U_{TH}=U_{OH}-(U_{OH}-U_{T-})\frac{R_2}{R_1+R_2}$$

$$\approx V_{DD}-(V_{DD}-U_{T-})\frac{R_2}{R_1+R_2} \tag{4-16}$$

$$U_{T-}\approx\frac{R_1+R_2}{R_2}U_{TH}-\frac{R_1}{R_2}V_{DD} \tag{4-17}$$

由于 CMOS 电路中一般有$U_{TH}\approx1/2V_{DD}$，带入到式（4-17）中有

$$U_{T-}\approx\left(1-\frac{R_1}{R_2}\right)U_{TH} \tag{4-18}$$

由式（4-15）与式（4-18）可以求得回差电压为

$$\Delta U_T=U_{T+}-U_{T-}\approx2\frac{R_1}{R_2}U_{TH}\approx\frac{R_1}{R_2}V_{DD} \tag{4-19}$$

由式（4-19）可见，在V_{DD}一定的条件下回差电压ΔU_T与R_1/R_2成正比，通过调整R_1/R_2的数值即可以调整回差电压ΔU_T的大小。

上述由门电路构成的施密特触发器的工作波形如图 4-13b 所示，此电路若以G_2的输出端作为电路的输出则属于同相输出型施密特触发器；如果以G_1的输出端作为电路的输出则是反相输出型施密特触发器。

由上述分析可知，施密特触发器有两个稳定状态，这两个稳定状态的维持和转换完全取决于输入电压的大小。当输入电压上升到稍大于正向阈值电压U_{T+}或下降到稍小于负向阈值电压U_{T-}时施密特触发器输出状态就发生翻转，从而输出边沿陡峭的矩形脉冲。

例 4-1　在图 4-13a 所示的施密特触发器电路中，已知 $R_1=5\text{k}\Omega$，$R_2=10\text{k}\Omega$，G_1 与 G_2 为 CMOS 反相器，它们的电源电压为 $V_{DD}=5V$，$U_{TH}\approx 1/2V_{DD}=2.5V$。试计算该电路的正向阈值电压 U_{T+}、负向阈值电压 U_{T-} 与回差电压 ΔU_T 的值。

解：根据式（4-15）有

$$U_{T+}\approx\frac{R_1+R_2}{R_2}U_{TH}=\left(1+\frac{R_1}{R_2}\right)U_{TH}=\left(1+\frac{5}{10}\right)\times 2.5V=3.75V$$

根据式（4-18）有

$$U_{T-}\approx\left(1-\frac{R_1}{R_2}\right)U_{TH}=\left(1-\frac{5}{10}\right)\times 2.5V=1.25V$$

则回差电压为

$$\Delta U_T=U_{T+}-U_{T-}=(3.75-1.25)V=2.5V$$

4.2.3　集成施密特触发器

由于施密特触发器的应用十分广泛，所以在 TTL 与 CMOS 数字集成电路中都做成单片集成电路产品。集成施密特触发器具有较好的性能，其正向阈值电压和负向阈值电压都很稳定，有很强的抗干扰能力，使用也十分方便。

1. TTL 集成施密特触发器　典型的 TTL 集成施密特触发器有 7414、74132 和 7413 等。其中 7414 是六反相施密特触发器，在一个芯片中集成了完全相同的六个反相输出型施密特触发器。7414 的引脚排列和逻辑符号如图 4-14a、b 所示。7414 的电压传输特性与图 4-12a 相同。

74132 是 2 输入端四与非施密特触发器，由于在每个单元电路的输入部分增加了与的逻辑功能，同时在输出端又增加了反相器，所以称为施密特触发的与非门。74132 在一个芯片中集成了完全相同的四个 2 输入端的施密特触发的与非门。74132 的引脚排列和逻辑符号如图 4-15a、b 所示。74132 的电压传输特性与图 4-12a 相同，只不过它的输入电压是两个输入信号 A 与 B 相“与”后的值。

7413 是 4 输入端双与非施密特触发器，在一个芯片中集成了完全相同的两个 4 输入端的施密特触发的与非门。7413 的引脚排列和逻辑符号如图 4-16a、b 所示。74132 的电压传输特性与图 4-12a 相同，只不过它的输入电压是四个输入信号 A、B、C 和 D 相“与”后的值。

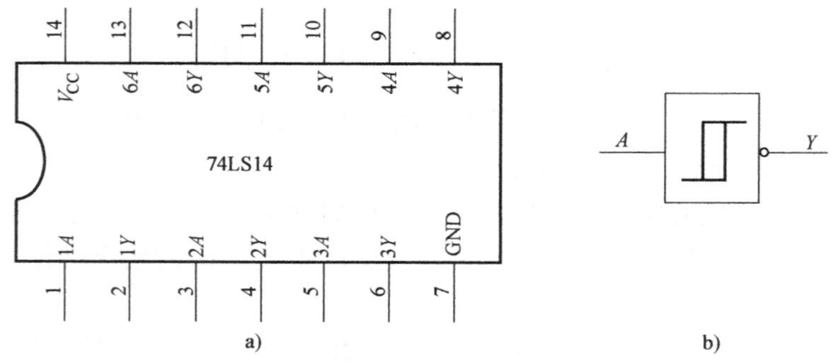

图 4-14　集成施密特触发器 7414 的引脚排列与逻辑符号

a）引脚排列　b）逻辑符号

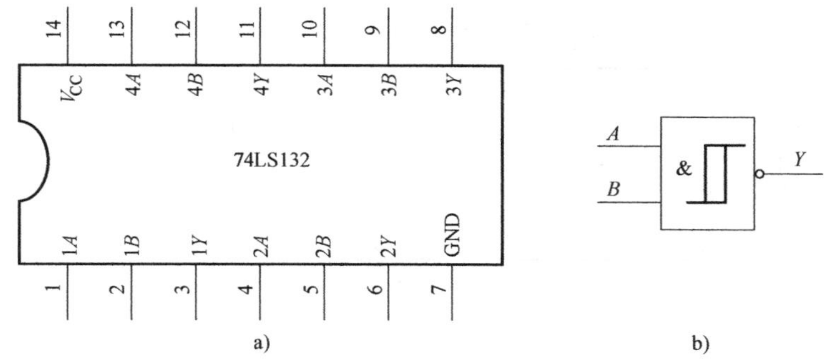

图 4-15　集成施密特触发器 74132 的引脚排列与逻辑符号
a）引脚排列　b）逻辑符号

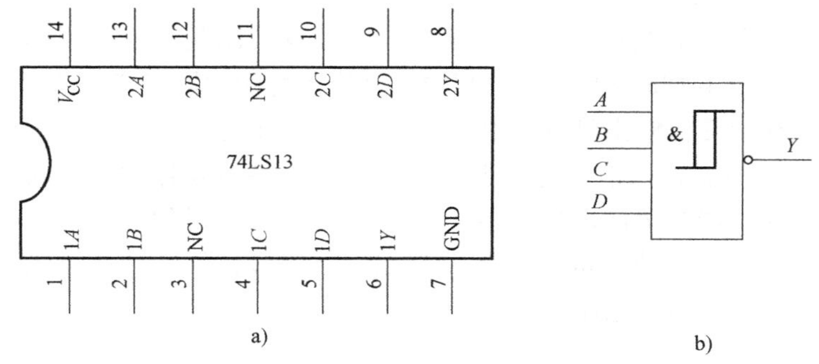

图 4-16　集成施密特触发器 7413 的引脚排列与逻辑符号
a）引脚排列　b）逻辑符号

TTL 集成施密特触发器反相器和与非门具有如下特点：

1）可将变化缓慢的信号变换成上升沿和下降沿都很陡峭的脉冲信号。

2）内部具有阈值电压和回差电压温度补偿电路，所以电路性能一致性好。典型的回差电压值是 $\Delta U_{T}=0.8V$。回差电压不能任意调节，给应用带来了一定的局限性。

3）具有很强的抗干扰能力。

2. CMOS 集成施密特触发器　典型的 CMOS 集成施密特触发器有 4093、40106、4584 和 4583。其中 40106 和 4584 是六反相施密特触发器，都是在一个芯片中集成了完全相同的 6 个反相输出型施密特触发器，引脚排列和逻辑符号与 7414 的相同。4583 是 4 输入端双与非施密特触发器，其逻辑功能以及引脚排列与 7413 相同。

4093 是 2 输入端四与非施密特触发器，其逻辑功能与 74132 相同，但是引脚排列有所不同，4093 的引脚排列和逻辑符号如图 4-17a、b 所示。

CMOS 集成施密特触发器反相器和与非门具有如下特点：

1）可将变化缓慢的信号变换成上升沿和下降沿都很陡峭的脉冲信号。

2）在电源电压一定时，触发阈值电压稳定，但其值会随电源电压的变化而变化。

3）电源电压范围宽，输入阻抗高，功耗很小。

4）抗干扰能力强。

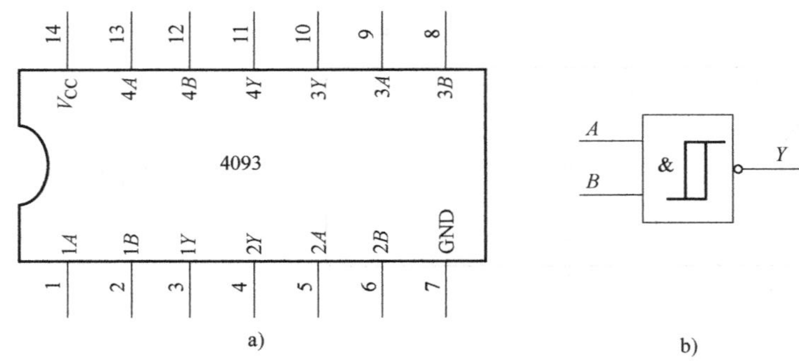

图 4-17 集成施密特触发器 4093 的引脚排列与逻辑符号
a）引脚排列 b）逻辑符号

4.2.4 施密特触发器的应用

1. 波形变换 利用施密特触发器可将三角波、正弦波以及其他不规则的信号变换为边沿陡峭的矩形脉冲。图 4-18a 就是利用反相输出型施密特触发器变三角波为矩形脉冲的工作波形。图 4-18b 是利用反相输出型施密特触发器变正弦波为矩形脉冲的工作波形。由图 4-18 的工作波形可见，只要输入信号电压上升时大于施密特触发器的正向阈值电压 U_{T+} 以及下降时小于施密特触发器的负向阈值电压 U_{T-}，那么输出端得到的就是一个边沿陡峭的与输入同频率的矩形波电压信号。同样道理，利用施密特触发器可以把其他形状的周期性电压波形变换为同频率的矩形脉冲电压信号。

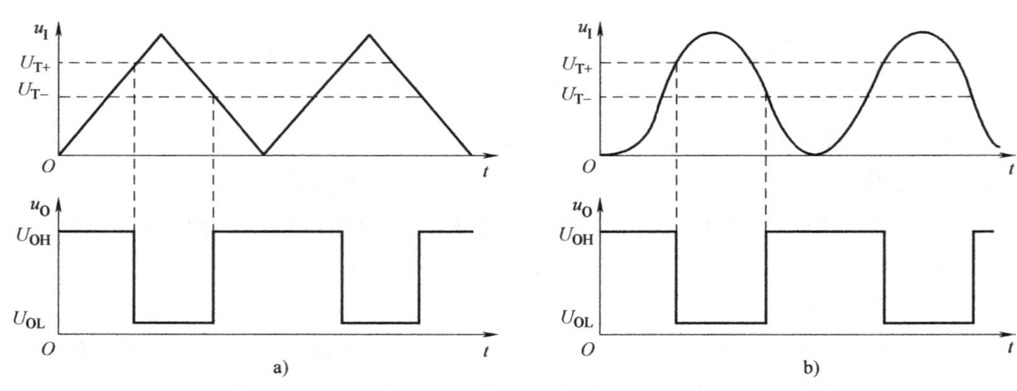

图 4-18 施密特触发器用于波形变换工作波形
a）变三角波为矩形脉冲 b）变正弦波为矩形脉冲

2. 矩形脉冲整形 在数字系统中，矩形脉冲经过传输后经常发生畸变，从而使矩形脉冲的性能参数变坏，达不到系统对其要求。常见的畸变情况如图 4-19 所示。其中图 4-19a 所示的情况是由于传输线上接有较大的电容，因为电容两端的电压不能突变，所以造成矩形脉冲的前、后沿都明显变坏。图 4-19b 所示的情况是由于传输线较长并且接收端的阻抗与传输线的阻抗不匹配，从而造成当矩形脉冲的上升沿或下降沿到达接收端时产生振荡现象。图 4-19c 所示的情况是由于其他脉冲信号通过导线之间的分布电容或公用电源线叠加到传送矩形脉冲上，从而在其上出现附加噪声。

不论出现上述的哪一种情况，都可以用施密特触发器对矩形脉冲进行整形而获得比较理想的矩形脉冲波。只要恰当选取 U_{T+} 与 U_{T-} 的值，均能获得满意的整形效果。图 4-19 给出的是利用反相输出型施密特触发器进行脉冲整形的工作波形图。

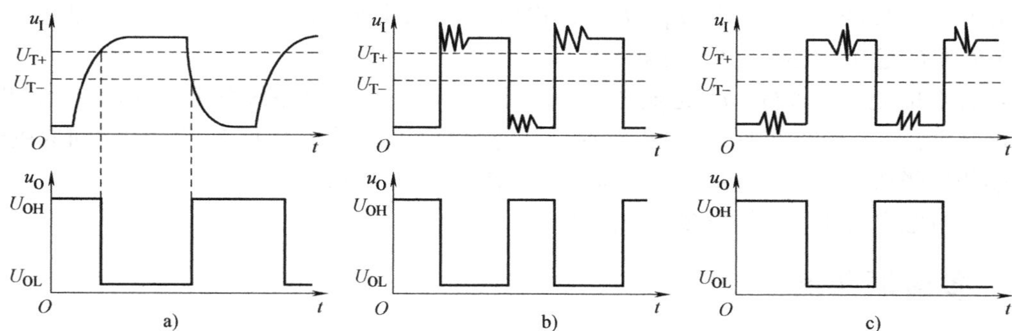

图 4-19　施密特触发器用于脉冲整形工作波形

a）脉冲前后沿变坏　b）脉冲上升沿与下降沿产生振荡　c）产生附加噪声

3. 脉冲鉴幅　如果将一系列幅度不同的脉冲信号加到施密特触发器的输入端，只有那些幅度大于 U_{T+} 的脉冲才会产生输出信号，则可以用施密特触发器对输入信号的幅度进行鉴别。如图 4-20 所示，可以将幅度大于 U_{T+} 的信号选出来，而幅度小于 U_{T+} 的信号则去除掉了。

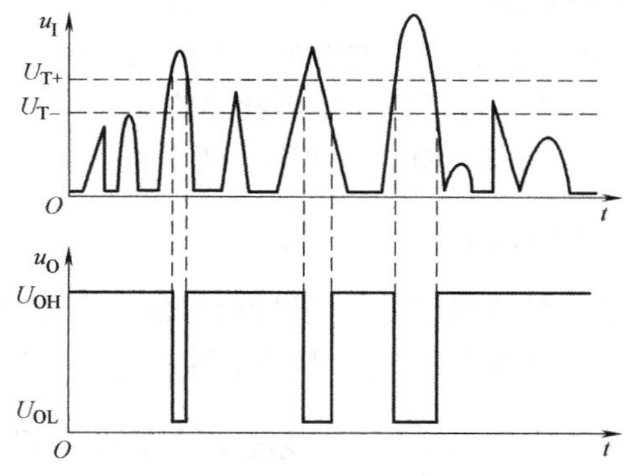

图 4-20　施密特触发器脉冲鉴幅波形

4. 构成单稳态触发器　利用 CMOS 施密特触发器构成单稳态触发器的电路图如图4-21a所示，工作波形如 4-21b 所示。

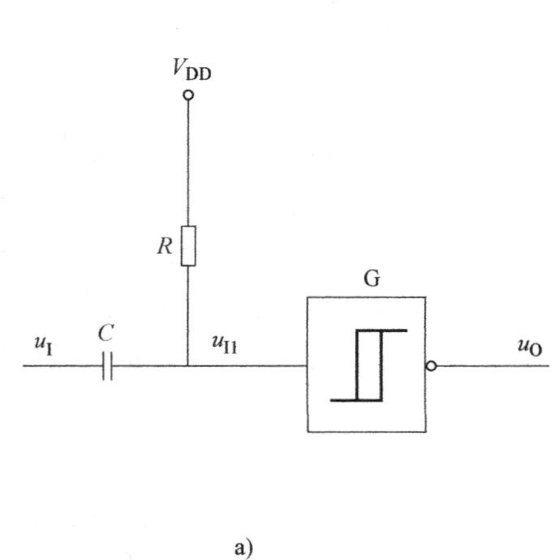

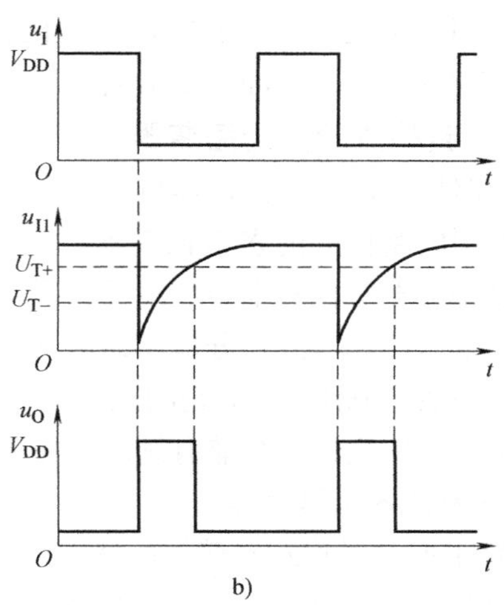

图 4-21　施密特触发器构成的单稳态触发器

a）电路图　b）工作波形

工作原理是：当输入 $u_I = V_{DD}$时，$u_{I1} = V_{DD}$，电容 C 上的电压为 0V，电路的输出 $u_O = U_{OL} \approx 0V$ 为低电平。此时电路处于稳定状态。

当输入电压 u_I从 V_{DD}高电平跳变为低电平时，由于在跳变的瞬间电容两端的电压不能突变，u_{I1}产生同样的负跳变，使 $u_{I1} < U_{T-}$，输出 u_O由低电平 U_{OL}跳变为 V_{DD}，随即电源电压 V_{DD}经 R 对 C 充电，电路进入到暂稳态。

随着 C 的充电的进行，u_{I1}也随之升高，当 $u_{I1} > U_{T+}$时，电路状态又发生翻转，输出 u_O由高电平 V_{DD}跳变到低电平 U_{OL}，电路返回到初始的稳定状态。单稳态持续的时间取决于电容两端的压降从 U_{OL}充电到 U_{T+}的时间，完全取决于 RC 的值。

施密特触发器还可以构成多谐振荡器。

4.3 多谐振荡器

矩形脉冲波形的产生电路是一种自激振荡电路，该电路在接通电源后无须外加触发信号就可自动产生一定频率和幅值的矩形脉冲或方波，由于在矩形脉冲中含有丰富的高次谐波分量，所以通常把矩形波振荡器称为多谐振荡器。

多谐振荡器没有稳定状态，只有两个暂稳态。工作时多谐振荡器的输出不停地在两个暂稳态之间转换，那么就得到了周期和幅度一定的脉冲信号输出。

一般为了定量描述矩形脉冲信号的性质，主要采用如下的性能参数：

（1）脉冲周期 T 与频率。两个相邻脉冲之间的时间间隔称为脉冲周期 T。周期 T 的倒数就是脉冲的频率 f，即 $f = \frac{1}{T}$。

（2）脉冲幅度 U_m。脉冲信号的最大变化幅度值称为脉冲幅度 U_m。

（3）脉冲宽度 T_w。脉冲信号的高电平持续时间称为脉冲宽度 T_w。

（4）占空比 q。脉冲宽度 T_w与脉冲周期 T 的比值定义为占空比 q，所以 $q = \frac{T_W}{T}$。若占空比 q 为 50%，则此脉冲波形就是方波。

（5）上升时间 t_r。脉冲上升沿从 $0.1U_m$上升到 $0.9U_m$所需的时间，用 t_r表示。

（6）下降时间 t_f。脉冲下降沿从 $0.9U_m$下降到 $0.1U_m$所需的时间，用 t_f表示。

4.3.1 门电路构成的多谐振荡器

由门电路构成的多谐振荡器可以有多种形式，其中典型的有对称式多谐振荡器和环形振荡器。所有门电路构成的多谐振荡器都具有如下的共同特点：首先，电路中都含有开关器件，如门电路、电压比较器等，其主要作用是用来产生高、低电平；其次，都具有反馈网络，将输出电压的全部或部分地反馈给开关器件，使之输出状态发生变化；最后，还要具有延迟环节，一般是利用 RC 电路的充、放电特性来实现延时，以获得所需要的振荡频率。在实际电路中，有的反馈网络兼有延时的作用。

4.3.1.1 对称式多谐振荡器

1. 电路组成　对称式多谐振荡器的逻辑电路组成如图 4-22a 所示。它是由两个反相器、两个电阻与两个电容组成，由于门 G_1和 G_2的外部电路是对称的故称为对称式多谐振荡器。两个反相器可以用 TTL 型的，也可以用 CMOS 型的。电阻 R_1与 R_2分别是门 G_1和 G_2的反馈电阻，用以设置门 G_1和 G_2的静态工作点，使它们工作于线性转折区域，对 TTL 门而言，电阻的取值一般在0.5~2kΩ之间，对CMOS门而言，电阻的取值一般在10MΩ左右。C_1、C_2与两个电阻构成延时环节。

2. 工作原理

1）第一暂稳态状态：假如由于某种原因（可以是电源的波动、外界的干扰以及电路的内部噪声等）使输入u_{I1}有微小的正跳变，则由于G_1的作用，使u_{O1}产生一个放大的负跳变；由于电容两端的电压不能突变，则使u_{I2}亦产生同样大的负跳变；由于G_2的作用，使u_{O2}产生一个更大的正跳变；同样由于电容两端的电压不能突变，这个正跳变又会引回到输入端，此正反馈过程是

$$u_{I1}\uparrow \rightarrow u_{O1}\downarrow \rightarrow u_{I2}\downarrow \rightarrow u_{O2}\uparrow$$

从而使G_1迅速饱和，u_{O1}为低电平；G_2迅速截止，u_{O2}为高电平；电路进入到第一个暂稳态：$u_{O1}=0$；$u_{O2}=1$。

2）第二暂稳态状态：与此同时u_{O2}经R_2向C_1充电，C_2经R_1放电。随着C_1充电的进行，u_{I2}逐渐升高，当u_{I2}升高到G_2的阈值电压U_{TH}时，u_{O2}开始下降，则引起如下所示的另一个正反馈过程：

$$u_{I2}\uparrow \rightarrow u_{O1}\downarrow \rightarrow u_{I1}\downarrow \rightarrow u_{O1}\uparrow$$

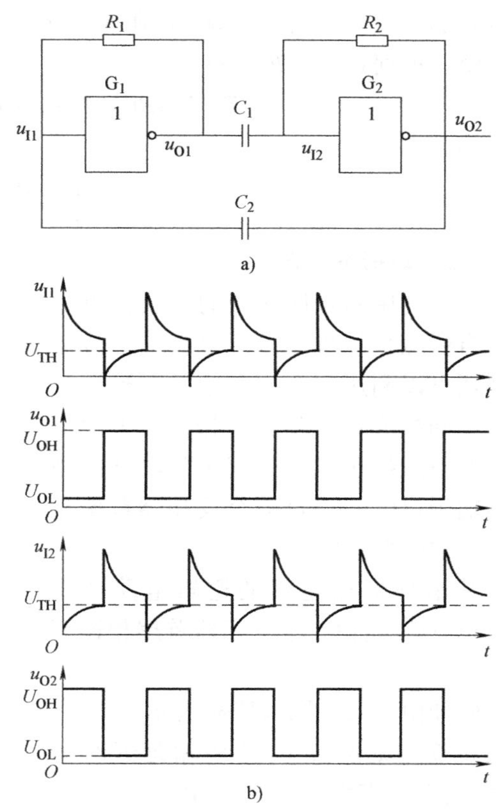

图4-22 对称式多谐振荡器

a）电路图 b）工作波形

从而使G_1迅速截止，u_{O1}为高电平；G_2迅速饱和，u_{O2}为低电平；电路进入到第二个暂稳态：$u_{O1}=1$；$u_{O2}=0$。

3）振荡：同时C_2又开始充电，C_1开始放电。由于电路的对称性，这个过程和上述的C_1充电，C_2放电的过程完全对应，随着C_2充电的进行，u_{I1}逐渐升高，当u_{I1}升高到G_1的阈值电压U_{TH}时，u_{O1}开始下降，则电路又迅速返回到G_1迅速饱和、G_2迅速截止的第一个暂稳态。因此，电路将不停地在两个暂稳态之间往复振荡，在输出端不断发出矩形脉冲波形。电路中的各点电压工作波形如图4-22b所示。

3. 振荡周期的计算　由上面的分析可以看出，输出脉冲的周期等于两个暂稳态持续时间之和，其中第一个暂稳态的持续时间是C_1开始充电到u_{I2}升高到G_2的阈值电压U_{TH}的时间，第二个暂稳态的持续时间是C_2开始充电到u_{I1}升高到G_1的阈值电压U_{TH}的时间。每个暂稳态的持续时间长短是由C_1或者C_2的充电时间常数所决定的。

当G_1、G_2为TTL门，$U_{OH}=3.4V$，$U_{OL}\approx 0V$，$U_{TH}=1.4V$，$C_1=C_2=C$，$R_1=R_2=R$，并且R的数值比门电路的输入电阻小很多时，输出脉冲的周期T可以用下式进行估算：

$$T\approx 1.4RC \tag{4-20}$$

式中 R 的单位为欧姆（Ω），C 的单位为法拉（F），T 的单位为秒（s）。

例 4-2 在图 4-22a 所示对称式多谐振荡器的电路中，$C_1=C_2=1\mu F$，$R_1=R_2=1k\Omega$，并且它的数值比门电路的输入电阻小很多时，试估算该电路的振荡频率。

解：根据式（4-20）有

$$T\approx 1.4RC\approx 1.4\times 10^3\times 10^{-6}s=1.4\times 10^{-3}s$$

则振荡频率为

$$f=\frac{1}{T}\approx\frac{10^3}{1.4}Hz=0.71kHz$$

4.3.1.2 环形振荡器

除了利用闭合回路中的正反馈可以产生自激振荡以外，只要负反馈信号足够强还可以利用闭合回路中的延迟负反馈作用同样亦可产生自激振荡。下面要介绍的环形振荡器就是利用门电路的固有传输延迟时间将奇数个反相器首尾相连而形成的振荡器。

基本环形振荡器的逻辑电路如图 4-23a所示，是由 3 个反相器首尾相连而组成的。

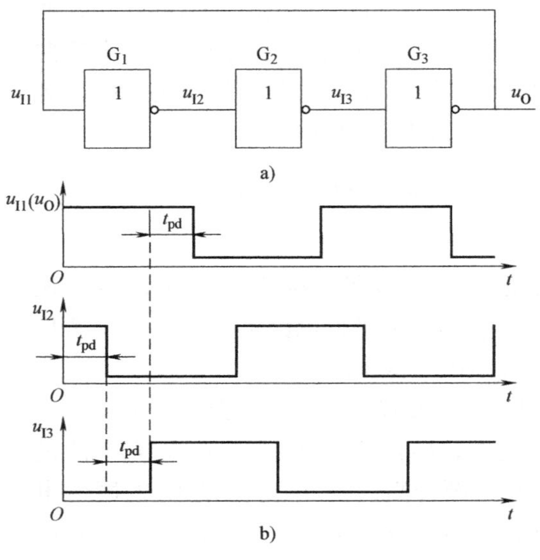

图 4-23 环形振荡器
a）逻辑电路 b）工作波形

假如由于某种原因使输入 u_{I1} 有微小的正跳变，则经过 G_1 的传输延迟时间 t_{pd}后，使 u_{I2}产生一个更大的负跳变，再经过 G_2的传输延迟时间 t_{pd}后，又使 u_{I3} 产生一个更大的正跳变。最后经过 G_3的传输延迟时间 t_{pd}后，在 u_O产生一个负跳变。而 u_O又接回到输入端，所以就是经过 $3t_{pd}$的时间以后，又在 u_{I1} 出现了与初始跳变方向相反的电压跳变。依此类推，若再经过 $3t_{pd}$时间之后 u_{I1} 又将跳变为高电平，如此地周而复始，则在其输出端就产生了自激振荡，可以得到具有一定脉宽和幅度的矩形波输出。

根据上述分析可以得到电路中的各点电压工作波形如图 4-23b 所示。由图可见，产生的矩形波的振荡周期为 $6t_{pd}$。并且可以得出一个结论：将任何大于等于 3 的奇数个反相器首尾相连串接在一起都可以构成环形振荡器，其振荡周期为

$$T=2nt_{pd} \tag{4-21}$$

式中 n 为串联的反相器的个数。

基本环形振荡器的突出优点是电路极为简单。其缺点是由于门电路的传输延迟时间极短，所以难以获得稍低一些的振荡频率，并且频率不宜调节。为克服这些缺点，经常在图 4-23a 的基础上增加 RC 延迟环节加以改进。

4.3.2 石英晶体多谐振荡器

在许多的应用场合对多谐振荡器振荡频率的稳定性都有很严格的要求。例如在数字钟电

路中，要求计数脉冲的频率十分稳定，否则的话就直接影响到计时的准确性。而前面介绍的几种多谐振荡器都难以满足要求。因此在对振荡频率要求很高的场合，必须采取相应的稳频措施，目前广泛采用的稳频方法就是石英晶体多谐振荡器。

石英晶体的电抗频率特性与符号如图 4-24 所示。由其频率特性曲线可以看出石英晶体不仅具有很好的选频特性，而且频率特性非常稳定。

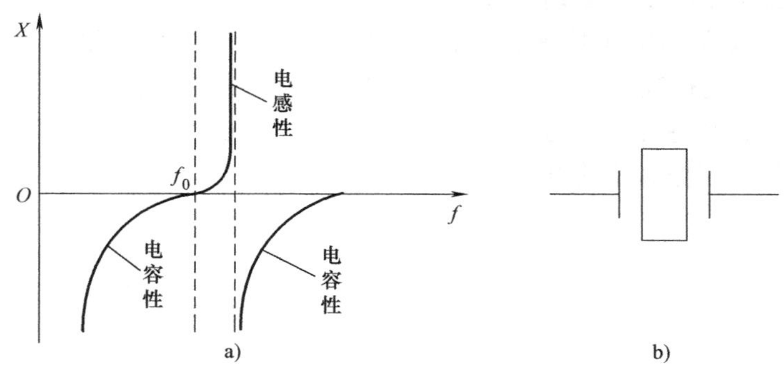

图 4-24　石英晶体的电抗频率特性和图形符号

a）电抗频率特性　b）图形符号

把石英晶体与对称式多谐振荡器中的耦合电容 C_1 或 C_2 串联，即可组成串联式石英晶体多谐振荡器。如图 4-25a 所示。也可以构成并联式多谐振荡器如图 4-25b 所示。

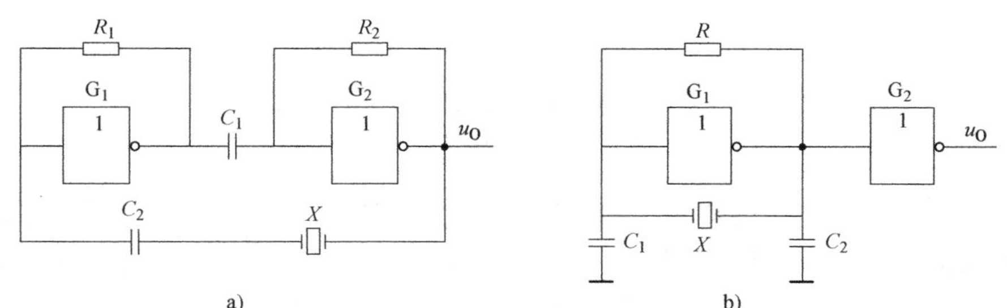

图 4-25　石英晶体多谐振荡器

a）串联式　b）并联式

由石英晶体的电抗频率特性可知，当外加电压的频率为 f_0 时石英晶体的等效阻抗最小，此频率的电压信号最容易通过，并在电路中形成正反馈，所以振荡器的工作频率必然是 f_0，而其他频率的电压信号在经过石英晶体后被严重衰减，不足以产生振荡。

以 4-25a 所示的串联式多谐振荡器分析其工作过程。具体振荡过程的产生是这样的：在电路刚接通电源后，门 G_1 和 G_2 的输入端 u_{I1} 与 u_{I2} 必然有噪声电压存在，噪声电压的频谱是很宽的，其中一定含有 f_0 频率的电压成分，即使这个电压成分在开始时可能极小，但是通过电路的正反馈作用，可以使其迅速达到使门电路在饱和与截止状态之间转换所需要的输入信号幅度，从而使电路产生振荡，振荡频率固定为 f_0。

由上述分析可以看出，石英晶体多谐振荡器的振荡频率取决于石英晶体的固有谐振频率 f_0，f_0 的大小只与石英晶体切割的方向、外形以及尺寸有关，而与外接的电阻、电容等外围电路参数无关。石英晶体的频率稳定度可以达到$10^{-10} \sim 10^{-11}$，完全可以满足大多数数字系统对矩形脉冲频率稳定度的要求。目前，具有各种谐振频率的石英晶体已经被做成标准件。

石英晶体虽然振荡频率的精度很高，频率稳定度很好，但是石英晶体振荡器输出的波形不太好，需要经过整形才能得到比较理想的矩形脉冲，因此往往在输出级再加一级非门，既起到整形的作用，又起到缓冲隔离的作用，如图4-25b中G_2门。

4.3.3 施密特触发器构成的多谐振荡器

因为施密特触发器的电压传输特性曲线中有一个滞回区，如果能使它的输入电压在U_{T+}与U_{T-}之间不停地往复变化，则在其输出端就可以得到矩形脉冲。而实现这个设想的方法很简单，只要将施密特触发器的反相输出端经过RC积分电路接回到其输入端即可。用施密特触发器构成的多谐振荡器的电路如图4-26a所示。

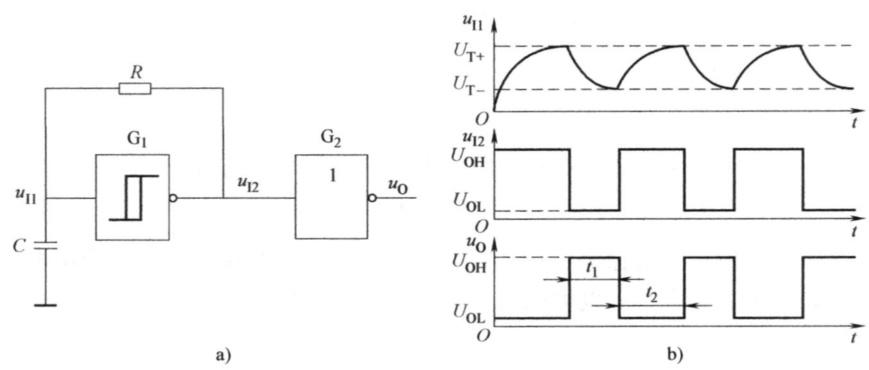

图4-26 施密特触发器构成的多谐振荡器

a）逻辑电路 b）工作波形

工作原理：当接通电源的瞬间，由于电容C上的初始电压为零，u_{I1}为低电平，u_{I2}为高电平，所以u_{I2}的高电平通过电阻R向电容C充电，随着充电的进行，输入电压u_{I1}逐渐升高，当u_{I1}升高到$u_{I1}=U_{T+}$时，G_1的输出电压即u_{I2}就跳变为低电平。随后电容C通过电阻R开始放电，随着放电的进行，输入电压u_{I1}逐渐降低，当u_{I1}下降到$u_{I1}=U_{T-}$时，G_1的输出电压u_{I2}又跳变为高电平，电容C又开始充电，如此地周而复始，无须外加信号就在电路的输出端得到了所需要的矩形脉冲，实现了多谐振荡器功能。图中门G_2的作用是对输出信号进行整形以得到比较理想的矩形脉冲u_O输出。电路的工作波形如图4-26b所示。

若使用的是CMOS施密特触发器，且$U_{OH} \approx V_{DD}$，$U_{OL} \approx 0$，则根据图4-26b可以得到振荡周期的公式为

$$
\begin{aligned}
T &= t_1 + t_2 = RC\ln\frac{V_{DD}-U_{T-}}{V_{DD}-U_{T+}} + RC\ln\frac{U_{T+}}{U_{T-}} \\
&= RC\ln\left(\frac{V_{DD}-U_{T-}}{V_{DD}-U_{T+}} \times \frac{U_{T+}}{U_{T-}}\right) \qquad (4\text{-}22)
\end{aligned}
$$

式（4-22）中若集成CMOS施密特触发器确定，电源电压亦确定，那么U_{T+}与U_{T-}的值也就随之确定。只要通过调节R与C的大小，就可以改变电路的振荡周期。

4.4 555 定时器及其应用

555 定时器是一种多用途的单片集成电路，只需外接少量的阻容元件就可以构成单稳态触发器、施密特触发器和多谐振荡器等电路。由于其使用方便、灵活，所以555定时器的应用极为广泛。555 定时器主要应用于脉冲波形的产生和整形、测量与控制、家用电器、仪器与仪表以及电子玩具等诸多领域。

目前555 定时器尽管产品型号繁多，但是几乎所有的双极型产品即TTL系列的后三位都是555，而CMOS型的产品的后四位都是7555，并且它们的逻辑功能与引脚排列也完全相同。另外，有的在同一个芯片上集成了两个555 定时器，也称为双555 定时器，TTL 型的后三位数字是556，CMOS 型的后四位是7556。

4.4.1 555 定时器的电路组成、引脚排列与逻辑功能

1. 电路组成 555 定时器的逻辑电路如图4-27a 所示。它是由分压器、电压比较器、基本 RS 触发器、输出缓冲器以及集电极开路输出的泄放晶体管 5 部分组成。

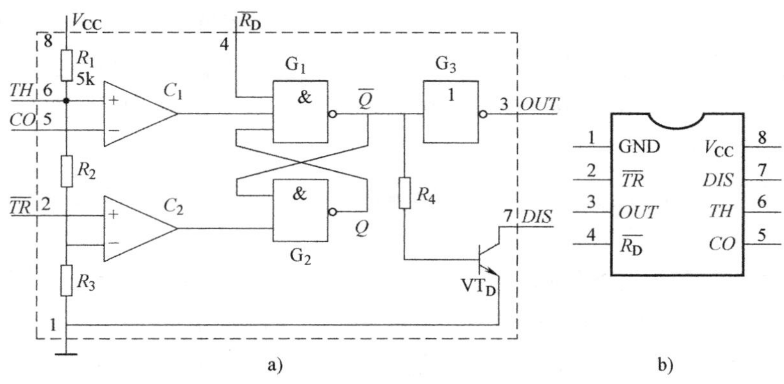

图 4-27 555 定时器的逻辑电路与引脚排列

a）逻辑电路 b）引脚排列

（1）分压器：由三个等值电阻构成，$R=5\text{k}\Omega$。555 定时器名称由此而来。

（2）电压比较器：由两个电压比较器 C_1、C_2 组成。电源电压 V_{CC} 经等值电阻分压后获取了 $U_{R1}=2V_{CC}/3$，$U_{R2}=V_{CC}/3$ 的基准电压分别加到 C_1 的同相端与 C_2 的反相端。C_1 用于比较输入电压 u_1（6 引脚输入）与 U_{R1} 的大小，控制 C_1 输出的高低电平；C_2 用于比较输入电压 u_2（2 引脚输入）与 U_{R2} 的大小，控制 C_2 输出的高低电平。

（3）基本 RS 触发器：它是由与非门构成的带异步复位端的 RS 触发器，其状态由电压比较器的输出来控制。

（4）输出缓冲器：为了改善输出信号的波形与提高电路的带负载能力在输出端设置了缓冲器 G_3。

（5）泄放晶体管：集电极开路的晶体管 VT_D 的作用则是当基本 RS 触发器置 0 时，可以为外接电容提供一个接地的放电通路，故称为泄放晶体管。

2. 引脚排列及作用 555 定时器的引脚排列如图 4-27b 所示，具体名称与功能如下：

1 引脚为接地端 GND。接地。

2 引脚为低触发输入端，一般称为触发端$\overline{TR}$。当无外接基准电压时，若 $U_{TR}<V_{CC}/3$，则 555 定时器的输出为高电平。

3 引脚为定时器的输出端 OUT。

4 引脚为异步复位端$\overline{R_D}$。低电平有效，当$\overline{R_D}$接低电平时，则 555 定时器的输出为低电平，不使用异步复位端$\overline{R_D}$时将其接高电平。

5 引脚为电压控制端 CO。当此端悬空时，$U_{R1}=2V_{CC}/3$，$U_{R2}=V_{CC}/3$。而当 CO 端外接一个基准电压 U_C时，则分别为 $U_{R1}=U_C$，$U_{R2}=V_{CC}/2$，即“阈值端”与“触发端”的比较电平改变了。

6 引脚为高触发输入端，一般称为阈值端 TH。当无外接基准电压时，若 $U_{TH}>2V_{CC}/3$，则 555 定时器的输出为低电平。

7 引脚为放电端 DIS。基本 RS 触发器置 0 时，晶体管 VT_D 导通，可以为外接电容提供一个接地的放电通路。

8 引脚为电源端 V_{CC}。接正电源。

3. 555 定时器的逻辑功能分析　前面已经介绍过，比较器 C_1、C_2的比较基准电压在电压控制端 CO 悬空时，为 $U_{R1}=2V_{CC}/3$，$U_{R2}=V_{CC}/3$。若 CO 端外接基准电压 U_C时，则分别为 $U_{R1}=U_C$，$U_{R2}=U_C/2$。在此按 CO 悬空讨论。并假设在 6 引脚 TH 端接入输入电压 U_{TH}，2 引脚$\overline{TR}$端接入输入 U_{TR}。

（1）异步清零：当$\overline{R_D}$接低电平时，不论输入电压 U_{TH}和 U_{TR}为何值，555 定时器的输出固定为低电平，即处于复位状态。

（2）置零状态：当 $U_{TH}>U_{R1}$，$U_{TR}>U_{R2}$，比较器 C_1的输出 $u_{C1}=0$，比较器 C_2的输出 $u_{C2}=1$，则基本 RS 触发器被置成 0 状态，即 $Q=0$，此时 555 定时器的输出 $u_O=0$。

（3）置 1 状态：当 $U_{TH}<U_{R1}$，$U_{TR}<U_{R2}$，比较器 C_1的输出 $u_{C1}=1$，比较器 C_2的输出 $u_{C2}=0$，则基本 RS 触发器被置成 1 状态，即 $Q=1$，此时 555 定时器的输出 $u_O=1$。

（4）保持状态：当 $U_{TH}<U_{R1}$，$U_{TR}>U_{R2}$，比较器 C_1的输出 $u_{C1}=1$，比较器 C_2的输出 $u_{C2}=1$，则基本 RS 触发器保持原状态不变，即两个输入端的输入电压分别在此范围时 555 定时器的输出取决于此前时刻的输出。

如果将泄放晶体管 VT_D 的集电极即 7 引脚 DIS 通过一个外接电阻接到电源 V_{CC}上，则在 7 引脚 DIS 端可实现一个反相器的功能。当基本 RS 触发器被置 0，即 $Q=0$，$\overline{Q}=1$ 时，VT_D 导通，7 引脚的输出 $u_D=0$；当基本 RS 触发器被置 1，即 $Q=1$，$\overline{Q}=0$ 时，VT_D 截止，7 引脚的输出 $u_D=1$。u_D的逻辑状态与 555 定时器的输出 u_O的逻辑状态是相同的。

通过上述的分析，可以得到 555 定时器的功能表如表 4-3 所示。

555 定时器可以在较宽的电源电压范围内正常工作，一般双极型 555 定时器的电源电压范围为 5 ~ 15V，输出高电平约为电源电压的 90%；CMOS 型 555 定时器的电源电压范围为 3 ~ 18V，输出高电平不低于电源电压的 95%。

4.4.2　555 定时器构成的单稳态触发器

把 555 定时器的输入端 u_{I2}（2 引脚$\overline{TR}$端）作为信号输入端 u_I，把放电管 VT_D 与外接电阻 R 构成的反相器的输出 u_D（7 引脚）接回到输入端 u_{I1}（6 引脚 TH 端），并且在这一点对地接入电容 C，就构成了单稳态触发器。电路组成如图 4-28a 所示。为了提高内部比较器参考电压的稳定性，在外加基准电压端5引脚到地之间也接上0.01μF的电容，主要起旁路高频干扰的作用。

表4-3　555定时器的功能表

输　入			输　出	
U_{TH}	U_{TR}	$\overline{R_D}$	u_O	VT_D 的状态
×	×	0	0	导通
$>\frac{2}{3}V_{CC}$	$>\frac{1}{3}V_{CC}$	1	0	导通
$<\frac{2}{3}V_{CC}$	$<\frac{1}{3}V_{CC}$	1	1	截止
$<\frac{2}{3}V_{CC}$	$<\frac{1}{3}V_{CC}$	1	不变	不变

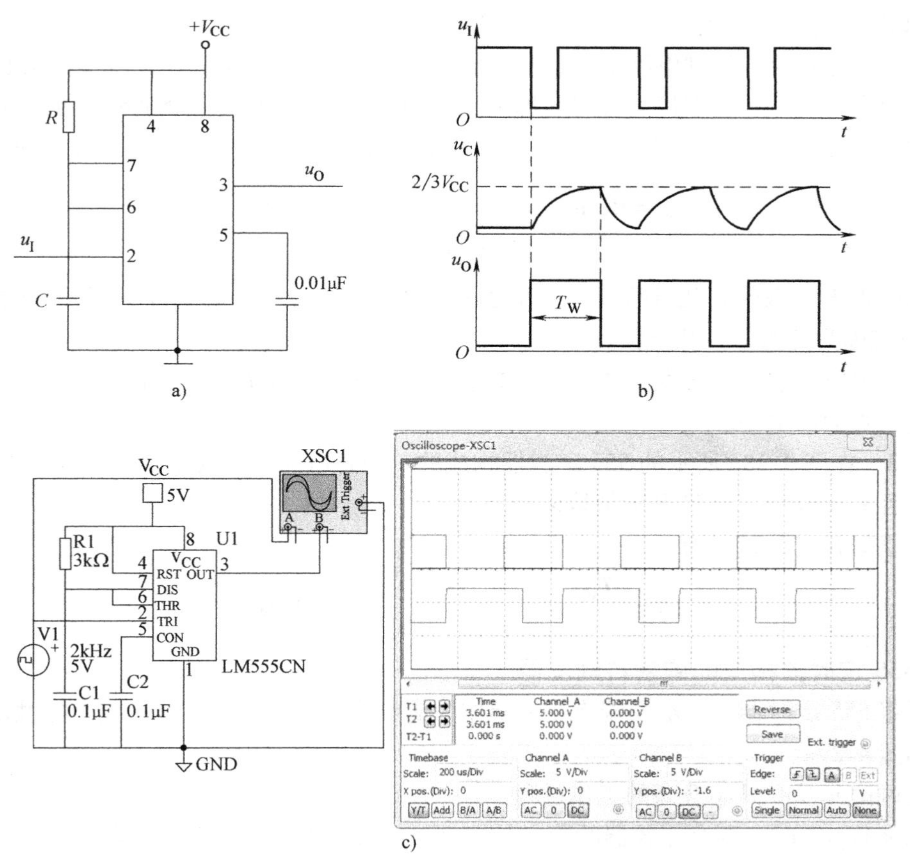

图4-28　555定时器构成的单稳态触发器

a）逻辑电路　b）工作波形　c）仿真电路及波形

电路由输入脉冲的下降沿触发。先假设接通电源后，基本RS触发器处于 $Q=1$ 状态，那么 VT_D 一定截止，V_{CC}就通过电阻 R 向电容 C 充电，当充电到 $u_C=2V_{CC}/3$ 时，$u_{C1}=0$，于是基本RS触发器置0，使 $Q=0$，输出 $u_O=0$。同时 VT_D 由截止变为导通，电容 C 开始放电，使 $u_C \approx 0$。此后，由于 $u_{C1}=u_{C2}=1$，基本 RS 触发器保持 0 状态不变，输出就稳定在 $u_O=0$ 的状态。

再假设接通电源后，基本 RS 触发器处于 $Q=0$ 状态，则输出 $u_O=0$，且 VT_D 导通，电容 C 上的电压 $u_C=0$。此时两个比较器的输出 $u_{C1}=u_{C2}=1$，基本 RS 触发器保持 0 状态不变，输出也就稳定在 $u_O=0$ 的状态。

由此可见，在接通电源后，若输入信号 u_I 一直为高电平，则电路处于两个比较器的输出 $u_{C1}=u_{C2}=1$，输出 $u_O=0$ 的稳定状态。

当输入端的触发脉冲下降沿到达时，首先使 $u_I<V_{CC}/3$，所以 $u_{C2}=0$，基本 RS 触发器置 1，电路进入到 $u_O=1$ 的暂稳态。

与此同时，放电管 VT_D 截止，V_{CC} 就通过电阻 R 向电容 C 充电，当充电到 $u_C=2V_{CC}/3$ 时，$u_{C1}=0$，若此时输入 u_I 已回到高电平，则将基本 RS 触发器置 0，使 $Q=0$，输出又返回到初始的状态即 $u_O=0$。同时 VT_D 由截止变为导通，电容 C 经 VT_D 的集电极迅速放电，使 $u_C \approx 0$。此后，电路就回到了稳态。

通过上述分析可以得到电路中各点的电压工作波形如图 4-28b 所示，4-28c 为仿真电路及波形。由图可见，暂稳态持续时间（即输出脉冲宽度 T_W）取决于外接电阻 R 与电容 C 的数值，输出脉冲宽度 T_W 等于电容上的电压从 0 上升至 $u_C=2V_{CC}/3$ 时所需要的时间。所以有

$$T_W = RC\ln\frac{V_{CC}}{V_{CC}-\frac{2}{3}V_{CC}} = RC\ln 3 = 1.1RC \tag{4-23}$$

通常电阻 R 的取值在几百欧到几兆欧之间，电容 C 的取值在几百皮法到几百微法之间，T_W 的对应范围为几微秒到几分钟。

另外，电路要求输入触发脉冲的宽度要小于输出脉冲宽度 T_W，因为在 u_I 为低电平期间，输出肯定一直为高电平。

例 4-3 在图 4-28a 所示的 555 定时器构成的单稳态电路中，为了得到宽度为 1s 的秒脉冲，若电容 $C=10\mu F$，电阻 R 的值取多少？

解：根据式（4-23）有

$$R=\frac{T_W}{1.1C}=\frac{1}{1.1\times 10\times 10^{-6}}\Omega \approx 91k\Omega$$

4.4.3 555 定时器构成的施密特触发器

只要将 555 定时器两个触发端连在一起作为信号输入端，就可以得到施密特触发器。电路组成如图 4-29a。

首先讨论 u_I 从 0 开始升高的工作过程：

当 $u_I<V_{CC}/3$ 时，两个比较器的输出是 $u_{C1}=1$，$u_{C2}=0$，则 555 定时器的输出为 $u_O=1$。

当 $V_{CC}/3<u_I<2V_{CC}/3$ 时，$u_{C1}=1$，$u_{C2}=1$，则 555 定时器的输出保持原状态不变，仍为 $u_O=1$。

若 u_I 继续升高，使 $u_I>2V_{CC}/3$ 后，$u_{C1}=0$，$u_{C2}=1$，则 555 定时器的输出为 $u_O=0$。因此可以看出，正向阈值电压为：$U_{T+}=2V_{CC}/3$。

然后，再讨论 u_I 从高于 $2V_{CC}/3$ 下降的工作过程：

当 $V_{CC}/3<u_I<2V_{CC}/3$ 时，$u_{C1}=1$，$u_{C2}=1$，所以则 555 定时器的输出保持原状态不变，

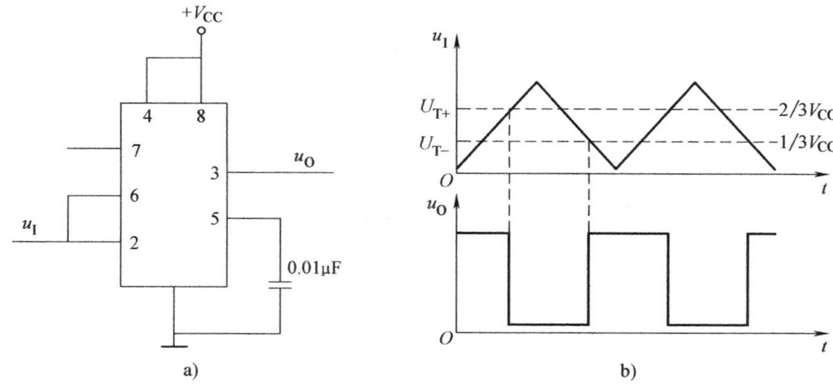

图 4-29 555 定时器构成的施密特触发器

a）逻辑电路 b）工作波形

仍为 $u_O=0$。

当 u_I继续下降，使 $u_I<V_{CC}/3$ 后，$u_{C1}=1$，$u_{C2}=0$，则 555 定时器的输出为 $u_O=1$。因此可以看出，负向阈值电压为：$U_{T-}=V_{CC}/3$。

通过上述分析可以得到电路的电压波形如图 4-29b 所示。

回差电压为

$$\Delta U_T=U_{T+}-U_{T-}=\frac{1}{3}V_{CC} \tag{4-24}$$

如果参考外接电压 U_{CO}由 5 引脚输入，则此时 $U_{T+}=U_{CO}$，$U_{T-}=U_{CO}/2$，回差电压为 $\Delta U_T=U_{T+}-U_{T-}=V_{CC}/2$。只改变 U_{CO}数值的大小就可以调节回差电压的大小。

4.4.4 555 定时器构成的多谐振荡器

先将 555 定时器的两个触发端 6 引脚与 2 引脚接在一起作为输入端 u_I，再将晶体管 VT_D 的集电极，即 7 引脚与外接电阻 R_1构成的反相器，将其输出 u_D经过由 R_2和 C 组成的积分电路接回到输入端 u_I，就实现了由 555 定时器构成多谐振荡器。其实质是先用 555 定时器构成施密特触发器后，再加积分电路构成多谐振荡器。电路组成如图 4-30a 所示。

当接通电源后，电源电压 $+V_{CC}$通过 R_1与 R_2给电容 C 充电，随着充电的进行，u_C逐渐升高，当 u_C升高到 $2V_{CC}/3$ 时，基本 RS 触发器进入到 $Q=0$，$\overline{Q}=1$ 的状态，电路的输出 $u_O=0$，并且此时 VT_D 导通；由于 VT_D 的导通，电容 C 开始通过 R_2与 VT_D 放电，随着放电的进行，u_C逐渐降低，当 u_C降低到 $V_{CC}/3$ 时，基本 RS 触发器翻转到 $Q=1$，$\overline{Q}=0$ 的状态，电路的输出 $u_O=1$，并且此时 VT_D 截止；由于 VT_D 的截止，电容 C 又将再次开始充电过程，如此地周而复始，在电路的输出端就会得到周期性矩形脉冲输出。工作波形如 4-30b 所示。图 4-30c 为仿真电路及波形。

振荡周期的计算。电容 C 的充电时间 t_1与放电时间 t_2分别为

$$t_1=(R_1+R_2)C\ln2=0.7(R_1+R_2)C \tag{4-25}$$

$$t_2=R_2C\ln2=0.7R_2C \tag{4-26}$$

所以电路的振荡周期为

$$T=t_1+t_2=0.7(R_1+2R_2)C \tag{4-27}$$

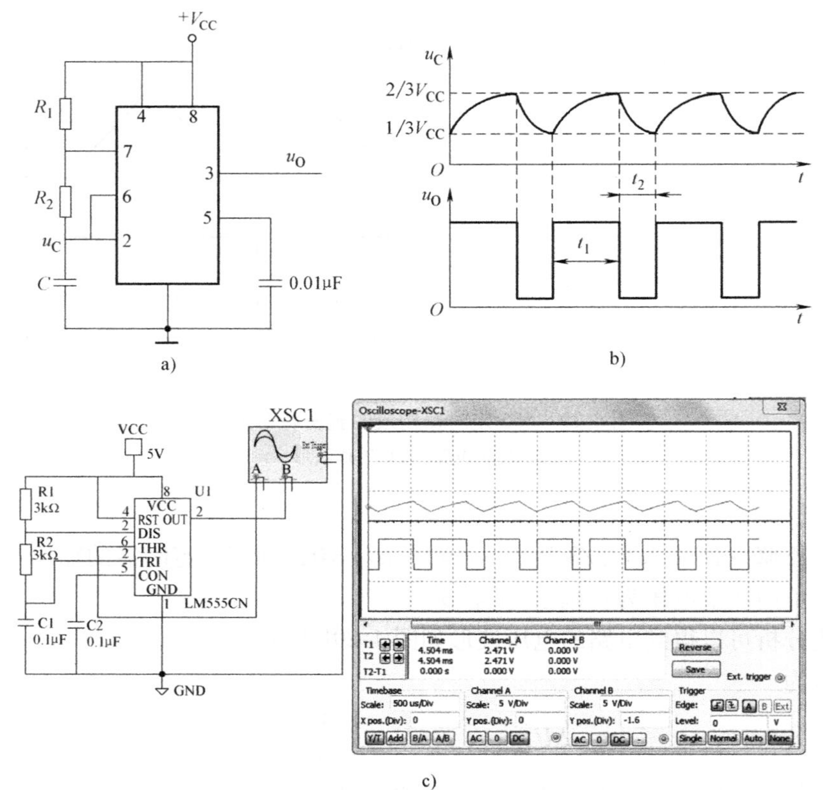

图 4-30　555 定时器构成的多谐振荡器

a）逻辑电路　b）工作波形　c）仿真电路及波形

频率为

$$f=\frac{1}{T}=\frac{1.4}{(R_1+2R_2)C} \tag{4-28}$$

由式（4-25）与（4-27）可得输出脉冲的占空比为

$$q=\frac{t_1}{T}=\frac{R_1+R_2}{R_1+2R_2} \tag{4-29}$$

例 4-4　图 4-30a 电路中，若 $R_1=10\text{k}\Omega$，$R_2=5\text{k}\Omega$，$C=10\mu\text{F}$，求该振荡器的振荡周期 T、振荡频率 f 与输出脉冲的占空比 q。

解： 1）根据式（4-27）可知

$$\begin{aligned}T&=0.7(R_1+2R_2)C=0.7\times20\times10^3\times10\times10^{-6}\text{s}\\&\approx0.14\text{s}\end{aligned}$$

2）根据式（4-28）可知

$$f=\frac{1.4}{(R_1+2R_2)C}\approx7\text{Hz}$$

3）根据式（4-29）可知

$$q=\frac{R_1+R_2}{R_1+2R_2}=\frac{15}{20}=\frac{3}{4}$$

555 定时器在构成施密特触发器与单稳态触发器后，同样也可以实现对脉冲波形的整形与变换。

4.5 应用实例——变音门铃电路

图 4-31 是 555 定时器构成的变音门铃电路。在电路中 555 定时器接成多谐振荡器形式。

由 555 定时器构成的变音门铃电路的工作过程是：当按下按钮开关 S 时，电源电压经 VD_2对电容 C_1充电，当充电至 4 引脚（$\overline{R_D}$）电压大于 1V 时，电路振荡，其输出驱动扬声器 HA 发声，此时振荡频率由 R_2、R_3与 C_2的数值决定。当松开按钮开关 S 时，4 引脚（$\overline{R_D}$）仍维持高电平，电路保持振荡，扬声器 HA 仍然发声，但是此时的振荡频率由 R_1、R_2、R_3与 C_2的数值决定，由于 R_1的接入，振荡频率将降低，从而实现变音。与此同时，C_1经 R_4放电，当放电至 4 引脚（$\overline{R_D}$）电压小于 1V 时，电路停止振荡。再次按下 S 时，电路重复上述过程。

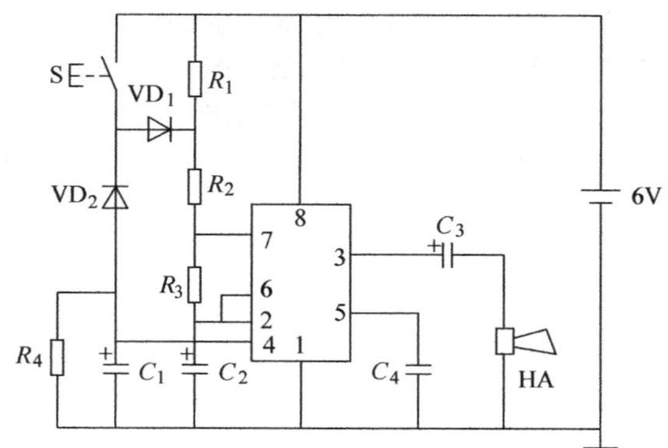

图 4-31　555 定时器构成的变音门铃电路

通过适当调整 R_1、R_2、R_3与 C_2的数值，可以在按下 S 与松开 S 时分别发出“叮”“咚”的声音。门铃余音的长短由 C_1与 R_4放电时间的长短决定。

本章小结

本章介绍了用于脉冲信号波形整形与变换的电路以及各种用于脉冲信号的产生的电路。

（1）单稳态触发器是一种被广泛用到的整形电路，还可以用以实现延时与定时。它的工作特点是具有一个稳态与一个暂稳态，在无外触发信号时，电路始终处于稳态；在外触发信号的作用下，电路转入暂稳态；经过一段时间后，电路可自动返回到稳态。暂稳态持续的时间长短，即输出脉冲的宽度完全由电路参数决定，而与输入信号无关，输入信号只起触发作用。

（2）施密特触发器是经常用到的一种脉冲信号产生、整形与变换的电路。它是双稳态电路，它的电压传输特性具有滞回特性，其输出的高低电平分别对应不同的输入电平，并且输出脉冲的边沿很陡峭。

（3）脉冲信号产生电路属于自激振荡电路，电路没有稳态，只有两个暂稳态，电路工作时输出自动地在两个暂稳态之间不停地转换。多谐振荡器可以由门电路、施密特触发器、石英晶体以及 555 定时器等构成，也有单片集成的多谐振荡器。不论是哪一种构成方式，通常都需要外接阻容元件，改变阻容元件的参数可以调节振荡器的振荡频率与脉冲宽度等。

（4）石英晶体振荡器的振荡频率稳定性极好，且不受外围电路参数的影响，所以在对脉冲信号的频率稳定性要求严格的场合一般都采用它。

（5）用 555 定时器可以构成双稳态的施密特触发器、单稳态触发器以及无稳态的多谐振荡器。除此之外，还可以接成各种应用电路。

复习思考题

1. 试述单稳态触发器的工作特点并说明其主要用途。
2. 试述施密特触发器的工作特点并说明其主要用途。
3. 试述多谐振荡器的工作特点。
4. 说明555定时器的电路组成与主要应用领域。
5. 门电路构成的单稳态触发器如图4-32a所示，其输入电压波形如图4-32b所示。

（1）试对应定性画出G_2的输入电压u_C与输出电压u_O的波形。

（2）为了增加输出负脉冲的宽度，可以采取哪些措施？

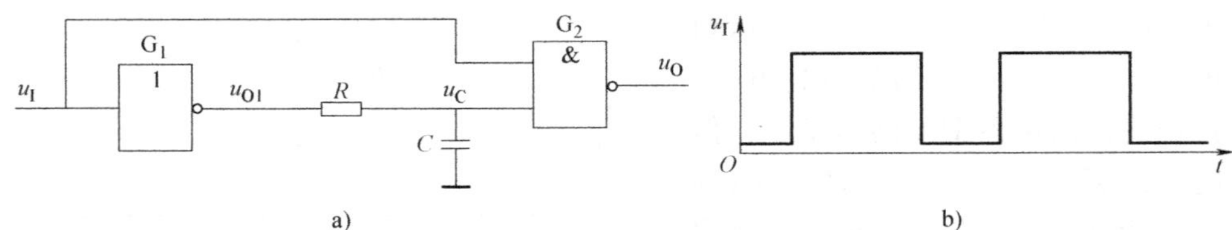

图4-32　题5图

a）逻辑电路　b）输入波形

6. 用两级CMOS反相器构成的施密特触发器如图4-33所示。已知电源电压为$V_{DD}=10V$，其阈值电压为$V_{TH}\approx V_{DD}/2=5V$，$U_{OH}\approx V_{DD}$，$U_{OL}\approx 0$，且$R_1=50k\Omega$，$R_2=100k\Omega$。试计算：

（1）电路的正向阈值电压U_{T+}的值。

（2）电路的负向阈值电压U_{T-}的值。

（3）电路的回差电压ΔU_T的值。

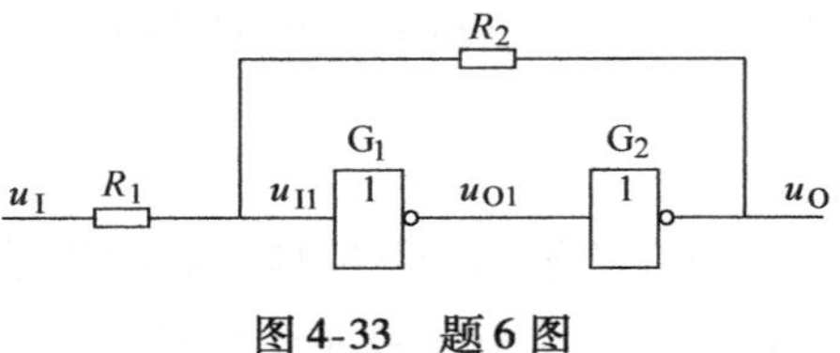

图4-33　题6图

7. 已知反相输出的施密特触发器的输入信号波形如图4-34所示，试画出对应的输出信号波形。施密特触发器的正向阈值电压U_{T+}与负向阈值电压U_{T-}已在输入信号波形上标出。

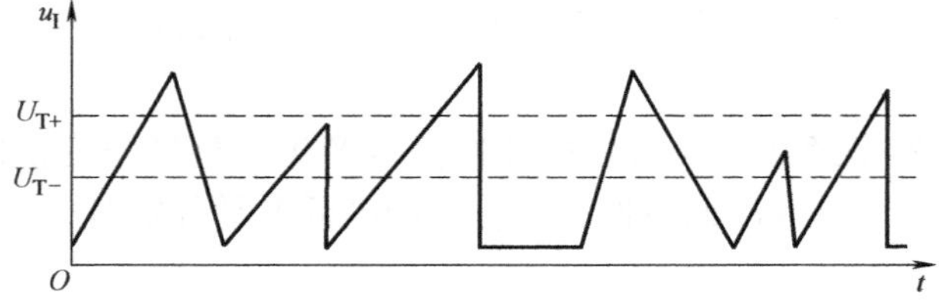

图4-34　题7图

8. 555定时器构成的施密特触发器如图4-35a所示，已知电源电压$V_{CC}=12V$。

（1）电路的正向阈值电压U_{T+}、负向阈值电压U_{T-}以及回差电压ΔU_T分别为多少？

（2）若把5引脚对地接的电容去掉，而把5引脚接至另一个基准电源$V_{CO}=9V$，则电路的U_{T+}、U_{T-}以及ΔU_T又分别为多少？

（3）若输入电压的波形如图4-35b所示，试对应画出$V_{CC}=12V$时的输出电压u_O的波形。

9. 门电路构成的多谐振荡器如图4-36所示。已知$C_1=C_2=10nF$，$R_1=R_2=10k\Omega$，并且它的数值比门电路的输入电阻小很多时：

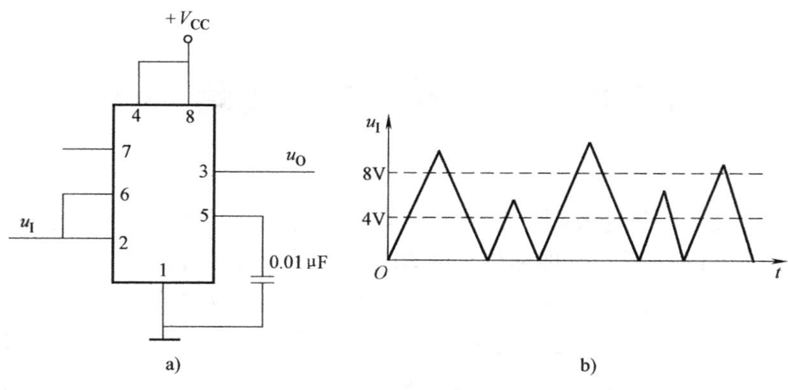

图4-35　题8图

(1) 试估算该电路的振荡周期与振荡频率。

(2) 为了提高输出脉冲的频率，可以采取哪些措施？

(3) 如果将振荡频率为1MHz的石英晶体与其串联，那么电路的振荡频率是多少？

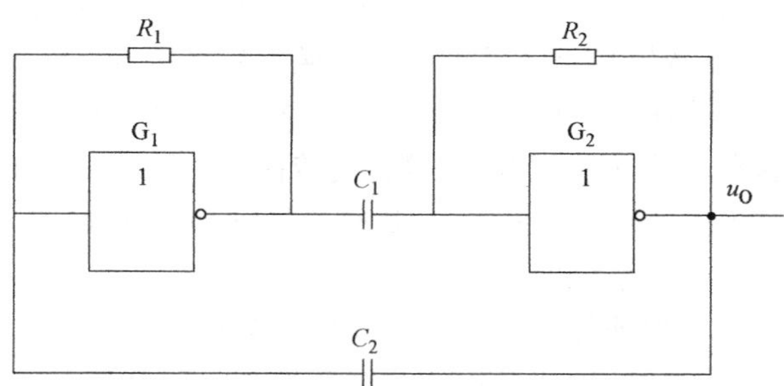

图4-36　题9图

10. 555定时器构成的单稳态触发器如图4-37所示。已知电源电压 $V_{CC}=12V$，$C=10\mu F$，$R=10k\Omega$。

(1) 该电路的触发脉冲是用正脉冲还是负脉冲？触发脉冲的幅度至少应低于多少伏？

(2) 输出的脉冲（即暂稳态）是正脉冲还是负脉冲？

(3) 输出的脉冲宽度是多少？

(4) 若需增大输出脉冲的宽度，应如何调整电路参数？

11. 555定时器构成的多谐振荡器如图4-38所示。已知电源电压 $V_{CC}=12V$，$C=1\mu F$，$R_1=10k\Omega$，$R_2=5k\Omega$。

(1) 该求振荡器的振荡周期 T、振荡频率 f 与输出脉冲的占空比 q。

(2) 若想提高输出脉冲的频率，可以采取哪些措施？

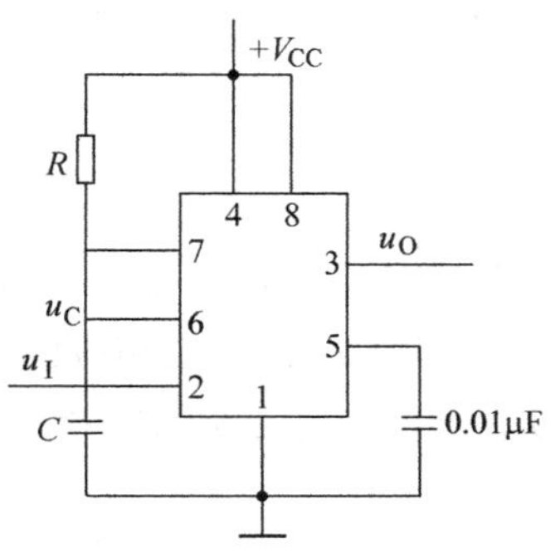

图4-37　题10图

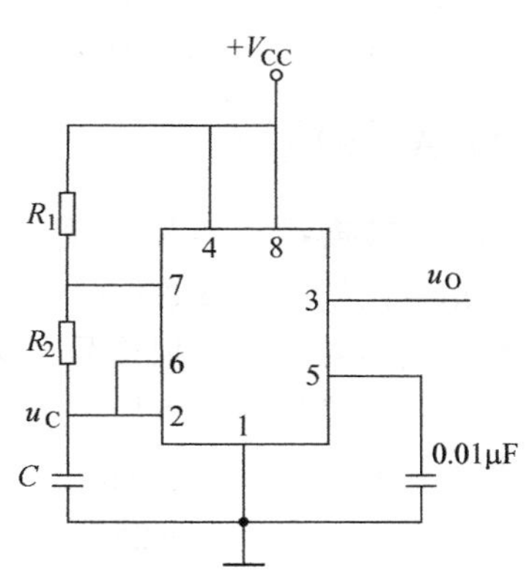

图4-38　题11图

第5章　数-模、模-数转换器

随着数字电子技术的飞速发展，数字系统的应用越来越广泛。利用数字系统进行工业过程的自动控制，信号的检测、处理和传输等功能时，所接收的信号一般都是模拟量，如温度、压力、流量、重量等，但计算机只能接收、处理和输出数字信号。为了形成数字系统的工作条件，必须将模拟量转换成数字量；信号处理结束后，通常又希望以模拟量形式输出，所以必须将数字量转换成模拟量。数字通信和遥测也需将模拟量变成数字量的形式发送出去，在接收终端再将数字量还原成模拟量。因此，模-数转换器和数-模转换器是沟通模拟电路和数字电路的桥梁，是数字电子技术的重要组成部分。

模-数转换是将模拟信号转换为数字信号，实现这种转换功能的过程称为模-数转换，简称 A-D 转换（Analog to Digital Conversion），数-模转换则是将数字信号转换为模拟信号，实现这种转换功能的过程为数-模转换，简称 D-A（Digital to Analog Conversion）。实现上述两种转换过程的电路称为 A-D 转换器和 D-A 转换器，是数字系统中不可缺少的部件，是模拟系统和数字系统的接口电路。

为了保证处理结果的准确性，A-D 转换器和 D-A 转换器必须具有足够的转换精度。同时，为了适应快速过程的控制和检测，A-D 转换器和 D-A 转换器还必须具有足够的转换速度。因此转换精度和转换速度是 A-D 转换器和 D-A 转换器性能优劣的主要指标。近年来 A-D、D-A 转换技术的发展颇为迅速，特别是为了适应制作单片集成 A-D、D-A 转换器器件的需要，涌现出了许多新的转换方法和转换电路，因而 A-D 转换器和 D-A 转换器的种类和名目繁多。

目前使用的 D-A 转换器中，基本上属于权电阻网络型、T 型电阻网络型和权电流型 3 种。A-D 转换器的种类则非常多，为便于学习和掌握它们的原理和使用方法，我们将 A-D 转换器划分为直接 A-D 转换器和间接 A-D 转换器两大类。在直接 A-D 转换器中，输入的模拟信号直接被转换为数字信号；而在间接 A-D 转换器中，输入的模拟信号将首先被转换为某种中间量（如时间、频率等），然后再把这个中间量转换成输出的数字信号。

本章将介绍 A-D 转换、D-A 转换的基本原理及常用的 A-D 转换器和 D-A 转换器。

5.1　D-A 转换器

5.1.1　D-A 转换器电路及原理

数字信号是用代码按数位组合起来表示的，对于有权的代码，每位代码都有一定的权。为了将数字信号转换成模拟信号，必须将每一位的代码按其权的大小转换成相应的模拟信号，然后将这些模拟信号相加，就可得到与相应的数字信号成正比的总的模拟信号，从而实现了从数字信号到模拟信号的转换。

图 5-1 表示了 4 位二进制数字信号与经过 D-A 转换后输出的电压 u_o模拟信号之间的关系。由图 5-1 还可以看出，两个相邻数码转换出的电压值是不连续的，两者的电压由最低码位代表的权位值决定，它是信息所能分辨的最小值，用 LSB（Least Significant Bit）表示。对

应于最大输入数字信号的最大电压输出值（绝对值），用 FSR（Full Scale Range）表示。

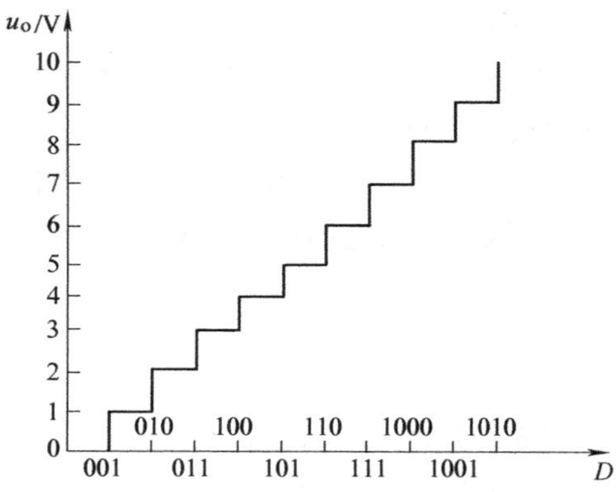

图 5-1　D-A 转换器输入数字信号与输出电压的对应关系

n 位 D-A 转换器的框图如图 5-2 所示。

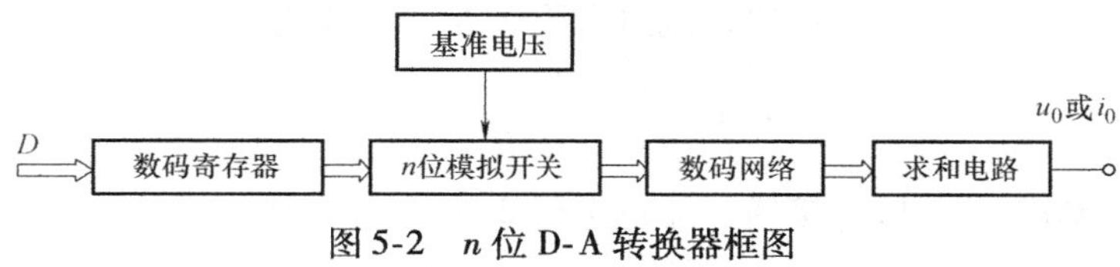

图 5-2　*n* 位 D-A 转换器框图

D-A 转换器由数码寄存器、模拟电子开关电路、解码网络、求和电路及基准电路 5 部分组成。数字信号以串行或并行方式输入并且存于数字寄存器中，数字寄存器各位数码分别控制对应位的模拟电子开关，使数码为 1 的位在位权网络上产生与之成正比的电流值，再由求和电路将各种权值相加，即得到与数字信号对应的模拟信号。

1. 权电阻网络型 D-A 转换器电路及转换原理　如果一个 *n* 位二进制数用 $D_n = d_{n-1}d_{n-2}\cdots d_1d_0$ 表示，则从最高位到最低位的权依次为 2^{n-1}、2^{n-2}... 2^1、2^0。图 5-3 是 4 位权电阻网络型 D-A 转换器的原理图，它由权电阻网络、模拟开关、求和放大器三部分组成。权电阻网络中每个电阻的阻值与对应位的权成反比。

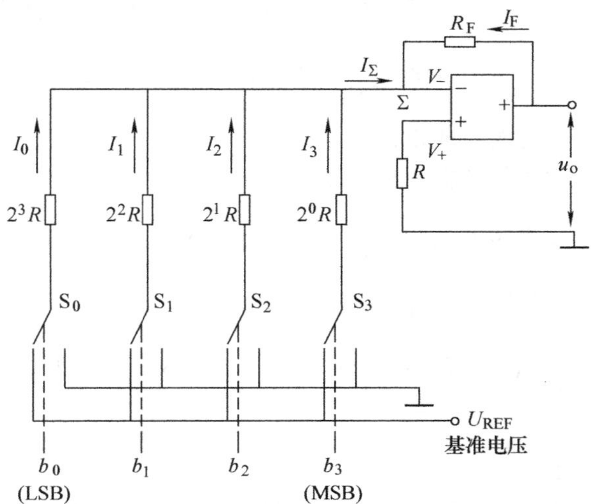

图 5-3　4 位权电阻网络型 D-A 转换器原理图

图 5-3 中的开关 S_3、S_2、S_1、S_0 分别受输入代码 b_3、b_2、b_1、b_0 的状态控制，$b_3b_2b_1b_0$ 是表示输入数字信号 N 的 4 位二进制数。从图中可以看出 4 个电阻的阻值与二进制各位的权恰好成反比，最低位（b_0）对应的电阻阻值最大，为 2^3R，最高位（b_3）对应的电阻阻值最小，为 2^0R，因此也称二进制数权电阻网络。当输入的第 i 位数字信号 $b_i=0$ 时，模拟电子开关 S_i 断开，权电阻网络中相应的电阻 R_i 上没有电流流过；当输入的第 i 位数字信号 $b_i=1$ 时，模拟开关 S_i 与基准电压 U_{REF} 接通，权电阻网络中对应的电阻 R_i 上有电流 I_i 流过，其电流大小为

$$I_i=\frac{U_{REF}}{R_i}b_i$$

即，当 $b_i=0$ 时，$I_i=0$；当 $b_i=1$ 时，$I_i=U_{REF}/R_i$。

在图 5-3 中，$b_3=1$，S_3 与基准电压 U_{REF} 接通，流过电阻 2^0R 的电流为

$$I_3=\frac{U_{REF}}{R_3}=\frac{U_{REF}}{2^0R}=\frac{U_{REF}}{R}$$

$b_2=1$，S_2 与基准电压 U_{REF} 接通，流过电阻 2^1R 的电流为

$$I_2=\frac{U_{REF}}{R_2}=\frac{U_{REF}}{2^1R}=\frac{U_{REF}}{2R}$$

$b_1=1$，S_1 与基准电压 U_{REF} 接通，流过电阻 2^2R 的电流为

$$I_1=\frac{U_{REF}}{R_1}=\frac{U_{REF}}{2^2R}=\frac{U_{REF}}{4R}$$

$b_0=1$，S_0 与基准电压 U_{REF} 接通，流过电阻 2^3R 的电流为

$$I_0=\frac{U_{REF}}{R_0}=\frac{U_{REF}}{2^3\mathrm{R}}=\frac{U_{REF}}{8R}$$

由此可知，流过各电阻的电流与对应位的权成正比。可求出流入运算放大器 Σ 点的总电流 I_Σ 为

$$\begin{aligned}I_\Sigma&=I_0b_0+I_1b_1+I_2b_2+I_3b_3\\&=\frac{U_{REF}}{8R}b_0+\frac{U_{REF}}{4R}b_1+\frac{U_{REF}}{2R}b_2+\frac{U_{REF}}{R}b_3\\&=\frac{U_{REF}}{2^3R}\ (2^0\times b_0+2^1\times b_1+2^2\times b_2+2^3\times b_3)\end{aligned}$$

所以，I_Σ 与输入信号的大小成正比。

设 $R_F=R/2$，则运算放大器输出的模拟电压 u_o 为

$$u_o=R_{F/F}=-\frac{R}{2}\times I_\Sigma=-\frac{U_{REF}}{2^4}(2^0\times b_0+2^1\times b_1+2^2\times b_2+2^3\times b_3)$$

如果输入的是 n 位二进制，则输出电压 u_o 为

$$\begin{aligned}u_o&=-\frac{U_{REF}}{2^n}(2^0\times b_0+2^1\times b_1+\cdots+2^{n-2}\times b_{n-2}+2^{n-1}\times b_{n-1})\\&=-\frac{U_{REF}}{2^n}D_n\end{aligned}$$

由此可见，输出模拟电压与输入的数字信号成正比，从而实现了 D-A 转换。当 $D_n=0$

时 $u_o=0$，而当 $D_n=11\cdots11$ 时 $u_o=-\frac{2^{n-1}}{2^n}U_{REF}$，故 u_o 的最大变化范围是（0，$-\frac{2^{n-1}}{2^n}U_{REF}$）。

二进制权电阻网络型 D-A 转换器的优点是该电路用的电阻较少，电路结构简单，可适用于各种有权码，各位同时进行转换，速度较快。它的缺点是各个电阻的阻值相差很大，尤其在输入信号的位数较多时，问题就更突出了。例如当输入信号增加到 8 位时，如果取权电阻网络中最小的电阻为 $R=10\text{k}\Omega$，那么最大的电阻将达到 $2^7R=1.28\text{M}\Omega$，两者相差 128 倍。要想在极为宽广的阻值范围内保证每个电阻阻值依次相差一半并且保证一定的精度是十分困难的。这对于制作集成电路极其不利。

2. T 形电阻网络型 D-A 转换器　为了克服权电阻网络型 D-A 转换器中电阻阻值相差过大的缺点，又研制出了如图 5-4 所示的 T 形电阻网络型 D-A 转换器，由 R 和 $2R$ 两种阻值的电阻组成 T 形电阻网络（或称梯形电阻网络）为集成电路的设计和制作带来了很大方便。网络的输出端接到运算放大器的反相输入端。

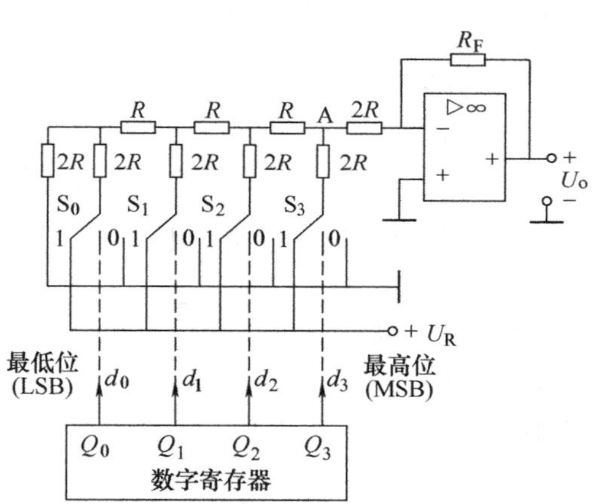

图 5-4　T 形电阻网络 D-A 转换器

图 5-4 中，输入寄存器在接收指令的作用下，将输入数字信号存入寄存器。电子模拟开关 S_0、S_1、S_2、S_3 分别由数码寄存器存放的 4 位二进制数的相应位数码 d_0、d_1、d_2、d_3 控制，根据它是“1”或“0”决定电阻网络中的电阻是接参考电压（基准电压）U_R 还是接地。

T 形电阻网络：当输入的数字信号的某一位为“1”时，开关接到参考电压 U_{REF}上，为“0”时接地，求这个 T 形电阻网络开路时的输出电压 U_A（未接运算放大器时）可以应用叠加原理进行计算，即分别计算当 $d_0=1$、$d_1=1$、$d_2=1$、$d_3=1$（其余位为 0）时的电压分量，然后叠加得到总的电压 U_A。

当 $d_0=1$，其余各位为 0 时，即 $d_3d_2d_1d_0=0001$，其电路如图 5-5 所示，应用戴维南定理可将 00′左边电路等效成电压为 U_R-2 的电压源与电阻串联的电路。而后再分别在 11′、22′、33′处计算它们左边部分的等效电路，其等效电源的电压依次被除以 2，即 U_R-4、U_R-8、U_R-16，而等效电源的内阻均为 $2R/\!/2R=R$，由此可得出最后的等效电路，通过计算可以求出当 $d_0=1$，其余各位为 0 时网络的开路电压，即等效电源电压 $U_Rd_0\text{-}2^4$。

同理，分别对 $d_1=1$、$d_2=1$、$d_3=1$（其余位为 0）时重复上述计算过程，得出的网络开路电压分别为 $U_Rd_1\text{-}2^3$、$U_Rd_2\text{-}2^2$、$U_Rd_3\text{-}2^1$。应用叠加原理将这 4 个电压分量叠加得出 T 形电阻网络开路时的输出电压 U_A，等效内阻（除去电源后开路网络的等效电阻）为 R：

$$
\begin{aligned}
U_A &= \frac{U_R}{2^1}d_3+\frac{U_R}{2^2}d_2+\frac{U_R}{2^3}d_1+\frac{U_R}{2^4}d_0 \\
&= \frac{U_R}{2^4}\left(d_3\cdot 2^3+d_2\cdot 2^2+d_1\cdot 2^1+d_0\cdot 2^0\right)
\end{aligned}
$$

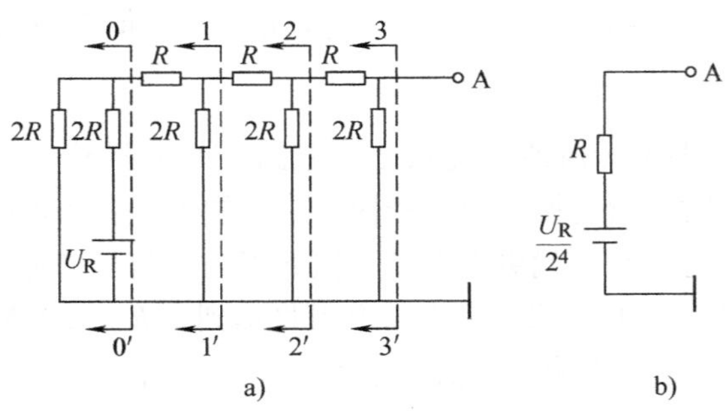

图 5-5　计算 T 形电阻网络的输出电压（$d_3d_2d_1d_0=0001$）

把运算放大器接成反相比例运算电路，T 形电阻网络输出的等效电压 U_A 作为信号源，加到集成运放的输入端，因此，T 形电阻网络型 D-A 转换器的等效电路可以画成图 5-6 的形式，于是得到集成运放的输出电压为

$$U_o=-\frac{R_F}{3R}U_A$$

$$=-\frac{R_FU_R}{3R\cdot 2^4}(d_3\cdot 2^3+d_2\cdot 2^2+d_1\cdot 2^1+d_0\cdot 2^0)$$

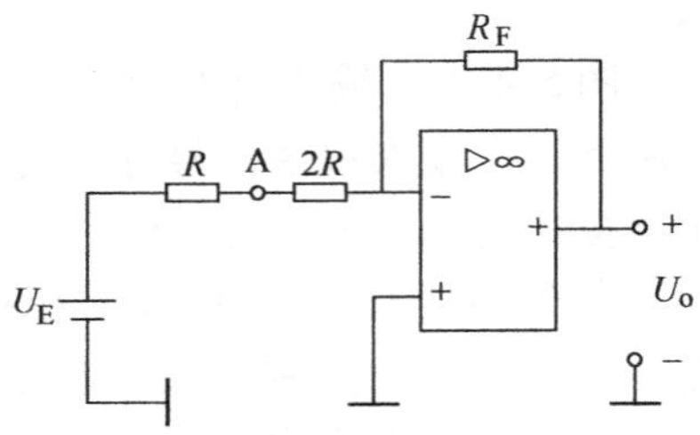

如果输入的是 n 位二进制，则

$$U_o=-\frac{R_F}{3R}U_A=-\frac{R_FU_R}{3R\cdot 2^n}(d_{n-1}\cdot 2^{n-1}+d_{n-2}\cdot 2^{n-2}+\cdots+d_1\cdot 2^1+d_0\cdot 2^0)$$

图 5-6　T 形电阻网络的等效电路

当取 $R_F=3R$ 时，则上式为

$$U_o=-\frac{U_R}{2^n}(d_{n-1}\cdot 2^{n-1}+d_{n-2}\cdot 2^{n-2}+\cdots+d_1\cdot 2^1+d_0\cdot 2^0)$$

可见，输入的数字信号被转换为模拟信号，而且两者成正比。

T 形电阻网络型 D-A 转换器的优点是它只需 R 和 $2R$ 两种阻值的电阻，这对选用高精度电阻和提高转换器的精度都是有利的；该电路的缺点是使用的电阻数量较大。此外在动态过程中 T 形电阻网络相当于一根传输线，从 U_{REF} 加到各级电阻上开始到运算放大器的输入稳定地建立起来为止，需要一定的传输时间，因而在位数较多时将影响 D-A 转换器的工作速度。而且，由于各级电压信号到运算放大器输入端的时间有先有后，还可能在输出端产生相当大的尖峰脉冲。如果各个开关的动作时间再有差异，那时输出端的尖峰脉冲可能会持续更长的时间。

提高转换速度和减小尖峰脉冲的有效方法是将图 5-5 电路改成倒 T 形电阻网络型 D-A 转换电路，如图 5-7 所示。由图可见，当输入数字信号的任何一位是 1 时，对应的开关便将电阻接到运算放大器的输入端，而当它是 0 时，将电阻接地。因此，不管输入信号是 1 还是 0，流过每个支路电阻的电流始终不变。当然，从参考电压输入端流进的总电流始终不变，它的大小为

$$I=\frac{U_{REF}}{R}$$

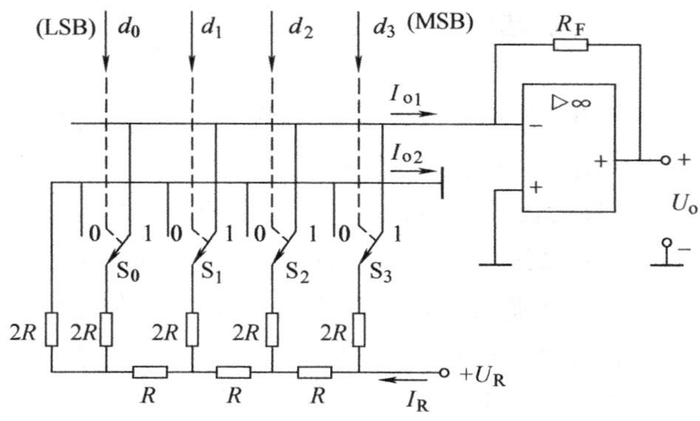

图 5-7　倒 T 形电阻网络型 D-A 转换器

因此输出电压可表示为

$$U_o = -\frac{U_{REF}}{2^4}(d_3 \cdot 2^3 + d_2 \cdot 2^2 + d_1 \cdot 2^1 + d_0 \cdot 2^0)$$

由于倒 T 形电阻网络型 D-A 转换器中各支路的电流直接流入了运算放大器的输入端，它们之间不存在传输时间差，因而提高了转换速度并减小了动态过程中输出端可能出现的尖峰脉冲。同时，只要所有的模拟开关在状态转换时满足“先通后断”的条件（一般的模拟开关在工作时都是符合这个条件的)，那么即使在状态转换过程中流过各支路的电流也不改变，因而不需要电流的建立时间，这也有助于提高电路的工作速度，所以用得较广泛。

3. 主要技术指标

（1）分辨率。分辨率是指 D-A 转换器能分辨的最小输出电压变化量与最大输出电压。(即满量程输出电压）之比。最小输出电压变化量就是对应于输入数字信号最低位为 1，其余各位为 0 时的输出电压，记为 U_{LSE}，满量程输出电压就是对应于输入数字信号的各位全是 1 时的输出电压，记为 U_{MAX}。

对于一个 n 位的 D-A 转换器可以证明

$$\frac{U_{LSE}}{U_{MAX}} = \frac{1}{2^n - 1} \approx \frac{1}{2^n}$$

例如，对于一个 10 位的 D-A 转换器，其分辨率即为

$$\frac{U_{LSE}}{U_{MAX}} = \frac{1}{2^{10} - 1} \approx \frac{1}{2^{10}} = \frac{1}{1024}$$

应当指出，分辨率是一个设计参数，不是测试参数。分辨率与 D-A 转换器的位数有关，所以分辨率有时直接用位数表示，如 8 位、10 位等。位数越多，能够分辨的最小输出电压变化量就越小。U_{LSE}的值越小，分辨率就越高。

（2）转换精度。D-A 转换器的转换精度是指实际输出电压与理论输出电压之间的偏离程度。通常用最大误差与满量程输出电压之比的百分数表示。例如，D-A 转换器满量程输出电压是 7.5V，如果误差为 1%，就意味着输出电压的最大误差为 ±0.075V（75mV)。也就是说输出电压的范围在 7.575V 和 7.425V 之间。

转换精度是一个综合指标，包括零点误差，它不仅与 D-A 转换器中的元件参数的精度

有关，而且还与环境温度、求和运算放大器的温度漂移、及转换器的位数有关。所以要获得较高的D-A转换结果，除了正确选用D-A转换器的位数外，还要选用低零漂的运算放大器及高稳定度的U_{REF}。

在一个系统中，分辨率和转换精度要求应当协调一致，否则会增加系统设计难度造成浪费或不合理。例如，系统采用分辨率是1V，满量程输出电压7.5V的D-A转换器，显然要把该系统做成精度为1%（最大误差75mV）是不可能的。同样，把一个满量程输出电压为10V，输入数字信号为10位的系统做成精度只有1%也是一种浪费，因为输出电压允许的最大误差为100mV，但分辨率却精确到5mV，表明输入数字10位是没有必要的。

（3）转换时间。D-A转换器的转换时间是指在输入数字信号开始转换到输出电压（或电流）达到稳定时所需要的时间。它是一个反应D-A转换器工作速度的指标。转换时间的数值越小，表示D-A转换器工作速度越高。

转换时间也称输出时间，有时手册给出输出上升到满刻度的某一百分数所需要的时间作为转换时间。转换时间一般为几纳秒到几微秒。目前，在不包含参考电压源和运算放大器的单片集成D-A转换器中，转换时间一般不超过1μs。

5.1.2 集成D-A转换器

集成D-A转换器的种类很多。按输入的二进制数的位数分，有8位、10位、12位和16位等。按器件内部电路的组成部分又可以分成两大类：一类器件的内部只包含电阻网络和模拟电子开关；另一类器件的内部还包含了基准电压源发生器和运算放大器。在使用前一类器件时，必须外接基准电压和运算放大器。为了保证集成D-A转换器的转换精度和速度，应合理地确定对基准电压源稳定度的要求，选择零点漂移和转换速度都合适的运算放大器。

DA7520是10位的D-A转换集成芯片，与微处理器完全兼容。该芯片以接口简单、转换控制容易、通用性好、性能价格比高等特点得到广泛的应用。其内部采用倒T形电阻网络，模拟开关是CMOS型的，也集成在芯片上，但运算放大器是外接的。

DA7520的外引脚排列及连接电路如图5-8a所示，DA7520共有16个引脚，各引脚的功能如下：

4~13引脚为10位数字量的输入端；

1引脚为模拟电流I_{O1}输出端，接到运算放大器的反向输入端；

2引脚为模拟电流I_{O2}输出端，一般接地；

3引脚为接地端；

14引脚为COMS模拟开关的$+U_{DD}$电源接线端；

15引脚为参考电压电源接线端，U_R可为正值或负值；

16引脚为芯片内部一个电阻R的引出端，该电阻作为运算放大器的反馈电阻R_F，它的另一端在芯片内部接I_{O1}端。

DA7250的主要性能参数如下：

分辨率：10位。

线性误差：±（1/2）LSB（LSB表示输入数字量最低位），若用输出电压满刻度范围FSR的百分数表示则为0.05%FSR。

转换速度：500ns。

温度系数：0.001%/℃。

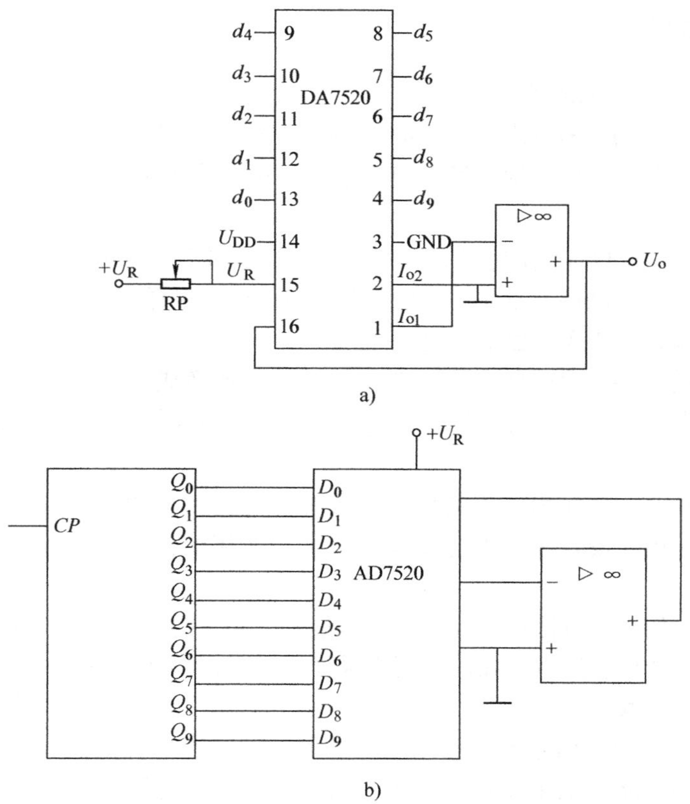

图 5-8　DA7520 及应用

a）DA7520 的外引脚排列及连接电路　b）DA7520 组成的锯齿波发生器

例　图 5-8b 所示的电路为一个由 10 位二进制加法计数器、D-A 转换器 DA7520 及集成运放组成的锯齿波发生器。10 位二进制加法计数器从全“0”加到全“1”，电路的模拟输出电压 u_o 由 0V 增加到最大值，此时若再来一个计数脉冲则计数器的值由全“1”变为全“0”，输出电压也从最大值跳变为 0V，输出波形又开始一个新的周期。如果计数脉冲不断，则可在电路的输出端得到周期性的锯齿波。

图 5-9 所示为权电压输出型 DAC 仿真图。

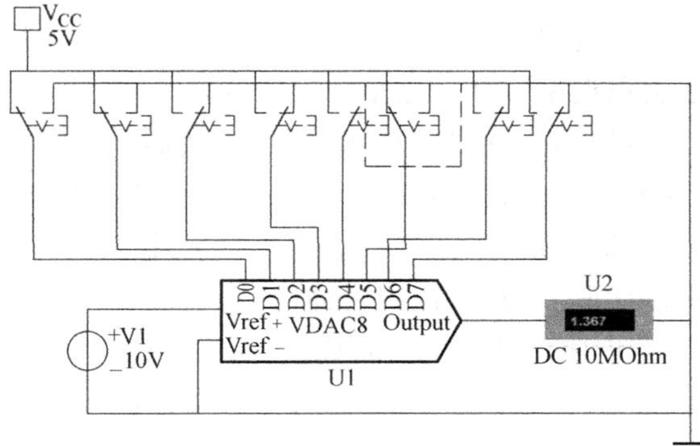

图 5-9　权电压输出型 DAC 仿真图

5.2 A-D 转换器

5.2.1 A-D 转换器电路及原理

1. A-D 转换基本原理　模拟量-数字量的转换过程分为两步完成：第一步是先使用传感器将生产过程中连续变化的物理量转换为模拟信号；第二步再由 A-D 转换器把模拟信号转换成为数字信号。

为将时间连续、幅值也连续的模拟信号转换成为时间离散、幅值也离散的数字信号，A-D 转换需要经过采样、保持、量化、编码 4 个阶段。通常采样、保持用一种采样保持电路来完成，而量化和编码在转换过程中实现。

（1）采样与保持。将一个时间上连续变化的模拟量转换成时间上离散的模拟量称为采样。采样脉冲的频率越高，所取得的信号越能真实地反应输入信号，合理的取样频率由采样定理确定。

由于每次把采样电压转换为相应的数字信号时都需要一定的时间，因此在每次采样以后，需把采样电压保持一段时间。故进行 A-D 转换时所用的输入电压实际上是每次采样结束时的采样电压值。

根据采样定理，用数字方法传递和处理模拟信号，并不需要信号在整个作用时间内的数值，只需要采样点的数值。所以，在前后两次采样之间可把采样所得的模拟信号暂时存储起来以便将其进行量化和编码。

（2）量化和编码。数字信号不仅在时间上是离散的，而且在幅值上也是不连续的，任何一个数字量的大小只能是某个规定的最小量值的整数倍。为了将模拟信号转换成数字信号，在 A-D 转换器中必须将采样-保持电路的输出电压按某种近似方式规划到与之相应的离散电平上。将采样-保持电路的输出电压规划为数字量最小单位所对应的最小量值的整数倍的过程称为量化。这个最小量值称为量化单位。用二进制代码来表示各个量化电平的过程称为编码。

由于数字量的位数有限，一个 n 位的二进制数只能表示 2^n 个值，因而任何一个采样-保持信号的幅值，只能近似地逼近某一个离散的数字量。因此在量化过程中不可避免的会产生误差，通常把这种误差称为量化误差。显然，在量化过程中，量化级分得越多，量化误差就越小。

2. A-D 转换器工作原理　A-D 转换器的种类很多，按照转换方法的不同主要分为 3 种：并联比较型，其特点是转换速度快，但精度不高；双积分型，其特点是精度较高，抗干扰能力强，但转换速度慢；逐次逼近型，其特点是转换精度高。

（1）并联比较型 A-D 转换器。并联比较型 A-D 转换器是一种高速 A-D 转换器。图 5-10 所示是 3 位并联型 A-D 转换器，它由基准电压 U_{REF}、电阻分压器、电压比较器、寄存器和编码器 5 部分组成。U_{REF} 是基准电压、u_i 是输入模拟电压，其幅值在 0 到 U_{REF} 之间，$d_2d_1d_0$ 是输出的 3 位二进制代码，CP 是控制时钟信号。

由图 5-10 可知，由 8 个电阻组成的分压器将基准电压 U_{REF} 分成 8 个等级，其中 7 个等级的电压接到 7 个电压比较器 C_1 到 C_7 的反相输入端，作为它们的参考电压，其数修正值分别为 $U_{REF}/15$、$3U_{REF}/15 \cdots 13U_{REF}/15$。输入模拟电压 u_i 同时接到每个电压比较器的同相输入端上，使之与 7 个参考电压进行比较，从而决定每个电压比较器的输出状态。

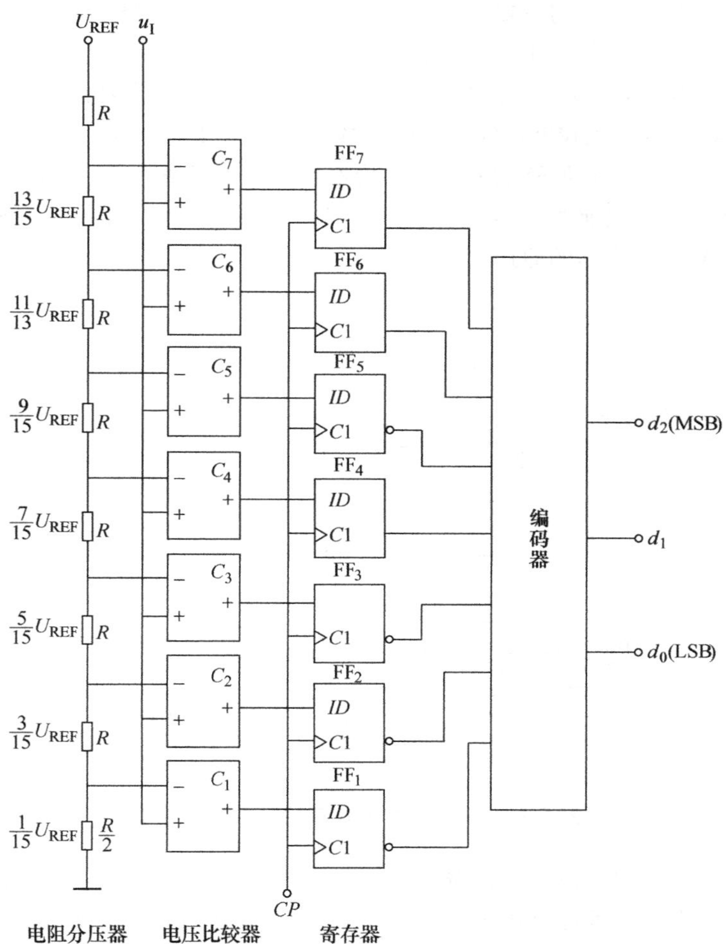

图 5-10　3 位并联比较型 A-D 转换器

当 $0 \leqslant u_i < U_{REF}$-15 时，7 个电压比较器的输出全为 0，*CP* 到来后，寄存器中各个触发器都为置 0 状态。经编码器编码后输出的二进制代码为 $d_2d_1d_0=0$。依次类推，可列出 u_i 为不同等级时寄存器的状态及相应的输出二进制数，如表 5-1 所示。

表 5-1　双并联比较型 A-D 转换器真值表

输入模拟电压	寄存器状态							输出二进制数		
u_i	D_1	D_2	D_3	D_4	D_5	D_6	D_7	d_2	d_0	d_1
(0-1/15) U_{REF}	0	0	0	0	0	0	0	0	0	0
(1/15-3/15) U_{REF}	0	0	0	0	0	0	1	0	0	1
(3/15-5/15) U_{REF}	0	0	0	0	0	1	1	0	1	0
(5/15-7/15) U_{REF}	0	0	0	0	1	1	1	0	1	1
(7/15-9/15) U_{REF}	0	0	0	1	1	1	1	1	0	0
(9/15-11/15) U_{REF}	0	0	1	1	1	1	1	1	0	1
(11/15-13/15) U_{REF}	0	1	1	1	1	1	1	1	1	0
(13/15-1) U_{REF}	1	1	1	1	1	1	1	1	1	1

并联比较型 A-D 转换器的主要缺点是使用的比较器和触发器较多。随着分辨率的提高，所需元件数目要按几何级数增加。输出为 3 位二进制代码时，需要电压比较器和触发器的个数为 $2^3-1=7$。当输出为 n 位二进制数时，需要电压比较器和触发器的个数为 2^n-1。例如，当 $n=10$ 时，需要的电压比较器和触发器的个数均为 $2^{10}-1=1023$，相应的编码器也变得复杂起来。显然，这种 A-D 转换器的成本高，价格贵，是不经济的，一般场合较少使用。

（2）双积分型 A-D 转换器。双积分型 A-D 转换器又称为双斜率 A-D 转换器。图 5-11 所示是双积分型 A-D 转换器的原理框图。

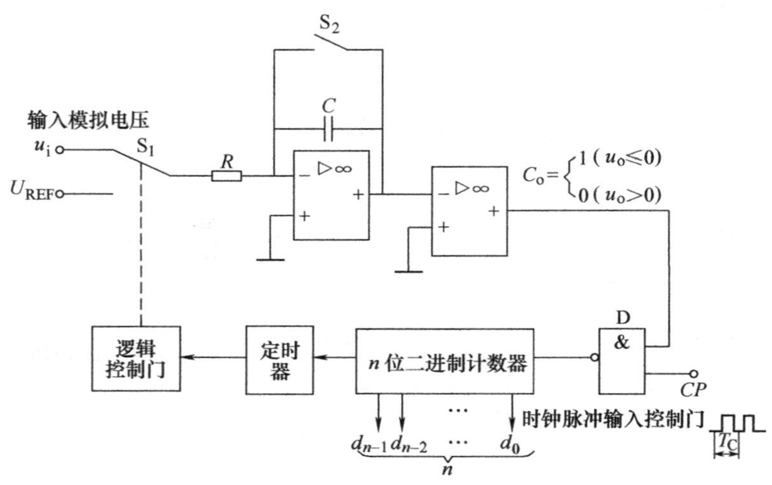

图 5-11　双积分型 A-D 转换器的原理框图

它由基准电压源、积分器、比较器、时钟脉冲输入控制门、n 位二进制计数器、定时器和逻辑控制门电路组成。各部分作用如下：开关 S_1 控制将模拟电压或基准电压送到积分器输入端；开关 S_2 控制积分器是否处于积分工作状态；比较器对积分器输出模拟电压的极性进行判断：$u_o \leqslant 0$ 时，比较器输出 $C_o=1$（高电平）；$u_o>0$ 时，比较器输出 $C_o=0$（低电平）；时钟脉冲输入控制门是由比较器的输出 C_o 进行控制：当 $C_o=1$ 时，允许时钟脉冲输入至计数器；当 $C_o=0$ 时，禁止时钟脉冲输入；计数器对输入的时钟脉冲进行计数；定时器在计数器计满（溢出）时就置 1；逻辑控制门控制开关 S_1 的动作，以选择输入模拟信号或基准电压。双积分型 A-D 转换器的基本原理是：对输入模拟电压 u_i 和基准电压分别进行两次积分，先对输入模拟电压 u_i 进行积分，将其变换成与输入模拟电压 u_i 成正比的时间间隔 T_1，再利用计数器测出此时间间隔，则计数器所计的数字信号就正比于输入的模拟电压 u_i；接着对基准电压进行同样的处理。

双积分型 A-D 转换器中积分器的输入、输出与计数脉冲间的关系如图 5-12 所示。

电路的工作原理如下：

1）起始状态。在积分转换开始之前，控制电路使计数器清零、电子开关 S_2 闭合，电容 C 放电，C 放电结束后 S_2 再断开。

2）积分器对 u_i 进行定时积分。转换开始（$t=0$）时，控制电路使电子开关 S_1 接通模拟电压输入端，积分器从原始状态 0V 开始对输入模拟电压 u_i 积分，其输出电压 u_o 为

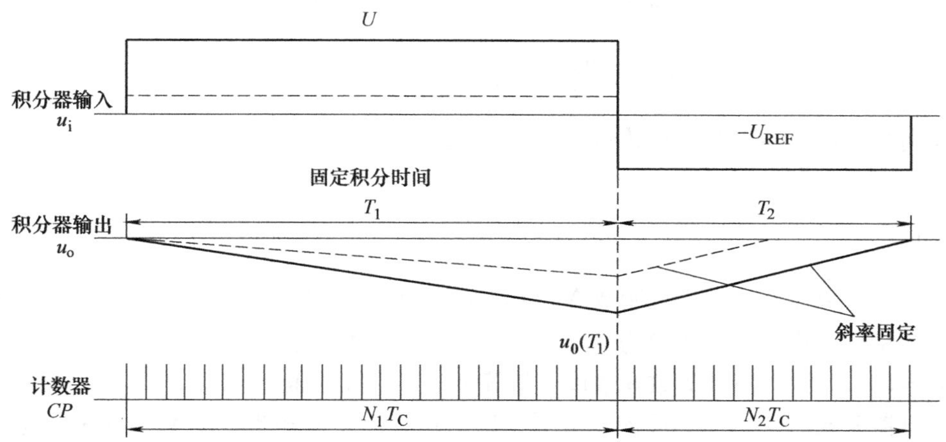

图 5-12 积分器输入、输出与计数脉冲的关系

$$u_o(t_1) = -\frac{1}{C}\int_0^{t_1}\frac{u_i}{R}dt = -\frac{1}{RC}\int_0^{t_1}u_i dt$$

因为积分期间 $u_i = U_i$ 保持不变，所以

$$u_o(t_1) = -\frac{1}{RC}\int_0^{t_1}u_i dt = -\frac{1}{RC}\int_0^{t_1}U_i dt = -\frac{U_i}{RC}t_1$$

在对 u_i 进行积分时，由于 u_i 为正，所以 $u_o(t)$ 为负，从而使比较器输出为高电平，打开时钟输入控制门 G，频率为 f_c 的 CP 脉冲进入 n 位二进制加法计数器，计数器进行递增计数。

当计数器计满归零时，定时器置 1，逻辑控制门使 S_1 接通基准电压输入端，积分器对输入模拟电压 u_i 积分过程结束后，开始对基准电压 U_{REF} 积分

$$T_1 = N_1 \times T_C = 2^n \times T_C$$

式中 N_1 为 n 位二进制加法计数器的容量，T_C 是时钟脉冲信号 CP 脉冲的周期。因此，在对 u_i 的积分过程结束时，积分器的输出电压 U_o 为

$$U_o(T_1) = -\frac{U_1}{RC}T_1 = -\frac{U_1}{RC} \times 2^n \times T_C$$

3）积分器对 $-U_{REF}$ 进行反向积分。当 S_1 接通基准电压 $-U_{REF}$ 后，积分器开始对 $-U_{REF}$ 进行积分，其输出电压的起始值为 $u_o(T_1)$。虽然基准电压是负值，积分器进行的是反向积分，但是 u_o 的初始值 $u_o(T_1)$ 是负的，因此比较器的输出 C_o 仍为高电平，门 G 是打开的，计数器计满归零后，在积分器对 $-U_{REF}$ 进行积分时，又从 0 开始进行递增计数。

在积分器对 $-U_{REF}$ 进行反向积分时，其输出电压 u_o 为

$$u_o(t_2) = u_o(T_1) - \frac{1}{C}\int_0^{t_2}\frac{U_{REF}}{R}dt = u_o(T_1) + \frac{U_{REF}}{RC}t_2$$

随着反向积分过程的进行，$u_o(t)$ 逐渐升高，当 $u_o(t)$ 上升到 0 时，比较器输出 C_o 跳变为低电平，封锁时钟输入控制门，计数器停止计数，对 $-U_{REF}$ 的反向积分过程结束。因此有

$$u_o(t_2) = u_o(T_1) + \frac{U_{REF}}{RC}T_2 = 0,$$

$$T_2 = -\frac{u_o(T_1)}{U_{REF}}RC = \frac{U_i}{U_{REF}} \times 2^n \times T_C$$

若反向积分过程结束时，计数器中所计的二进制数 N_2 则

$$T_2 = N_2 \times T_C$$

因此可得
$$N_2 = \frac{2^n}{U_{REF}}U_i$$

上式说明计数器所计的二进制数 N_2 与输入模拟电压 u_i 成正比，只要 $u_i < U_{REF}$，转换器就能正常的将输入模拟电压转换为数字信号，并能从计数器读取转换结果。如果 $U_{REF} = 2^n$ V，则 $N_2 = U_i$，计数器所计的数在数值上就等于输入模拟电压。

在积分器完成对 $-U_{REF}$ 的反向积分后，即可由控制逻辑电路将计数器中的二进制并行输出。如果还要进行新的转换，则须让 A-D 转换器恢复到起始状态，再重复上述过程。

双积分型 A-D 转换器的性能比较稳定，转换精度高，具有很高的抗干扰能力，电路结构简单，其缺点是工作速度低。在对转换精度要求较高，而对转换速度要求较低的场合，如数字万用表等检测仪器中，该转换器得到广泛的应用。

（3）逐次逼近型模-数转换器。逐次逼近型模-数转换器目前用得较多。下面举例说明逐次逼近概念。

用 4 个分别重 8g、4g、2g、1g 的砝码去称重 11.3g 的物体，称量结果如表 5-2 所列。

表 5-2　逐次逼近称物例表

顺序	砝码重量/g	比较判别/g	该砝码是否保留
1	8	8 < 11.3	保留
2	8 + 4	12 > 11.3	不保留
3	8 + 2	10 < 11.3	保留
4	8 + 2 + 1	11 < 11.3	保留

最小砝码就是称量的精度，在上例中为 1g。逐次逼近型模-数转换器的工作过程与上述称物过程十分相似，逐次逼近型模-数转换器一般由顺序脉冲发生器、逐次逼近寄存器、模-数转换器和电压比较器等几部分组成，其原理框图如图 5-13 所示。

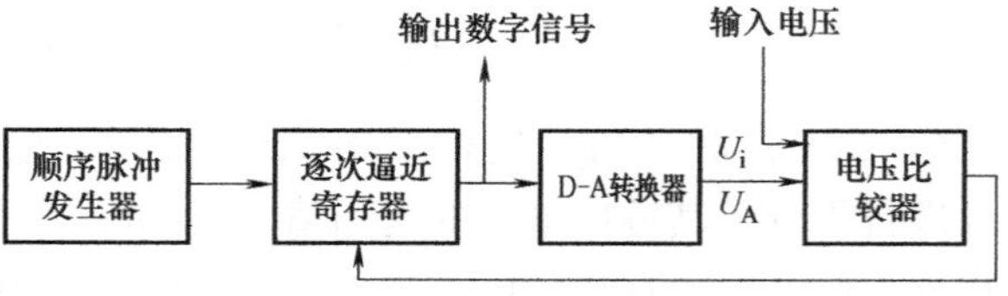

图 5-13　逐次逼近型模-数转换器原理框图

转换开始，顺序脉冲发生器输出的顺序脉冲首先将寄存器的最高位置“1”经数-模转换器转换为相应的模拟电压 U_A 送入比较器与待转换的输入电压 U_i 进行比较，若 $U_A > U_i$，说明数字量过大，将最高位的“1”除去，而将次高位置“1”。若 $U_A < U_i$，说明数字信号还不够大，将最高位的“1”保留，并将次高位置“1”，这样逐次比较下去，一直到最低位为止。寄存器的逻辑状态就是对应于输入电压 U_i 的输出数字信号。

下面结合图 5-14 的具体电路来说明逐次逼近的过程，图 5-14 的电路由下列几部分组成：

1）逐次逼近寄存器。它由 4 个 RS 触发器 FF_3、FF_2、FF_1、FF_0 组成，其输出是 4 位二

进制数 $d_3d_2d_1d_0$。

2）顺序脉冲发生器。它为一个环形计数器，输出的是5个在时间上有一定先后顺序的脉冲 Q_4、Q_3、Q_2、Q_1、Q_0 依次右移一位，波形如图5-15所示。Q_4 端接FF3的S端及3个“或”门的输入端；Q_3、Q_2、Q_1、Q_0 分别接4个控制“与”门的输入端，其中 Q_3、Q_2、Q_1 还分别接 FF_2、FF_1、FF_0 的S端。

3）模-数转换器。它的输入来自逐次逼近寄存器，而从T形电阻网络的A点输出，输出电压 U_A 是正值，送到电压比较器的同相输入端。

4）电压比较器。用它比较输入电压 U_i（加在反相输入端）与 U_A 的大小以确定输出端电位的高低。若 $U_A < U_i$，则输出电压为“0”；若 $U_A > U_i$，则输出为“1”。它的输出端接到4个控制“与”门的输入端。

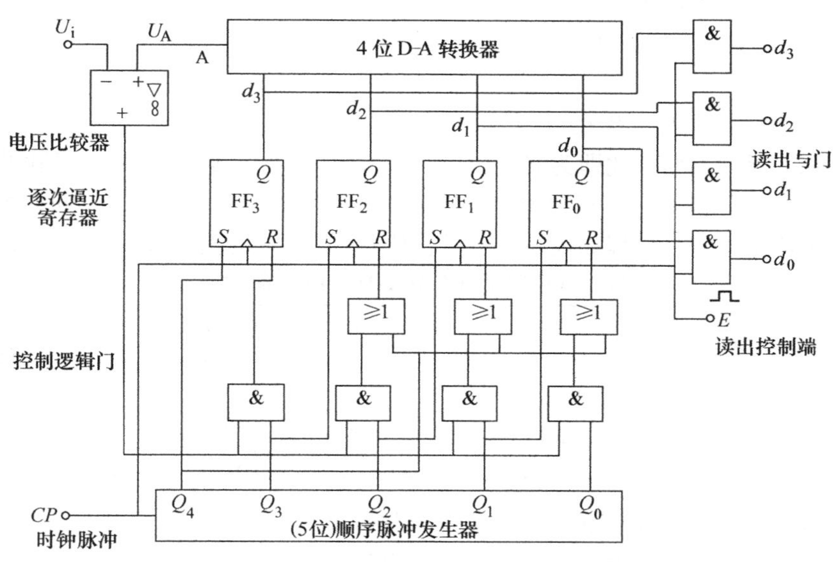

图5-14　4位逐次逼近型模-数转换的原理电路

5）控制逻辑门。图5-14中有4个“与”门和3个“或”门，用来控制逐次逼近寄存器的输出。

6）读出“与”门。当读出控制端 $E=0$ 时，4个“与”门封闭；当 $E=1$ 时，把它们打开，输出 $d_3d_2d_1d_0$ 即为转换后的二进制数。

设D-A转换器的参考电压为+8V，输入模拟电压为5.2V，分析电路的转换过程：

转换开始前，先将 FF_3、FF_2、FF_1、FF_0 清零，并置顺序脉冲 $Q_4Q_3Q_2Q_1Q_0=10000$ 状态，如图5-15所示。

当第1个时钟脉冲 CP 的上升沿到来时，使逐次逼近寄存器的输出 $d_3d_2d_1d_0=1000$ 加在数-模转换器上，由前一节讨论可知此时D-A转换器的输出电压为

$$U_A=\frac{U_R}{2^4}(d_3\cdot 2^3+d_2\cdot 2^2+d_1\cdot 2^1+d_0\cdot 2^0)=\frac{8}{16}\times 8\text{V}=4\text{V}$$

因 $U_A < U_i$，所以比较器的输出为“0”，同时顺序脉冲右移一位，变为 $Q_4Q_3Q_2Q_1Q_0=01000$ 状态。

当第 2 个时钟脉冲 CP 的上升沿到来时，使逐次逼近寄存器的输出 $d_3d_2d_1d_0=1100$。此时，$U_A=6V$，$U_A>U_i$，比较器的输出为“1”，同时顺序脉冲右移一位，变为 $Q_4Q_3Q_2Q_1Q_0=00100$ 状态。

当第 3 个时钟脉冲 CP 的上升沿到来时，使逐次逼近寄存器的输出 $d_3d_2d_1d_0=1010$。此时，$U_A=5V$，$U_A>U_i$，比较器的输出为“0”，同时顺序脉冲右移一位，变为 $Q_4Q_3Q_2Q_1Q_0=00010$ 状态。

当第 4 个时钟脉冲 CP 的上升沿到来时，使逐次逼近寄存器的输出 $d_3d_2d_1d_0=1011$。此时，$U_A=5.5V$，$U_A>U_i$ 比较器的输出为“0”，同时顺序脉冲右移一位，变为 $Q_4Q_3Q_2Q_1Q_0=00001$ 状态。

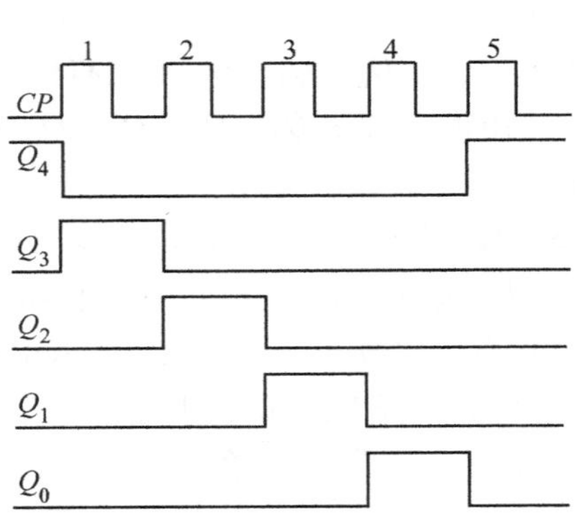

图 5-15　环行计数器的波形

当第 5 个时钟脉冲 CP 的上升沿到来时，$d_3d_2d_1d_0=1011$ 保持不变，此即为转换结果。此时，若在 E 端输入一个正脉冲，即 $E=1$，则将 4 个读出“与”门打开，得以输出。同时，$Q_4Q_3Q_2Q_1Q_0=10000$，返回初始状态。这样就完成了一次转换，转换过程如表 5-3 所示，U_A 逼近 U_i 的波形如图 5-16 所示。

表 5-3　4 位逐次逼近型 A-D 转换器的转换过程

顺序	d_3	d_2	d_1	d_0	U_A/V	比较判别	该位数码“1”是否保留
1	1	0	0	0	4	$U_A<U_i$	留
2	1	1	0	0	6	$U_A>U_i$	去
3	1	0	1	0	5	$U_A<U_i$	留
4	1	0	1	1	5.5	$U_A\approx U_i$	留

上例转换中绝对误差为 0.02V，显然误差与转换器的位数有关，位数越多，误差越小。因为模拟电压在时间上一般是连续变化量，而要输出的是数字信号（二进制数）。所以在进行转换时必须在一系列选定的时间间隔对模拟电压采样，经采样保持电路后，得出每次采样结束时的电压就是上述转换的输入电压。

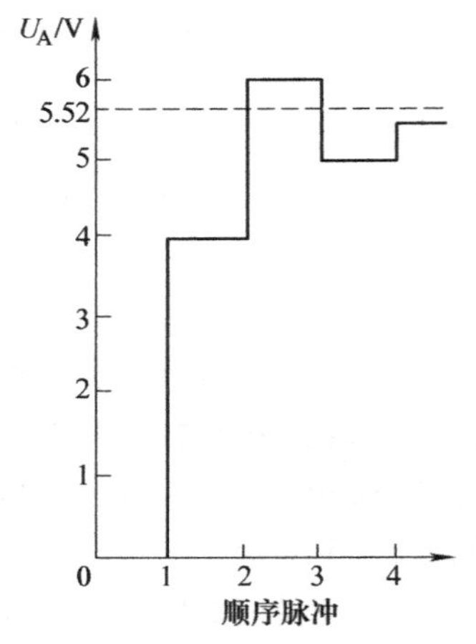

图 5-16　U_A 逼近 U_i 的波形

5.2.2　集成 A-D 转换器

1. ADC0809 逻辑结构　ADC0809 是带有 8 位 A-D 转换器、8 路多路开关以及微处理机兼容的控制逻辑的 CMOS 组件。它是逐次逼近式 A-D 转换器，可以和单片机直接接口。

（1）ADC0809 的内部逻辑结构。由图 5-17a 可知，ADC0809 由一个 8 路模拟开关、一个地址锁存与译码器、一个 8 路 A-D 转换器和一个三态输出锁存器组成。多路开关可选通 8 个模拟通道，允许 8 路模拟量分时输入，共用 A-D 转换器进行转换。三态输出锁存器用于锁存 A-D 转换完的数字量，当 OE 端为高电平时，才可以从三态输出锁存器取走转换完的数据。

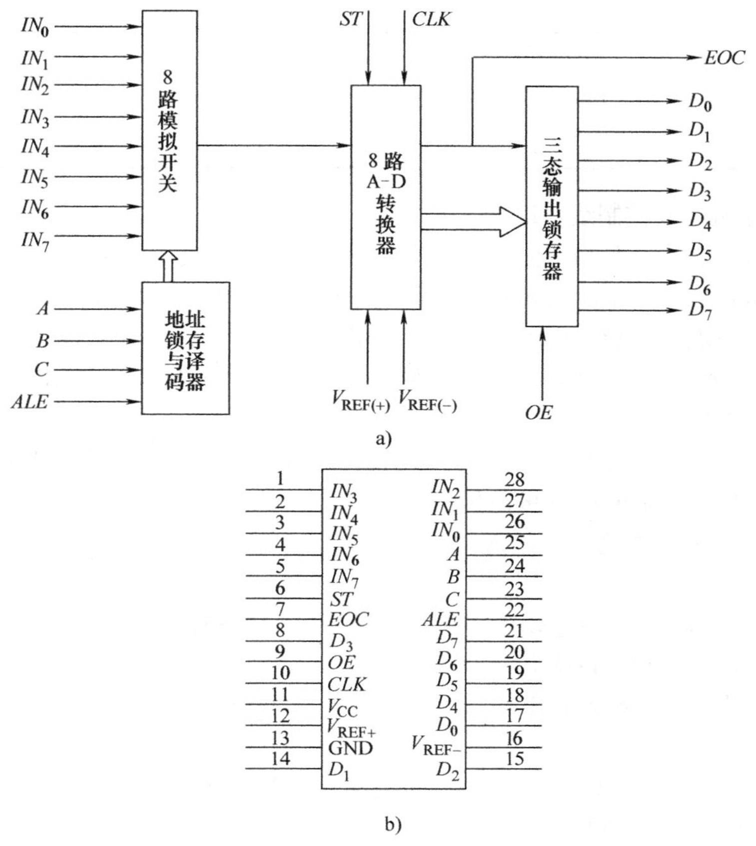

图 5-17　ADC0809 逻辑结构和引脚结构

a）ADC0809 的内部逻辑结构　b）ADC0809 引脚结构

（2）引脚结构，如图 5-17 b 所示。

1）IN_0—IN_7：8 条模拟量输入通道。

ADC0809 对输入模拟量要求：信号单极性，电压范围是 0 ~ 5V，若信号太小，必须进行放大；输入的模拟信号在转换过程中应该保持不变，如若模拟信号变化太快，则需在输入前增加采样保持电路。

2）地址输入和控制线：4 条。

ALE 为地址锁存允许输入线，高电平有效。当 *ALE* 线为高电平时，地址锁存与译码器将 *A*，*B*，*C* 3 条地址线的地址信号进行锁存，经译码后被选中的通道的模拟信号进转换器进行转换。*A*，*B* 和 *C* 为地址输入线，用于选通 IN_0 - IN_7 上的一路模拟量输入。通道选择表如表 5-4 所示。

表 5-4　通道选择表

C	*B*	*A*	选择的通道
0	0	0	IN_0
0	0	1	IN_1
0	1	0	IN_2
0	1	1	IN_3
1	0	0	IN_4

（续）

C	B	A	选择的通道
1	0	1	IN_5
1	1	0	IN_6
1	1	1	IN_7

3）数字信号输出及控制线：11 条。

ST 为转换启动信号。当 *ST* 上升沿时，所有内部寄存器清零；下降沿时，开始进行 A-D 转换；在转换期间，*ST* 应保持低电平。*EOC* 为转换结束信号。当 *EOC* 为高电平时，表明转换结束；否则，表明正在进行 A-D 转换。*OE* 为输出允许信号，用于控制三条输出锁存器向单片机输出转换得到的数据。$OE=1$，输出转换得到的数据；$OE=0$，输出数据线呈高阻状态。D_7-D_0 为数字信号输出线。

4）*CLK* 为时钟输入信号线。因 ADC0809 的内部没有时钟电路，所需时钟信号必须由外界提供，通常使用频率为 500kHz 的时钟信号。

5）V_{REF+}，V_{REF-} 为参考电压输入。

2. ADC0809 应用说明

（1）ADC0809 内部带有三态输出锁存器，可以与 AT89S51 单片机直接相连。

（2）初始化时，使 *ST* 和 *OE* 信号全为低电平。

（3）发送要转换通道的地址到 *A*，*B*，*C* 端口上，在 *ST* 端给出一个至少有 100ns 宽的正脉冲信号。

（4）是否转换完毕，应根据 *EOC* 信号来判断。当 *EOC* 变为高电平时，这时若 *OE* 为高电平，转换的数据就输出给单片机了。

ADC0809 仿真图如图 5-18 所示。

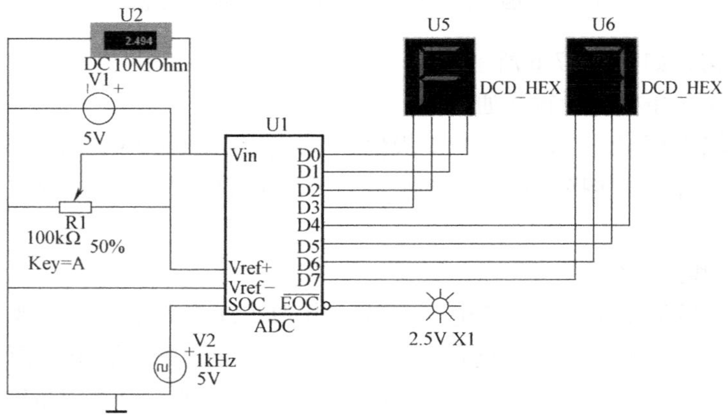

图 5-18　ADC0809 的仿真图

3. A-D 转换器的主要技术参数

（1）分辨率。分辨率是指 A-D 转换器输出数字信号的最低位变化一个数码时，对应输入模拟信号的变化量。通常以 A-D 转换器输出数字量的位数表示分辨率的高低，因为位数越多，量化单位就越小，对输入信号的分辨能力也就越高。例如，输入模拟电压满量程为 10V，若用 8 位 A-D 转换器转换时，其分辨率为 $10/2^8\text{V}=39\text{mV}$，10 位的 A-D 转换器是

9.76 mV，而 12 位的 A-D 转换器为 2.44mV。

（2）转换误差。转换误差表示 A-D 转换器实际输出的数字信号与理论上的输出数字信号之间的差别，通常以输出误差的最大值形式给出，也叫相对精度或相对误差。转换误差常用最低有效位的倍数表示。例如，某 A-D 转换的相对精度为 ±LSB/2，这说明理论上应输出的数字信号与实际输出的数字信号之间的误差不大于最低位为 1 的一半。

（3）转换速度。A-D 转换器从接收到转换控制信号开始，到输出端得到稳定的数字信号为止所需要的时间，即完成一次 A-D 转换所需的时间称为转换速度。采用不同的转换电路，其转换速度是不同的，并联型比逐次逼近型要快得多。低速的 A-D 转换器为 1～30ms，中速 A-D 转换器的时间在 50μs 左右，高速 A-D 转换器的时间在 50ns 左右，ADC0809 的转换时间在 100μs 左右。

5.3 应用实例——隔离型 A-D 转换电路

图 5-19a 是采用 AD7896 构成的模-数（A-D）转换电路。AD7896 是带有串行口的 A-D 转换器，可将输入信号（传感器的输出信号）转换为数字信号，通过光耦合器的电气隔离送至微型计算机进行处理。AD7896 转换器的电源电压为 +5V，光耦合器输入端的电源电压为 +6V，输出端为 +5V，输入信号的电压范围为 0～4.5V。

电路中的 A-D 转换器 AD7896 的电源电压为 5V；采用 8 引脚封装，引脚配置如图 5-19b 所示；分辨率为 12 位；转换时间为 8μs；片内有基准电源电路；消耗电流为 5mA。光耦合器选用 TLP2631，其响应信号的上升和下降时间都为 30ns，传输延迟时间为 75ns。微型计算机读取数据的定时设定受到光耦合器的传输延迟时间的影响，因此，要尽量使延迟时间短，这与选用的场效应管及光耦合器接入的电阻有关。

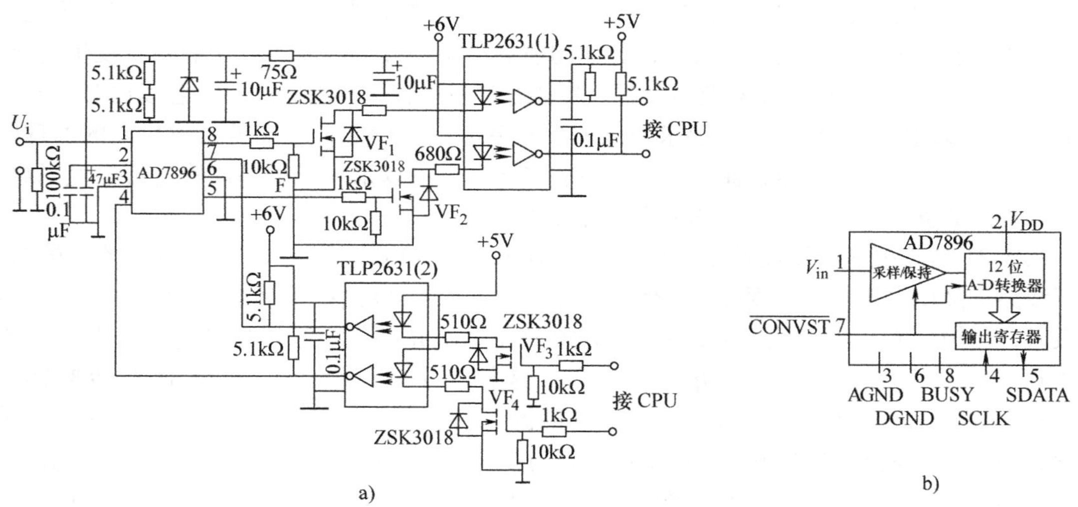

图 5-19 采用 AD7896 构成的模-数（A-D）转换电路

a）A-D 转换电路 b）AD7896 的内部等效电路及引脚配置

图 5-20 是隔离型模-数（A-D）转换电路。在计测系统、监视系统和医疗系统中，为了确保安全，信号与系统之间需要进行电气隔离。隔离电路一般用于以下几种情况，即进行共

模电压高的信号源的测量、雷击保护的电路、防止心率计电流流入人体产生触电、高精度测量时计测方的地与系统的地分离。经常采用12位串行输出A-D转换器和光耦合器构成的A-D转换器。

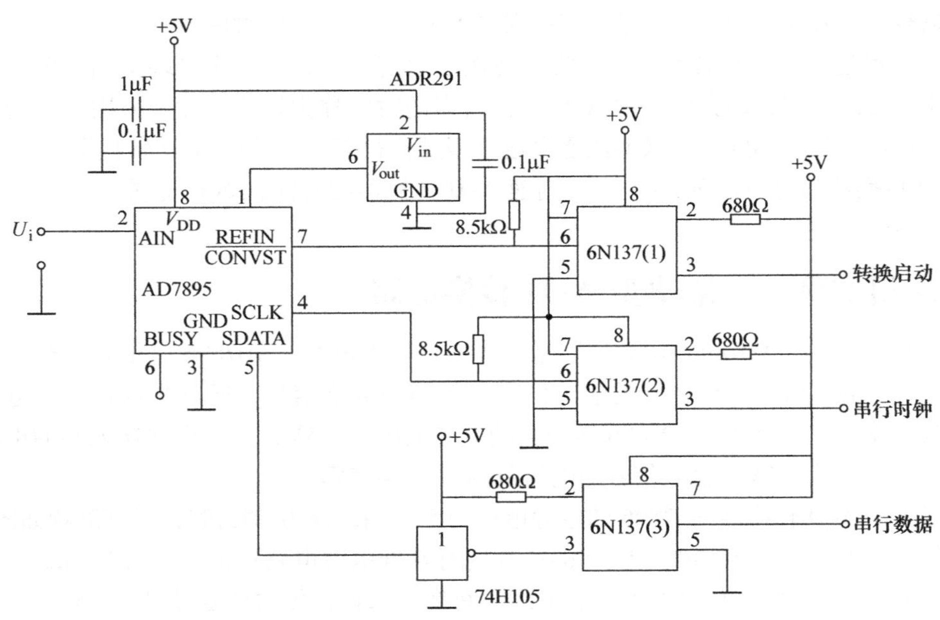

图5-20 隔离型模-数（A-D）转换电路

考虑到A-D转换器输出数据的通信速率等，一般选择光耦合器，这里选用6N137光耦合器。光耦合器的传输延迟时间较长，脉冲的前后沿不一样，因此，脉冲的幅度发生变化。既采用10Mb/s传输速率的高速光耦合器，其延迟时间也较大，因此，要注意读出时钟与输出数据的同步问题。对绝缘耐压要求较高时要在基板上开缝隙，考虑输入输出间的物理距离。当只考虑高的绝缘耐压，而数据速率要求较低时也可以采用光敏晶体管进行电气隔离。当要求更高数据传输速率时可以选用磁耦合方式。

图5-21是高精度远程直流传输的数-模（D-A）转换电路。实际进行远程直流传输时，由于线路压降使电压信号精度降低。例如，图5-21b所示电路中，D-A转换器输出信号传给负载时，传输电流i_L要形成回路，由于传输线路中电阻R_1和R_2为100MΩ左右，电流i_L为1mA时，在负载R_L上就有200μV的误差，这相当于5V输出的16位D-A转换器的2.6LSB。在实际的系统中，地线还有其他的电流流通，因此，产生的误差更大。为此，采用图5-21c所示电路，将电流流经的负载线路与设定电压的传感器线路分开，这样，电流不会受到影响。若地线也分为电流流经的负载回线与高阻抗的0V信号线，则回程电流的影响最小。若在发送方增设运算放大器，分为电流流通的线路与传输电压信号的线路，则传输线路中电阻的影响可忽略不计。

本章小结

（1）D-A转换器将输入的二进制数字信号转换成与之成正比的模拟信号输出。实现数-

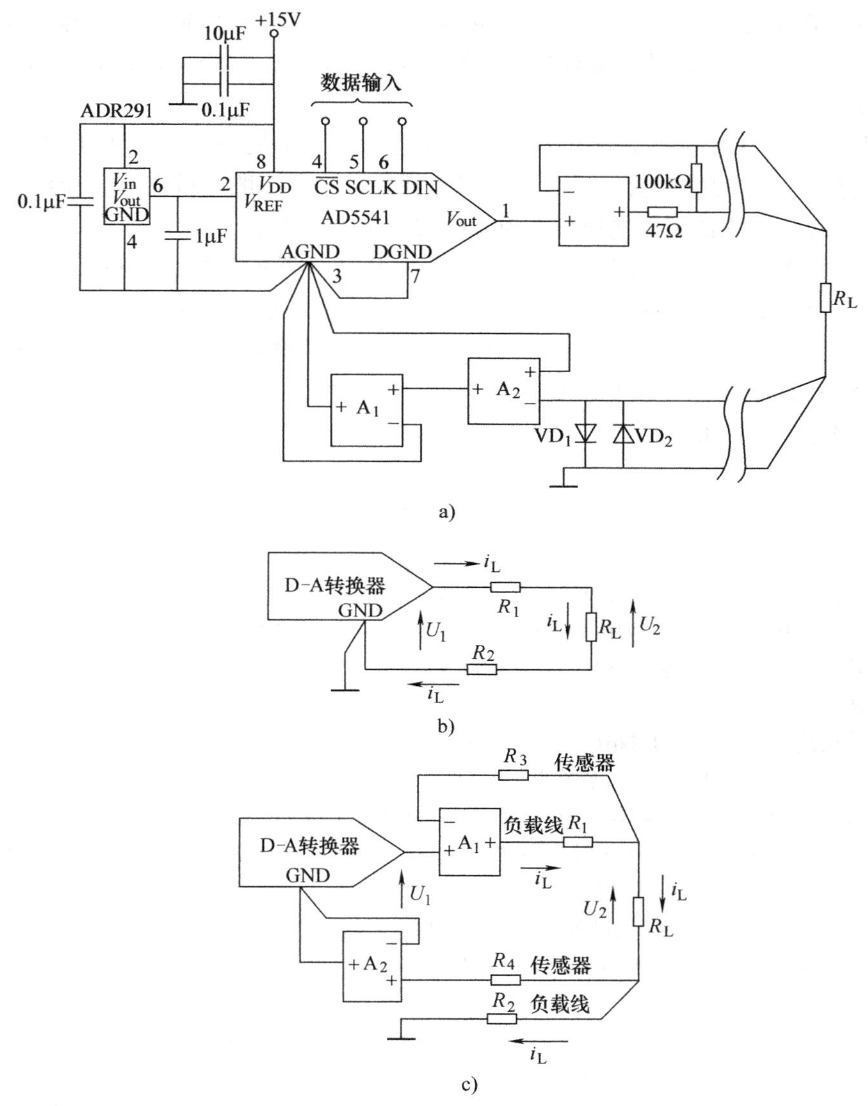

图 5-21　高精度远程直流传输的 D-A 转换电路

a）电路图　b）R_L 上有误差的电路　c）回程电流的影响最小的电路

模转换有多种方式，常用的是权电阻网络 D-A 转换器、T 形电阻网络 D-A 转换器和倒 T 形电阻网络 D-A 转换器。其中倒 T 形电阻网络 D-A 转换器速度快、性能好，适合于集成工艺制造，因而被广泛应用。权电阻网络 D-A 转换器的转换原理都是把输入的数字信号转换为权电流之和，所以在应用时，要外接运算放大器，把电阻网络的输出电流转换成输出电压。D-A 转换器的分辨率和精度都与 D-A 转换器的位数有关，位数越多，分辨率和精度就越高。

（2）A-D 转换器将输入的模拟电压转换成与之成正比的二进制数字信号。A-D 转换分为直接转换型和间接转换型两种。直接转换型速度快，如并联比较型 A-D 转换器。间接转换型速度慢，如双积分型 A-D 转换器。逐次逼近型 A-D 转换器也属于直接转换型，但要进行多次反馈比较，所以速度比并联型慢，但比间接型 A-D 转换器快。

（3）A-D 转换要经过取样、保持、量化及编码实现。取样-保持电路对输入模拟信号抽样取值，并展宽（保持）；量化是对抽样取值脉冲进行分级，编码是将分级后的信号转换成二进制代码。

（4）不论是 A-D 转换还是 D-A 转换，基准电压 U_{REF} 都是一个很重要的应用参数，尤其是在 A-D 转换中，它的值对量化误差，分辨率都有影响。一般应按器件手册给出的电压范围取用，并且保证输入的模拟电压最大值不能大于基准电压值。

（5）并联比较型、逐次逼近型和双积分型 A-D 转换器各有特点，在不同的应用场合，可选用不同类型的 A-D 转换器。高速场合下，可选用并联比较型 A-D 转换器，但受到位数的限制，精度不高，而且价格贵；在低速场合，可选用双积分型 A-D 转换器，它的精度高，抗干扰能力强；逐次逼近型 A-D 转换器兼顾了上述两种 A-D 转换器的优点，速度较快、精度较高、价格适中，因此应用比较普遍。

复习思考题

1. D-A 转换器有哪几种？它们各自的特点是什么？

2. 权电阻网络 D-A 转换器在应用时为什么要外接求和运算放大器？

3. A-D 转换器有哪几种？它们各自的特点是什么？

4. A-D 转换包括哪些过程？

5. A-D 转换器的分辨率和相对精度与什么有关？

6. 有一个 8 位 T 型电阻网络 D-A 转换器，设 $U_R = +5V$，$R_F = 3R$，分别求：
$d_7 \sim d_0 = 1111\ 1111$、$d_7 \sim d_0 = 1000\ 0000$、$d_7 \sim d_0 = 0000\ 0000$ 时的输出电压 U_o。

7. 有一个 8 位 T 型电阻网络 D-A 转换器，$R_F = 3R$，若 $d_7 \sim d_0 = 0000\ 0001$ 时，$U_O = -0.04V$，那么 $d_7 \sim d_0 = 0001\ 0110$ 和 $1111\ 1111$ 时的 U_o 各为多少？

8. 某 D-A 转换器要求 10 位二进制数能代表 0 ~ 10V，问此二进制数的最低位代表几伏？

9. 在倒 T 形电阻网络 D-A 转换器中，当 $d_3 \sim d_0 = 1010$ 时，试计算输出电压 U_O，设 $U_R = +10V$，$R_F = R$。

10. 在倒 T 形电阻网络 D-A 转换器中，设 $U_R = +10V$，$R_F = R = 10k\Omega$，当 $d_3 \sim d_0 = 1011$ 时，试比较此时的 I_R，I_{O1}，U_O 以及各支路电流 I_3，I_2，I_1，I_0。

11. 在 4 位逐次逼近型 A-D 转换器中，设 $U_R = 10V$，$U_i = 8.2V$ 试说明逐次比较的过程和转换的结果。

12. 8 位的 D-A 转换器的分辨率是多少？当输出模拟电压的满量程值是 10V 时，能分辨出的最小电压值是多少？当该 D-A 转换器的输出是 0.5V 时，输入的数字量是多少？

13. 在 8 位 A-D 转换器中，若 $U_R = 4V$，当输入电压分别为 $U_i = 3.9V$、$U_i = 3.6V$、$U_i = 1.2V$ 时，输出的数字信号是多少（用二进制数表示）？

第6章 半导体存储器和可编程逻辑器件

本章包括半导体存储器和可编程器件两大部分。半导体存储器是电子计算机中的重要部件，它可用来存储大量的二值数据。而可编程逻辑器件是在此基础上发展而成的独立系列的大规模集成器件，它是一种可以由用户定义和设置逻辑功能的器件。本章首先介绍半导体存储器的分类方法、电路结构和工作原理，然后介绍可编程逻辑器件PLD的基本结构和应用。

6.1 半导体存储器

半导体存储器是一种能存储二值信息的大容量半导体器件。它的种类繁多，按存、取功能分为只读存储器（Read-Only Memory，简称ROM）和随机存储器（Random Access Memory，简称RAM）两大类。两者的根本区别在于：RAM在正常工作状态下就可以随时向存储器里写入数据或从中读出数据，但其处理的信息具有易失性，即当电源断开后，信息便随之消失；ROM在正常工作状态下只能从中读取数据，不能快速地随时修改或重新写入数据，但其处理的信息具有非易失性，即当电源断开后，信息亦不会丢失。ROM是一种大规模组合逻辑电路，而RAM属于大规模时序逻辑电路。

6.1.1 只读存储器

只读存储器是存放固定信息的存储器，它没有读写控制电路，结构简单。只读存储器中又有掩模ROM、可编程ROM（Programmable Read-Only Memory，简称PROM）和可擦涂的可编程ROM（Erasable Programmable Read-Only Memory，简称EPROM）几种不同类型。掩模ROM中的数据在制作时已经确定，无法更改。PROM中的数据可以由用户根据自己的需要写入，但一经写入以后就不能再修改了。EPROM里的数据不但可以由用户根据自己的需要写入，而且还能擦除重写，使用相当灵活。

1. ROM的结构和原理　ROM的电路结构包含存储矩阵、地址译码器和输出缓冲器3个组成部分，如图6-1所示。其核心部分是存储矩阵，它是由许多存储单元排列而成。存储单元可以由二极管构成，也可以由双极型晶体管或MOS场效应晶体管构成。每个单元能存放1位二值代码（0或1）。每一个或一组存储单元有一个对应的地址代码。

地址译码器是将输入的地址代码译成相应的控制信号，利用这个控制信号从存储矩阵中把指定的单元选出，并把其中的数据送到输出缓冲器。

输出缓冲器的作用有两个：一是能提高存储器的带负载能力；二是实现对输出状态的三态控制，以便与系统的总线联系。

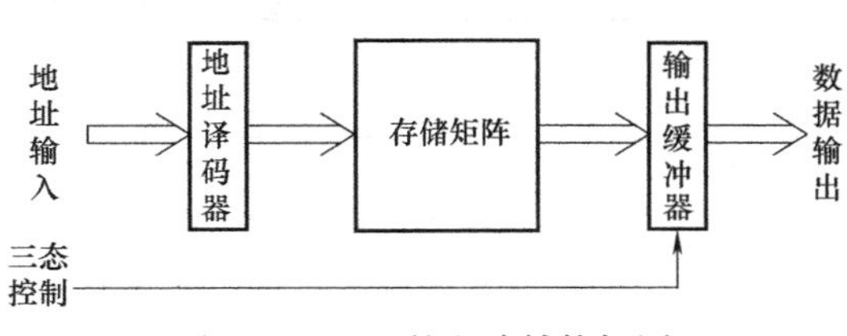

图6-1　ROM的电路结构框图

图6-2是具有2位地址输入码和4位数据输出的ROM电路，它的存储单元使用二极管构成，地址译码器由4个二极管与门组

成。其中，W_0，W_1，W_2，W_3 是字线，代表地址译码器的输出；D_0，D_1，D_2，D_3 是位线（或数据线），选中的信号从位线上输出；A_0，A_1 为地址线。2 位地址代码 A_1A_0 能给出 4 个不同的地址。地址译码器将这 4 个地址代码分别译成 $W_0 \sim W_3$ 4 根线上的高电平信号。存储矩阵实际上是由 4 个二极管或门组成的编码器，当 $W_0 \sim W_3$ 每根线上给出高电平时，都会在 $D_0 \sim D_3$ 4 根线上输出一个 4 位二值代码。输出端的缓冲器用来提高带负载能力，并将输出的高、低电平变换为标准的逻辑电平。同时，通过给定 $\overline{EN}$ 信号实现对输出的三态控制。

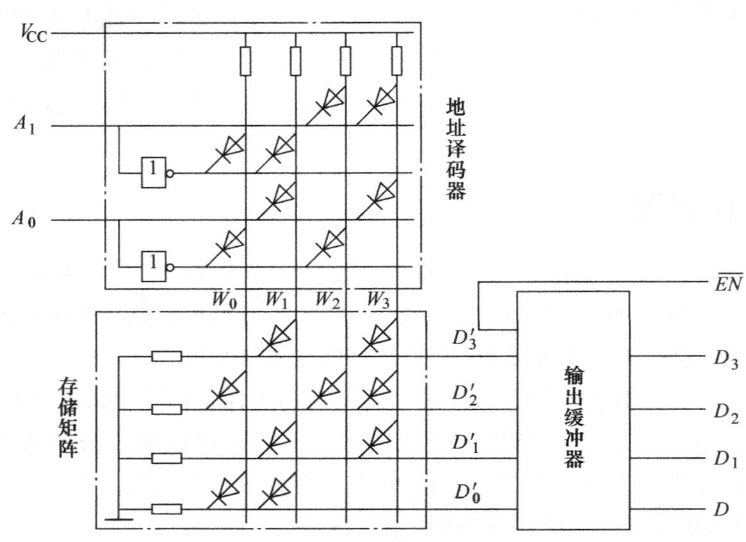

图 6-2　二极管 ROM 的电路结构图

在读取数据时，只要输入指定的地址码并令 $\overline{EN}=0$，则指定地址内各存储单元所存的数据便会出现在数据线上。例如当 $A_1A_0=10$ 时，$W_2=1$，而其他字线均为低电平。由于只有 D'_2 一根线与 W_2 间接有二极管，所以这个二极管导通后使 D'_2 为高电平，而 D'_0、D'_1 和 D'_3 为低电平。如果这时 $\overline{EN}=0$，即可在数据输出端得到 $D_3D_2D_1D_0=0100$。全部 4 个地址内的存储内容列于表 6-1 中。

不难看出，字线和位线的每个交叉点都是一个存储单元。交点处接有二极管时相当于存“1”，没有接二极管时相当于存“0”。交叉点的数目也就是存储单元数。习惯上用存储单元的数目来表示存储器的存储量（或称容量），并写成“字数 × 位数”的形式。例如，图 6-2 中 ROM 的存储量应表示成“4 ×4 位”。

从图 6-2 中还可以看出，ROM 的电路结构很简单，所以集成度可以做得很高，而且一般都是批量生产，价格便宜。

表 6-1　图 6-2 中的 ROM 的数据表

地址		数据			
A_1	A_0	D_3	D_2	D_1	D_0
0	0	0	1	0	1
0	1	1	0	1	1
1	0	0	1	0	0
1	1	1	1	1	0

2. ROM 在组合逻辑设计中的应用　从图 6-2 可见，当 ROM 作为存储器时，D_3、D_2、D_1、D_0根据译码器选择不同的字线并行输出。若从 D_3、D_2、D_1、D_0串行来看，D_3、D_2、D_1、D_0实际上是由一些或门组成，其中 $D_3=\overline{A_1}A_0+A_1A_0$，$D_2=\overline{A_1}\,\overline{A_0}+A_1\overline{A_0}+A_1A_0$，$D_1=\overline{A_1}A_0+A_1A_0$，$D_0=\overline{A_1}\,\overline{A_0}+\overline{A_1}A_0$。所以，ROM 是由与门网络和或门网络所组成。而任何组合逻辑电路都可以由与、或、非 3 种基本运算来完成，其中非运算又可以在输入端实现。所以足够数量的与门和或门可以实现任何组合逻辑电路，因而 ROM 可以实现任何组合逻辑电路的功能。一般情况下，可以将 ROM 的电路图改画为阵列图。图 6-3 即为图 6-2 的阵列图，其中上半部称为与阵列，下半部称为或阵列，只要改变阵列上点的数量和位置，就可以在每个输出端上完成任何最小项的组合。

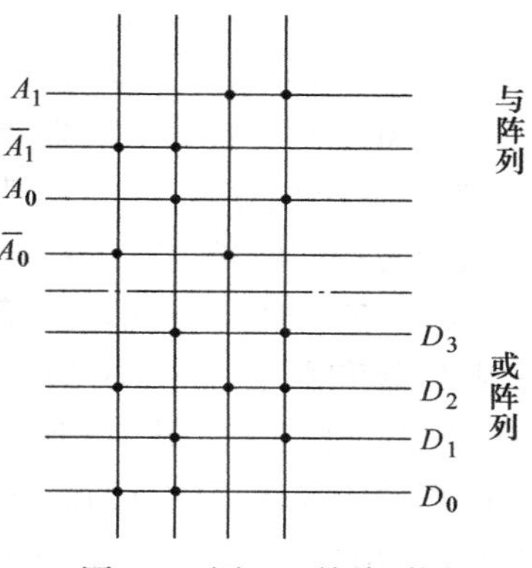

图 6-3　图 6-2 的阵列图

用 ROM 实现逻辑函数一般按照以下步骤进行：

1）根据逻辑函数的输入、输出变量数目确定 ROM 的容量，选择合适的 ROM。

2）写出逻辑函数的最小项表达式，画出 ROM 的阵列图。

3）根据阵列图对 ROM 进行编程。

例 6-1　试用 ROM 编程实现如下两个逻辑函数，并画出编程后的简化结构图。

$$F_1=\overline{B}\,\overline{C}+ABC+\overline{A}BC \qquad F_2=AB\overline{C}+BC+A\overline{B}C$$

解：因 ROM 地址是全译码器，所以先将 F_1、F_2化成最小项组成的与或式。

$$F_1=A\overline{B}\,\overline{C}+\overline{A}\,\overline{B}\,\overline{C}+ABC+\overline{A}BC$$

$$F_2=AB\overline{C}+ABC+\overline{A}BC+A\overline{B}C$$

故采用有 3 位地址、2 位数据输出的 ROM 即可，编程后所得简化结构框图如图 6-4 所示。

可以想见，如果数据线达到 4 根或 5 根，且将所有的逻辑电路都不经化简，求出其最小项，并作安排，这在半导体材料的面积利用上显然是不经济的。但在大规模集成电路中浪费一些面积问题并不算太大，所以 ROM 特别适用于一些大规模的集成电路。

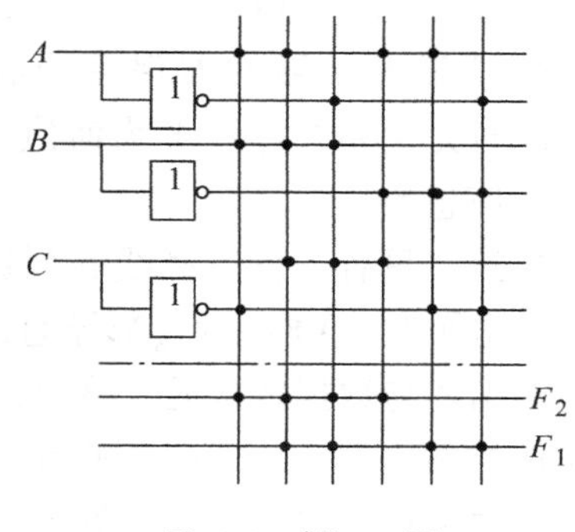

图 6-4　例 6-1 图

6.1.2　随机存储器

随机存储器也叫随机读/写存储器，简称 RAM。在 RAM 工作时可以随时从任何一个指定的地址写入（存入）或读出（取出）数据，使用灵活。但是，正如前所述，它也存在着信息易失性这个缺点。RAM 又分为静态随机存储器（SRAM）和动态随机存储器（DRAM）两大类。

1. RAM 的基本结构　RAM 由存储矩阵、地址译码器和读/写控制电路（也叫输入/输出控制电路）3 部分组成，如图 6-5 所示，由图可见进出存储器的有 3 类信号线，即地址线、数据线和控制线。

存储器的核心是由许多排列成矩阵的存储单元所组成的存储矩阵。每个存储单元只能存放 1 位二进制数所表示的信息，其信息的写入与读出，是靠地址译码器去寻访所对应的存储单元，将所选存储单元与数据总线接通，再根据读、写控制信号对该存储单元进行数据写入与读出。

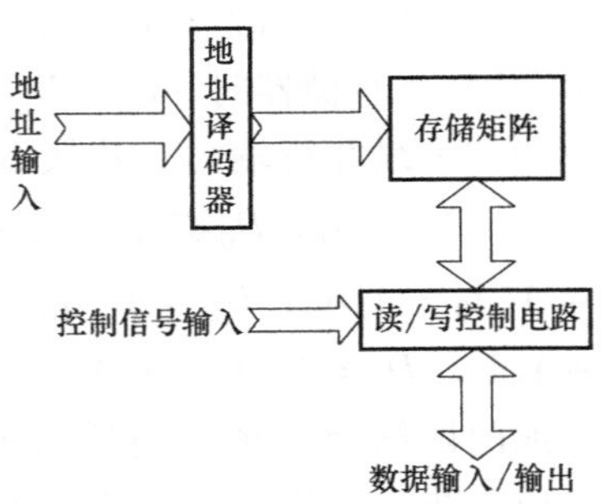

图 6-5　RAM 电路的基本结构

2. RAM 的存储单元　存储单元是存储器的最基本的存储细胞，它可以存放 14 位二值数据。存储单元电路不同时，读/写控制电路也有区别。

（1）静态 RAM 存储单元。静态 RAM 存储单元是由静态触发器和门控管组成的存储单元。有 NMOS 型、CMOS 型和双极型等。图 6-6 所示电路为 6 只 N 沟道增强型 MOS 场效应晶体管组成的静态 RAM 中的存储单元。点画线框中的信息存储单元是由 VF_1、VF_2和 VF_3、VF_4两个反相器交叉耦合构成的一个基本 *RS* 触发器来充当的，此基本 *RS* 触发器用来存储 1 位二值数据。VF_5、VF_6为本单元控制门，由行选择线 X_i控制，它用来将触发器与字线、位线连接起来。VF_7、VF_8为列存储单元公用的控制门，用于控制位线与数据线的连接状态，由列选择线 Y_j控制。

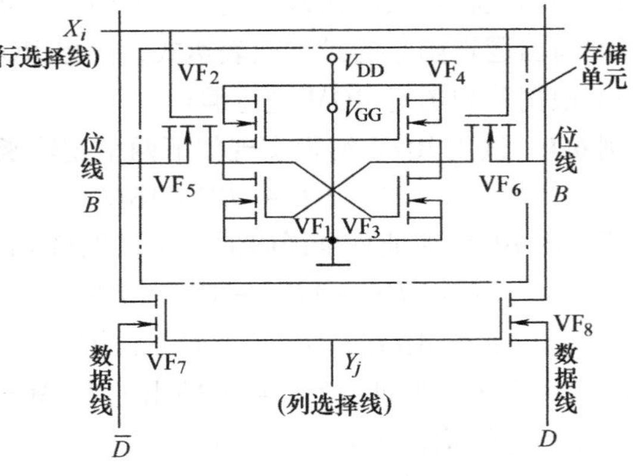

图 6-6　六管静态存储单元电路

当 $X_i=1$ 时，VF_5、VF_6导通，触发器与位线接通。若同时 $Y_j=1$，VF_7、VF_8导通，存储单元的状态由位线经 VF_7、VF_8传送到数据线 D 和$\overline{D}$端，实现信息的传送；若 $Y_j=0$，显然 VF_7、VF_8截止，无法实现信息的传送。

当 $X_i=0$ 时，VF_5、VF_6截止，触发器与位线断开，触发器保持原状态不变。此时无论列选择线 Y_j为何值，均不能实现信息的传输。

显然，只有当行选择线和列选择线均为高电平时，$VF_5\sim VF_8$都导通，触发器的输出才与数据线接通，该单元才能通过数据线传送数据。因此，存储单元能够进行读/写操作的条件是：与它相连的行、列选择线均须呈高电平。

由静态存储单元构成的静态 RAM 的特点是：数据由触发器记忆，只要不断电，数据就能永久保存，且它的读出是非破坏性的，读出后信号仍留在触发器中，无须刷新，但它的缺点是单元电路复杂，功耗大。

（2）动态 RAM 存储单元。RAM 的动态存储单元是利用 MOS 场效应晶体管栅极电容可以存储电荷的原理制成的。由于存储单元的结构能做得非常简单，所以在大容量、高集成度的 RAM 中得到了普遍的应用。但由于栅极电容的容量很小（通常仅为几皮法），而漏电流又不可能绝对等于零，所以电荷保存的时间有限。为了及时补充漏掉的电荷以避免存储的信息丢失，必须定时的给栅极电容补充电荷，通常把这种操作称为刷新或再生。

早期采用的动态存储单元为四管电路或三管电路，而在目前所有大容量 DRAM 中首选的存储单元却是单管动态存储单元。

图 6-7 所示是单管 MOS 动态存储单元的电路结构图。它的存储单元是由一只 N 沟道增

强型 MOS 场效应晶体管 VF 和一个电容 C_S组成的，C_W为杂散电容。

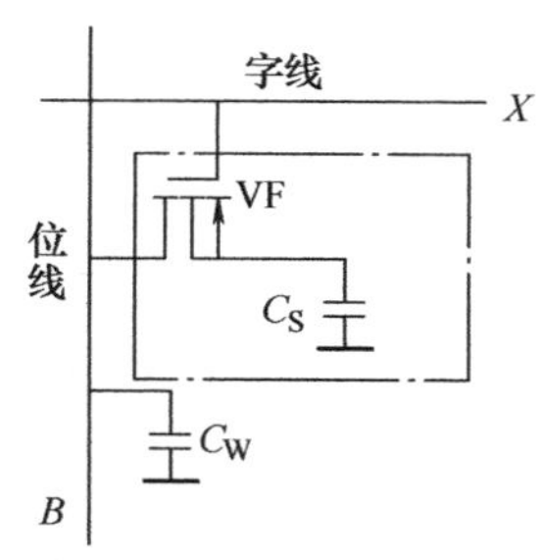

图 6-7 单管 MOS 场效应晶体管动态存储单元电路

在进行写操作时，使字线为高电平，则 VF 导通，位线上的数据便经过 VF 被存入 C_S中。

在进行读操作时，字线同样应给出高电平，使 VF 导通。此时 C_S上的电荷经 VF 向位线上的电容 C_W转移，使位线上获得读出的信号电平。由于 C_S上的电荷减少，存储的数据会被破坏，所以需要有再生放大器补偿被破坏的信息，即对读出单元及时进行刷新。

3. RAM 存储容量的扩展　在数字系统或计算机中，单个存储器芯片往往不能满足存储容量的要求。因此，必须把若干个存储器芯片连接在一起以扩展其容量。扩展存储容量的方法可以通过增加字长（位数）或字数来实现。

（1）字长（位数）的扩展。如果每一片 RAM 中的字数已经够用而每个字的位数不够用时，应采用位扩展的连接方式，将多片 RAM 组合成位数更多的存储器。

RAM 的位扩展连接方法如图 6-8 所示。在这个例子中，用 8 片 1K×1 位的 RAM 接成了一个 1K×8 位的 RAM。

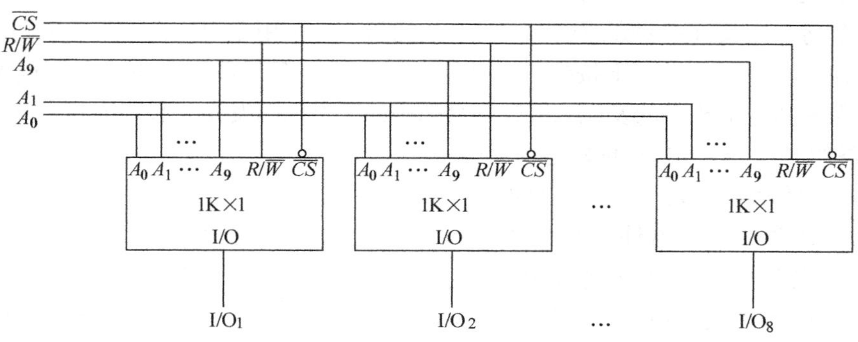

图 6-8　用 1K×1 位 RAM 芯片构成 1K×8 位的存储系统

连接的方法十分简单，只需将 8 片的所有地址线、$R/\overline{W}$、$\overline{CS}$分别并联起来即可，每一片的 I/O 端作为整个 RAM 输入/输出数据端的一位，则总的存储容量就为每一片存储容量的 8 倍。

ROM 芯片上没有读/写控制端 $R/\overline{W}$，在进行位扩展时其余引出端的连接方法和 RAM 完全相同。

（2）字数的扩展。如果每一片存储器的数据位数够用而字数不够用时，则需采用字扩展方式，将多片存储器芯片接成一个字数更多的存储器。此时可以利用外加译码器控制芯片的片选输入端来实现。例如，利用 2 线 -4 线译码器 74139 将 4 个 8K×8 位的 RAM 芯片扩展为 32K×8 位的存储器系统。扩展方式如图 6-9 所示，图中，存储器扩展所要增加的地址线 A_{14}、A_{13}与译码器的 74139 的输入端 A_1、A_0 相连，译码器的输出 Y_0 ~ Y_3分别接至 4 片 RAM 的片选信号控制端$\overline{CS}$，这样，当输入一个地址码（A_{14} ~ A_0）时，只有一片 RAM 被选中，从而实现了字的扩展。

上述字扩展法也同样适用于 ROM 电路。

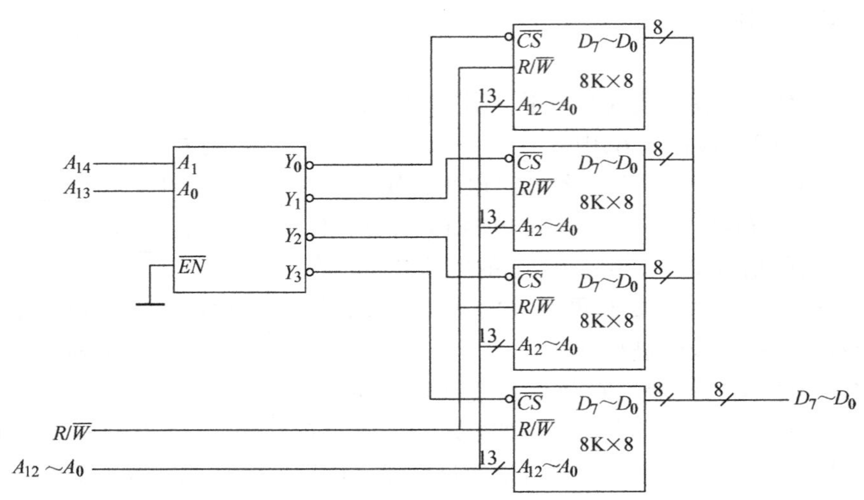

图 6-9　用 8K×8 位 RAM 芯片构成 32K×8 位的存储器系统

6.2　应用实例——电子声光音乐门铃电路

电子门铃是现代家庭中用来向主人通报来客的小装置，有普通电子门铃、音乐电子门铃、遥控电子门铃等。本实训主要介绍电子声光音乐门铃，它采用专用的音乐集成电路，再配少量的分立元件组成。只要按动一下按钮，它就能自动奏出一只乐曲或发出各种不同的模拟音响来；同时，装在机壳面板上的发光二极管还会随乐曲节奏闪闪发光，起装饰和光显示功能。

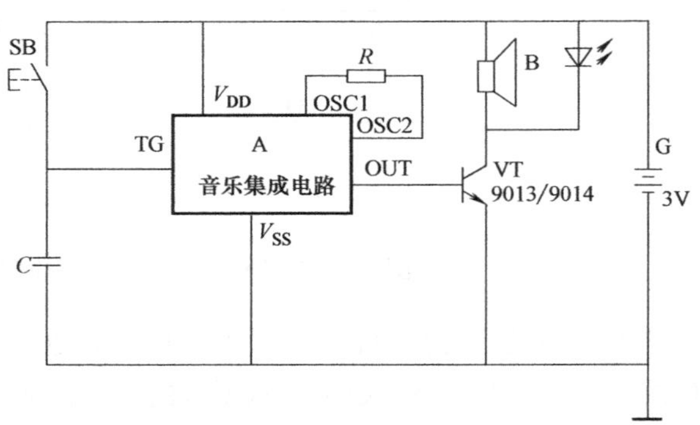

图 6-10　电子声光音乐门铃电路

1. 电路组成　A：电路的核心元件，如图 6-10 所示。它是一片有 ROM 记忆功能的音乐集成电路器件。A 内存储什么曲子，完全由 ROM 的内容决定。它实际上是一种大规模 CMOS（互补对称金属氧化物半导体集成电路的英文缩写）电路，它内部线路很复杂，这里不作专门介绍，我们只要弄清楚它的外接引脚功能及用法就可以了。V_{DD}和 V_{SS}分别是音乐集成电路 A 的外接电源的正、负引脚；OSC1、OSC2 是音乐集成电路 A 的内部振荡器外接振荡电阻的引脚，个别需外接 *RC* 振荡原件，此时外接的电阻器或电容器便可作为乐曲演奏速度及音调调整元件。也有的音乐集成电路 A 将振荡元件全部集成在芯片内部，不需要外接元器件，这使得振荡频率就无法从外部调节。TG 是音乐集成电路 A 的触发端，一般采用高电平（直接与 V_{DD}相连）或正脉冲（通过按钮开关 SB 接 V_{DD}）触发均可；OUT 是音乐集成电路 A 的乐曲信号输出端。一般的音乐集成电路 A 需外接一只晶体管 VT 做功率放大后推动扬声器 B 发音，但也有一些音乐集成电路 A 输出功率较大，可以直接推动扬声器发音。

B（扬声器）：发音元件。

VT：晶体管，可用9013或9014。其功能是可将集成电路输出的电信号进行放大，从而保证扬声器发出较大的声音。

G（电源）：电路的原动力，有了它电路方可正常工作。

C：交流旁路电容。其作用是防止音乐集成电路A受杂波感应而误触发。因为音乐集成电路A的TG引脚输入阻抗很高，当按钮开关SB的引线较长时，特别是引线与室内220V交流电源线靠得较近时，每开关一次电灯或家用电器就会造成集成电路误触发，使门铃自鸣一次。有了旁路电容*C*就能有效消除这种外干扰，使门铃稳定、可靠地工作。实际中，*C*也可用一只300～510Ω的1/8碳膜电阻器来代替；也可将*C*直接跨接在音乐集成电路A的V_{DD}与TG引脚（接SB的位置）之间。

发光管：用于光显示，随音乐起伏而闪烁，有一定的装饰效果。

SB：按钮开关。

2. 电路工作过程　工作过程：每按动一下按钮开关SB，音乐集成电路A的触发端TG便获得正脉冲触发信号，音乐集成电路A工作，其输出端OUT输出一遍内储的音乐电信号，经晶体管VT功率放大后，驱动扬声器B发出优美动听的乐曲声，与此同时，并接在B两端的发光二极管VD也会随乐曲节奏闪闪发光，如图6-11所示。

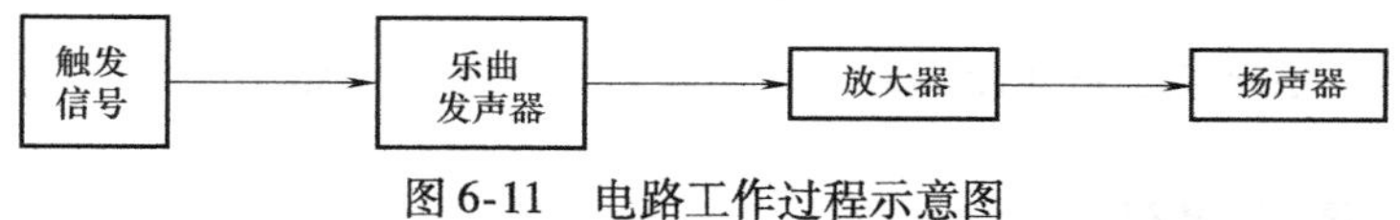

图6-11　电路工作过程示意图

3. 几种常见的声光音乐门铃　制作声光音乐门铃的关键元件是音乐集成电路A。目前，音乐集成电路的品种繁多，按其内储乐曲数量可分为单曲、多曲和具有各种模拟音响等多种。其封装形式有塑料双列直插式和单列直插式；还有用环氧树脂将芯片直接封装在一块小印制板上，俗称黑胶封装基板，也称软包封门铃芯片。下面介绍几种常见的音乐集成电路芯片制作声光音乐门铃的接线图。

（1）图6-12所示是用CW9300（或KD-9300）系列音乐集成电路芯片制作声光音乐门铃的接线图。这两种系列集成电路芯片均内储世界名曲一首，其外引脚排列和功能都一样，只是每种系列按内储乐曲不同划分成多种型号。目前，CW9300（或KD-9300）系列集成芯片内储乐曲共有31种可供用户选择使用。*R*是音乐集成电路A的外接振荡电阻器，其取值范围一般在47～82kΩ之间。*R*阻值小，乐曲演奏速度快；*R*阻值大，乐曲节奏慢。该电路每按动一次按钮开关SB，扬声器B就会自动鸣奏一支长约15～20s的世界名曲。

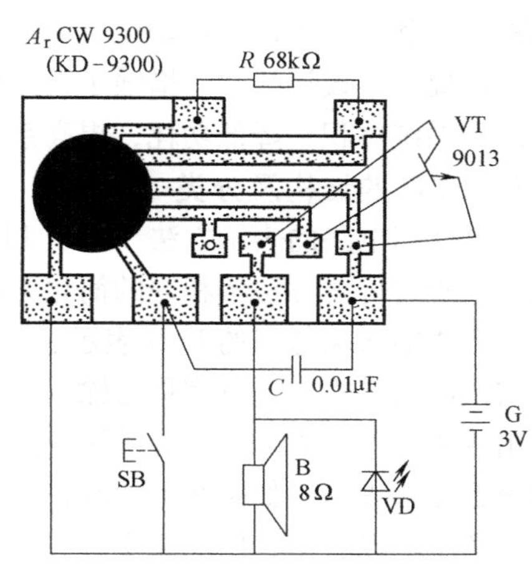

图6-12　CW9300系列声光音乐门铃接线图

（2）图6-13是用HY-100系列音乐集成电路芯片制作声光音乐门铃的接线图。该系列已集成了功率放大器，故不必再外接功率放大晶体管，这给安装和使用带来了不少方便。此门铃每按动一下按钮开关SB，扬声器B即能演奏出一支20s左右的乐曲。

(3) 图 6-14 所示是用 ML-03 系列集成电路芯片制作多曲声光音乐门铃的接线图。ML-03 内储 12 首世界名曲主旋律，每按动一次按钮开关 SB，扬声器 B 就播放一首乐曲。12 首乐曲受触发依次播完后，再按 SB 又重新从头开始播放第一首乐曲。这种门铃曲调变化多样，给人以新鲜感。R 和 C_2 分别是音乐集成电路 A 的外接振荡电阻器与电容器，适当改变它们的参数，可调整乐曲演奏速度及音调。与 ML-03 功能及印制电路板引脚相同的多曲音乐集成电路还有 CW2850、KD-482 等型，它们可以直接进行替换。

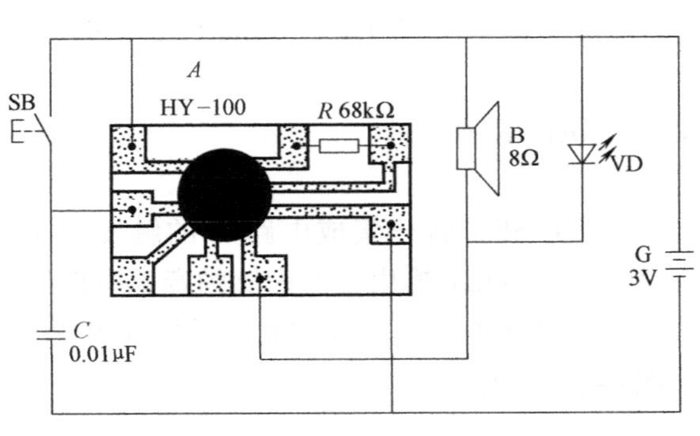

图 6-13　HY-100 系列声光音乐门铃接线图

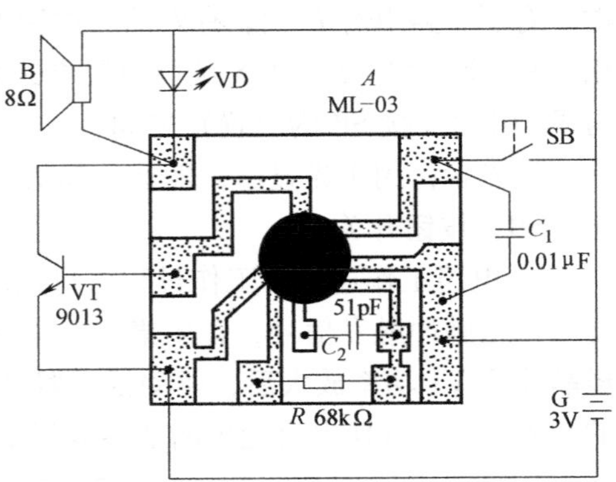

图 6-14　ML-03 系列声光音乐门铃接线图

6.3　可编程逻辑器件

可编程逻辑器件（Programmable Logic Device，简称 PLD）是指由用户自己通过编程定义其逻辑功能，从而实现各种设计要求的集成电路芯片。它是 20 世纪 70 年代后期发展起来的一种超大规模集成电路，它不仅具有集成度高，处理速度快和可靠性高的优点，而且它的逻辑功能是由用户自己通过对器件编程来设定的。使用可编程逻辑器件可以大大简化硬件系统、降低成本、提高系统的可靠性、灵活性和保密性。因此，可编程逻辑器件是设计数字系统的理想工具，它的出现也使数字系统的设计方法发生了崭新的变化。采用可编程逻辑器件设计系统时，可以将原来在印刷电路板上的设计工作放到芯片设计中进行，而且所有的设计工作都可以利用电子设计自动化（Electronic Design Automation，简称 EDA）工具来完成，从而极大地提高了设计效率，增强了设计的灵活性。同时，基于芯片的设计可以减少芯片的数量，缩小系统体积，降低功耗，提高系统的速度和可靠性。

6.3.1　PLD 的结构及分类

1. PLD 门电路的表示方法　由于 PLD 内部电路的连接十分庞大，所以对其进行描述时采用了一种与传统方法不相同的简化方法。

一个 4 输入端与门的 PLD 表示法如图 6-15 所示。图中与门的输入线通常画成行（横）线，与门的所有输入变量都称为输入项，并画成与行线垂直的列线以表示与门的输入。与门的输出成为乘积项 P，图中与门的输出 $P = A \cdot B \cdot D$。或门可以用类似的方法表示，也可以用传统的方法表示，如图 6-16 所示，图中或门的输出 $F = P_1 + P_3 + P_4$。

从图中可以看出，门电路交叉点上的连接方式共有 3 种情况，如图 6-17 所示。

(1) 硬线连接单元。它是固定连接，不可以编程改变。

(2) 被编程接通单元。它依靠用户编程来实现接通连接。

（3）被编程擦除单元。编程实现断开状态，这种单元又称为被编程断开单元。

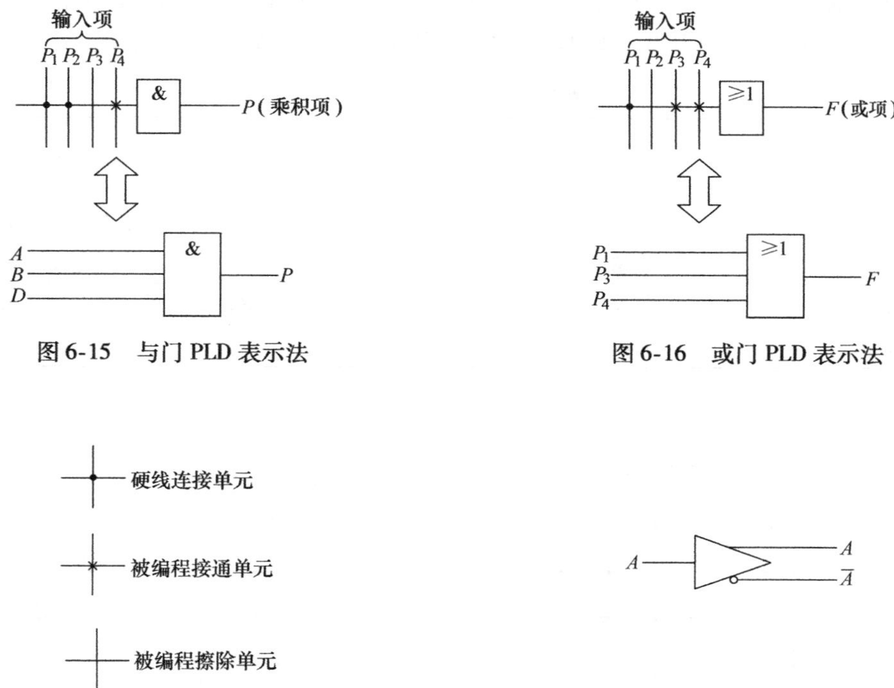

PLD的输入、输出缓冲器都采用了互补输出结构，其表示法如图6-18所示。

在图6-19中，逻辑电路的输出变量P_1、P_2为：

1）$P_1 = A \cdot \overline{A} \cdot B \cdot \overline{B} = 0$，输入项$A$、$\overline{A}$、$B$、$\overline{B}$被编程接通，此状态称为与门的缺省(Default）状态。

2）$P_2 = 1$，与门的所有输入项均不接通，即所有输入都悬空，因此也称为悬浮1状态。

2. PLD的基本结构　PLD的基本结构框图如图6-20所示。PLD电路的主体是由门电路构成的"与阵列"和"或阵列"，可以用来实现组合逻辑函数。输入电路由缓冲器组成，可以使输入信号具有足够的驱动能力，并产生互补输入信号。输出电路可以提供不同的输出结构，如直接输出（组合方式），或通过寄存器输出（时序方式）。此外输出端口通常有三态门，可通过三态门控制数据直接输出或反馈到输入端。

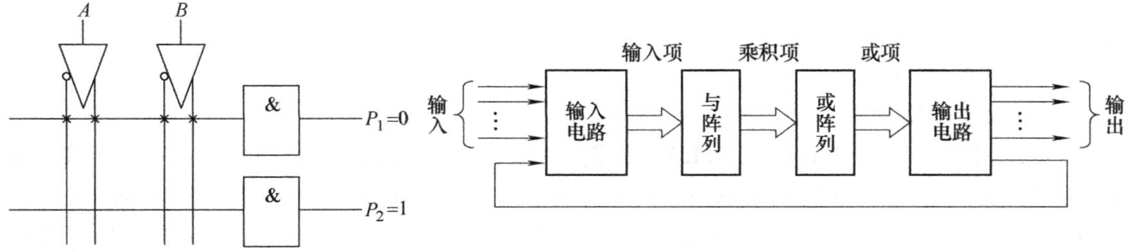

图6-19　PLD表示的与门阵列　　　图6-20　PLD基本结构框图

通常 PLD 电路中只有部分电路可以编程或组态，PROM、PLA、PAL 和 GAL 4 种 PLD 由于编程情况和输出结构不同，电路结构也不相同，表 6-2 列出了 4 种 PLD 电路的结构特点。图 6-21、6-22、6-23 分别画出了 PROM、PLA、PAL（GAL）的阵列结构图。

表 6-2　PLD 的 4 种结构

名　　称	阵　　列		输出类型
	与阵列	或阵列	
PROM	固定	可编程	三态、集电极开路
PLA	可编程	可编程	三态、集电极开路
PAL	可编程	固定	异步 I/O、异或、寄存器、算术选通反馈
GAL	可编程	固定	由用户定义

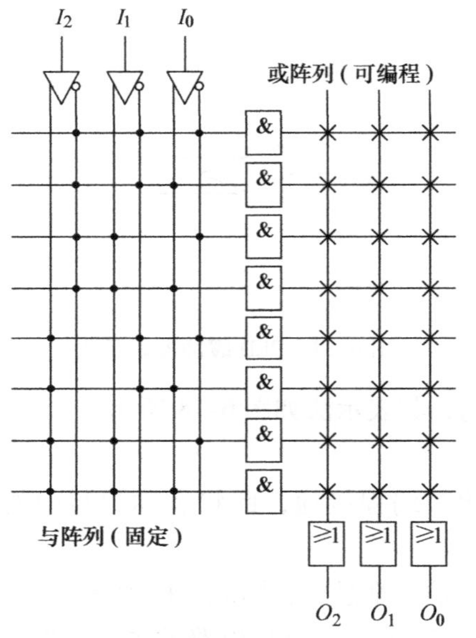

图 6-21　PROM 的阵列结构

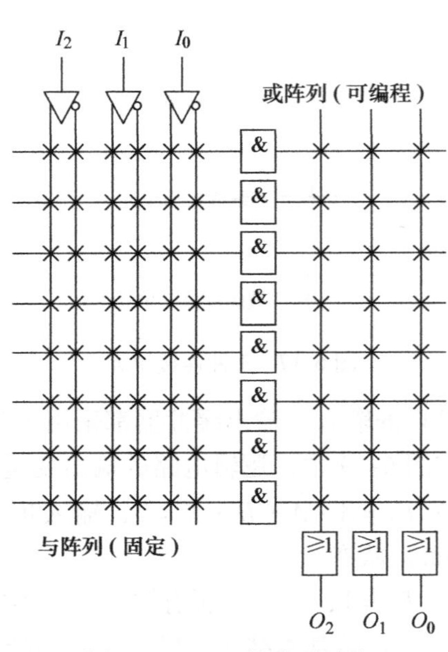

图 6-22　PLA 的阵列结构

GAL 结构与 PAL 相同，由可编程的与阵列去驱动一个固定的或整列，其差别在于输出结构不同。PAL 的输出是一个有记忆功能的 D 触发器，而 GAL 器件的每一个输出端都有一个可组态的输出逻辑宏单元（Output Logic Macro Cell，简称 OLMC）。由于输出具有可编程的逻辑宏单元，可以由用户定义所需要的输出状态，因此 GAL 成为各种 PLD 器件应用的理想产品。

3. PLD 的分类

（1）按集成度分类。

1）低密度 PLD（LDPLD）。LDPLD 是早期开发的可编程逻辑器件，主要产品有 PROM、现场可编程逻辑阵列（Field Programmable Logic Array，FPLA）、可编程阵列逻辑（Programmable Array Logic，PAL）和通用阵列逻辑（Generic Array Logic，GAL）。这些器件结构简单，具有成本低、速度高、设计简单等优点，但其规模较小（通常每片只有数百门），难于实现复杂的逻辑。

2）高密度 PLD（HDPLD）。HDPLD 是 20 世纪 80 年代中期发展起来的产品，它包括可擦除、可编程逻辑器件（Erasable Programmable Logic Device，EPLD）、复杂可编程逻辑器件（Complex Programmable Logic Device，CPLD）和现场可编程门阵列（Field Programmable Gate Array，FPGA）3种类型。EPLD和CPLD是在PAL和GAL的基础上发展起来的，其基本结构由与或阵列组成，因此通常称为阵列型PLD，而FPGA具有门阵列的结构形式，通常称为单元型PLD。

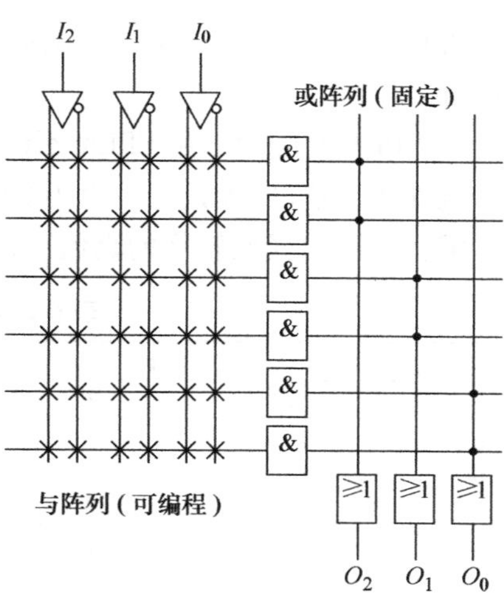

图6-23　PAL（GAL）的阵列结构

（2）按制造工艺分类。

1）一次性编程的PLD。早期的PROM、PLA和PAL都是这种类型。采用双极型工艺制造的PLD器件速度最快，例如，PAL16R8-4和PAL20R8-5的平均传输延迟时间只有4～5ns。但这类器件的功耗很大，因而对系统的散热和电源的要求较高，也限制了芯片本身的密度。由于采用熔断丝工艺，所以它的编程是一次性的。这类器件多用在定型设计之中。

2）紫外线可擦除的可编程逻辑器件EPLD（Erasable PLD）。这类器件克服了双极型工艺PLD器件的某些不足。由于采用UVCMOS（Ultraviolet CMOS）工艺，这类器件密度大，功耗低，而且具有可擦除性、可重复编程的能力。但它的工作速度比双极型工艺的PLD器件低，擦除时间也比较长，一般需要20min左右，而且需要专门的紫外线擦除设备。

3）电可擦除的可编程逻辑器件EEPLD（Electrically Erasable PLD）。这类器件具有UVCMOS工艺器件密度大的优点，还具有比UVCMOS工艺器件更低的功耗。例如，采用EECMOS（Electrically Erasable CMOS）工艺制造的PAL16RZ8在备用状态时的电源电流只有几微安，几乎是零。EECMOS工艺的PLD器件用电的方式进行擦除，可反复擦除和改写，而且擦除时间只有10ms左右。这类器件还具有双极型工艺器件速度高的优点，它的工作速度至少可与除双极型工艺以外任何其他工艺的器件相比。例如，EECMOS工艺的PALCE16V8H-5和PALCE16V8H-5平均传输时间为5ns，与双极型工艺的PAL16R8-5和PAL20R6-5具有同样的工作速度，这是UVCMOS工艺无法做到的。所以，除了集成度比不上UVCMOS工艺外，EECMOS工艺是一种更为先进的集成电路制造工艺。

6.3.2　PLD的应用

以FPLA（现场可编程逻辑阵列）为例讲述PLD的应用。

1. FPLA的结构　在ROM中，与阵列是全译码方式，其输出会产生n个输入的全部最小项。对于大多数逻辑函数而言，并不需要使用输入变量的全部乘积项，有许多乘积项是没用的，尤其当函数包含较多的约束项时，许多乘积项是不可能出现的。这样，由于不能充分利用ROM的与阵列从而会造成硬件的浪费。

FPLA是处理逻辑函数的一种更有效的方法，其结构与ROM类似，但它的与阵列是可编程的，且不是全译码方式而是部分译码方式，只产生函数所需要的乘积项。或阵列也是可编程的，它选择所需要的乘积项来完成或功能。在FPLA的输出端产生的逻辑函数是简化的与或表达式。

FPLA结构与PLA类似，如图6-21所示。只是PLA采用熔断丝工艺，一次性编程使用。

FPLA 规模比 ROM 小，工作速度快，当输出函数包含较多公共项时，使用 FPLA 更为节省硬件。

2. FPLA 的应用　用 FPLA 不仅可以构成组合逻辑电路，还可以构成可编程时序阵列。

例 6-2　用 FPLA 设计一个由 8421 码转换为余 3 码的转换电路。

解：先列出代码转换的真值表，如表 6-3 所示。

表 6-3　8421 码转换为余 3 码的真值表

8421BCD 码				余 3 码			
A	B	C	D	Y_3	Y_2	Y_1	Y_0
0	0	0	0	0	0	1	1
0	0	0	1	0	1	0	0
0	0	1	0	0	1	0	1
0	0	1	1	0	1	1	0
0	1	0	0	0	1	1	1
0	1	0	1	1	0	0	0
0	1	1	0	1	0	0	1
0	1	1	1	1	0	1	0
1	0	0	0	1	0	1	1
1	0	0	1	1	1	0	0
1	0	1	0	×			
⋮							
1	1	1	1				

利用卡诺图化简函数，图 6-24 所示为 Y_3、Y_2、Y_1、Y_0的卡诺图。

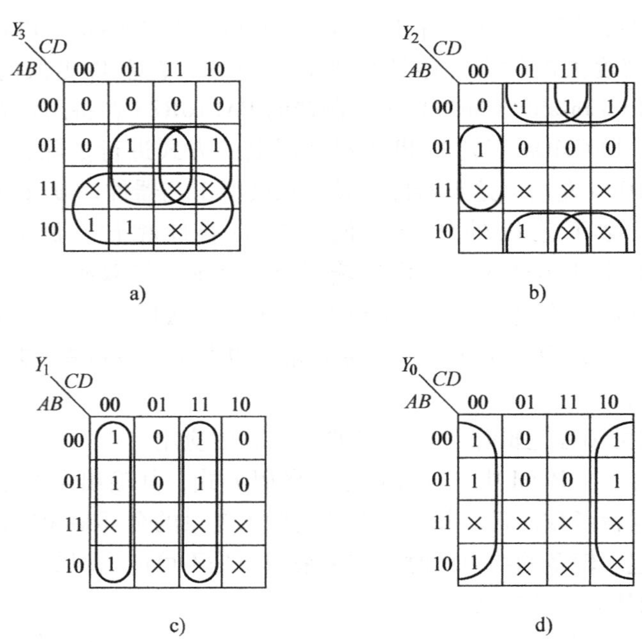

图 6-24　Y_3、Y_2、Y_1、Y_0 的卡诺图

通过化简可写出输出函数表达式

$Y_3 = A + BD + BC$　　　　$Y_2 = \overline{B}D + \overline{B}C + B\overline{C}\,\overline{D}$

$Y_1 = \overline{C}\,\overline{D} + CD$　　　　$Y_0 = \overline{D}$

由上式可画出 FPLA 实现图，如图 6-25 所示。

FPLA 中的与阵列和或阵列只能构成组合逻辑电路，若在 FPLA 中加入触发器便可构成时序型 FPLA，其结构如图 6-26 所示。此时与阵列的输入包括两部分：外输入 X_1，…，X_n 和由触发器反馈回来的内部状态 Q_1，…，Q_k。或阵列则产生两组输出：外输出 Z_1，…，Z_m 和触发器的激励 W_1，…，W_l。因此它是一个完整的同步时序系统。

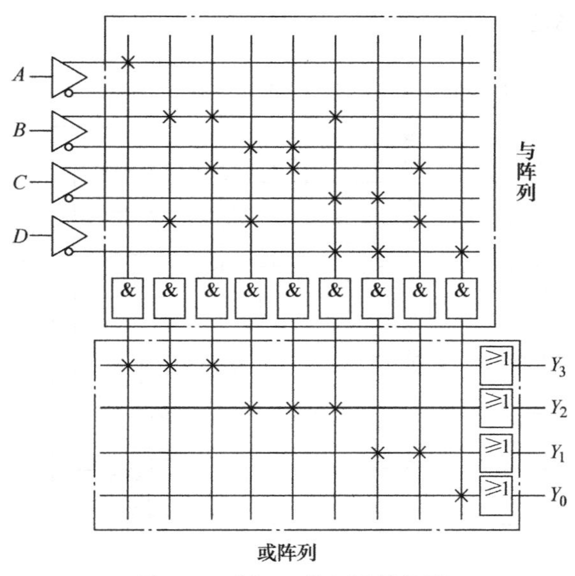

图 6-25　例 6-2 的逻辑结构图

图 6-26　时序型 FPLA 结构图

例 6-3　用 FPLA 设计一个十进制计数器，其状态转换顺序依次为 0000→0001→0011→0010→0110→1110→1010→1011→1001→1000→0000。（这种转换的特点是每来一个脉冲只有一个触发器转换状态。译码时不会产生竞争冒险，从而可以避免过度干扰）。

解：由已知转换状态，可列出计数真值表，如表 6-4 所示。

表 6-4　例 6-3 的真值表

十进制数	Q_3^n	Q_2^n	Q_1^n	Q_0^n	Q_3^{n+1}	Q_2^{n+1}	Q_1^{n+1}	Q_0^{n+1}
0	0	0	0	0	0	0	0	1
1	0	0	0	1	0	0	1	0
2	0	0	1	0	0	0	1	1
3	0	0	1	1	0	1	0	0
4	0	1	0	0	0	1	0	1
5	0	1	0	1	0	1	1	0
6	0	1	1	0	0	1	1	1
7	0	1	1	1	1	0	0	0
8	1	0	0	0	1	0	0	1
9	1	0	0	1	1	0	1	0
10	1	0	1	0	1	0	1	1
11	1	0	1	1	1	1	0	0
12	1	1	0	0	1	1	0	1
13	1	1	0	1	1	1	1	0
14	1	1	1	0	1	1	1	1
15	1	1	1	1	0	0	0	0

表6-4中不在计数状态中的六个状态一旦出现全部转换到0000状态，故计数器具有自启动功能。

由6-4真值表可得出次态的函数表达式：

$Q_3^{n+1} = \sum m(6,9,10,11,14) = D_3$　　　$Q_2^{n+1} = \sum m(2,6) = D_2$

$Q_1^{n+1} = \sum m(1,2,3,6,10,14) = D_1$　　　$Q_0^{n+1} = \sum m(0,1,10,11) = D_0$

由上式可画出FPLA的逻辑结构图，如图6-27所示。

由于FPLA的两个阵列均可编程，所以使设计工作变得容易得多，当输出函数很相似可以充分利用共享的乘积项时，采用FPLA结构十分有利。但FPLA存在两个缺点：一是可编程的阵列为两个，编程较复杂；二是支持FPLA的开发软件有一定难度，因而它没有像PAL和GAL那样得到广泛的应用。

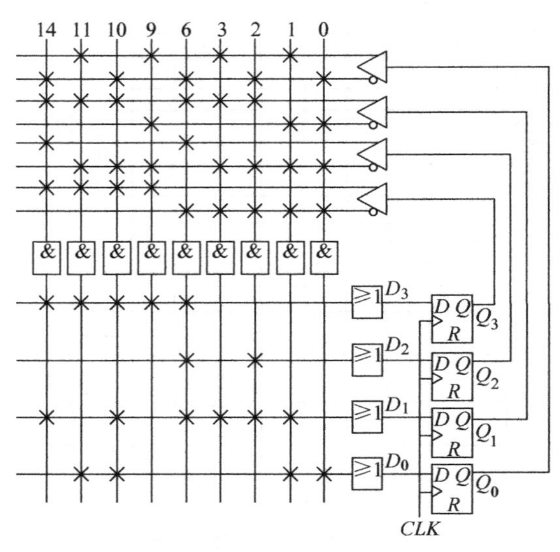

图6-27　例6-3的FPLA的逻辑结构图

6.3.3　PLD设计过程

可编程逻辑器件的设计流程如图6-28所示，它主要包括设计准备、设计输入、设计处理和器件编程4个步骤，同时包括相应的功能仿真、时序仿真和器件测试3个设计验证过程。

1. 设计准备　采用有效的设计方案是PLD设计成功的关键，因此在设计输入之前首先要考虑两个问题：一是选择系统方案进行抽象的逻辑设计；二是选择合适的器件，满足设计的要求。

对于低密度PLD，一般可以进行书面逻辑设计；而对于高密度PLD，系统方案的选择通常采用“自顶向下”的设计方案，即首先在顶层进行功能框图的划分和结构设计，然后再逐级设计底层的结构。

2. 设计输入　设计者将所设计的系统或电路以开发软件的某种形式表示出来，并送入计算机的过程称为设计输入。它通常有原理图输入、硬件描述语言输入和波形输入等多种形式。

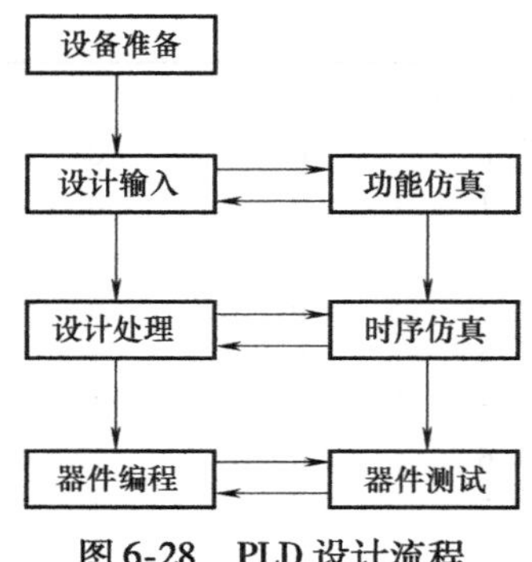

图6-28　PLD设计流程

3. 设计处理　从设计输入完成以后到编程文件产生的整个编译、适配过程通常称为设计处理或设计实现。它是器件设计中的核心环节，是由计算机自动完成的，设计者只能通过设置参数来控制其处理过程。

4. 设计验证　设计验证过程包括功能仿真和时序仿真，这两项工作是在设计输入和设计处理过程中同时进行的。功能仿真又称前仿真，它是在设计输入完成以后的逻辑功能验证。时序仿真又称后仿真，是在选择好器件并完成布局、布线之后进行的。

5. 器件编程　编程是指将编程数据放到具体的 PLD 中去。器件编程需要满足一定的条件，如编程电压、编程时序和编程算法等。普通的 PLD 和一次编程的 FPGA 需要专用的编程器完成器件的编程工作。早期生产的编程器往往只适用于一种或少数几种类型的 PLD 产品，而目前生产的编程器都有较强的通用性。

6.4　应用实例——秒表电路

可编程逻辑器件（PLD）经历了 PAL、GAL、CPLD、FPGA 几个发展阶段。使用 PLD 具有设计灵活、调试方便、系统可靠性高等众多优点，PLD 已经成为科研实验、样机试制和小批量产品的首选方案。PLD 的设计应用除了可以完全取代较简单的设计外，还日益承担起复杂系统的越来越多的性能。

目前，以生产复杂的可编程逻辑器件（CPLD）而著名的厂家有很多，例如 LATTICE 公司生产的系统在线可编程大规模集成逻辑器件 ispLSI1016。这种器件的最大特点是“系统在线可编程（ISP）”特性，即指未编程的 ISP 器件可以直接焊接在印制电路板上，然后通过计算机的并行口和专用的编程电缆对焊接在印制电路板上的 ISP 器件直接多次编程，从而使器件具有所需要的逻辑功能。除了 LATTICE 公司外，其他公司生产的 CPLD 器件也具有在系统在线编程的功能。下面以 ispLSI1016 来介绍 PLD 的具体应用。

用 ispLSI1016 设计一个用来记录短跑运动员成绩的秒表电路。要求：①秒表的计时范围为 0.01 ~ 59.99s；②具有清零、启动、停止功能；③输入时钟的频率为 100Hz，输出为 8421BCD 码。

（1）逻辑设计。根据设计要求可知，电路需要输出 4 组 8421BCD 码。从秒表的计时过程可以看出，电路实际上可以由 3 个十进制（模为 10）计数器与 1 个六进制（模为 6）计数器串接构成。各控制信号应满足下述关系：①每次启动前必须清零，且一旦启动后，再来启动信号电路不受影响；②停止信号到来时，秒表停止计时，输出保持停止前的状态，且此时再来停止信号或启动信号电路状态也不变。

根据上述分析，可以设计出电路原理图，如图 6-29 所示。图中 CNT10 表示 8421BCD 码十进制计数器模块，CNT6 表示六进制计数器模块，*EN* 为计数使能，*EN_CP* 为时钟使能。为了满足各控制信号的控制关系，图中设计了两个与非门构成的基本 RS 触发器。

（2）设计实现。图 6-29 中 CNT10 和 CNT6 只给出了框图，其具体电路采用 ABEL 语言描述。由此看出，电路是采用层次化方法实现的，即顶层采用了电路原理图，底层采用了 ABEL 语言。CNT10 和 CNT6 模块的 ABEL 语言源程序如下：

8421BCD 码十进制递增计数器模块程序为：

```
module CNT10
title '0 ~ 9 BCD COUNTER'
declarations
    EN,EN_CP,CP,CLR     pin;
    Q3..Q0       pin istype'reg';
    CO       pin istype'com';
    COUNT = [Q3..Q0];
equations
```

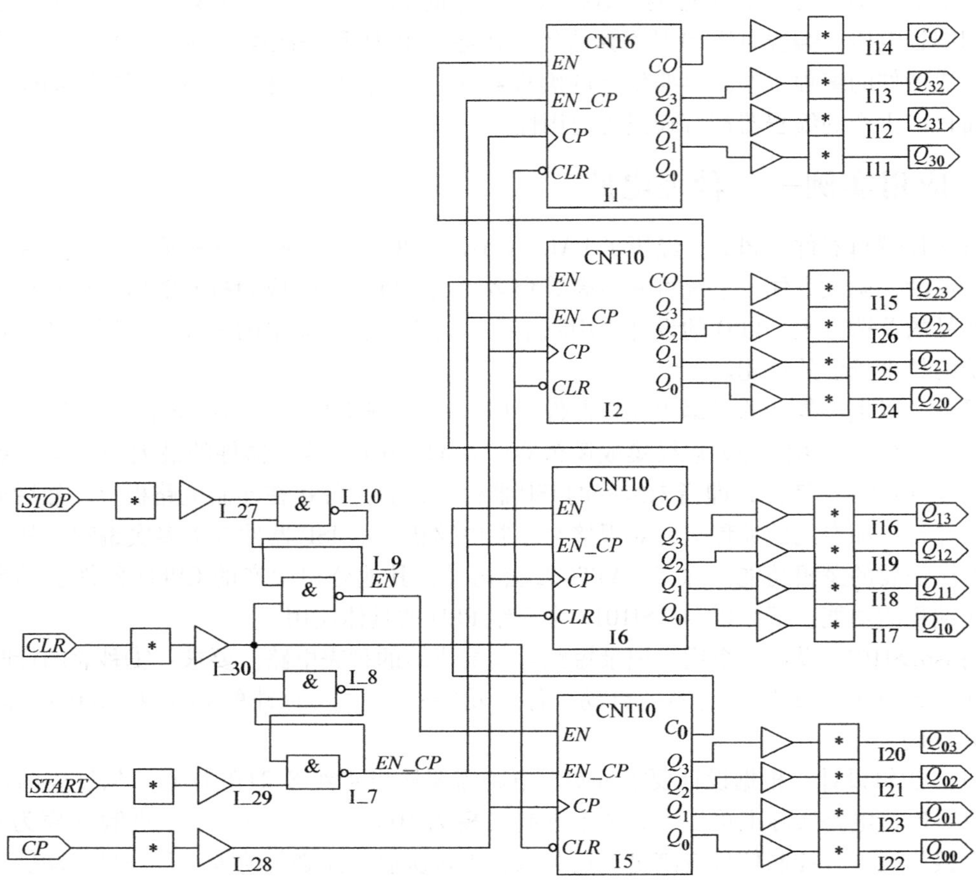

图 6-29　秒表电路原理图

注：带 * 号的小方框与三角形为 ISP Synario 软件中的输入、输出端口符号。

```
        COUNT.CLK = CP;
        COUNT.CE = EN_CP;
        COUNT.RE = ! CLR;
        when (EN & (COUNT < 9)) then COUNT: = COUNT + 1
        else when (! EN) then COUNT: = COUNT
        else COUNT: = 0;
        CO = EN & Q3 & Q0;
    end
```

六进制递增计数器模块程序为：

```
    module CNT6
    title '0 ~ 5 BCD COUNTER'
    declarations
        EN,EN_CP,CP,CLR     pin;
```

```
        Q2..Q0      pin istype'reg';
        CO      pin istype'com';
        COUNT = [Q2..Q0];
    equations
        COUNT.CLK = CP;
        COUNT.CE = EN_CP;
        COUNT.RE = ! CLR;
        when (EN & (COUNT < 5)) then COUNT: = COUNT + 1
        else when (! EN) then COUNT: = COUNT
        else COUNT: = 0;
        CO = EN & Q2 & Q0;
    end
```

编写测试向量对电路进行功能仿真，仿真波形如图 6-30 所示。由此看来，电路功能满足设计要求。

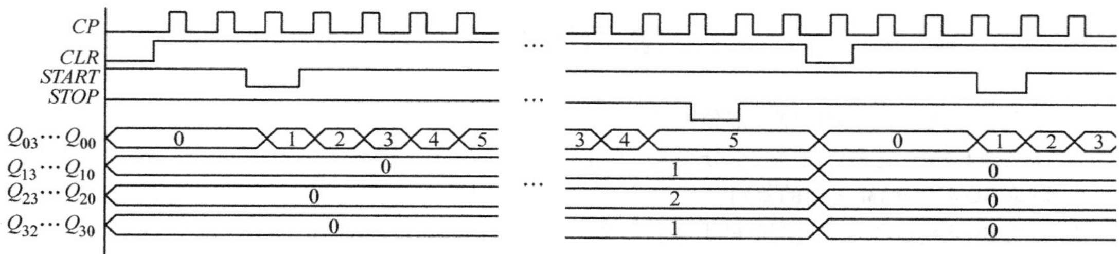

图 6-30　秒表电路功能仿真波形

接着利用开发软件对 ispLSI1016 进行布局和布线，生成 JEDEC 文件。ispLSI1016 引脚分布也由软件自动完成，其结果如表 6-5 所示。最后，用下载软件 ispDCD 对 ispLSI1016 器件进行系统在线编程，编程后 ispLSI 1016 就是一块秒表电路。

表 6-5　ispLSI1016 引脚分配

引脚号	引脚名	类型	引脚号	引脚名	类型	引脚号	引脚名	类型
5	Q_{30}	Output	18	Q_{10}	Output	39	Q_{22}	Output
8	*START*	Input	19	Q_{03}	Output	40	Q_{21}	Output
10	*CLR*	Input	20	Q_{02}	Output	41	Q_{32}	Output
11	*CP*	Clock Input	21	Q_{01}	Output	42	Q_{31}	Output
15	Q_{13}	Output	22	Q_{00}	Output	43	*STOP*	Input
16	Q_{12}	Output	37	Q_{23}	Output	44	*CO*	Output
17	Q_{11}	Output	38	Q_{20}	Qutput	—	—	—

本 章 小 结

ROM 由存储矩阵、地址译码器和输出缓冲器三部分构成。地址译码器产生了输入变量的全部最小项，即实现了对输入变量的与运算；而存储矩阵实现了有关最小项的或运算。因此，ROM 实际上是由与门阵列和或门阵列构成的组合电路，利用 ROM 可以实现任何组合逻辑函数。只读存储器在存入数据以后，不能用简单的方法更改，只能从中读出信息，不能写入信息，并且其所存储的信息在断电后仍能保持，常用于存放固定的信息。

RAM 由存储矩阵、地址译码器、读/写控制电路、输入/输出电路和片选控制电路等组成。实际上 RAM 是由许许多多的基本寄存器组合起来构成的大规模集成电路。RAM 可以在任意时刻、对任意选中的存储单元进行信息的存入（写入）或取出（读出）操作。与 ROM 相比，RAM 最大的优点是存取方便，使用灵活。其缺点是一旦停电所存内容便全部丢失。当单片 RAM 不能满足存储容量的要求时，可以把若干片 RAM 联在一起，以扩展存储容量，扩展的方法有位扩展和字扩展两种，在实际应用中，常将两种方法相互结合来达到预期要求。

PLD 的主体是由与门和或门构成的与阵列和或阵列，因此，可利用 PLD 来实现任何组合逻辑函数，GAL 还可用于实现时序逻辑电路。用 PLA 实现逻辑函数的基本原理是基于函数的最简与或表达式。用 PLA 实现逻辑函数时，首先需将函数化为最简与或式，然后画出 PLA 的阵列图。

复习思考题

1. 什么是 ROM，它主要由哪几部分组成?

2. 什么是 RAM，它主要由哪几部分组成? 各部分的作用是什么?

3. 讨论 ROM 与 RAM 之间的差别。

4. 试用 ROM 构成 3 位二进制数的平方表电路。

5. 分别用 ROM 和 FPLA 实现下列逻辑函数：

$$F_1 = \overline{ABC} + \overline{A}\,\overline{B}CD + \overline{A}B\,\overline{C}D$$

$$F_2 = AB\,\overline{CD} + \overline{A}BCD + A\,\overline{B}\,\overline{C}D$$

$$F_3 = \overline{A}\,\overline{B}\,\overline{C}\,\overline{D} + \overline{A}B\,\overline{C}D + AB\,\overline{C}\,\overline{D} + A\,\overline{B}\,\overline{C}D$$

6. 指出下列存储系统各有多少存储单元，至少需要几根地址线和数据线?

（1）64K×1 位　　（2）512K×4 位　　（3）1024K×8 位

7. 试用 4 片 2114（1024K×4 位的 RAM）和 3-8 线译码器 74LS138 组成 4096K×4 位的 RAM。

8. 试用 ROM 实现 8421BCD 码至余 3 码的转换器。

9. 已知 4×4 位 RAM 如图 6-31 所示，如果把它们扩展成 8×8 位 RAM：

（1）试问需要几片 4×4 位 RAM；

（2）画出扩展电路图（可用少量与非门）。

10. 用一片 256×8 位的 RAM 产生如下一组组合逻辑函数。

$$Y_1 = AB + BC + CD + DA \qquad Y_2 = \overline{A}\,\overline{B} + \overline{B}\,\overline{C} + \overline{C}\,\overline{D} + \overline{D}\,\overline{A} \qquad Y_3 = ABCD$$

11. 用 FPLA 设计一个 1 位二进制数的比较电路。

（1）列出真值表；

（2）写出函数式；

（3）画出与、或阵列图。

12. 设 ABC 为 3 位二进制数，若该数大于等于 5，则输出 $F_1 = 1$，否则为 0；若该数小于 3 或大于 6，则输出 $F_2 = 1$，否则为 0；若该数为偶数，输出 $F_3 = 1$，否则为 0，试用 ROM 实现该电路。

（1）列出真值表；

（2）画出阵列图。

13. 试用 FPLA 和 D 触发器，设计一个 8421BCD 码加法计数器和 7 段译码电路。

14. 可编程逻辑器件有哪些种类？它们的共同特点是什么？

15. 可编程逻辑器件的设计流程主要有哪几步？

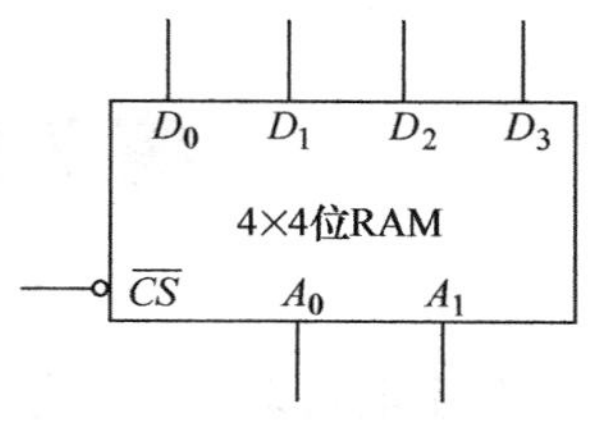

图 6-31　习题 9

第 7 章　数字电路读图练习

对于数字电路系统，只有读懂电路图，才能搞清电路系统本身的工作原理及工作过程，才能对其进行应用、测试、维修，甚至于进一步改进、开发研制。

本章介绍数字电路读图的基本要求，阐述数字电路读图的一般方法和步骤，并结合实例加以说明。

7.1　数字电路读图的要求、方法和步骤

7.1.1　读图的基本要求

对不同类型或形式的数字电路，其读图基本要求就是分析电路的组成结构，描述出电路的输入、输出逻辑关系和功能特征，理解电路的设计思想、工作原理和用途，进而达到对所读的数字电路能应用、测试、维修，甚至于改进和开发研制的目的。电路图的形式有电路方框图、逻辑原理图、接线图、印制电路板图等，这里以逻辑原理图为主，对其进行阅读分析。

7.1.2　读图的一般方法

前面第 2 章和第 3 章已经分别介绍了组合逻辑电路和时序逻辑电路的分析方法，在这里不再重复。对于一个综合性的数字电路，读图的一般方法关键是对整个逻辑系统进行分析与综合。所谓分析，就是把一个复杂的整体数字电路分成若干个部分，逐个进行剖析认识；所谓综合，就是把整个逻辑系统中的各个部分根据它们之间的逻辑关系和信号流向组合在一起，从而认识系统的整体。

7.1.3　读图的具体步骤

1. 了解用途和完成的功能　对于数字电路的逻辑原理图，只有在了解其用途的基础上，才能对各部分电路的功能和作用进行分析。开始读图时首先要大致地了解电路的用途和电路的总体功能，这对进一步分析电路各部分的逻辑功能将起到指导作用。

2. 找出通路　数字电路中的信号可分为两大类，一类是被处理的数字信号，另一类是对电路功能及工作节拍时序进行控制的信号。因此，可以从所处理的信号连线和进行控制的信号连线来找出其通路。

3. 查清集成电路的功能，划出单元　遇到不了解的集成电路，有必要从集成电路手册或其他资料中查出它们的逻辑功能，以便对电路作进一步分析。根据数字信号的传输和控制途径，结合已学过的各种逻辑电路知识划分出各部分功能的单元电路，粗略地分析每个单元电路的输出与输入之间的逻辑关系。

4. 画出框图　将上述分析的各部分单元电路用相应框图表示，并在框图中标注功能名称，再根据信号通路在框图间加上连线，即构成总框图来体现总电路系统的功能。

5. 分析电路工作过程　根据已学过的知识，按数字信号和控制信号通路顺序依次分析各框图中所列电路功能和作用。将各部分单元电路联系起来，分析整个电路从输入到输出的完整的工作过程。必要时还应画出电路的工作时序图，以说明各信号在时间顺序上的相互

关系。

由于目前数字集成电路的迅速发展，新的功能器件和专用集成电路大量涌现，因此，在电路中遇到这类器件也可相应变更分析的步骤。以上分析步骤是通用的一般步骤，仅供参考。读图时可根据具体情况灵活运用，适当交叉，不必拘泥于上述步骤。

7.2 读图实例

7.2.1 三位半数字电压表

图 7-1 所示为三位半数字电压表的电路原理图。下面分析其工作原理及工作过程。

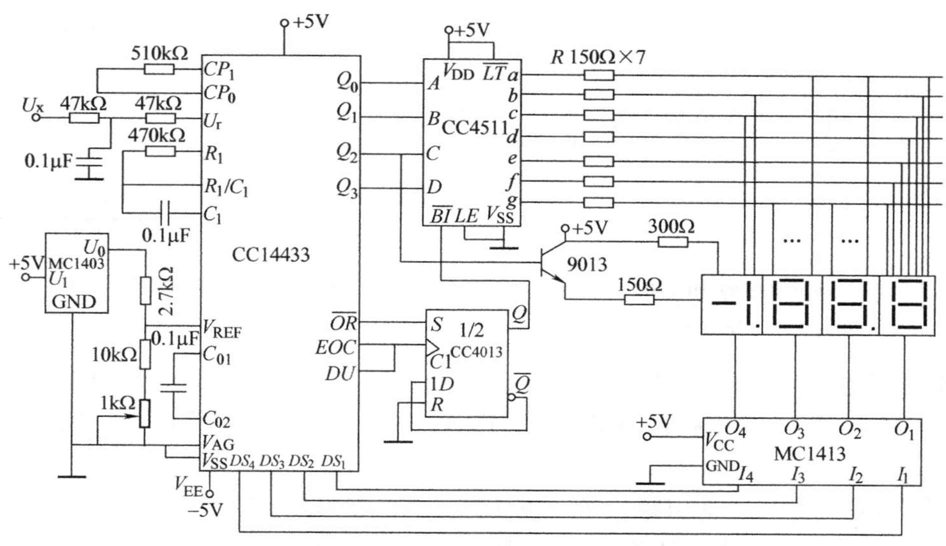

图 7-1 三位半数字电压表电路原理图

1. 了解用途和完成的功能　三位半数字电压表的用途是测量模拟电压。它完成的功能是定时对所检测的电压进行取样，然后再通过 A-D 转换，把模拟量变换成数字量，再用 4 位十进制数字显示出被测电压值，其最高位数码管只指示“+”“-”号和显示 0 或 1，因此称之为半位，其他 3 位均可显示 0～9 共 10 个数字，所以称为三位半数字电压表。其电压量程分为 1.999V 和 197.9mV 两个档。

2. 找出通路　电路采用 CC14433 CMOS 双积分型 A-D 转换器。从双积分型 A-D 转换器原理可知，在 CC14433 的外围电路中，U_X 为被测电压，V_{REF} 为基准电压。V_{REF} 由 MC1403 提供。转换后的输出数字量 Q_3、Q_2、Q_1、Q_0 送入译码驱动器 CC4511，驱动 4 位数码管显示数值。这是数字信号传输通路。控制信号通路从图中也可找出，在 CC14433 上输出 DS_1～DS_4 经 MC1413 再去控制数码管，而其最高位由 Q_3 和电源控制。CC14433 的 $\overline{OR}$、DU 信号经 CC4013 D 触发器又去控制 CC4511 的 $\overline{BI}$。

3. 查清集成电路的功能，划出单元　图中共有 5 片集成电路，可通过集成电路手册或其他资料查出。

（1）精密基准电压源 MC1403。A-D 转换需要外接标准电压源做参考电压。采用 MC1403 集成精密稳压源做参考电压，输出电压为 2.5V。MC1403 的引脚排列和使用连线图如图 7-2a、b 所示。

外部引脚 1、2、3 分别为输入、输出和公共接地端，其余引脚悬空不用。使用时在 1 引脚接入 4.5～15V 范围内变化的输入电压 U_I，2 引脚输出电压 U_O 的变化不超过 3mV，一般只有 0.6mV 左右。可通过调节外接输出电位器，获得向 CC14433 提供的 $V_{REF}=2V$ 的基准电压。

（2）双积分型 A-D 转换器 CC14433。CC14433 是三位半双积分型 A-D 转换器。当参考电压取 2V 和 200mV 时，输入被测模拟电压的范围分别为 0～1.999V 和 0～197.9mV。它的引脚排列如图 7-3 所示。

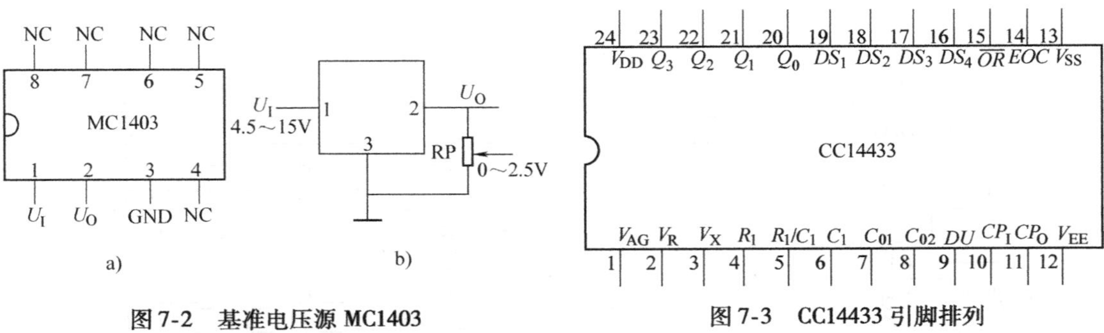

图 7-2 基准电压源 MC1403

a）引脚排列 b）使用连线图

图 7-3 CC14433 引脚排列

CC14433 采用双电源供电，V_{DD}（24 引脚）为 +5V，V_{EE}（12 引脚）为 -5V，V_{SS}（13 引脚）为电源地，V_{AG}（1 引脚）为基准电压 V_R（2 引脚）和被测电压 V_X（3 引脚）的地，与 V_{SS} 相连。

R_1（4 引脚）、R_1/C_1（5 引脚）、C_1（6 引脚）为外接积分阻容元件端，R_1、C_1 的取值与时钟频率和量程有关。当时钟频率为 64kHz 时，一般取 C_1 为 0.1μF；当量程为 2V 时，R_1 取 470kΩ；当量程为 200mV 时，R_1 取 27kΩ。

C_{01}（7 引脚）、C_{02}（8 引脚）为外接失调补偿电容端，典型值为 0.1μF。

EOC（14 引脚）为转换周期结束标记输出端，每一次 A-D 转换周期结束，*EOC* 输出一个正脉冲，其脉冲宽度为时钟周期的 1/2。

DU（9 引脚）为实时显示控制输入端。若与 *EOC* 端连接，则 *EOC* 输出作为 *DU* 的输入，每次 A-D 转换均显示。

CP_I（10 引脚）、CP_O（11 引脚）为时钟振荡外接电阻端，当外接电阻 R_C 为 510kΩ 时，时钟频率为 64kHz。因 CC14433A-D 转换器完成一次 A-D 转换周期约需 16400 个时钟脉冲。当时钟频率为 48～160kHz 时，每秒钟可转换 3～10 次。

$\overline{OR}$（15 引脚）为过量程标志输出端，当 $|U_I|>V_{REF}$ 时，$\overline{OR}$ 输出为低电平。在量程范围内，$\overline{OR}$ 为高电平。

DS_4～DS_1（16～19 引脚）为多路选通脉冲输入端，DS_1 对应于千位，DS_2 对应于百位，DS_3 对应于十位，DS_4 对应于个位。在 DS_1 为高电平期间，测量转换结果千位数的 BCD 码送到输出端 Q_3～Q_0；在 DS_2～DS_4 依次为高电平期间，则依次将百位、十位、个位数的 BCD 码送到输出端。*EOC* 与 *DS* 的工作时序图如图 7-4 所示。每个 *DS* 脉宽为 18 个时钟周期，相邻 *DS* 间隔 2 个时钟周期，因此从千位到个位 BCD 码扫描一次共需 80 个时钟周期。

若时钟频率为 64kHz，则显示扫描频率为 64kHz/80 = 800Hz。

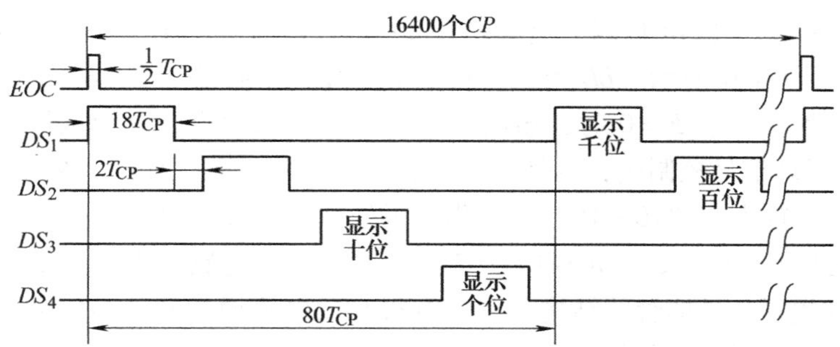

图 7-4　*EOC* 与 *DS* 的工作时序图

$Q_0 \sim Q_3$（20 ~ 23 引脚）为 *BCD* 码数据输出端，DS_2、DS_3、DS_4 选通脉冲期间，输出 3 位完整的十进制数，在 DS_1 选通脉冲期间，输出千位 0 或 1 及过量程、欠量程和被测电压极性标志信号。

$Q_3 \sim Q_0$ 输出定义如表 7-1 所示。由表可知：

Q_3 的状态表示千位数的数值，当 $Q_3 = 0$ 时，千位数为 1，这时 $Q_3 \sim Q_0$ 输出“4”“0”“7”“3”BCD 码，由于译码驱动输出只接千位显示器的 b 和 c 段，故数码管显示“1”；当 $Q_3 = 1$ 时，千位数为 0，这时 $Q_3 \sim Q_0$ 输出“12”“10”“15”“11”BCD 码，译码器认为是误码，输出全为 0。故“0”不显示。

Q_2 的状态表示被测电压的极性，当 $Q_2 = 1$ 时，为“+”极性；当 $Q_2 = 0$ 时，为“-”极性。由图 7-1 可知，最高位数码管显示符号，正、负分别由电源和 Q_2 控制。用千位数的 g 段来显示模拟量的负值（正值不显示），即由 CC14433 的 Q_2端通过 NPN 晶体管 9013 来控制 g 段。

Q_1 的状态则不表示任何意义，仅用于配合编码，便于显示。在千位为 0 时，使 $Q_3 \sim Q_0$ 的 4 种编码均大于“9”，“0”不显示。在千位为 1 时，使 $Q_3 \sim Q_0$ 的 4 种编码为“4”“0”“7”“3”BCD 码，因只接显示器的 b 和 c 段，故显示为“1”。

Q_0 的状态表示是否超量程。$Q_0 = 0$ 时为正常量程，$Q_0 = 1$ 时为超量程。在 $Q_0 = 1$ 超量程时，又分两种情况：若 $Q_3 = 1$ 时为欠量程，即在 2V 量程时，$U_I < 0.199V$；若 $Q_3 = 0$ 时为过量程，即在 2V 量程时，$U_I > 1.999V$。因此用 $Q_3Q_0 = 01$ 和 $Q_3Q_0 = 11$ 作为切换量程的控制信号。小数点是通过选择开关来控制千位和十位数码管的 h 段，经限流电阻实现对相应的小数点显示的控制。

表 7-1　DS_1 期间的 $Q_3 \sim Q_0$ 编码表

千位数 BCD 码编码内容	Q_3	Q_2	Q_1	Q_0	7 段译码器输出	
+0	1	1	1	0	作误码处理，不显示	
-0	1	0	1	0		
+0、欠量程	1	1	1	1		
-0、欠量程	1	0	1	1		
+1	0	1	0	0	“4”	千位只接 b、c 段，只显示“1”
-1	0	0	0	0	“0”	
+1、过量程	0	1	1	1	“7”	
-1、过量程	0	0	1	1	“3”	

（3）7 段显示译码驱动器 CC4511。CC4511 是 8421BCD 码 7 段译码驱动电路，其功能是将 CC14433 输出的 $Q_3 \sim Q_0$BCD 码译成数码管 a ~ g 7 段码，使 LED 数码管显示相应的十进制数。其引脚如图 7-1 中所示。LE 为锁存控制端，高电平有效。当 $LE=1$ 时，输入端被封锁，输出保持原状态；当 $LE=0$ 时，输出状态与输入状态对应。$\overline{LT}$为试灯信号控制端，低电平有效。$\overline{BI}$为灭灯信号控制端，也是低电平有效。正常译码工作时，要求$\overline{LT}=1$，$\overline{BI}=1$，$LE=0$。当 $Q_3 \sim Q_0$ 输出为“10 ~ 15”时，作误码处理，a ~ g 输出均为 0。

（4）显示控制器 MC1413。MC1413 为 7 路达林顿驱动电路，作为扫描显示控制器。由于采用 NPN 达林顿复合晶体管的结构，因此有很高的电流增益和很高的输入阻抗，可直接接受 MOS 或 CMOS 集成电路的输出信号，并把电压信号转换成足够大的电流信号驱动各种负载。其引脚排列和单元驱动电路如图 7-5 所示。输出均为集电极开路结构。由图可知，每路达林顿电路都为反相驱动器，当输入 U_I 为高电平时，VT_1、VT_2 导通，输出 U_O 为低电平；当输入 U_I 为低电平时，VT_1、VT_2 截止，输出 U_O 为高电平。每一驱动器输出端均接有一释放电感负载能量的抑制二极管。在图 7-1 所示电路中当 DS 某一位为 1 时，相应一路反相驱动器输出为 0，使该位数码管的阴极为低电平，可以显示数值。由前面分析可知，扫描频率为 800Hz，即每位数码管每秒显示 800 次，所以不会使人感到闪烁。这种显示方式为动态扫描显示。

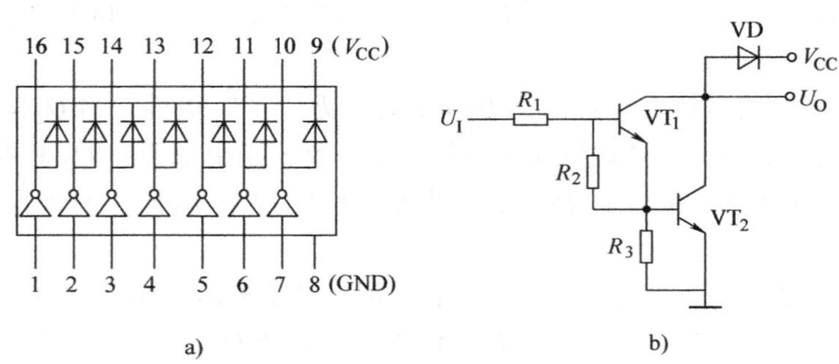

图 7-5　MC1413 引脚排列和单元驱动电路图
a）引脚排列　b）单元驱动电路图

（5）译码控制器 D 触发器 CC4013。译码控制器是由 1/2CC4013 双 D 触发器组成的，用于过量程时控制译码驱动器进行报警显示。未过量程时，$\overline{OR}=1$，这时 D 触发器的 $S=1$，$R=0$，则输出 $Q=1$，使 CC4511 的$\overline{BI}=1$，译码器正常工作；当过量程时，$\overline{OR}=0$，D 触发器的 $S=R=0$，这时 CC14433 的 EOC 作为 D 触发器的 CP 脉冲，由于$\overline{Q}$与 D 相连构成计数工作状态，则 Q 输出为 EOC 的二分频脉冲信号，控制 CC4511 的$\overline{BI}$端。当 $Q=0$ 时，数码管不显示；当 $Q=1$ 时，数码管显示，并以 EOC 的二分频的频率闪烁，作为过量程报警显示。

（6）共阴极 LED 数码管。图 7-1 所示电路中的 LED 数码管采用共阴极结构，其段码为 a ~ g，各管并接。当某位阴极为低电平时，使这一位数码管显示数值。

4. 画出框图　通过上述几步分析，归纳出电路框图如图 7-6 所示。主要有 6 部分组成，即基准电压源、A-D 转换器、7 段译码驱动器、译码显示控制器、数码显示器和显示控制器，它们之间的关系如图中箭头所示。

5. 分析电路工作过程　A-D 转换器是三位半数字电压表的核心芯片，它把输入的模拟

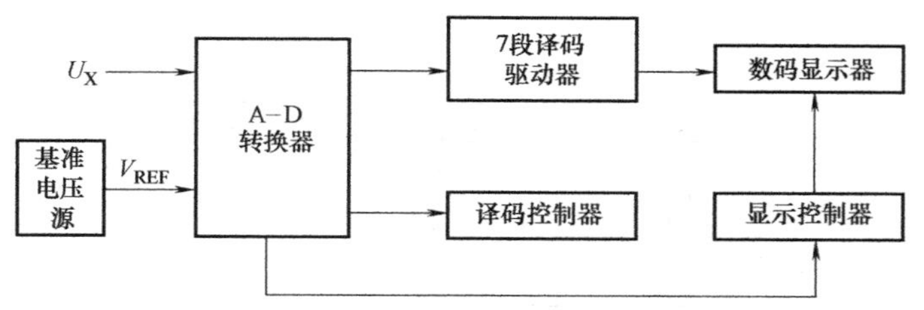

图 7-6　三位半数字电压表框图

电压转换为三位半数字信号，从 $Q_3 \sim Q_0$ 端先高位后低位依次输出 BCD 码，同时对应依次输出 DS_1、DS_2、DS_3、DS_4 选通信号。

MC1403 通过调整输出端可变电阻的阻值，将 +5V 电压转换为高精度和高稳定度的 2V 电压接入 C14433 的 V_{REF}端，为 CC14433 提供积分参考电压。

CC4511 接收 CC14433 输出的 BCD 代码，并把它译成 7 段字形信号 a ~ g，通过限流电阻网络接入 4 个 LED 7 段数码管，接法是低位 3 个数码管的各段阳极对应并接 a ~ g 信号，以得到全位显示，而最高位（千位）数码管只接 b 和 c 两段阳极，以显示 1 或不显示。

MC1413 的 4 个输出端 $O_4 \sim O_1$ 分别接到 4 个数码管的阴极，它接收 CC14433 发出的选通脉冲信号 $DS_1 \sim DS_4$，使其输出 $O_4 \sim O_1$ 轮流为低电平，从而控制数码管轮流导通，实现逐位扫描显示。显示符号的数码管的阴极也接到 O_4 端，而其 g 段阳极接到反映被测电压极性 Q_2 经过反相器的输出端。如果 CC14433 输出的电压为负，则当 $DS_1 = 1$ 时，$Q_2 = 0$，O_4 输出低电平，而 Q_2 经过反相器输出高电平，符号管显示出“ - ”号；反之，若 CC14433 输出的电压为正，则 $DS_1 = 1$ 时，$Q_2 = 1$，O_4 输出低电平，Q_2 经反相器输出也为低电平，“ - ”号不亮。

CC4013 用于过量程报警控制。在量程范围内，过量程信号输出端$\overline{OR} = 1$，这时 D 触发器的 $S = 1$，$R = 0$，则 $Q = 1$，使译码器 CC4511 的灭灯信号控制端$\overline{BI} = 1$，译码器正常译码；当过量程时，$\overline{OR} = 0$，则 D 触发器的 $S = 0$，$R = 0$，这时 CC14433 的转换结束信号 EOC 作为 D 触发器的 CP 脉冲，由于$\overline{Q}$和 D 端相连，来一个转换结束信号，触发器就翻转一次。在翻转过程中，$\overline{BI} = Q = 0$ 时，数码管不亮，在$\overline{BI} = Q = 1$ 时，数码管显示。这样，数码管以 EOC 二分频的频率闪烁，作为过量程报警。

7.2.2　整点报时数字电子钟

图 7-7 所示为整点报时数字电子钟的电路原理图。下面分析其工作原理及工作过程。

1. 了解用途和完成的功能　数字电子钟的用途就是以数码方式显示时间及星期的计时装置。它的功能除了正常显示时、分、秒和星期外，还具有校正功能和整点报时功能。

2. 找出通路　数字电子钟电路所传输的信号为计数脉冲信号，由晶体振荡器多次分频得到秒脉冲信号，送入秒计数器，秒计数器以六十进制输出分计数脉冲送入分计数器，分计数器以六十进制输出时计数脉冲送入时计数器，时计数器以二十四进制输出日计数脉冲送入日计数器。校正时，开关打在手动位置，可单次和连续进行校正。当整点时由分、秒计数器输出控制信号控制高、低音两种频率信号驱动晶体管带动喇叭鸣叫报时。

3. 查清集成电路的功能，划出单元　该电路含有石英晶体振荡器、分频器、计数器、译码器、显示器等几部分基本电路，还有校正和整点报时电路。

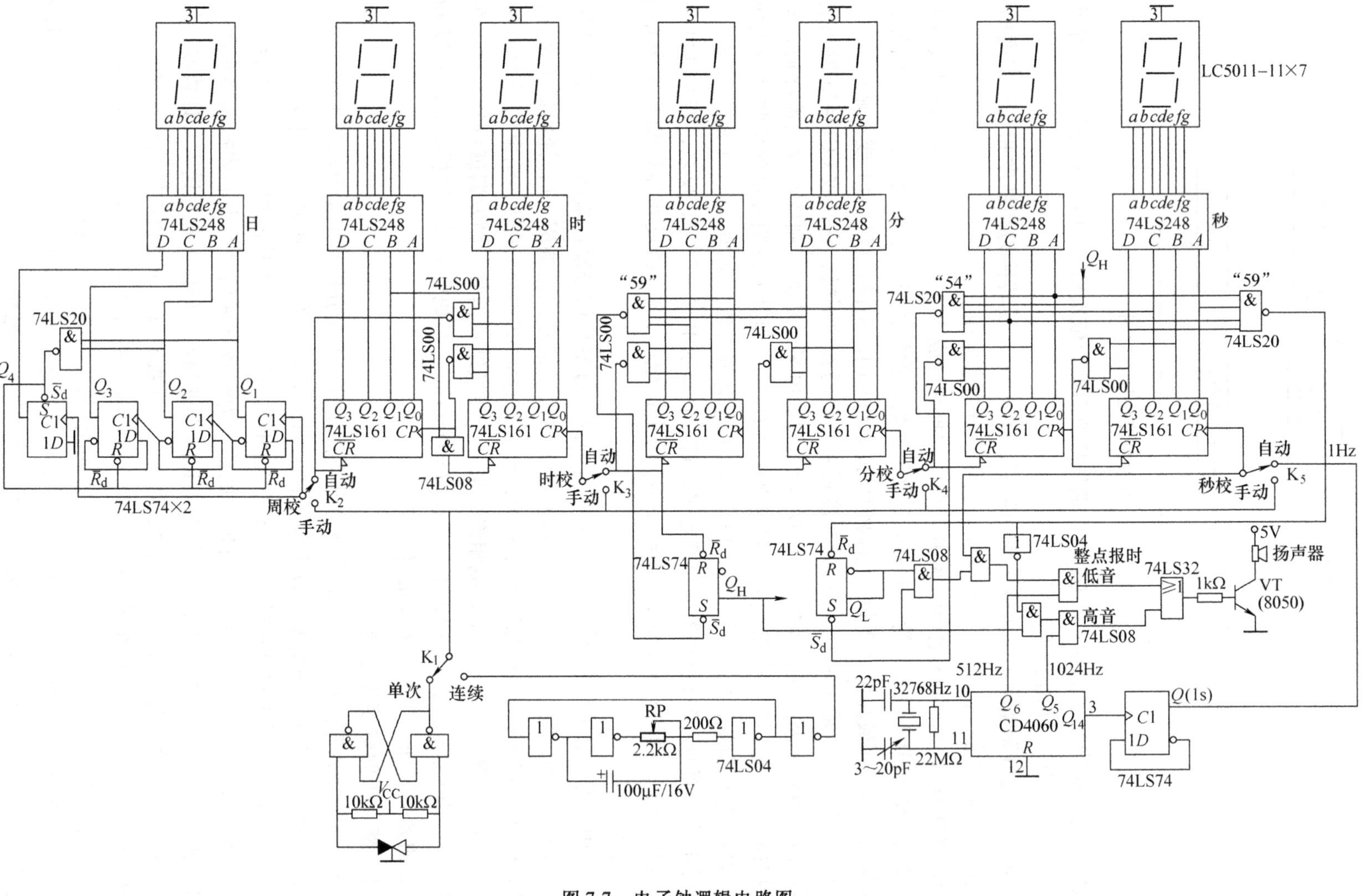

图 7-7 电子钟逻辑电路图

（1）石英晶体振荡器。石英晶体振荡器是电子钟的核心，用它产生标准频率信号，再由分频器分成秒时间脉冲。振荡器振荡频率的精度与稳定度基本上决定了数字钟的准确度。

振荡电路是由石英晶体，微调电容与集成反相器等元器件构成，原理图如图 7-8 所示。图中非门 D_1、非门 D_2 是反相器，非门 D_1 用于振荡，非门 D_2 用于缓冲整形，R_f 为反馈电阻，是为反相器提供偏置，使其工作在放大状态。图中 C_1 是频率微调电容，一般取 5～35pF。C_2 是温度特性校正电容，一般取 20～40pF。电容 C_1、C_2 与石英晶体共同构成 π 形网络，以控制振荡频率，并使输入输出相移 180°。

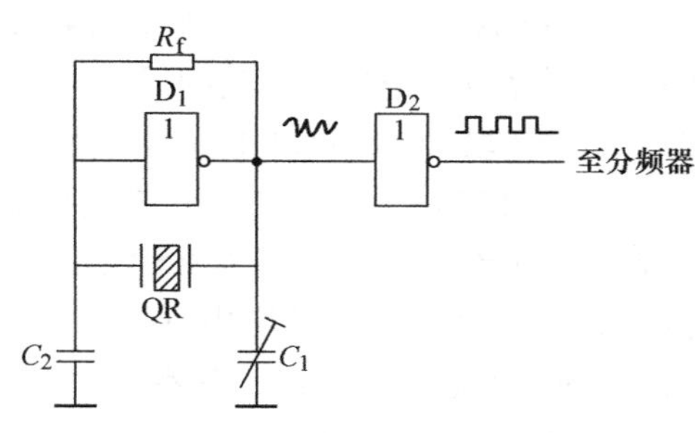

图 7-8　晶体振荡器

（2）分频器。时间标准信号的频率很高，要得到秒脉冲，需要分频电路。石英振荡频率为 $2^{15}=32768$Hz，用分频器 CD4060 进行 14 次分频后可得到 2Hz 的脉冲信号，再经 D 触发器 74LS74 构成二分频器，得到秒脉冲信号。

（3）计数器。

1）六十进制计数电路。“秒”计数器的电路由一级十进制计数器和一级六进制计数器组成。图 7-9 所示是用两块中规模集成电路 74LS161 按反馈置零法串接而成的六十进制计数器。秒计数器的十位和个位输出脉冲除用做自身清零外，同时还作为分计数器的输入信号。分计数器电路与秒计数器相同。

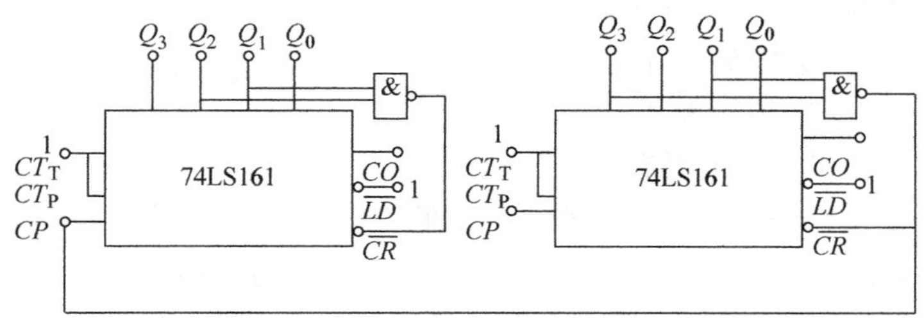

图 7-9　六十进制计数器

2）二十四进制计数电路。图 7-10 所示为二十四进制小时计数器，是用两块中规模集成电路 74LS161 和与非门及与门构成。

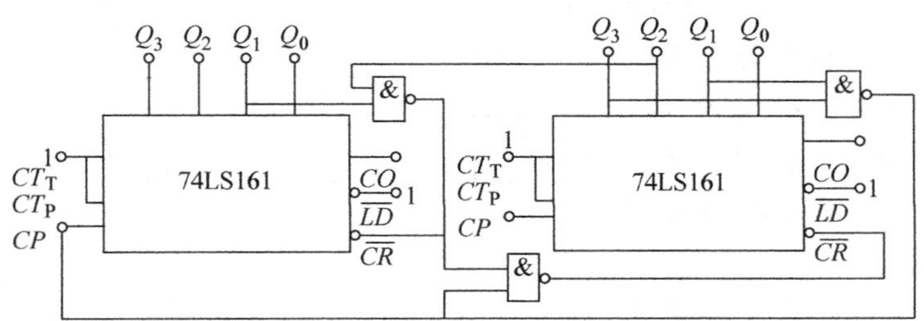

图 7-10　二十四进制计数器

3）七进制计数电路。图 7-7 中左侧部分为星期计数电路，为七进制。电路由两片双 D

触发器 74LS74 和与非门 74LS20 构成。当计数到“6”时，再来一个日计数脉冲，使 74LS20 输出低电平，将最后一个 D 触发器置 1，其他 3 个 D 触发器置 0，使星期计数显示日。

（4）译码和显示电路。译码由 74LS248 BCD 码 7 段译码驱动器完成，把计时给定的代码进行翻译变成相应的状态，驱动 7 段 LC5011-11 显示器显示十进制数字。

（5）校准电路。校准电路分单次和连续脉冲发生器。单次脉冲发生器是一个由基本 RS 触发器组成的单脉冲发生器，如图 7-11 所示。从图中可知，未按按钮 SB 时，与非门 D_2 的一个输入端接地，基本 RS 触发器处于 1 状态，即 $Q=1$，$\overline{Q}=0$。这时数字钟正常工作，秒脉冲能进入秒计数器，分脉冲能进入分计数器，时脉冲也能进入时计数器，日脉冲能进入日计数器。需校准时，按下按钮 SB，与非门 D_1 的一个输入端接地，于是基本 RS 触发器翻转为 0 状态，即 $Q=0$，$\overline{Q}=1$。连续脉冲发生器由多谐振荡器构成，如图 7-12 所示。多谐振荡器由 3 个非门和 RC 电路组成，经反相器输出。

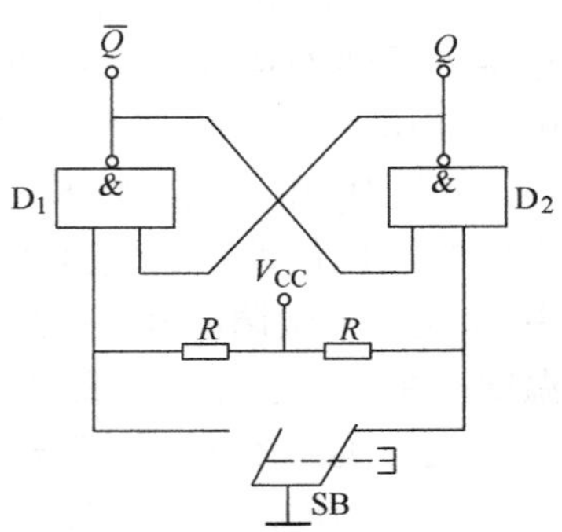

图 7-11 单脉冲发生器

（6）整点报时电路。整点报时电路由分、秒计数器通过与非门 74LS00、74LS20、D 触发器 74LS74、与门 74LS08、或门 74LS32 及晶体管 8050、扬声器等构成。在图 7-7 中，当分计数器计到 59min 时，将分触发器置 1，而等到秒计数器计到 54s 时，将秒触发器置 1，然后通过与门 74LS08 相与后，再和 1s 标准秒信号相与，输出控制低音扬声器鸣叫，直到 59s 时，产生一个复位信号，使秒触发器清零，低音鸣叫停止；同时 59s 信号的反相又和 D 触发器 74LS74 的 Q_H 相与，输出控制高音扬声器鸣叫。当分、秒计数从 59：59 变为 00：00 时，鸣叫结束，完成整点报时。电路中的高、低音信号分别由 CD4060 分频器的输出端 Q_5 和 Q_6 产生。Q_5 输出频率为 1024Hz，Q_6 为 512Hz。高、低两种频率通过或门输出驱动晶体管 VT，带动扬声器鸣叫。

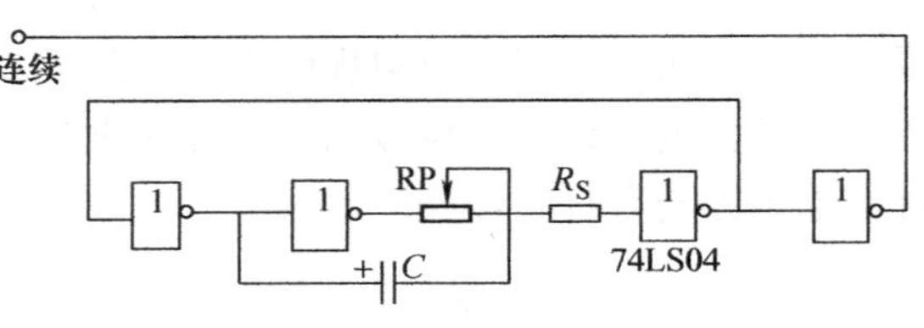

图 7-12 连续脉冲发生器

4. 画出框图　根据上面的分析，可归纳画出数字电子钟的框图如图 7-13 所示。主要有石英晶体振荡器、分频器、脉冲信号发生器、校准电路、整点报时电路、日、时、分、秒计数器、显示译码器和数码显示器等部分组成。

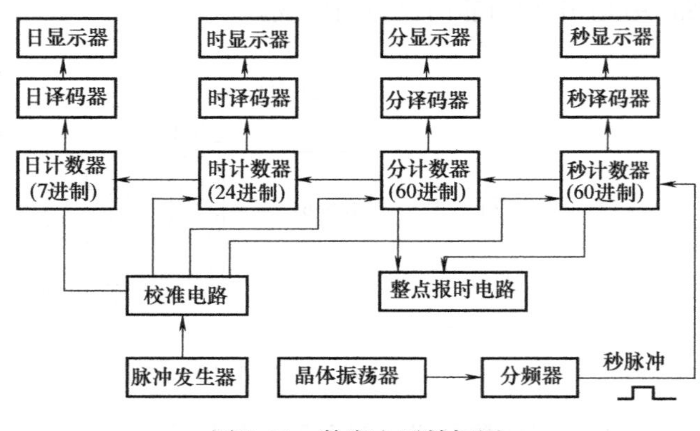

图 7-13 数字电子钟框图

5. 分析电路工作过程　正常计时工作时，石英晶体振荡器产生的时标信号送到分频器，分频电路将时标信号分成每秒一次的方波秒信号，秒信号送入计数器进行计数，并把累计的结果以“周”“时”“分”“秒”的数字显示出来。“秒”的显示由两级计数器和译码器组成的六十进制计数电路实现；“分”的显示电路与“秒”相同；“时”的显示由两级计数器和译码器组成的二十四进制计数电路来实现；“周”的显示由 D 触发器构成的计数器和译码器组成的七进制计数电路来实现；所有计时结果由 7 位数码显示器显示。

每当整点到来，分、秒计数到 59：54 时，控制信号开启低音信号通道，输出低音信号驱动扬声器鸣叫，直到 59：59 时，关闭低音信号通道，低音鸣叫停止；控制信号开启高音信号通道，输出高音信号驱动扬声器鸣叫，当分、秒计数从 59：59 变为 00：00 时，高音鸣叫结束，完成整点报时。

当数字电子钟需校正时，把需要校正的校正开关拨到“手动”位置，当 K_1 打在“单次”位置上时，可按按钮 SB 调整，也可将 K_1 打在“连续”位置上调整，都能较快地校准各计数器的计数值。校准后，将校正按钮恢复到原“自动”位置，数字电子钟继续进行正常的计时工作。

本章小结

数字电路读图本质上是对已有的电路进行分析，以了解电路的工作原理、逻辑功能以及选用、检测、改进等与应用有关的问题。这也是读图应达到的基本要求。

综合数字电路结构往往比较复杂，中间环节多。读图的策略是采用分解与整体综合相结合，具体内容和步骤为：明确系统具有的功能；分析查实各主要集成电路器件的功能和有关参数；将系统按信号流向划分成若干模块，并逐个分析；把各个功能模块联系起来，分析系统从输入到输出的完整工作过程，必要时可画出有关工作波形图加以辅助说明。

数字电路读图是一项实用的基本技能。本章阐述的读图方法和步骤是带有通用性的，对于某一个具体电路的读图，应以灵活运用、读懂电路为目的。

复习思考题

1. 数字电路读图的基本要求是什么？
2. 数字电路读图的一般方法是什么？
3. 数字电路读图的具体步骤是什么？
4. 选取一个实际应用中的综合性数字电路，试读图并分析其功能。

第 8 章　Multisim 11 仿真软件简介及应用

Multisim 软件是一个专门用于电子电路仿真与设计的 EDA 工具软件。它可以对数字电路、模拟电路以及模拟-数字混合电路进行仿真，用虚拟元器件搭建各种电路，用虚拟仪表进行各种参数和性能指标的测试，克服了传统电子产品设计受实验室客观条件限制的局限性。Multisim 仿真软件自 20 世纪 80 年代产生以来，已经过数个版本的升级，除保持操作界面直观、操作方便、易学易用等优良传统外，电路仿真功能也不断完善。本章以 Multisim 11 为例介绍该软件的主要特点。

（1）直观的图形界面。Multisim 11 保持了原 EWB 图形界面直观的特点，其电路仿真工作区就像一个电子实验工作台，元件和测试仪表均可直接拖放到屏幕上，可通过单击鼠标用导线将它们连接起来，虚拟仪器操作面板与实物相似，甚至完全相同。可方便选择仪表测试电路波形或特性，可以对电路进行 20 多种电路分析，以帮助设计人员分析电路的性能。

（2）丰富的元件。自带元件库中的元件数量已超过 17000 个，可以满足工科院校电子技术课程的要求。Multisim 11 的元件库不但含有大量的虚拟分立元件、集成电路，还含有大量的实物元件模型，包括一些著名制造商，如 Analog Device、Linear Technologies、Microchip、National Semiconductor 以及 Texas Instruments 等。用户可以编辑这些元件参数，并利用模型生成器及代码模式创建自己的元件。

（3）众多的虚拟仪表。最早的 EWB 5.0 含有 7 个虚拟仪表，而 Multisim 11 提供 22 种虚拟仪器，这些仪器的设置和使用与真实仪表一样，能动态交互显示。用户还可以创建 LabVIEW 自定义仪器，既能在 LabVIEW 图形环境中灵活升级，又可调入 Multisim 11 方便使用。

（4）完备的仿真分析。以 SPICE 3F5 和 XSPICE 的内核作为仿真引擎，能够进行 SPICE 仿真、RF 仿真、MCU 仿真和 VHDL 仿真。通过 Multisim 11 自带的增强设计功能优化数字和混合模式的仿真性能，利用集成 LabVIEW 和 Signal express 可快速进行原型开发和测试设计，具有符合行业标准的交互式测量和分析功能。

（5）独特的虚实结合。在 Multisim 11 电路仿真的基础上，NI 公司推出教学实验室虚拟仪表套件（ELVIS），用户可以在 NI ELVIS 平台上搭建实际电路，利用 NI ELVIS 仪表完成实际电路的波形测试和性能指标分析。用户可以在 Multisim 11 电路仿真环境中模拟 NI ELVIS 的各种操作，为在实际 NI ELVIS 平台上搭建、测试实际电路打下良好的基础。NI ELVIS 仪表允许用户自定制并进行灵活的测量，还可以在 Multisim 11 虚拟仿真环境中调用，以此完成虚拟仿真数据和实际测试数据的比较。

（6）远程教育。用户可以使用 NI ELVIS 和 LabVIEW 来创建远程教育平台。利用 LabVIEW 中的远程面板，将本地的 VI 在网络上发布，通过网络传输到其他地方，从而对异地的用户进行教学或演示相关实验。

（7）强大的 MCU 模块。可以完成 8051、PIC 单片机及其外部设备（如 RAM、ROM、键盘和 LCD 等）的仿真，支持 C 代码、汇编代码以及十六进制代码，并兼容第三方工具源代码；具有设置断点、单步运行、查看和编辑内部 RAM、特殊功能寄存器等高级调试功能。

（8）简化了 FPGA 应用。在 Multisim 11 电路仿真环境中搭建数字电路，通过测试，功能正确后，执行菜单命令将之生成原始 VHDL 语言，有助于初学 VHDL 语言的用户对照学习 VHDL 语句。用户可以将这个 VHDL 文件应用到现场可编程门阵列（FPGA）硬件中，从而简化了 FPGA 的开发过程。

8.1 Multisim 11 软件界面

8.1.1 Multisim 11 的主窗口

Multisim 11 的主窗口如图 8-1 所示。图中第 1 行是状态栏，第 2 行是菜单栏，包含电路仿真的各种命令。第 3 行是快捷工具栏，其中有系统工具栏、放大缩小工具栏、设计工具栏、当前电路元器件列表工具及仪器仿真开关。第 4 行为元件工具栏。

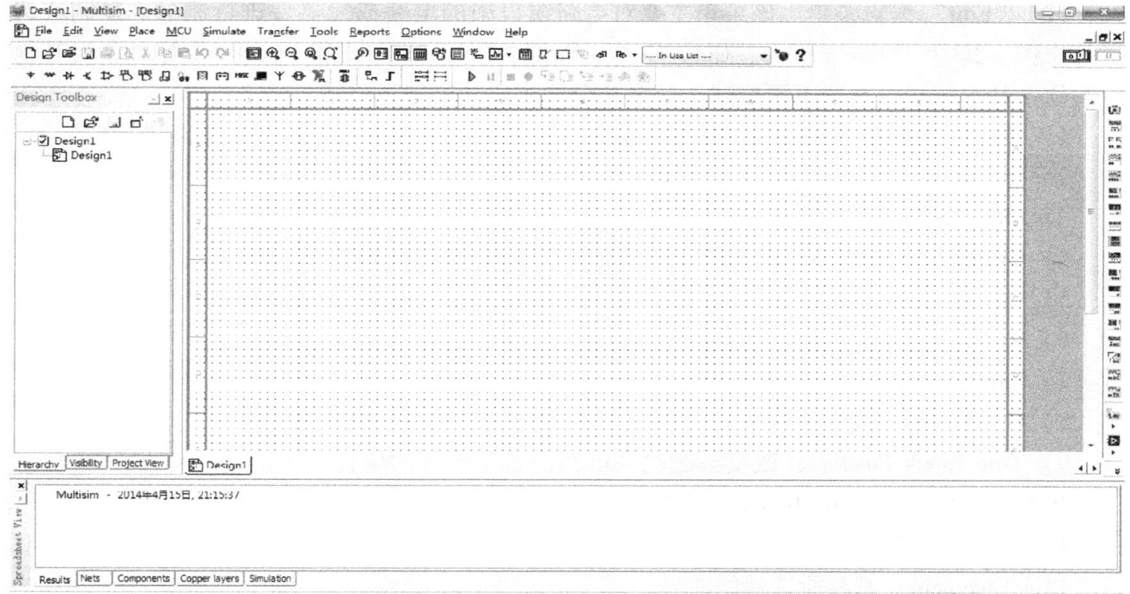

图 8-1 Multisim 11 主窗口

菜单栏显示了电路仿真常用的命令，且都可以在菜单中找到对应的命令，可用菜单“View”下的“Toolsbar”选项来显示或隐藏这些快捷工具。快捷工具栏的下方从左到右依次是设计工作盒、电路仿真工作区和仪表栏。设计工作盒用于操作设计项目中各种类型的文件（如原理图文件、PCB 文件、报告清单等），电路仿真工作区是用户搭建电路的区域，仪表栏显示了 Multisim 11 能够提供的各种仪表。最下方的窗口是电子表格视窗，主要用于快速地显示编辑元件的参数，如封装、参考值、属性和设计约束条件等。

8.1.2 菜单栏

Multisim 11 的菜单栏包括“File”文件菜单、“Edit”编辑菜单、“View”视图菜单、“Place”放置菜单、“MCU”微控制器菜单、“Simulate”仿真菜单、“Transfer”电路文件输出菜单、“Tools”工具菜单、“Reports”报告菜单、“Options”软件环境设置菜单、“Window”窗口菜单和“Help”帮助菜单等 12 个菜单。它们的功能如下。

（1）“File”文件菜单。该菜单用于对 Multisim 11 所创建的电路文件进行管理，其命令与 Windows 中其他应用软件基本相同。Multisim 11 主要增强了 Project 的管理，其相关命令功能如下所述。

1）New Project：新建一个项目文件。新建的项目文件含有电路图、印制电路板、仿真、文件、报告等5个文件夹，可以将工作的文件分门别类存放，便于管理。

2）Open Project：打开一个项目文件。

3）Save Project：保存一个项目文件。

4）Close Project：关闭一个项目文件。

5）Pack Project：压缩一个项目文件。

6）Unpack Project：解压一个项目文件。

7）Upgrade Project：更新一个项目文件。

8）Version Control：版本控制。

（2）“Edit”编辑菜单。该菜单主要对电路窗口中的电路或元器件进行删除、复制或选择等操作。其中，Undo、Redo、Cut、Copy、Paste、Delete、Find和Select All等命令与其他应用软件基本相同，在此不再赘述。其余命令的主要功能如下所述。

1）Paste Special：此命令不同于Paste命令，是将所复制的电路作为子电路进行粘贴。

2）Delete Multi-Page：删除多页面电路文件中的某一页电路文件。

3）Merge Selected Buses：合并所选择的总线。

4）Graphic Annotation：图形的设置。

5）Order：转换图层。

6）Assign to Layer：指定图层。

7）Layer Settings：添加图层。

8）Orientation：改变元件放置方向（上下翻转、左右翻转或旋转）。

9）Title Block Position：改变标题栏在电路仿真工作区的位置。

10）Edit Symbol/Title Block：编辑标题栏。

11）Font：改变所选择对象的字体。

12）Comment：修改所选择的注释。

13）Forms/Questions：疑问。

14）Properties：显示所选择对象的属性。

（3）“View”视图菜单。该菜单用于显示或隐藏电路窗口中的某些内容（如工具栏、栅格、纸张边界等）。其菜单下各命令的功能如下所述。

1）Full Screen：全屏显示电路仿真工作区。

2）Parent Sheet：返回到上一级工作区。

3）Zoom In：放大电路窗口。

4）Zoom Out：缩小电路窗口。

5）Zoom Area：放大所选择的区域。

6）Zoom Fit to Page：显示整个页面。

7）Zoom to Magnification：以一定的比例显示页面。

8）Show Grid：显示或隐藏栅格。

9）Show Border：显示或隐藏电路的边界。

10）Show Print Page Border：显示或隐藏打印时的边界。

11）Ruler Bars：显示或隐藏标尺。

12）Status Bar：显示或隐藏状态栏。

13）Design Toolbox：显示或隐藏设计工具盒。

14）Spreadsheet View：显示或隐藏电子表格视窗。

15）SPICE Netlist Viewer：显示或隐藏 SPICE 网表视窗。

16）Description Box：显示或隐藏电路窗口的描述窗。利用此窗口可以添加电路的某些信息（如电路的功能描述等）。

17）Toolbars：显示或隐藏快捷工具。

18）Show Comment/Probe：显示注释或鼠标经过时显示注释。

19）Grapher：显示或隐藏仿真结果的图表。

（4）“Place”放置菜单。该菜单用于在电路窗口中放置元件、节点、总线、文本或图形等。其菜单下各命令的功能如下所述。

1）Component：放置元器件。

2）Junction：放置节点。

3）Wire：放置导线。

4）Bus：放置总线。

5）Connectors：放置输入/输出端口连接器。

6）Replace by Hierarchical Block：放置层次模块。

7）New Hierarchical Block：建立一个新的分层模块。

8）Hierarchical Block from File：来自文件的层次模块。

9）New Subcircuit：创建子电路。

10）Replace by Subcircuit：用一个子电路替代所选择的电路。

11）Multi-Page：增加多页电路中的一个电路图。

12）Bus Vector Connect：放置总线矢量连接。

13）Comment：放置注释。

14）Text：放置中英文文字。

15）Graphics：放置图形。

16）Title Block：放置一个工程标题栏。

（5）“MCU”微控制器菜单。该菜单提供 MCU 调试的各种命令。其菜单下各命令的功能如下所述。

1）No MCU Component：尚未创建 MCU 器件。

2）Debug View Format：调试格式。

3）MCU Windows：显示 MCU 各种信息窗口。

4）Show Line Numbers：显示线路数目。

5）Pause：暂停。

6）Step Into：进入。

7）Step Over：跨过。

8）Step Out：离开。

9）Run to Cursor：运行到指针。

10）Toggle Breakpoint：设置断点。

11）Remove All Breakpoints：取消所有断点。

（6）“Simulate”仿真菜单。该菜单主要用于仿真的设置与操作。其菜单下各命令的功能如下所述。

1）Run：启动当前电路的仿真。

2）Pause：暂停当前电路的仿真。

3）Instruments：在当前电路窗口中放置仪表。

4）Interactive Simulation Settings：仿真参数设置。

5）Mixed-Mode Simulation Settings：混合模式仿真参数设置。

6）Postprocessor：对电路分析进行后处理。

7）Simulation Error Log/Audit Trail：仿真误差记录/查询。

8）XSPICE Command Line Interface：显示 XSPICE 命令行窗口。

9）Load Simulation Settings：加载仿真设置。

10）Save Simulation Settings：保存仿真设置。

11）Auto Fault Option：设置电路元器件发生故障的数目和类型。

12）Dynamic Probe Properties：动态探针属性。

13）Reverse Probe Direction：探针方向反向。

14）Clear Instrument Data：清除仪表数据。

15）Use Tolerances：使用元器件容差值。

（7）“Transfer”电路文件输出菜单。该菜单用于将 Multisim 11 的电路文件或仿真结果输出到其他应用软件。其菜单下各命令的功能如下所述。

1）Transfer to Ultiboard：将电路网表传递给画电路板软件 Ultiboard。

2）Forward Annotate to Ultiboard：创建 Ultiboard 注释文件。

3）Backannotate from File：修改注释文件。

4）Export to other PCB Layout File：输出到其他 PCB 文件。

5）Export Netlist：输出网表文件。

6）Highlight Selection in Ultiboard：对所选择的元器件在 Ultiboard 电路中以高亮显示。

（8）“Tools”工具菜单。该菜单用于编辑或管理元器件库或元器件。其菜单下各命令的功能如下所述。

1）Component Wizard：创建元器件向导。

2）Database：元器件库。

3）Circuit Wizards：创建电路向导。

4）SPICE Netlist Viewer：对 SPICE 网表视窗中的网表文件进行保存、选择、复制、打印、再次产生等操作。

5）Rename/Renumber Components：元器件重命名或重编号。

6）Replace Components：替换元器件。

7）Update Circuit Components：更新电路元器件。

8）Update HB/SC Symbols：在含有子电路的电路中，随着子电路的变化改变 HB/SC 连接器的标号。

9）Electrical Rulers Check：电气特性规则检查。

10）Clear ERC Markers：清除 ERC 标志。

11）Toggle NC Marker：设置 NC 标志。

12）Symbol Editor：符号编辑器。

13）Title Block Editor：工程图明细表编辑器。

14）Description Box Editor：描述框编辑器。

15）Capture Screen Area：捕获屏幕区域。

16）Show Breadboard：显示虚拟面包板。

17）Online Design Resource：在线设计资源。

18）Education Web Page：教育网页浏览。

（9）“Reports”报告菜单。该菜单产生当前电路的各种报告。其菜单下各命令的功能如下所述。

1）Bill of Materials：产生当前电路的元器件清单文件。

2）Component Detail Report：元器件详细报告。

3）Netlist Report：产生含有元器件连接信息的网表文件。

4）Cross Reference Report：参照表报告。

5）Schematic Statistics：电路图元器件统计表。

6）Spare Gates Report：剩余门电路报告。

（10）“Options”软件环境设置菜单。该菜单用于定制电路的界面和某些功能的设置。其菜单下各命令的功能如下所述。

1）Global Preferences：全局参数设置。

2）Sheet Properties：电路工作区属性设置。

3）Global Restrictions：打开全局限制设置对话框。

4）Circuit Restrictions：打开电路运行设置对话框。

5）Simplified Version：简化版本。

6）Lock Toolbars：锁定工具栏。

7）Customize User Interface：定义用户界面。

（11）“Window”窗口菜单。该菜单用于控制 Multisim 11 窗口显示的命令，并列出所有被打开的文件。其菜单下各命令的功能如下所述。

1）New Window：建立新窗口。

2）Close：关闭窗口。

3）Close All：关闭所有窗口。

4）Cascade：电路窗口层叠。

5）Title Horizontal：窗口水平排列。

6）Title Vertical：窗口垂直排列。

7）Next Window：下一个窗口。

8）Previous Window：前一个窗口。

（12）“Help”帮助菜单。该菜单为用户提供在线技术帮助和使用指导。其菜单下各命令的功能如下所述。

1）Multisim Help：Multisim 11 的帮助主题。

2）Component Reference：元器件索引。

3）Find Examples：查找范例。用户可以使用关键词或按主题快速、方便地浏览和定位范例文件。

4）Patents：专利说明。

5）Release Notes：版本说明。

6）File Information：文件信息。

7）About Multisim：有关 Multisim 11 的说明。

8.1.3 系统工具栏

主窗口系统工具栏的各项为：新建电路文件；打开自创文件；打开样本文件；电路存盘；打印；打印预览；剪切；复制；粘贴；撤销键入；恢复清除。

第 3 行的放大缩小工具栏的各项为：全屏；放大；缩小；适当放大；放大到适合的页面。

第 3 行的设计工具栏的各项为：查找示例；显示/隐藏元器件网络列表；显示/隐藏设计工具栏；显示电子数据表；数据库管理；显示面包板；元器件编辑器；图形编辑器；后处理器；校验电气规则；选择电路工作区区域；转到父图纸；从 Ultiboard 反向注释；向前注释到 Ultiboard。

第 3 行其余各项为：--- In Use List --- ? 当前电路图元器件列表工具；仪器仿真开关。

8.1.4 元器件工具栏及仿真工具栏

Multisim 11 主窗口的第 4 行为元器件工具栏和仿真工具栏。

元器件工具栏的各项为：电源/信号源库；无源元器件库；二极管库；晶体管库；模拟集成电路库；TTL 数字电路库；CMOS 数字电路库；数字杂元器件库；模拟数字混合元器件库；指示元器件库；电源器件库；MISC 杂元器件库；键盘显示器件库；射频元器件库；机电元器件库；NI 元器件库；微控制器元器件库；创建分层电路；放置总线；放置梯形图；放置梯级。单击以上任意一项，可以出现相应的对话框。

其中，打开电源/信号源库时，会出现图 8-2 所示的电源/信号源库。

1. 电源/信号源库　电源/信号源库里包括了以下各种电源。

1）All Select all families：可选择所有基本元件库中的按钮。

2）POWER_SOURCES：电源系列主要为各种电源和接地端。常用的有交流电源（AC-POWER）、直流电源（DC-POWER）和接地端（GROUND 或 GND）。还有为 TTL 电路提供电压源的 V_{CC} 以及为 CMOS 电路提供电压源的 V_{DD}。

3）SIGNAL_VOLTAGE_SOURCES：信号电压源系列含有各种输入电压信号。常见的有正弦电压信号（AC-VOLTAGE）、时钟脉冲电压信号（CLOCK-VOLTAGE）、脉冲电压源（PULSE-VOLTAGE）等。需要注意的是：正弦电压信号（AC-VOLTAGE）的电压值为交流电压的幅值，而交流电源（AC-POWER）给出的电压值为交流电压的有效值。

4）SIGNAL_CURRENT_SOURCES：信号电流源系列含有各种电流源信号。其中含有常用的直流电流源。

5）CONTROLLED_VOLTAGE_SOURCES：受控电压源系列包括电压控制电压源、电流控制电压源。

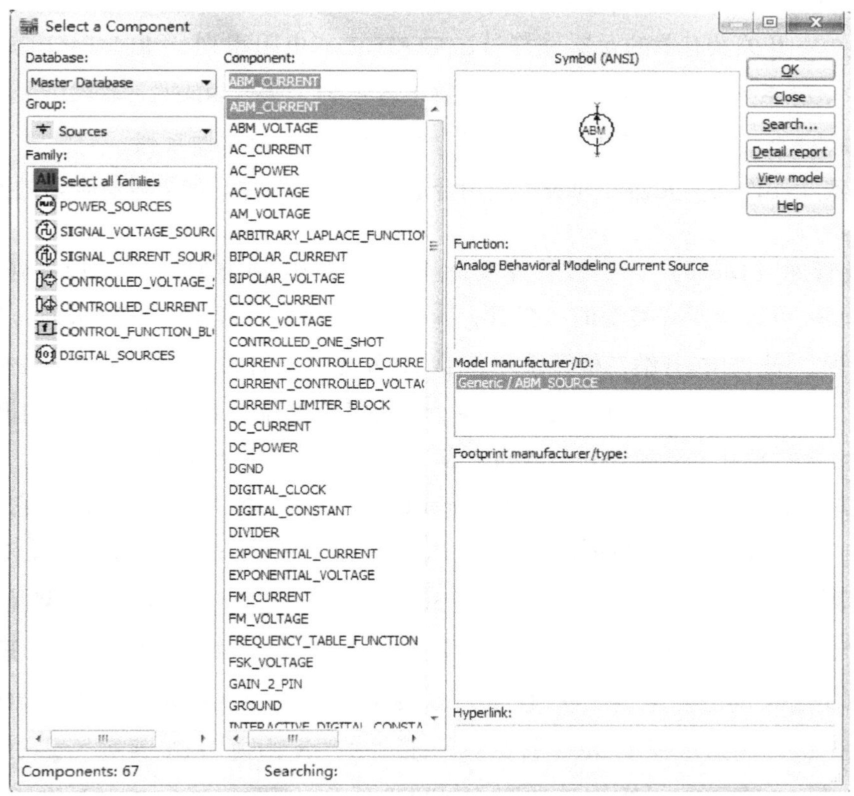

图 8-2　电源/信号源库

6）CONTROLLED_CURRENT_SOURCES：受控电流源系列包括电压控制电流源、电流控制电流源。

7）CONTROL_FUNCTION_BLOCK：控制功能模块包括控制函数系列限流模块、乘法器、除法器等多个模块。

8）DIGITAL_SOURCES：数字电源里面有 DIGITAL_CLOCK 数字时钟信号源、DIGIT-AL_ONSTANT 数字常量、INTERACTIVE_DIGITAL_CONSTANT 交互式数字常量。

2. 基本元器件库（Basic）　基本元器件库里包含许多的真实元器件系列以及虚拟元器件系列。

1）All Select all families 选择所有基本元器件。

2）V BASIC_VIRTUAL基本虚拟元器件，包含了如虚拟电阻、虚拟可变电阻、电容器、可变电容器、电感、可变电感、变压器、继电器等元器件。

3）RATED_VIRTUAL额定虚拟元器件，包含了如二极管、晶体管等常用的虚拟元器件。

4）3D 3D_VIRTUAL3D 虚拟元器件，包含了具有 3D 视图的二极管、电阻、开关等。

5）其他基本元件有 RPACK排电阻系列、SWITCH 开关系列、TRANSFORMER变压器系列、NON_LINEAR_TRANSFORMER 非线性变压器系列、Z_LOAD阻抗系列、RELAY继电器系列、CONNECTORS接插件系列、SOCKETS插座系列、SCH_CAP_SYMS开关及有罩的元器件符号、RESISTOR电阻系列、CAPACITOR电容系列、INDUCTOR电感系列、CAP_ELECTROLIT电解电容系列、VARIABLE_CAPACITOR可变电容系列、VARIABLE_INDUCTOR可变电感系列、POTENTIOMETER电位器系列。

调用真实元器件需从元器件列表中选用合适参数的元器件。如果没有合适的元器件，应选用虚拟元器件。

3. 二极管库（Diode）　二极管库实际上提供了 10 种类型的二极管系列。它们是：All Select all families 可选择所有类型的二极管；V DIODES_VIRTUAL虚拟二极管系列、DIODE普通二极管系列、ZENER齐纳二极管系列、LED发光二极管系列、FWB全波桥式整流器系列、SCHOTTKY_DIODE肖特基二极管、SCR晶闸管整流系列、DIAC双向开关二极管系列、TRIAC三端开关晶闸管开关系列、VARACTOR变容二极管系列。

4. 晶体管库　晶体管库（Transistor）提供各类晶体管。它们包括：V TRANSISTORS_VIRTUAL虚拟晶体管系列、BJT_NPNNPN 型晶体管系列、BJT_PNPPNP 型晶体管系列、BJT_ARRAY晶体管阵列、DARLINGTON_NPN达林顿 NPN 型晶体管系列、DARLINGTON_PNP达林顿 PNP 型晶体管系列、IGBT MOS 门控功率开关系列、MOS_3TDN3 端 N 沟道耗尽型 MOS 管系列、MOS_3TEN3 端 N 沟道增强型 MOS 管系列、MOS_3TEP3 端 P 沟道增强型 MOS 管系列、JFET_NN 沟道 JFET 系列、JFET_PP 沟道 JFET 系列、POWER_MOS_NN 沟道功率 MOSFET 系列、POWER_MOS_PP 沟道功率 MOSFET 系列、POWER_MOS_COMP互补对称功率 MOS 管、UJT单结场效应晶体管 UJT 系列、THERMAL_MODELS热模 MOS 管。

5. 模拟元器件库（Analog）　模拟元器件库有 6 个元器件系列，它们包括：V ANALOG_VIRTUAL虚拟运放系列、OPAMP运算放大器系列、OPAMP_NORTON诺顿运放系列、COMPARATOR比较器系列、WIDEBAND_AMPS宽带运放器系列、SPECIAL_FUNCTION特殊功能运放系列。

6. TTL 器件库　TTL 器件库里面是 74 系列的数字集成逻辑器件，它们包括：74STD系列，即低功耗型 74 系列的数字集成逻辑器件、74LS标准型 74 系列的数字集成逻辑器件以及 74STD_IC系列、74S系列、74S_IC系列、74LS_IC系列、74F系列、74ALS系列、74AS系列、74LS系列等。

在 TTL 器件库中有些器件为复合型结构，如 74LS20，为一个二 4 输入与非门，即在同一个封装内有两个独立的 4 输入与非门 A、B。此类器件被选中后，会在电脑屏幕的箭头旁边出现如图 8-3 所示的对话框。由于与非门 A、B 各部分功能完全一致，所以可以根据需要选择其一。

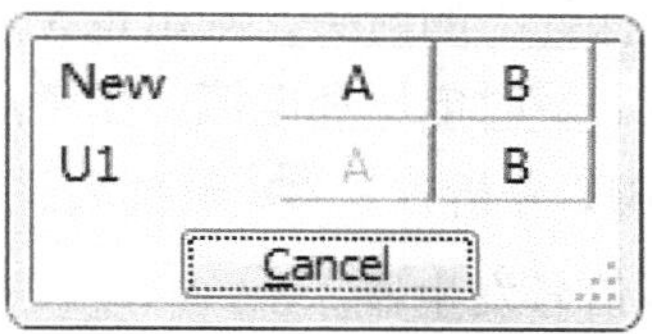

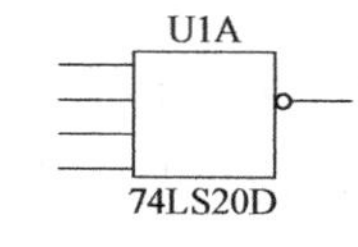

图 8-3　复合器件选择对话框

7. CMOS 器件库　CMOS 器件库包含了 74HC 系列、4××× 系列以及 NC7S×× 系列集成器件。其中 74HC 系列集成器件共有 4 个系列，分别是：74HC_2V、74HC_4V、74HC_4V_IC、74HC_6V等。当使用 CMOS 器件时，须在电路窗口放置一个 VDD 电源符号和一个 CMOS 器件 DGND 数字接地符号，其电源参数可根据情况选定。这样电路中的芯片才能得到电源。

8. 混杂在一起的数字器件库　此库按常用的数字器件功能存放或分类。它包括各类门电路、加法器、触发器、计数器、寄存器、线性转换器等逻辑器件系列。

9. 混合芯片库（Mixed）　混合芯片库里包含了 5 个系列混合芯片。它们是：TIMER555 定时器、ANALOG_SWITCH 虚拟模拟开关、MIXED_VIRTUAL 混合虚拟、ADC_DACA-D 及 D-A 转换器、MULTIVIBRATORS多谐振荡器等各类芯片系列。

10. 测量指示部件库　测量指示部件库有用于显示仿真结果的 8 个仪表及显示部件系列。它们是：VOLTMETER 电压表系列、AMMETER电流表系列以及只有一个端子且高电平时发光的 PROBE探测器系列、BUZZER蜂鸣器系列、LAMP灯泡系列、VIRTUAL_LAMP虚拟灯泡系列、HEX_DISPLAY数码显示器系列、BARGRAPH条形光柱系列。

11. 功率器件　功率器件包括了各种比较器、熔断器、电压参考、电压调节器等。

12. 其他部件库　其他部件库包括了不为某一类元器件库的若干部件系列。它们是虚拟晶振、电动机、光耦合器、三极真空管等元件的虚拟元件系列、跨导系列、晶振系列、真空管系列、滤波器、选择器、开关电源降压转换器系列、开关电源升压转换器系列、开关电源升降压转换器系列、有损传输线系列、无损传输线系列、网络系列、杂项系列。

13. 先进的外围　先进的外围包括键盘、显示器、终端及各式各样的外围。

14. 射频器件库（RF）　射频器件库是高频时的元器件库模型。此库给出了高频时电容、电感、晶体管等器件的模型。

15. 机电类元器件库（Electro mechnical Pata base）　机电类元器件库给出了一些电工类元器件，如感应类开关系列、瞬时开关系列、接触器系列、计时接点系列、线圈与继电器系列、线性变压器系列、保护装置系列、输出设备系列等。

仿真工具栏各项为：运行/重新开始仿真；暂停仿真；停止仿真；在下一个 MCU 指令边界暂停仿真；插入；单步执行；暂时离开；运行到光标；设置断点；消除断点。

8.1.5　仪器工具栏

仪器工具栏在图 8-1 主窗口的右侧。当然它的位置也是可调的。仪器工具栏的各项如图

8-4 所示。

其中，如果点击测量探针下的箭头，则出现 5 个选项。从中分别可选出：动态探针的设置、交流电压、交流电流、瞬时电压和电流、参考点到探针的电压。而点击实验室视图仪器下的箭头时，会出现 BJT 分析仪、阻抗表、麦克风、话筒、信号分析仪、信号发生器、串流信号发生器。

8.1.6 Multisim 软件环境设置

1. “Global Preferences” 全部参数设置　图 8-5 为 “Global Preferences” 对话框。从左到右分别是 “Paths” “Message” “Save” “Parts” “General” “Simulation” 等 6 个选项。“Paths” 选项用来设置文件的存储路径；“Message” 选项为软件的消息提示；“Save” 选项用来设置文件的存储方式；“Parts” 选项用来设置元器件和仪器的显示方式及放置元器件之后元器件选择对话框的工作方式；“General” 选项是常用相的设置；“Simulation” 选项用以设置软件在运行仿真中的相关性能。

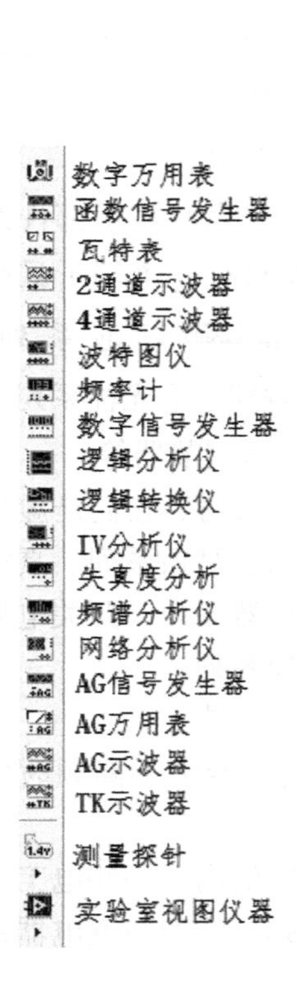

图 8-4　仪器工具栏

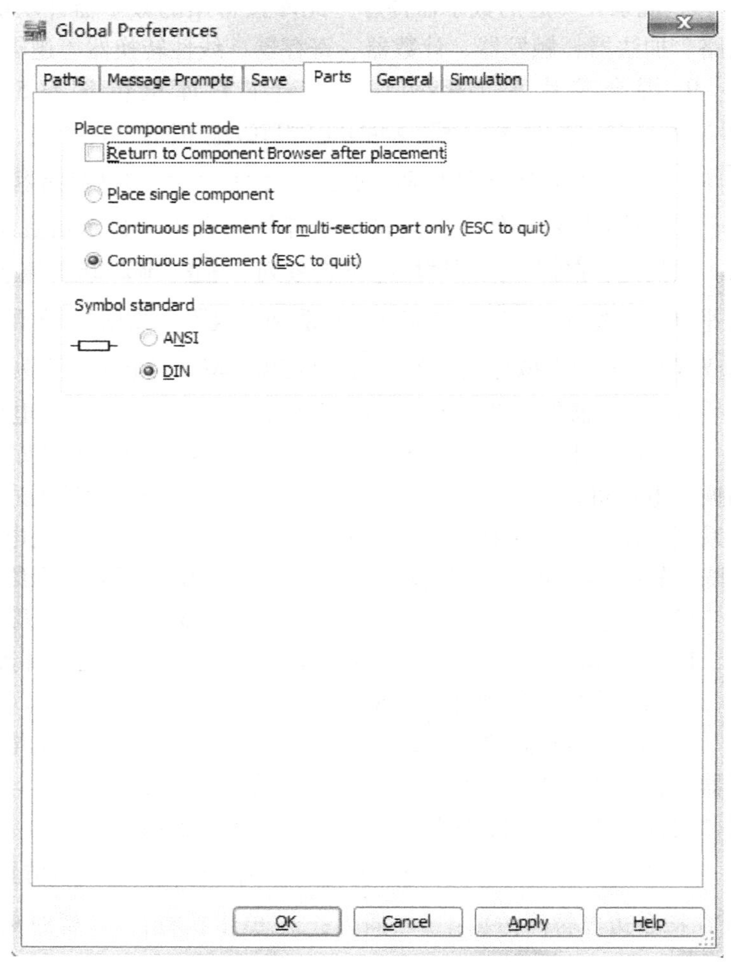

图 8-5　“Global Preferences” 对话框

2. “Parts” 元器件库设置　此部分有两类内容。分别是 “Place component mode” 元器件放置模式和“Symbol Standard”区域选择元器件符号标准。

1)“Place component mode”元器件放置模式。元器件放置模式是用来设置放置元器件之后的工作情况。可以勾选“Return to Component Browser after placement”，即放置好元器件之后返回元器件选择界面。然后单选下面的最后一项“Continuous placement for multi-section part only（ESC to quit）”，它用于连续放置复合封装元器件。选定后，如果从元器件库里取出74系列的单封装内含有多组件的元器件，则可以连续放置元器件。如果要停止放置元器件，则可按ESC键退出。

其他两项，“Place single component”（一次放置一个元器件），它的功能是从元器件库里取出元器件，只能放置一次。而“Continuous placement（ESC to quit）”是用于连续放置同一类型元器件，包括复合封装元器件。选定时，从元器件库取出的元器件可以连续放置，如果想停止放置元器件，可按“ESC”键退出。

2)“Symbol Standard”区域选择元器件符号标准。在此项中有两套符号标准可供选择。一套是欧洲标准符号DIN，另一套是美国标准符号ANSI。其中有些元器件在两套标准中是相同的，有些是不同的。如：接地符号、直流电压源符号、直流电流源符号、电阻符号在两套系统中就不一样，如图8-6部分元器件符号比较。

元器件工具栏里面的若干个主要按钮如图8-7所示。

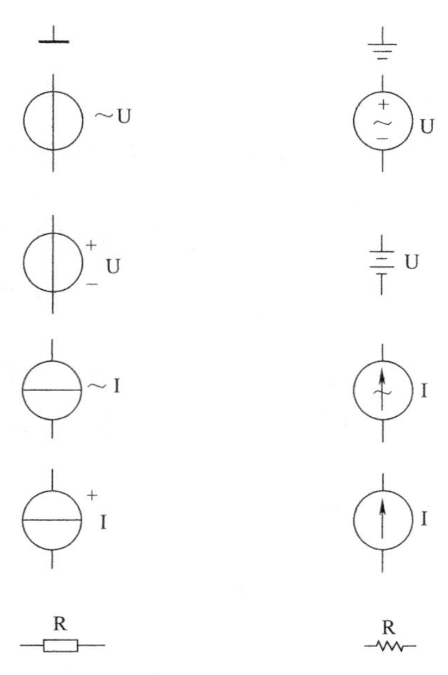

图8-6　部分元器件符号比较

万用表
函数发生器
瓦特表
示波器
4通道示波器
波特图仪
频率计
字信号发生器
逻辑分析仪
逻辑转换仪
IV特性分析仪
失真分析仪
频谱分析仪
网络分析仪
安捷伦信号发生器
安捷伦万用表
安捷伦示波器
泰克示波器
测量探针
虚拟仪器

图8-7　元器件工具栏

8.2　电路原理图的绘制与仿真

8.2.1　创建电路

1. 基本元器件操作

(1) 元器件选用。在Multisim 11中，在Place菜单中选择“Component”项，或通过元器件工具栏选择要放置的元器件，单击元器件的图标，就可以打开如图 8-8 所示的元器件选择对话框。

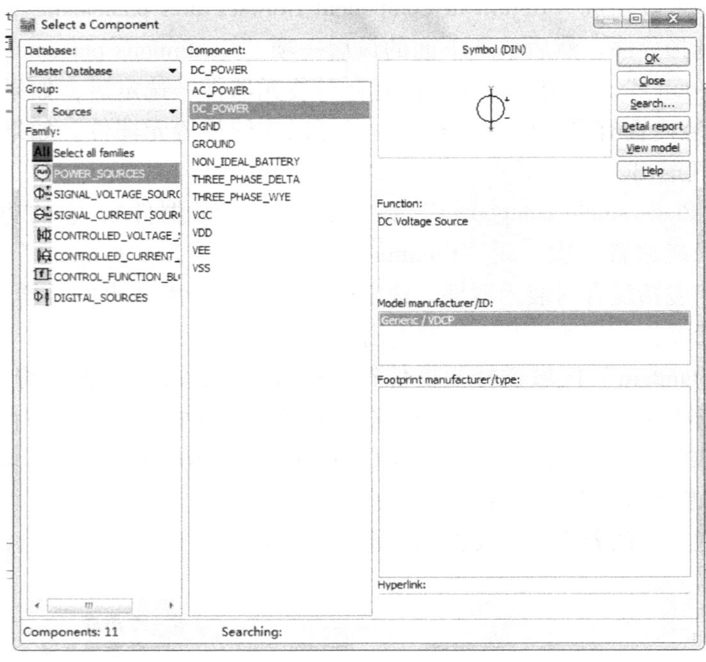

图 8-8　元器件选择对话框

选中元器件后，可以点击“OK”，然后拖着鼠标的光标带着选中的元器件图标放入工作区。双击此元器件，会出现相应元器件的对话框窗口，可以设定元器件的标签、编号、数值和模型参数。在某些特殊元器件的使用上需注意，例如，调用开关后，开关的闭与合可以通过点击开关来改变开关的状态。而对于可调电阻，调出后鼠标移至可调电阻，就会出现可调按键区间，可按照需要调节到所需的阻值百分数，直到得到可调电阻的阻值为止，见图 8-9 所示。可调电阻阻值的递增或递减的百分数也可以通过双击可调电阻后出来的参数设置界面上的“Increment”进行设置。对于可变电感和可变电容的参数调节也类似。元器件的移动：用鼠标左键单击一下要移动的元器件后，用鼠标拖拽。

（2）元器件的复制、删除与旋转、反转。用鼠标单击元件符号选定元器件，再单击右键弹出菜单，选定需要的操作。

（3）元器件颜色的改变。可以选定元器件，单击鼠标右键后再单击“Change Color...”，然后在相应的窗口中选定所需颜色。

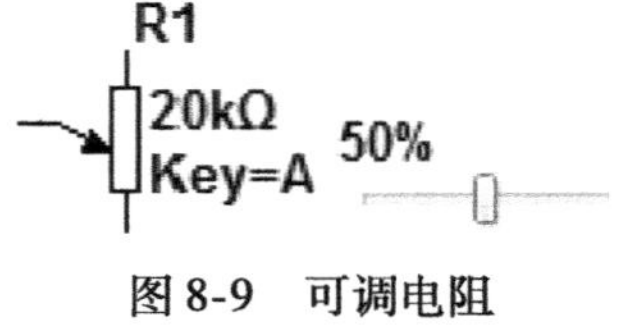

图 8-9　可调电阻

2. 导线的操作

（1）连接。鼠标指向某元件的端点，出现小圆点后按下左键并拖拽导线到另一个元器件的端点，出现小圆点后松开鼠标左键。

（2）删除和改动。选定该导线，单击鼠标右键，在弹出菜单中单击“delete”。

8.2.2　使用仪表

如上所述，在仪表工具栏中常用的仪表类型有数字万用表、函数发生器、瓦特表、示波器、四踪示波器、波特图仪、频率计、字信号发生器、逻辑分析仪、逻辑转换仪、I-V 分析仪、失真分析仪等。下面主要介绍常用的仪器仪表。

1. 数字万用表与电压表、电流表

(1) 数字万用表。从指示元器件库中，用鼠标左键单击选定数字万用表，将其拖到需要的位置，再用鼠标左键双击万用表，出现可选择的直流、交流电压表或电流表对话框如图 8-10b所示，从上至下有显示屏、测量档、交直流档、正负端子及参数设置按钮。按“Set…”可选定其工作参数，如图 8-10c 所示，其中“Ammeter resistance”用于设置电流表的内阻，其大小影响电流的测量精度；“Voltmeter resistance”用于设置电压表的内阻，其大小影响电压的测量精度；“Ohmmeter current”是指用欧姆表测量时，流过欧姆表的电流。设置好各参数后，按对话框中的“Accept”键，就是所需的电压表或电流表了。通过旋转操作可以改变其引出线的方向。双击电压表或电流表可以在弹出的对话框中重新设置。电压表和电流表可以多次选用，单击鼠标右键在弹出的快捷菜单中选择“Copy”，再粘贴就可以了。

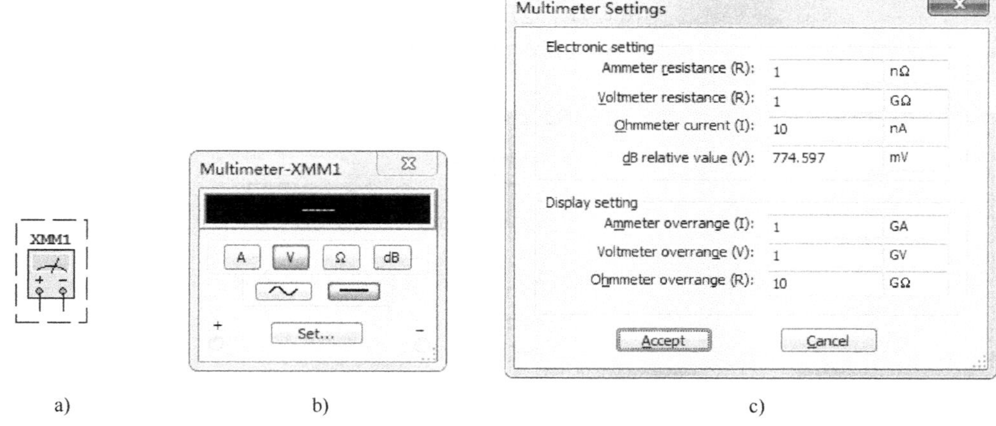

a) b) c)

图 8-10 万用表中的电压表与电流表的用法

a) 万用表符号 b) 可选择需要的电压表或电流表 c) 参数设置

(2) 电压表与电流表。独立的电压表或电流表在 indicators 中，用 VOLTMETER 及 AMMETER 调用，显示后可设定直流、交流电压表或电流表，如图 8-11a、b 所示。

2. 信号发生器 (Function Generator) 信号发生器可以产生正弦波、三角波和方波信号，其面板和应用参数设置如图 8-12a、b 所示。

双击图标可以设置信号发生器的参数。可以设置的参数有：波形、频率、占空比 (Duty Cycle)、幅值 (Amplitude) 和偏置电压值 (Offset)。

3. 示波器 (Oscilloscope) 示波器有双踪和四踪模式两种类型。双踪示波器如图 8-13a 所示，有 A、B 两个通道的输入端子及触发端。A、B 两个通道分别接一根与被测点连接的导线，测得的是被测点与接地点之间的电压。测量时，“-”端必须接地。

图 8-13a 为用双踪示波器测量的仿真电路图，图 8-13b 为图 8-13a 的仿真波形图。在示波器波形窗口的上方有两个带三角形标志的读数指针，通过鼠标可以拖动读数指针左右移动，显示窗口下方的数据显示区可以实时显示出相应的数据。

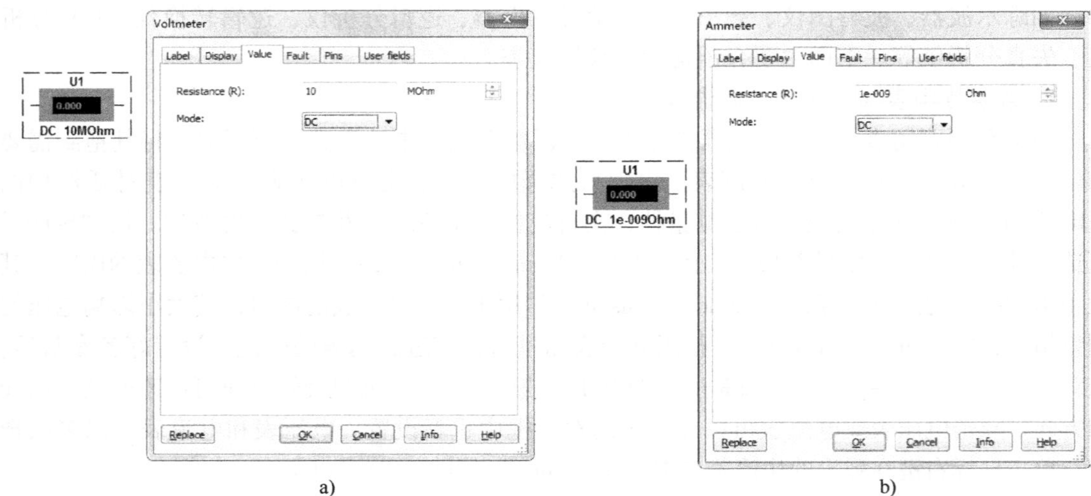

a) b)

图 8-11 电压表与电流表

a）电压表 b）电流表

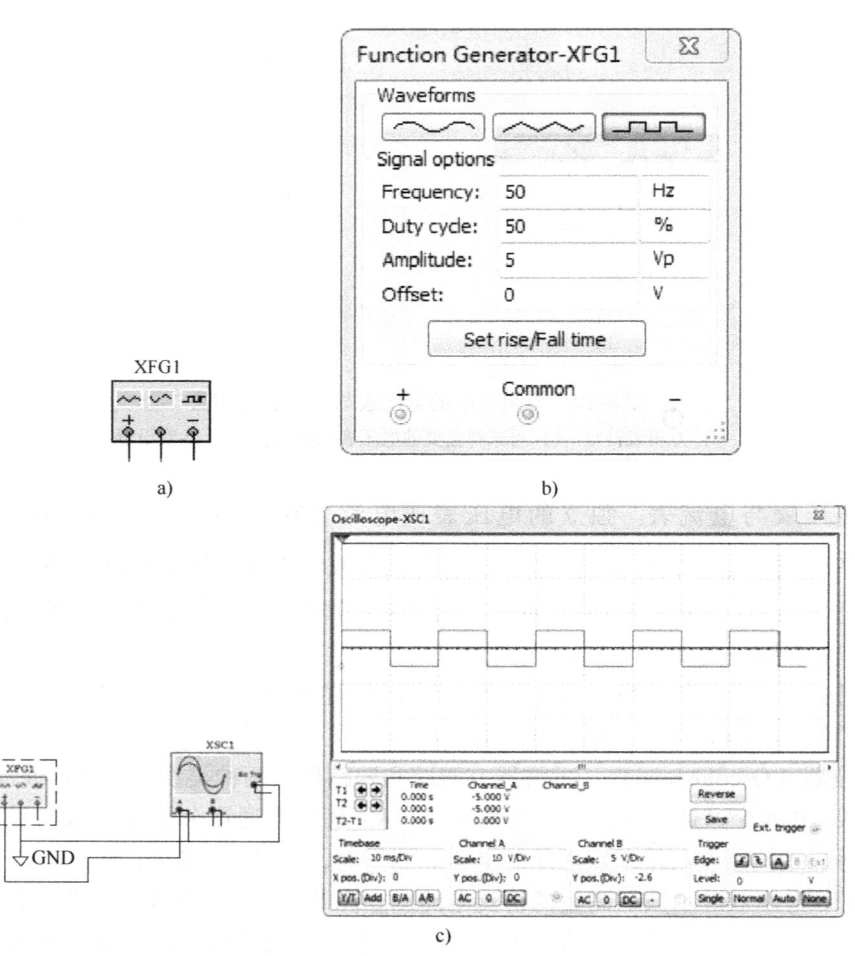

a) b) c)

图 8-12 信号发生器及其使用

a）面板 b）参数设置 c）应用仿真电路图及仿真波形

双踪示波器显示屏下方为设置区，设置的内容与真实的示波器类同。“Timebase”区的“Scale”用来设置水平方向每个格代表的时间，“X position”表示 X 轴基线的起始位置。“Channel A”和“Channel B”区的“Scale”用来设置两个被测波形点在 Y 轴方向上每格代表的电压值，“Y position”表示时间基线的上下位置。当“Y position”设置为 0 时，时间基线在屏幕正中间位置；若其大于 0，则时间基线在显示屏上方；若其小于 0，则时间基线在显示屏的下方。单击“Reverse”可以改变屏幕的背景色。

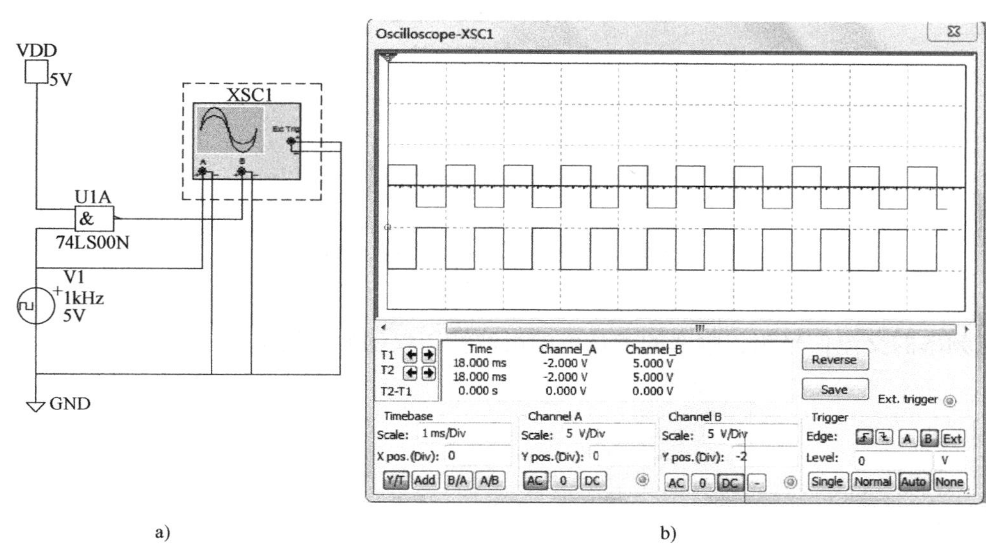

图 8-13　双踪示波器

a）用双踪示波器测量的仿真电路图　b）图 8-13a 的仿真波形图

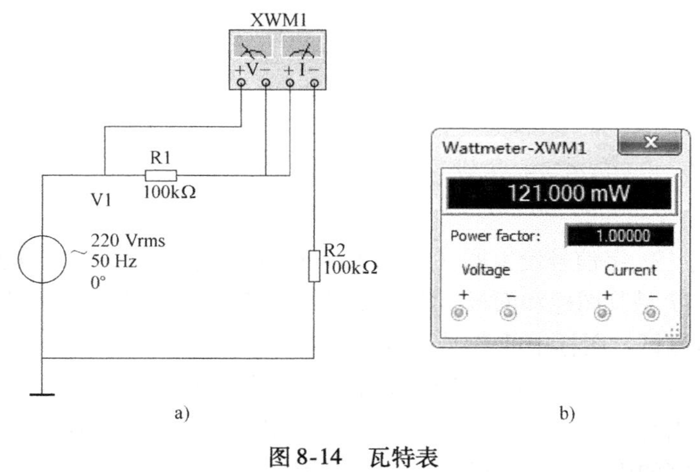

图 8-14　瓦特表

a）应用仿真　b）面板

4. 瓦特表（Wattmeter）　瓦特表是用来测量交直流电路功率的仪表。它有两组端子，左面的一组端子为电压输入端子，测量时应并联在被测物两端；右面的一组端子为电流输入端子，测量时应串联在被测电路中。瓦特表的应用仿真及面板如图 8-14 所示。

5. 频率计（Frequency Counter）　频率计是用来测量信号频率的仪器。频率计只有一个接线端子，使用时将这个端子接在测量点上即可直接显示测量电源的频率。频率计的应用仿真及面板如图 8-15 所示。

6. 波特图仪（Bode Plotter）　波特图仪类似于实验室的扫频仪，可以用来测量和显示电路的幅度频率特性和相位频率特性。波特图仪的应用仿真和面板如图 8-16 所示。波特图仪的 IN 和 OUT 两对端口分别接电路的输入端和输出端。在使用波特图仪时，在电路的输入端

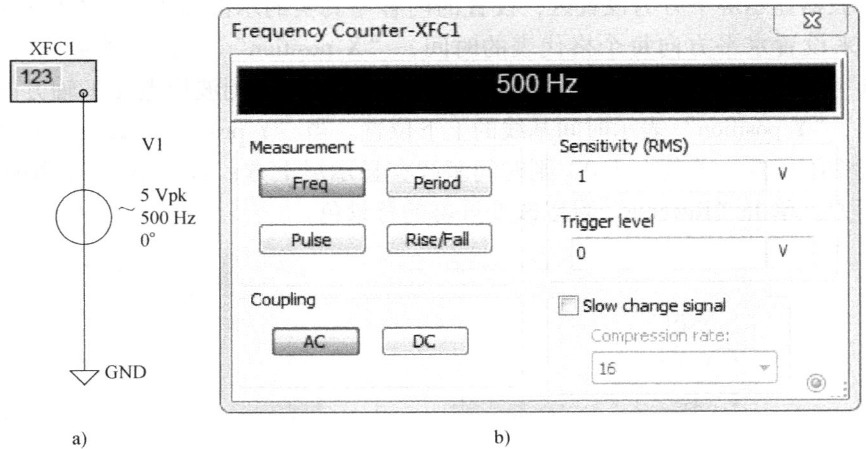

a) b)

图 8-15　频率计的应用仿真及面板

a）应用仿真　b）面板

接任意频率的交流信号源，频率的测量范围由波特图仪的参数设定决定。

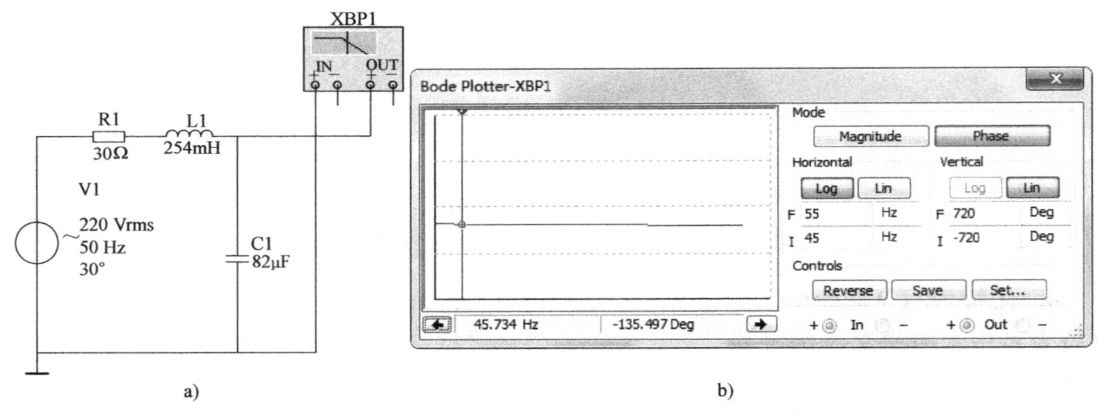

a) b)

图 8-16　波特图仪的使用

a）应用仿真　b）面板

7. 字信号发生器（Word Generator）　字信号发生器实际上是一个多路逻辑信号源，图 8-17 是其图标和面板，它能够产生最多 32 位（路）同步逻辑信号，用于对数字逻辑电路进行测试。图标中的 R 端为数据备用信号端，T 为外触发信号端。双击图标后，即出现字信号发生器的面板。面板中的右侧为字信号的状态编辑缓冲区，它用来存放、显示和修改字信号的内容。字信号的每个字为 32 位，图标中的 32 个输出端子分别对应字的 32 位。要修改某个字的内容，单击相应的字信号后修改即可。

字信号的显示方式见“Display”栏，它有 Hex（十六进制）、Dec（十进制）、Binary（二进制）和 ASCII 四种显示方式。

另外还有用来设定字信号发生器触发方式的“Trigger”区，一般选择内触发（Internal）方式。若用外触发方式，则 T 端要外接触发脉冲信号。“Frequency”区用来设置字信号的输出频率。“Control”区用来选择字信号的输出方式，字信号的输出方式分为“STEP”（单步)、“BURST”(单帧)、“CYCLE”(循环)3 种方式。在“BURST”和“CYCLE”情况下输出速率由输出频率的设置决定。单击“Step”后仿真,单击一次“Step”字信号输出一次。“Set”用来对字信号发生器作进一步的设置,它可以通过改变“Buffer Size”改变缓冲区内字的个数等。

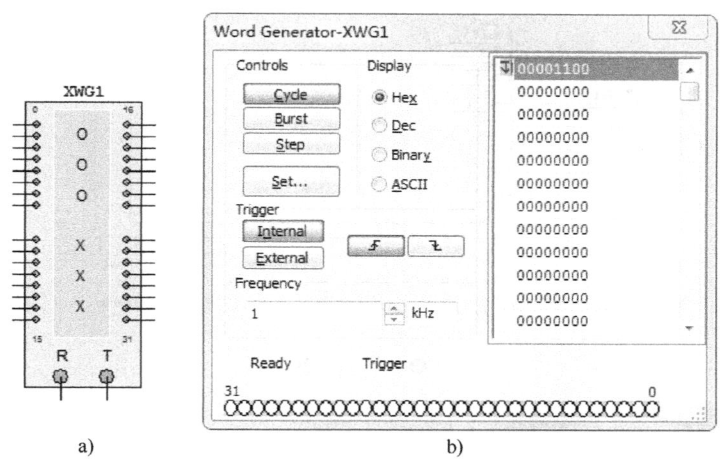

a)　　　　　　b)

图 8-17　字信号发生器图标和面板

a) 图标　b) 面板

8. 逻辑分析仪(Logic Analyzer)　逻辑分析仪可以同步记录和显示 16 路逻辑信号,用于对数字逻辑信号的高速采集和时序分析,是分析与设计复杂数字系统的便利工具。图 8-18a是逻辑分析仪的图标和面板。面板左边的 16 个小圆圈内实时显示的字信号从上到下排列依次为最低位至最高位。逻辑信号波形显示区可以显示 16 路逻辑信号的波形。波形显示的时间刻度可通过面板下边的“Clocks / Div”予以设置。

触发方式有多种选择。单击“Trigger”区的“Set”按钮弹出触发模式对话框如图 8-18b 所示。可以对对话框中 A、B、C 三个触发字进行设置,三个触发字的识别方式可通过“Trigger combinations”进行选择,有

A or B　　$(A+B)$

A or B or C　　$(A+B+C)$

A and B　　$(A \cdot B)$

A and B and C　　$A \cdot B \cdot C$

(A or B) then C　　$(A+B) \cdot C$

A then (B or C)　　$A \cdot (B+C)$

A then (B without C)　　$A \cdot B \cdot \overline{C}$

……

触发字 A、B、C 的某一位设置为 x 时表示该位为“任意”(0、1 均可)。A、B、C 3 个触发字的默认设置均为 xxxxxxxxxxxxxxxx,表示只要第一个输入逻辑信号到达,无论是什么逻辑值,逻辑分析仪均被触发并开始波形的采集。否则必须满足触发字的组合条件才被触发。

此外,“Trigger Qualifier”(触发限定字)对触发有控制作用。若该位设为 x,触发控制不起作用,触发完全由触发字决定;若该位设置为 1(或 0),触发字才起作用,否则即使

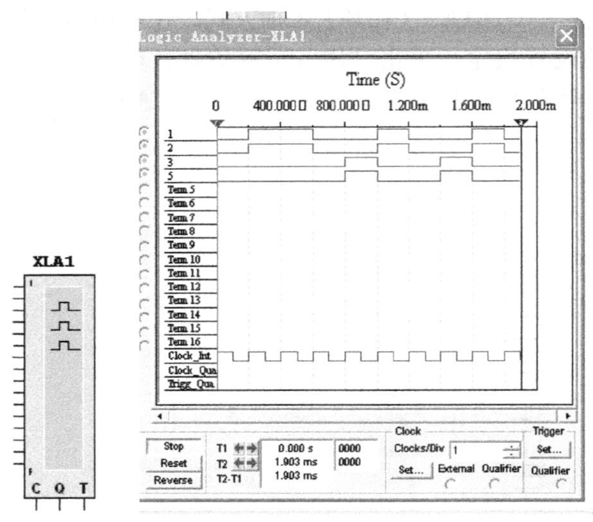

a)

Trigger Settings
Trigger clock edge
Positive
Negative
Both
Trigger qualifier: x
Accept
Cancel
Trigger patterns
1 16
Pattern A: xxxxxxxxxxxxxxxx
Pattern B: xxxxxxxxxxxxxxxx
Pattern C: xxxxxxxxxxxxxxxx
Trigger combinations: A OR B

b)

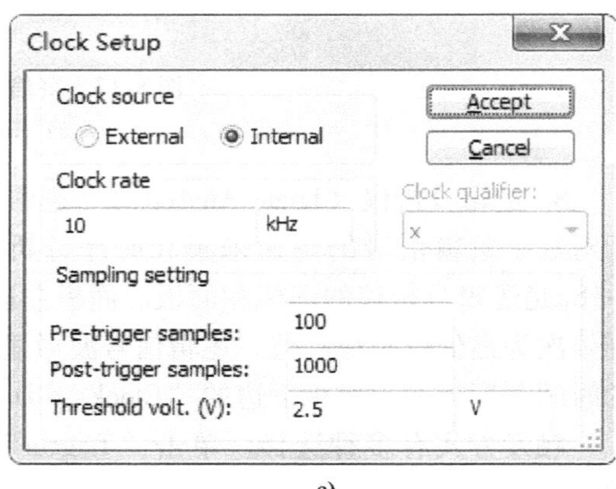

c)

图 8-18　逻辑分析仪

a）图标和面板　b）触发模式对话框　c）控制时钟和逻辑分析的设置

触发字组合条件满足也不能引起触发。

单击逻辑分析仪面板“Clock”区的“Set”按钮弹出如图 8-18c 的对话框。该对话框用于对波形采集的控制时钟和逻辑分析进行设置。可以从“Clock Source”栏中选择内或外触发方式；从“Clock Rate”栏中选择时钟频率；从“Sampling Setting”中设置取样方式。

控制时钟设置，可以选择内时钟或者外时钟；上升沿有效或下降沿有效。如果选择内时钟，还可以设置其频率。此外，对时钟限定（Clock Qualifier）的设置决定时钟控制输入对时钟的控制方式。若该位设置为 1，表示时钟控制输入为 1 时开放时钟；若该位设置为 0，表示时钟控制输入为 0 时开放时钟；若该位设置为 x 表示时钟总是开放的，不受时钟控制输入的限制。时钟开放意味着逻辑分析仪可以进行波形采集。

9. 逻辑转换仪（Logil Converter）　逻辑转换仪是虚拟的仪表，实验室并不存在与之对应的设备。逻辑转换仪能够完成真值表、逻辑表达式和逻辑电路三者之间的相互转换，这一功能给数字逻辑电路的分析与设计带来极大的方便。图 8-19 是其图标、面板和应用范例。

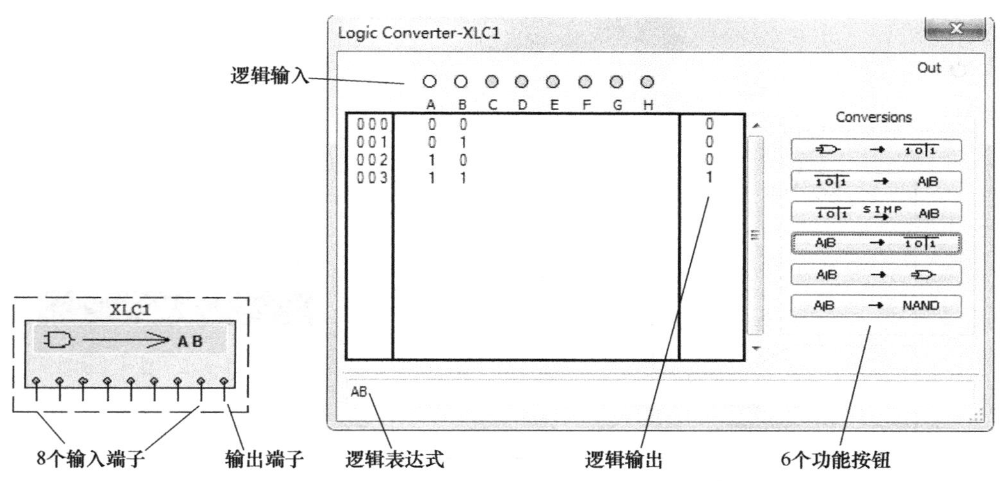

图 8-19　逻辑转换仪图标、面板和应用范例

其中 6 种功能按钮的作用是：

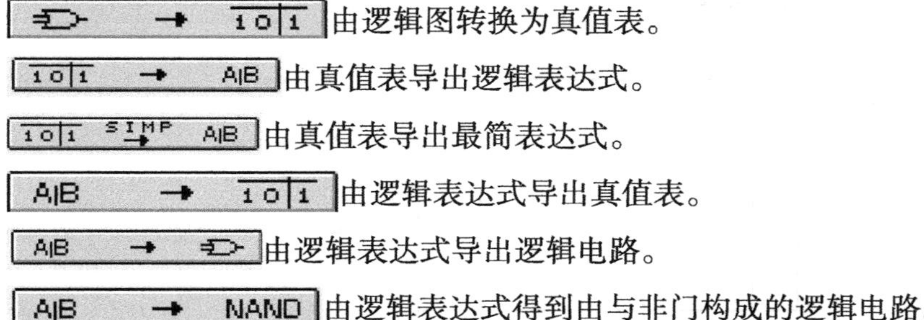

由逻辑图转换为真值表。

由真值表导出逻辑表达式。

由真值表导出最简表达式。

由逻辑表达式导出真值表。

由逻辑表达式导出逻辑电路。

由逻辑表达式得到由与非门构成的逻辑电路。

8.2.3　应用虚拟工作台仿真电路的步骤

由于 Multisim 11 具有虚拟测量仪器、实时交互控制元器件和多种受控信号源模型，除了可以给出以数值和曲线表示的 SPICE 分析结果外，Multisim 11 还提供了独特的虚拟电子工作台仿真方式，可以用虚拟仪器实时监测显示电路的变量值、频响曲线和波形。

仿真的步骤为：

1）输入原理图，在工作区放置元器件的原理图符号，连接导线，设置元器件参数。

2）放置和连接测量仪器，设置测量仪器参数。

3）启动仿真开关，双击仿真仪表，在仪器上观察仿真结果。

8.3　仿真实例

1. 门电路逻辑功能的测试

例 8-1　测试 2 输入端与非门 7400 的逻辑功能。

1）用逻辑开关信号作输入，电压表显示输出信号。实验电路如图 8-20a 所示。改变开关 A、B 的状态（单击某一开关后，按 A 或 B 键）后，可得到在不同的逻辑输入 A、B 组合状态下的逻辑输出状态，如表 8-1 所示。

2）用逻辑状态转换仪检测出输入、输出的状态对应关系，即真值表，并得到最简逻辑式，如图 8-20b 所示。

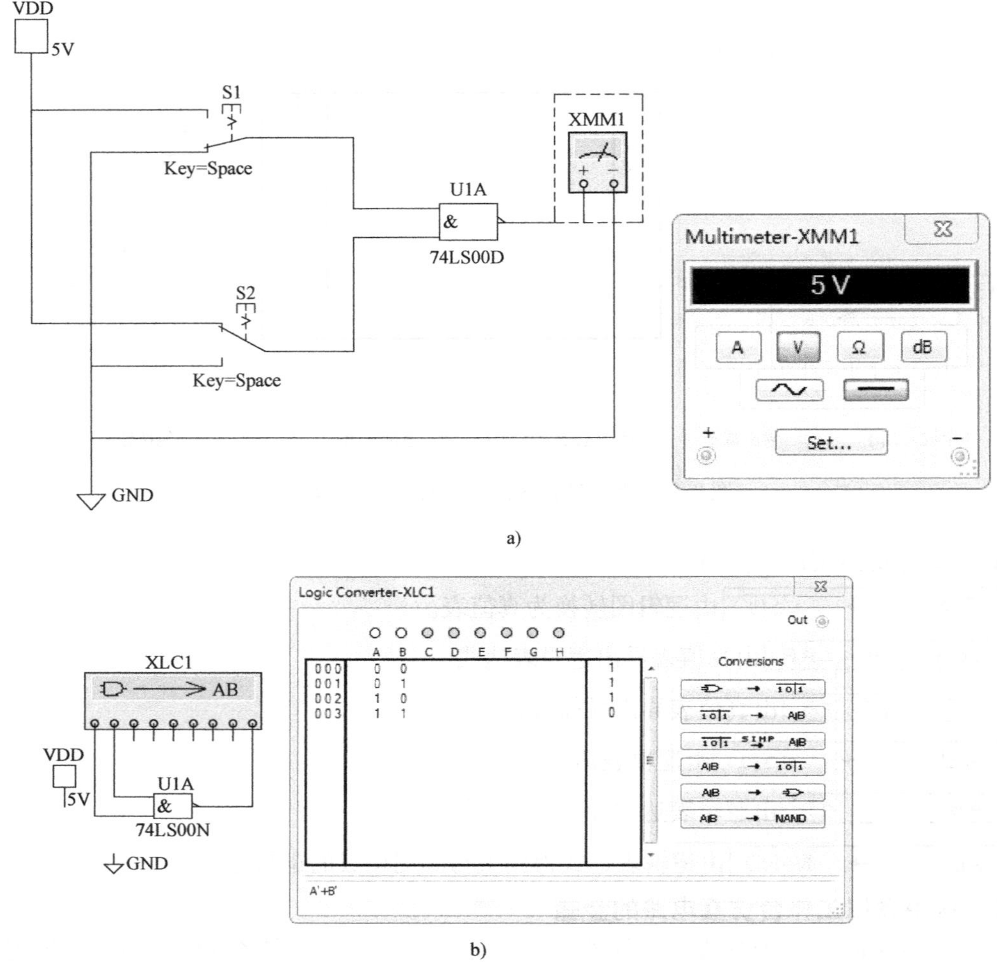

a)

b)

图 8-20　2 输入端与非门 7400 的逻辑功能测试电路

a）用开关、电压表状态作逻辑输入、输出　b）用逻辑状态转换仪检测出输入、输出的状态

表 8-1　7400 测试结果

A	B	Y
0	0	1
0	1	1
1	0	1
1	1	0

从表 8-1 的逻辑输入、输出关系可以得到 2 输入 7400 的输出与输入的逻辑关系是 $Y=\overline{AB}$。而从图 8-20b 可见，其仿真的结果为与非门的真值表。

例 8-2　测试两个 2 输入端异或门组成的 3 个开关控制一盏灯的组合电路的逻辑功能。

1）用逻辑开关信号作输入，用探测器显示输出信号，探测器亮为逻辑 1，不亮为逻辑 0。

2）用字信号发生器作输入，用逻辑分析仪显示输出波形。

实验电路如图 8-21 所示，其中，图 8-21a 为本例 1）的仿真图，它使用 3 个开关的逻辑状态作为逻辑输入，探测器的状态作为逻辑输出；图 8-21b、c 为本例 2）的仿真图。图 8-21b 设置了字信号发生器；图 8-21c 设置了逻辑分析仪。

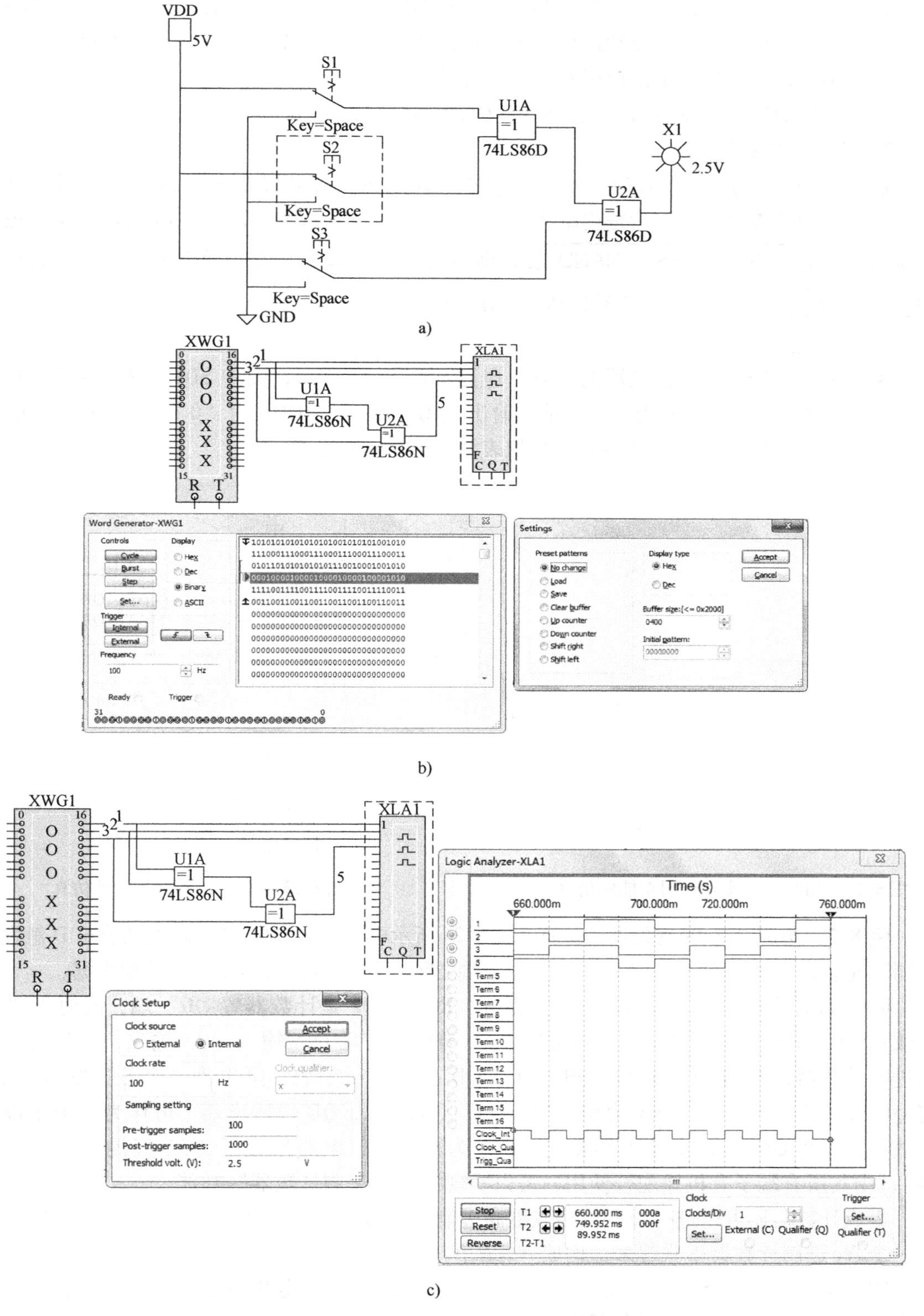

图 8-21　两个 2 输入端异或门的组合电路的仿真

a）例 8-2 的 1）仿真图　b）例 8-2 的 2）仿真图（设置字信号发生器）　c）例 8-2 的 2）仿真图（设置逻辑分析仪）

在图 8-21b 中，选择“Cycle”“Binary”及“Frequency”后，设置三个输入变量的输入状态。单击第一行至第三行分别进行二进制数设置。第一行设置好后单击鼠标右键，设置初始位置；第三行设置好后单击鼠标右键，进行最终位置认定。

注意设置的字信号发生器与逻辑分析仪的频率要一致。

2. 门电路的逻辑变换

例 8-3 用“与非门”实现“或门”功能。调出逻辑转换仪如图 8-19 所示，双击其图标，在打开的仪表窗口的下边框内输入“$A+B$”（即 $Y=A+B$），如图 8-19 所示，单击逻辑转换仪右边的 AIB → NAND 键，即得到如图 8-22 的电路。单击逻辑转换仪右边的 AIB → 1011 键得到如图 8-19 所示的真值表。

3. 集成电路触发器

例 8-4 集成电路 D 触发器的仿真。电路如图 8-23 所示，图中 SD1 为触发器置位端，CD1 为复位端，（即 SD1 为“0”时，输出端 Q 为“1”，CD1 为“0”时，输出端 Q 为“0”）观察输出端 Q 与 D 端的关系，自拟表格，记录实验数据。

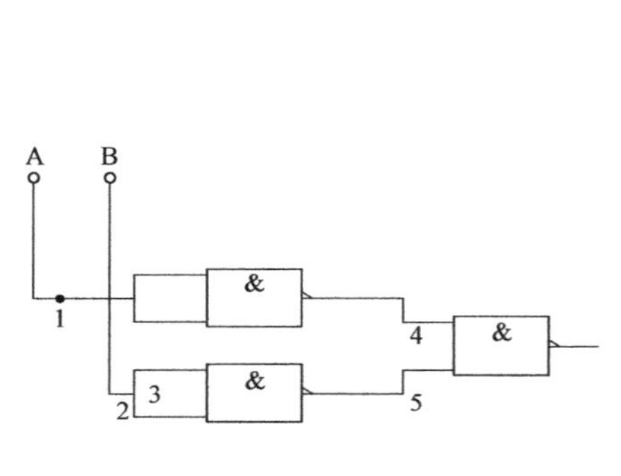

图 8-22 用与非门实现或门功能的仿真

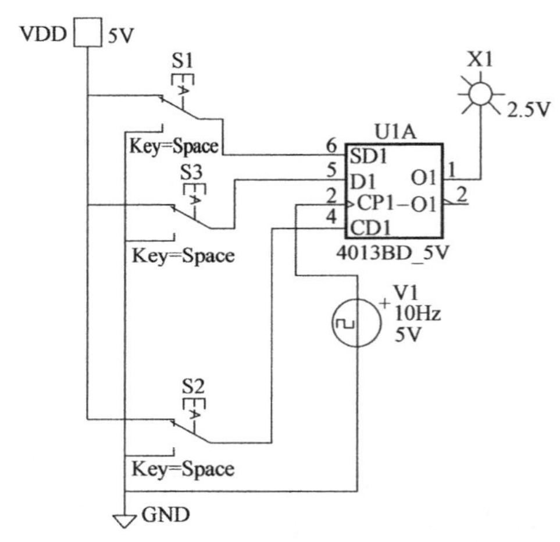

图 8-23 集成电路 D 触发器仿真

例 8-5 集成电路 JK 触发器的仿真。图 8-24 所示电路中的 1PR 和 CLR 的功能与 D 触发器相同，观察 J、K 及时钟输入端 CLR 与 Q 输出端之间的关系，自拟表格，记录实验数据。

4. 集成计数器的仿真　以 74LS90 为例，R01、R02 是计数器置“0”端，同时为“1”有效；R91、R92 为置“9”端，同时为“1”有效；若用 INA 输入，QA 输出，可作为一个二进制计数器；若用 INB 输入，QB、QC、QD 三个端子输出，可作为一个五进制计数器；将 QA 与 INB 输入相连，INA 为输入端，QA、QB、QC、QD 作输出端，可作为一个十进制计数器；若将 QD 与 INA 输入端相连，INB 为输入端，电路形成了“二-五混合进制计数器”；用其所有端子有机地配合使用，可以实现“任意进制计数器”功能。

集成计数器还可以进行级联以构成更高进制的计数器。级联法是把一个 N_1 进制计数器和一个 N_2 进制计数器串联起来，构成 $N=N_1N_2$ 进制计数器。

例 8-6 测试 74LS90 的功能。实验电路如图 8-25 所示。分别改变各个开关的状态，观察 QA、QB、QC、QD 输出端的状态，并记录于自制的表格中。

例 8-7 八进制计数器。74LS90 接成八进制计数器的仿真电路，如图 8-26 所示。

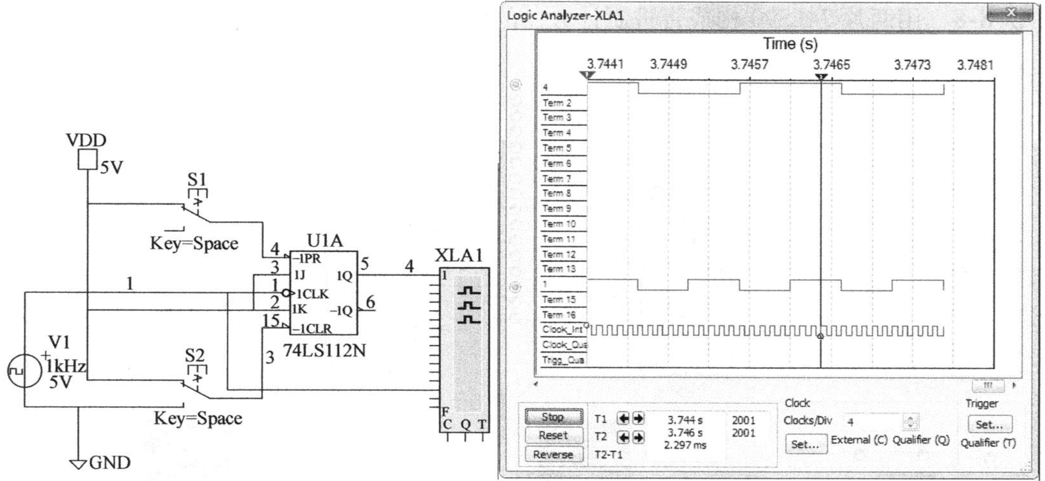

图 8-24　集成电路 JK 触发器仿真

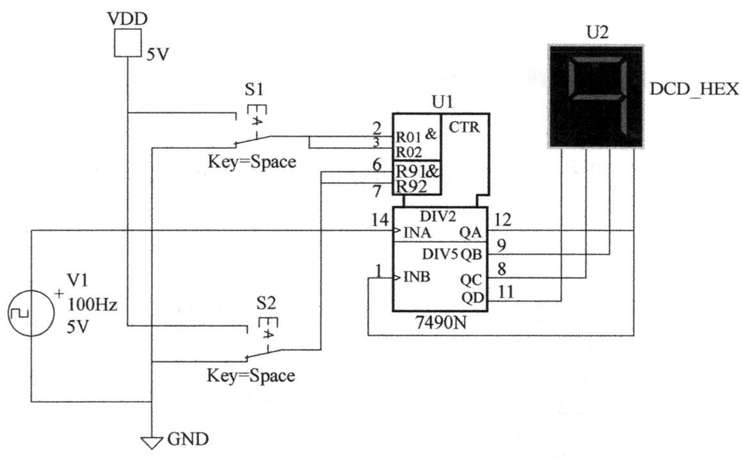

图 8-25　计数器 74LS90 的仿真电路

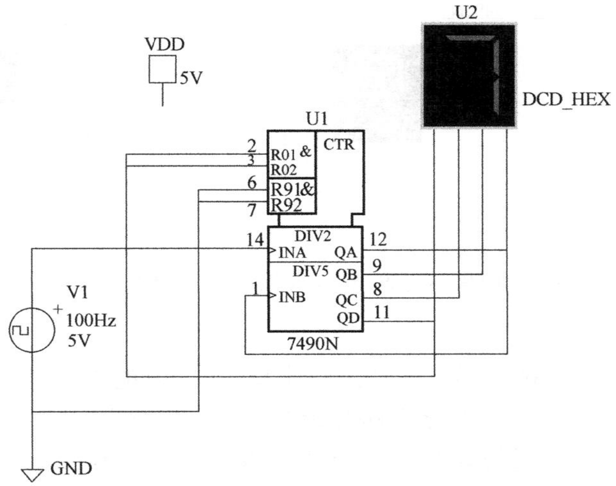

图 8-26　74LS90 接成八进制计数器的仿真电路

例 8-8 用两片 74LS90 构成百进制计数器的仿真电路，如图 8-27 所示。

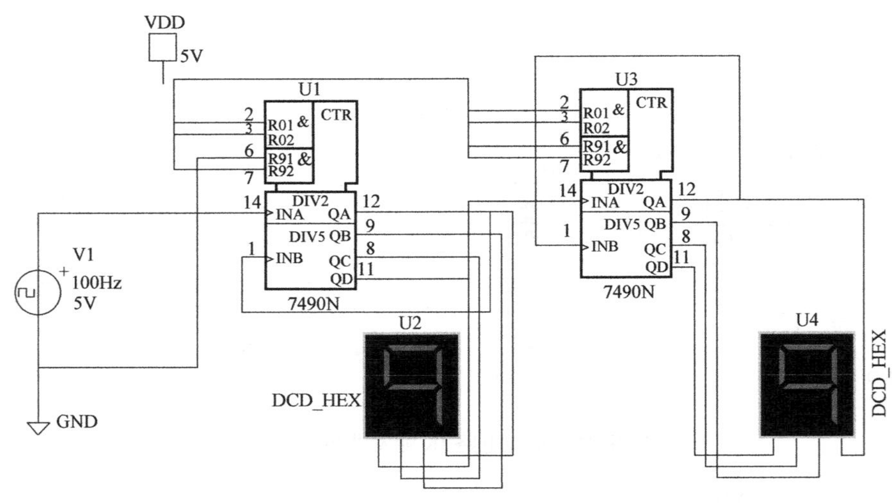

图 8-27　两片 74LS90 构成百进制计数器的仿真电路

例 8-9 用两片 74LS290 构成六十进制计数器的仿真电路，如图 8-28 所示。

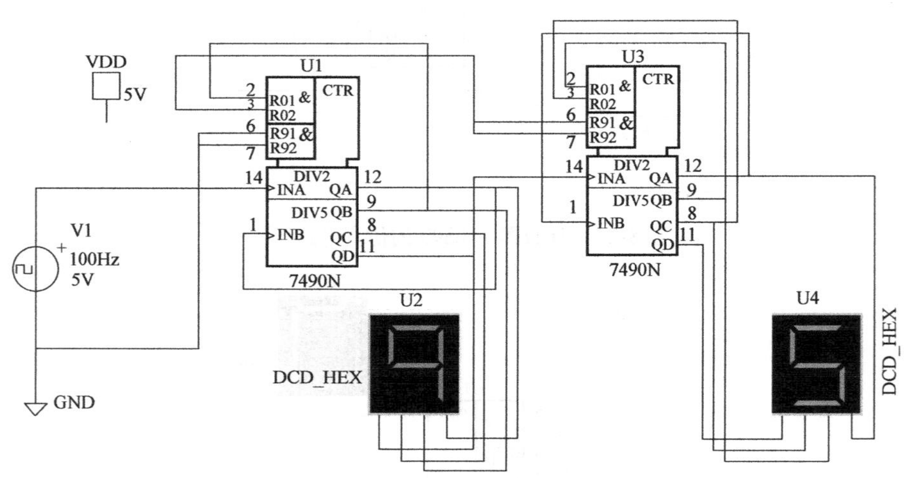

图 8-28　两片 74LS290 构成六十进制计数器的仿真电路

例 8-10 用两片 74LS160 构成二十四进制计数器的仿真电路，如图 8-29 所示。

从以上的 Multisim 11 应用于数字电路分析的情况可以看出，Multisim 11 为读者分析与设计电路提供了强大的计算机仿真工具，利用它对电路、信号与系统进行辅助分析和设计对电子工程、信息工程和自动控制等领域从业人员具有很高的实用价值。

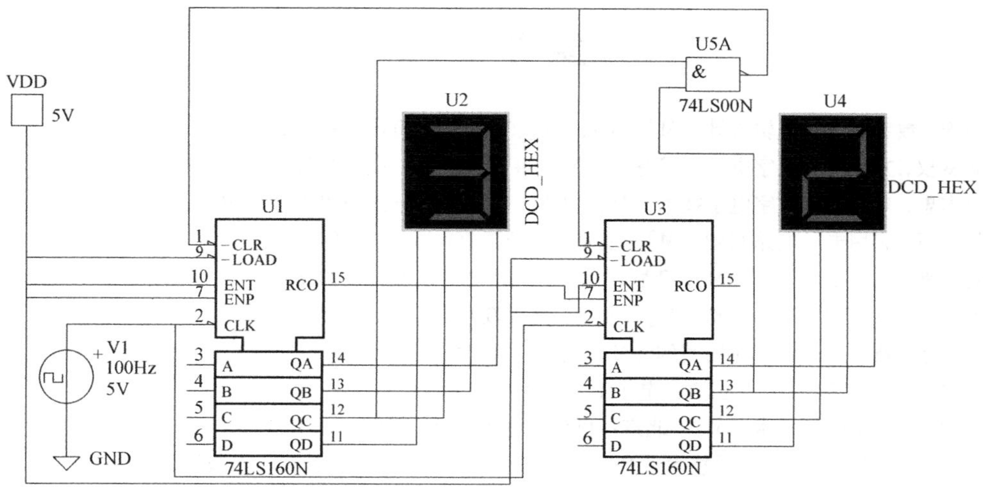

图 8-29　两片 74LS160 构成二十四进制计数器的仿真电路

复习思考题

1. Multisim 11 的元器件库分成哪几类？
2. 虚拟元器件和实际仿真元器件有什么不同？
3. 如何调用电源、接地点、电阻、门电路、开关？
4. 如何调用万用表中的直流及交流电压档？如何调用万用表中的直流及交流电流档？
5. 使用逻辑转换仪用与非门实现下列逻辑功能：

1）或非门 $Y=\overline{A+B}$（注：在逻辑转换仪中应输入（$(A+B)'$）。

2）与门 $Y=AB$。

3）与或门 $Y=AB+CD$。

4）异或门 $Y=A\oplus B=A\overline{B}+\overline{A}B$（注：在逻辑转换仪中应输入（$AB'+A'B$））。

参 考 文 献

[1] 胡锦. 数字电路与逻辑设计 [M]. 3 版. 北京：高等教育出版社，2010.

[2] 周良权，方向乔. 数字电子技术基础 [M]. 4 版. 北京：高等教育出版社，2014.

[3] 范志忠，等. 实用数字电子技术 [M]. 2 版. 北京：电子工业出版社 ，2004.

[4] 刘维恒. 实用电子电路基础 [M]. 北京：电子工业出版社，2004.

[5] 刘继承. 电子技术基础 [M]. 2 版. 北京：高等教育出版社，2008.

[6] 王传新. 电子技术基础实验 [M]. 北京：高等教育出版社，2006.

[7] 何希才. 新型电子电路应用实例 [M]. 北京：科学出版社，2005.

[8] 郝波. 数字电路 [M]. 北京 ：电子工业出版社，2003.

[9] 孙建三. 数字电子技术 [M]. 北京：机械工业出版社，2004.

[10] 刘守义，钟苏. 数字电子技术 [M]. 3 版. 西安：西安电子科技大学出版社，2012.

[11] 王成安. 现代电子技术基础（下）[M]. 北京：机械工业出版社，2007.

[12] 梅开乡. 数字逻辑电路 [M]. 2 版. 北京：电子工业出版社，2006.

[13] 沈任元. 数字电子技术基础 [M]. 北京：机械工业出版社，2010.

[14] 廖先云. 电子技术实践与训练 [M]. 北京：高等教育出版社，2000.

[15] 康华光. 电子技术基础 [M]. 5 版. 北京：高等教育出版社，2006.

[16] 付植桐. 电子技术 [M]. 2 版. 北京：高等教育出版社，2004.

[17] 何首贤，王小红. 数字电子技术基础 [M]. 北京：中国水利水电出版社，2005.

[18] 杨颂华，等. 数字电子技术基础 [M]. 西安：西安电子科技大学出版社，2000.

[19] 范立南，等. 数字电子技术 [M]. 北京：清华大学出版社，2014.

[20] 李建民. 模拟电子技术基础 [M]. 北京：清华大学出版社、北京交通大学出版社，2006.

[21] 陈小虎. 电工电子技术 [M]. 3 版. 北京：高等教育出版社，2011.

[22] 孙丽霞. 数字电子技术 [M]. 北京：高等教育出版社，2004.

[23] 杨志忠. 数字电子技术 [M]. 4 版. 北京：高等教育出版社，2013.

[24] 李海燕，等. Multisim & Ultiboard 电路设计与虚拟仿真 [M]. 北京：电子工业出版社，2012.

[25] 高妍. 电工电子技术（第三分册）[M]. 3 版. 北京：高等教育出版社，2013.